U0272195

水稻丰产
节水节肥技术研究与应用

◎ 汤文光　王学华　著

中国农业科学技术出版社

图书在版编目（CIP）数据

水稻丰产节水节肥技术研究与应用 / 汤文光，王学华著 .—北京：中国农业科学技术出版社，2019.5
ISBN 978-7-5116-4170-0

Ⅰ.①水…　Ⅱ.①汤…②王…　Ⅲ.①水稻栽培-肥水管理-研究　Ⅳ.①S511

中国版本图书馆 CIP 数据核字（2019）第 080701 号

责任编辑　贺可香
责任校对　贾海霞

出 版 者　中国农业科学技术出版社
　　　　　北京市中关村南大街 12 号　邮编：100081
电　　话　（010）82106638（编辑室）（010）82109704（发行部）
　　　　　（010）82109703（读者服务部）
传　　真　（010）82106650
网　　址　http://www.castp.cn
经 销 者　各地新华书店
印 刷 者　北京建宏印刷有限公司
开　　本　787mm×1 092mm　1/16
印　　张　23.5
字　　数　580 千字
版　　次　2019 年 5 月第 1 版　2019 年 5 月第 1 次印刷
定　　价　98.00 元

版权所有 · 翻印必究

《水稻丰产节水节肥技术研究与应用》
著者名单

主　著　汤文光　王学华

副主著　傅志强　闵　军　肖小平　黄　璜

著　者　唐海明　李　超　安秋香　廖育林
龙继锐　宋春芳　黄桂林　刘　洋
易镇邪　陆魁东　陈恺林　张玉烛
李静怡　鲁艳红　杨曾平　程凯凯
黄颖博　祝博文　汪　柯　陈　灿
梁玉刚

前　言

当前制约水稻生产发展的因素较多。首先，我国南方地区虽然降雨较多，但季节性干旱发生频繁，干旱缺水已成为制约水稻高产稳产的瓶颈。湖南每年种植水稻6 000万亩（1 亩≈667m^2；15 亩 = 1hm^2。全书同）左右，早稻灌溉用水每亩约需300m^3，晚稻灌溉用水约需450m^3，现有灌溉水资源量只能满足1 900万亩左右的双季稻的要求，面对水资源紧缺的现实状况，迫切需要发展农业节水技术，提高水资源利用效率。其次，化肥大量施用，利用率低，面源污染加剧，加上绿肥种植面积急剧下降，有机肥施用少，生产成本高，农民增产不增收。种植双季稻每亩全年约需施用纯氮25kg左右，最高达28kg以上，种植一季超级杂交中稻或一季晚稻每亩全年约需施用纯氮13kg左右，最高达18kg以上。再次，稻田土壤耕层变浅、库容量变小、酸化板结、耕性变劣及耕地质量下降，机械化程度低、季节矛盾突出，规模效益不显著。针对水稻生产上的突出问题，研究提高水肥资源利用效率，建立并完善水稻丰产节水节肥科技创新体系，充分挖掘土、肥、水、光、热等资源的利用潜力，科学合理保护利用水肥资源，是实现农业可持续发展，推进农业供给侧结构性改革，实现“藏粮于地，藏粮于技”的重大战略需求。

依托湖南省农业科学院主持承担的“十二五”国家科技支撑计划“长江中游南部（湖南）水稻丰产节水节肥技术集成与示范”（2013BAD07B11）、“十三五”国家重点研发计划“湘中东水稻绿色丰产技术集成与示范”（2018YFD0301004）、“双季稻稻田培肥与丰产增效耕作模式”（2016YFD0300906）、湖南农业大学主持承担的“湘北水稻生态优质技术集成与示范”（2018YFD0301003）、“湘南水稻绿色轻简技术集成与示范”（2018YFD0301005）等项目的支持，研究团队在湘北、湘中和湘南三大区域开展了水稻丰产节水节肥等技术研究与集成示范，并取得了较大进展。通过双季稻早旋晚免、秸秆还田、缓控释肥、增苗减氮、深耕旋免轮耕、全程机械化减氮栽培、冬季绿色覆盖培肥、水肥耦合节水灌溉、旱蓄晚灌、梯式栽培、病虫绿色综合防控等技术措施的集成研究与应用，形成了适用三大区域的水稻丰产节水节肥技术体系。

全书共分七章，各章主要撰写人员如下：

第一章　汤文光　王学华　黄　璜　肖小平　闵　军　宋春芳　安秋香

第二章　汤文光　闵　军　李　超　傅志强　廖育林　鲁艳红　杨曾平

第三章　安秋香　陆魁东　汤文光　王学华　傅志强　闵　军　祝博文

第四章　汤文光　刘　洋　唐海明　陈恺林　黄桂林　程凯凯　黄颖博

第五章　肖小平　李　超　汤文光　宋春芳　龙继锐　张玉烛　汪　柯

第六章　傅志强　王学华　黄　璜　易镇邪　李静怡　陈　灿　梁玉刚

第七章　汤文光　黄　璜　肖小平　王学华　闵　军　宋春芳　廖育林

全书由汤文光、王学华统稿并审核定稿，由于著者水平有限，不妥之处敬请批评指正。

著者

2019 年 3 月

目　录

第一章　绪　论

一、研究背景与意义

粮食安全、水资源安全、生态安全是世界面临的三大难题。人口增长、耕地减少，气候变化、水资源短缺，环境污染、土壤退化，是世界粮食安全面临的三大挑战。发展水稻生产，水资源是重要的投入要素，科学运筹水肥资源，是确保水稻丰产稳产的关键措施。我国人口多、粮食需求量大，同时也是人均水资源量最少的国家之一。因此，研究提高水肥资源利用效率，科学合理保护利用水肥资源，是提高土地资源利用率、土地产出率和劳动生产率的关键，符合我国国情、水情、农情。研究建立并完善双季稻主产区水稻丰产节水节肥科技创新体系，是破解当今世界“三大难题”，发展节水节肥农作制与关键技术的重要措施，是合理调整农业结构，加快水稻优势产业带建设，充分挖掘土、水、光、热等资源的利用潜力，提高耕地的综合产出效率，实现农业可持续发展的战略选择。紧紧围绕农业增长方式转变，以提高资源利用效率为核心，以促进水稻稳产高产为目标，对促进湖南双季稻主产区发展节约型现代农业具有重要的作用。

（一）农业水资源紧缺已成为制约粮食丰产的瓶颈

水是经济和社会可持续发展的重要物质基础。我国水资源占有量为世界的6%，人均水资源占有量约1 945m^3，为世界人均水资源占有量的23.7%。我国是世界上人均水资源最贫乏的国家之一，我国农业用水量占的比例较高，约占全国总用水量的70%，其中灌溉用水总量3 600亿~3 800亿m^3，占全国总用水量的64%。农业用水存在水资源利用率低和生产效率低两个突出问题。根据国家粮食安全中长期规划纲要，到2020年我国粮食产量，须在现有基础上增加500亿kg，按照目前农业用水水平，尚需增加农业用水500亿m^3。湖南是我国水稻主产区，种植面积和总产居全国之首。虽水资源较丰富，但区域间、季节间、年际间降水资源严重分布不均，常导致伏秋干旱，甚至夏秋连旱，加上水稻生产耗水量大，常因干旱缺水，导致水稻减产或歉收，迫切需要建立节水型栽培模式和灌溉制度，构建农业防旱节水灌溉技术体系，为水稻丰产稳产高产提供科技支撑。

（二）化肥大量施用，氮磷钾比例失调，肥料利用效率低，农业面源污染加剧，已成为粮食丰产和食品安全的制约因素

目前，世界范围内面源污染已成为水资源环境的污染源。其中，农田化肥的施用，特别是氮肥的过度施用，不仅造成氮磷钾比例失调，肥料利用率低，而且造成农田环境污染。在发展现代农业生产过程中，化肥对农业生产的贡献巨大。但目前存在“重氮肥、轻磷钾肥；重化肥、轻有机肥；重用地、轻养地与化肥利用率低，增产不增收”

的实际，导致稻田土壤供肥能力下降，农田养分被作物吸收利用的部分较少，通常氮肥利用率在30%左右，磷肥15%~20%，钾肥30%~50%。而残留的养分一部分通过氨挥发和氧化亚氮气体排放，影响环境，一部分流入水中，已成为水体污染的主要来源。同时，肥料的大量施用，特别是氮肥的大量施用，不仅增加了生产成本，导致种粮效益降低，农民增产不增收，严重影响了农民种田的积极性。因此，为确保粮食生产安全，又不影响生态环境，迫切需要提高农业投入品的利用效率，优化施肥结构，改进施肥方法，研究节水节肥现代农作制与关键技术，建立水稻丰产节水节肥栽培技术体系；迫切需要研究有机与无机、用地与养地相结合的施肥技术与提高土壤库容量、当季肥料利用率和延长肥料施用后效等技术，提高耕地集约化利用水平，为水稻稳产高产提供科学合理施肥技术。

（三）研究水肥高效利用调控技术与水肥一体化管理技术模式，是实现粮食丰产目标的必然选择

我国经济的不断发展和人口的继续增加、耕地日益缩减的趋势不可逆转，增加粮食产量只能选择提高复种、主攻单产、增加投入的途径，即走“低产变中产、中产变高产、高产更高产”的发展道路。农业高产与水肥高效利用，一直是世界性的重大课题。因此，在农田生态系统中，水分和养分之间、各种类型养分之间以及作物与水肥间存在既相互促进又相互制约的动态平衡关系。确定合理的施肥措施必须与水分管理相联系，才能发挥最大的增产效果。提高肥料利用率，减少养分流失；当土壤含水量处于田间持水量范围内时，土壤处于溶解状态的数量最多，离子扩散和质流所通过的营养面积最大，根系吸收能力强；土壤水分亏缺影响养分向根系的移动速率和扩展速率，阻碍作物对养分的吸收，同时，土壤水分还影响养分的有效性。因地制宜合理施肥，促进水肥耦合，增加土壤水库容量，提高土壤水分的利用率，即可达到以肥调水、以水定肥，促进水肥耦合。因此，研究水肥高效利用调控技术与水肥一体化管理技术模式，可提高水分利用率和氮肥利用率。从发展现代农业的角度出发，促进水肥一体化精确管理，是实现作物高产、优质高效、生态安全的必由之路与战略选择。

（四）研究稻作节水节肥综合运筹技术，可减少稻田温室气体排放，实现节能减排，有利于发展低碳农业

气候变化是国际公认的、最主要的全球性环境问题之一，也是当前研究关注的焦点。气候变化已对自然和人类社会的各个方面产生了很大的影响。粮食生产安全始终关系到我国国民经济的发展、社会稳定。湖南优势作物为水稻，稻田种植面积为全国之冠。稻田是全球大气CH_4和N_2O重要排放源之一。据研究表明，大气中50%的CH_4来自水田中厌气分解释放。发展稻田节水灌溉技术，改稻田传统的长期淹水灌溉方式为土壤干湿交替节水灌溉技术，实行科学管水用水，减少稻田淹水时间，不仅有利于水稻高产稳产，而且可减少稻田温室气体CH_4的排放；通过科学合理测土配方施肥，种植豆科绿肥，增施有机肥，可提高土壤肥力，保蓄土壤水分，减少氮肥施用量，降低农业生产成本，同时还能减少N_2O的排放，促进水肥资源的高效利用和水稻稳产丰产，改善农田生态环境，降低稻田温室效应，实现节水节肥、节能减排、降低能耗、减少污染排

放，提升农业可持续发展能力，促进农业增产、农民增收，发展低碳农业，是发展节约型现代农业的客观需求。

（五）在双季稻主产区开展水稻丰产节水节肥技术集成与示范研究，有利于不同区域节水节肥技术的优化布局和高产高效，构建节水与节肥技术体系，实现水资源与粮食双重安全

干旱缺水和耕地质量衰退，是制约湖南双季稻主产区水稻稳产丰产的瓶颈。加强水稻节水灌溉和稻田节肥技术研究，提高耕地质量，可实现农田用地与养地结合，减少作物用水，提高水稻产量与水分、养分利用效率，缓解干旱缺水的矛盾，实现水肥高效利用，提升粮食丰产科技水平，增强可持续发展能力，是确保国家粮食安全的重要途径。

科技部制定的《粮食安全科技发展“十二五”专项规划》明确提出，要以保障国家粮食安全、新增500亿kg粮食、2015年粮食总产稳定达到5.3亿t为目标。《农业科技发展“十二五”规划》明确提出，为适应现代农业发展的新形势和转变农业发展的新要求，把创新目标从提高土地产出率为主导，转向提高土地产出率、劳动生产率和资源利用率并重，把技术创新方式从以生物技术为主体，转向生物技术与机械化技术相结合，提高我国农业产业发展水平。按照“增加单产保总产，依靠科技增加单产”的基本思路和“良田、良制、良种、良法”结合的基本原则，坚持资源开发与节约并重，把节约放在首位的方针，紧紧围绕农业的增长方式的转变，以提高资源利用为核心，以节地、节水、节肥、节药、节种、节能和资源高效利用为重点，将项目继续实施与国家科技支撑计划重大项目——“粮食丰产科技工程”项目配套衔接，依托国家科技支撑计划、国家农业行业科技专项、科技成果转化、国家农业综合开发、国家节水农业专项等重大科技计划，在粮食科技领域统一部署，全面推进粮食安全科技工作，提高粮食作物高效生产技术支撑水平。

在科技部实施粮食丰产科技工程项目的支持下，湖南水稻丰产高效的技术研究方面已经取得了显著性进展。为进一步充分发挥我省水稻生产的优势，强化“粮食丰产科技工程”在保障粮食安全的作用，通过设立“水稻丰产节水节肥技术集成与示范”等项目，重点加强攻关田产量突破，强化水稻超高产群体构建与调控，实现水肥、光热资源高效利用，为确保国家粮食安全及农业、农村经济发展提供强有力的支撑。

二、国内外研究动态

（一）国内外现有技术、知识产权和技术标准现状及预期分析

在全球气候变暖情况下，全球环境发生了很大变化，水资源短缺，农业面源污染日益加剧，世界各国都结合本国的国情、水情、农情，高度重视探索构建各具特色的节水节肥农业技术体系，不断强化节水节肥农业综合技术的研究与应用，把发展节水节肥高效农业作为可持续发展的重要战略措施。主要表现在三个方面，一是水肥资源的高效利用与模式化、定量化研究是当前节水节肥丰产技术研究的重点，二是研究农业抗逆减灾与耕地质量提升技术已成为应对气候变化和提高粮食产量的新亮点，三是各种技术措施

集成配套、提高水肥资源管理水平，已列入全球粮食增产的重要内容。

我国政府和有关部门非常重视作物丰产和水肥高效利用方面的研究，在国家攻关计划、863 计划、973 计划、948 项目、农业科技成果转化资金项目、国家行业（农业）专项、农业综合开发、科技平台建设等科技发展计划的支持下，陆续实施了一批水肥高效利用的科技项目。在这些项目的支持下，我国在作物高效用水前沿关键技术研究、重大关键设备研发方面取得了重大进展，在节水理论研究方面有所突破，已经拥有了一批具有自主知识产权的农业节水技术，初步形成了我国现代节水农业的研发体系，构建了具有中国特色的现代农业节水技术体系框架。特别是国家从“十五”开始，启动“粮食科技丰产工程”“现代节水农业高效示范工程”“沃土计划”“测土配方施肥”“中低产田土科技改良工程”等重大项目以来，各地科技人员坚持技术创新，技术集成与示范应用三条路线并举，在水稻、小麦、玉米三大优势作物主产区，通过技术集成与创新，取得了重大进展，相继成立了一批国家级和省部级重点实验室、工程技术研究中心、作物改良中心等科研平台；构建了一批粮食（水稻、小麦、玉米）科技示范基地，开展了高产创建，使粮食科技创新与示范条件得到了很大改善，同时通过项目的实施，造就和培养了一批老中青结合，以中青年学术带头人为主的科研团队，培训了一批农民技术员和灌区管理科技人员，为项目的科技创新与示范推广应用，打下了坚实基础，具备了开展“水稻丰产节水节肥技术集成与示范”项目实施的条件。同时，开展粮食丰产科技工程，实施“水稻丰产节水节肥技术集成与示范”项目符合“中共中央、国务院关于加快推进农业科技创新持续增强农产品供给保障能力的若干意见”的精神，也符合中共湖南省委、湖南省人民政府关于“湖南推进农业科技创新加快农业现代化建设意见”的精神，对确保国家粮食安全，促进农业可持续发展具有十分重要的战略意义。

（二）研究团队依托单位研究基础

研究单位湖南省农业科学院，建院以来全院共取得科研成果 1 255项，育成良种 432 个，有 451 项成果获国家和省部级奖励。自 2000 年国家实行新的科技奖励制度以来，全院共获得国家科技奖励 12 项。在土壤资源、土壤耕作、耕作栽培、植物营养、农业环境等学科研究方面，通过现代农作制、保护性耕作、循环农业、减量化施肥、中低产田改良利用与农业防灾减灾等方面的研究与创新，取得了重大进展，形成了一批科技成果。其中“湖南农业季节性干旱适用性防控技术研究与应用”2011 年获湖南省科技进步二等奖；“水稻丰产高效技术集成研究与示范”2009 年获湖南省科技进步一等奖；“双季稻多熟制保护性耕作关键技术研究与应用”2008 年获湖南省科技进步二等奖；“稻田减氮控磷综合技术体系研究与集成”2010 年获湖南省科技进步二等奖；“湖南省水资源可持续利用研究”2009 年获湖南水利科技进步二等奖；“长期不同施肥下红壤性水稻土肥力质量的演变规律”2011 年获湖南省自然科学奖三等奖。这些科技成果不仅已在生产上大力推广应用，而且为承担“长江中游南部（湖南）水稻丰产节水节肥技术集成与示范”等项目提供了强有力的科技支撑。

研究单位湖南农业大学，近年来主持承担完成了“长江中游南部（湖南）双季稻丰产高效技术集成研究与示范”“中国经典免耕少耕技术稻田养鸭对土壤影响的定量模拟”“农田系统抗洪抗旱及作物生产抗灾配套技术”“稻田蓄水抗洪抗旱保持水土的生态学功能”“水稻高产低耗高效栽培技术”“南方高产优质饲用玉米新品种选育及轻简栽培技术研究”“水稻快速清茬免耕栽培技术研究及物化产品应用”“水稻大面积高产综合技术配套技术研究与开发”“水稻旺根壮杆重穗栽培法研究”“作物复种的免耕直播技术”“水稻可视化生长模型及专家系统”“湖南水稻最佳养分管理技术”“超级稻配套栽培技术开发与技术集成”等水稻栽培研究课题，并创立了一批先进的水稻栽培技术，如旺壮重栽培法、“三定”栽培法，以及快速清茬免耕栽培、后期化学调控、浸种型种子包衣、壮秧剂盘育秧、早稻软盘旱育抛栽、实地养分管理、稻田养鸭、病虫害综合防治等技术。

研究单位湖南省水利水电勘测设计研究总院，建院以来完成重大科学研究近100项，其中“湖南省水旱灾害变化趋势预测及防灾减灾对策研究与应用”“湖南省干旱期水资源调度系统建设研究”“湖南省水资源可持续利用研究”获省科学技术进步二等奖。

参与研究单位，具备较好的微观、宏观农业试验研究的设施条件，建立了多个国家和省部级重点实验室，拥有植物生理、生化、农产品质量检测、土壤农化分析、农业资源调查和监测、农业生态评价、农业气象灾害评估、“3S”技术等仪器和手段，拥有节水耐旱水稻育种、评价场地设施：200m^{2}人工旱棚、100m^{2}人工淹水池等，分别在湘北“机电排提”灌区、湘中“库塘”灌区和湘南“梯式蓄水”区建立了节水农业示范基地，开展了相关研究，有一定的科学积累，为项目实施提供了基础条件。课题组有一批长期从事水稻栽培、耕作生态、土壤肥料、农业节水、农业气象、水利水电等方面专家。由于长期的协作研究，造就了一支团结协作的高素质科研队伍。既有经验丰富、善于组织协调领导跨地区联合攻关的中青年专家，又有年富力强、勇于实践的青年科技工作者。拥有一批高级技术人员和博士、硕士人才。主持单位和合作单位以及示范推广单位有长期的合作历史，技术力量雄厚，研究基础扎实，能做到产学研结合，试验研究与示范推广相结合，为项目的实施提供了测试手段、研究平台，确保了人才需求，打下了坚实基础。

三、研究范围和目标

（一）双季稻区水肥高效利用调控技术与新产品筛选应用研究

针对湖南双季稻区旱灾频发，水分利用效率低，氮肥用量过高等问题，从水肥利用现状调查入手，通过研究筛选适合不同区域的耐旱水稻品种、节水节肥高效农作种植模式与关键技术、周年丰产氮肥运筹与专用型新肥料筛选应用，构建基于双季稻高产栽培条件下，节水节肥综合丰产技术。

（二）湖南双季稻区水资源特征与优化配置研究

针对全球气候变暖背景下，湖南省季节性干旱发生范围和影响程度呈扩大态势，降雨时空分布不均，传统水稻灌溉方式为淹水漫灌、串灌，水资源浪费严重，水分利用率低，严重制约了我省水稻生产的现实，通过研究不同区域自然降水特征、干旱发生规律与干旱监测评估技术、水肥耦合节水灌溉技术，为指导不同区域发展水稻节水、节肥丰产技术提供科技支撑。

（三）湘北提引灌区节水节肥丰产技术研究

针对洞庭湖平原区农田灌溉水源减少，干旱缺水严重，冬种绿肥面积下降，化肥用量增加，重氮、轻磷钾，养分不平衡，肥料利用率低等问题，通过研究水稻定量灌溉、增苗节肥丰产技术、起垄栽培、湿润灌溉节水技术，提出适用湘北区域特点的节水节肥丰产技术。

（四）湘中库塘灌区节水节肥丰产技术研究

针对湘中低岗丘陵区伏秋季节性干旱频发，降水、蓄水不足，干旱缺水，影响双季稻生产；区域内冬闲田面积大，冬种绿肥少，化肥施用量大，用水用肥成本高等现状，通过研究早晚稻不同施氮量和密度互作效应、适用全程机械化生产的超级稻品种、稻草还田融合丰产技术、不同灌溉模式的节水丰产效果，提出适用湘中区域特点的节水节肥丰产技术。

（五）湘南库塘与提引灌区节水节肥丰产技术研究

针对湘南低山丘陵区季节性干旱发生早、强度大，中低产田面积大，梯冲田、雨养稻田多，保水保肥性能差，双季稻产量低而不稳，效益不高等问题，通过研究“早蓄晚灌”、免耕覆盖、水肥耦合、节水保肥以及地力提升等关键技术，提出适用湘南区域特点的节水节肥丰产技术。

四、研究思路和总体方案

依据上述研究范围和目标，本研究从以下 5 个方面进行。

（1）双季稻区水肥高效利用调控技术与新产品筛选应用研究。

（2）湖南双季稻区水资源特征与优化配置研究。

（3）湘北提引灌区节水节肥丰产技术研究。

（4）湘中库塘灌区双季稻节水节肥丰产技术研究。

（5）湘南库塘与提引灌区节水节肥丰产技术研究。

由 3 个研究团队承担各项研究：

研究团队一：湖南省农业科学院，重点负责研究“双季稻区水肥高效利用调控技术与新产品筛选应用”“湘北提引灌区节水节肥丰产技术集成与示范”“湘中库塘灌区双季稻节水节肥丰产技术集成与示范”的相关内容。具体由湖南省土壤肥料研究所、湖南省水稻研究所、湖南杂交水稻研究中心共同承担。

研究团队二：湖南农业大学，重点负责研究“湘南库塘与提引灌区节水节肥丰产技术集成与示范”的相关内容，参与承担“水肥利用效率调查研究”“双季稻节水节肥丰产栽培关键技术研究”的相关内容。

研究团队三：湖南省水利水电勘测设计研究总院、湖南省气象科学研究所，重点负责研究“湖南双季稻区水资源特征与优化配置研究”的相关内容，其中湖南省水利水电勘测设计研究总院具体负责“不同区域水资源合理调配与节水灌溉制度及运行管理模式研究”“不同区域农业水资源基础数据库与灌溉水决策模型研究”“灌区灌水渠道减漏保水技术与利用智能化管理系统研究”的相关研究，湖南省气象科学研究所具体承担“双季稻主产区自然降水特征、干旱发生规律与干旱监测评估技术研究”的相关研究。

（一）双季稻区水肥高效利用调控技术与新产品筛选应用

1. 水肥高效利用水稻新品种的引进筛选与适应性研究

引进筛选耐旱节水水稻新品种，研究耐旱节水水稻品种不同土壤水分状况下生理与产量机制，探明不同区域水稻品种对水分、养分的适应特征，建立不同区域水稻品种为主体的双季稻周年水肥高效利用综合调控技术。

2. 稻田节水节肥型农作种植模式与关键技术研究

根据水稻需水时空变化特征与周年降水分配特征，重点研究雨养型稻田节水节肥型种植模式关键技术、肥水高效利用土壤耕作方式与轮耕技术、基于冬作的双季稻三熟制肥水高效利用关键技术，通过优化不同区域农作种植模式，协调降水与水稻需水矛盾，使自然降水最优分配到水稻关键生育期，充分发挥自然降水和节水灌溉的增产潜力，构建适于不同区域特点的节水型农作制种植模式与关键技术。

3. 双季稻节水节肥丰产栽培关键技术研究

针对双季稻传统灌溉为淹水深灌、串灌、漫灌，耗水量大和氮肥施用量大、利用率低的实际，以提高自然降水利用率和肥料利用率为核心，重点研究垄作栽培、增苗节氮等节水节肥丰产栽培技术，将节水、节肥、培肥融于一体，探讨不同区域、不同土壤类型、不同类型水稻品种（常规稻、杂交稻）需水需肥规律与群体构建，探讨不同培肥措施，提高稻田土壤水库容量与肥料当季利用效率的关键技术，为创建双季稻节水节肥丰产栽培技术体系提供支撑。

4. 双季稻周年丰产氮肥运筹与专用型新肥料筛选应用

针对湖南水稻生产中，绿肥种植面积减少、有机肥施用量少、稻草大量焚烧，重氮轻磷钾，肥料利用率低，以及农田面源污染加剧等问题，重点研究双季稻丰产氮肥运筹、氮磷钾与中微量元素配合、有机与无机肥结合节肥丰产技术，引进筛选新型专用缓控释肥料并提出应用技术，为水稻高产稳产提供双季稻周年丰产氮肥运筹综合丰产技术。

（二）湖南双季稻区水资源特征与优化配置研究

1. 双季稻主产区自然降水特征、干旱发生规律与干旱监测评估技术研究

利用不同区域历史降水、灾情、气候、农情资料，基于常规地面气象区域站气象资料与地理信息数据，构建不同区域干旱数据库，农业气象地理信息系统，提出农业干旱评估指标和建立不同类型农业水资源利用模式分区，分析不同水稻产区自然降水特征、干旱发生规律，为指导不同区域发展水稻节水、节肥丰产技术提供科技支撑。

2. 不同区域水资源合理调配与节水灌溉制度及运行管理模式研究

基于现有各地区已制定的水稻灌溉制度，根据各示范区的气象、水文、土壤、水资源、土壤耕作的实际，结合本课题节水技术研究的需要和成果，研究制定分区域、分灌区不同稻田土壤肥力和栽培条件下，双季稻节水灌溉制度和节水运行管理模式，达到提

高水资源利用效率的目的。

3. 不同区域农业水资源基础数据库与灌溉水决策模型研究

采取调查与试验研究结合的方法，通过收集项目区的水文、气象、社会、经济资料，建立不同区域水资源、农田水利基础数据库，研究探明自然降水资源时空分布规律与降水总量、蓄水资源量、地表水资源量、地下水资源量、客水资源量、人均水资源量、单位面积水资源量，构建与当地水资源条件相适应的灌溉水决策模拟模型。

4. 灌区灌水渠道减漏保水技术与利用智能化管理系统研究

针对目前灌溉水在渠道输送与源终溢口、涵洞、闸门等分流过程中，出现暗渗、明漏、蒸发等水损，渠道水利用系数仅维持在0.45~0.55，水损量达到50%以上的现实问题，利用现有基础，选择典型渠道，研究渠道减漏保水技术，建立分区（片）流量自控的管网灌溉系统。

（三）湘北提引灌区节水节肥丰产技术研究

1. 双季稻田定量灌溉节水技术研究

针对早稻种植期内雨量分布不均，晚稻种植期内降水量偏少，因干旱导致结实率低、籽粒不饱满等问题，重点研究早、晚稻不同生育期的需水特性，量化不同生育时期的灌水量（深度），采取湿润灌溉与干湿交替等定量节水措施，研究提出适于平原区提引灌溉节水技术。

2. 双季稻田生物覆盖培肥技术研究

针对稻田绿肥种植面积减少，稻草焚烧现象严重，土壤长期旋耕，耕层变浅、有机质下降，水肥蓄积能力降低等问题，通过开发冬季农业，发展水旱轮作，种植紫云英、油菜、冬季蔬菜（芥菜、榨菜、黄菜薹）等绿色生物覆盖，重点研究稻田生物覆盖培肥技术，实现用养结合，减少氮肥施用量，提高土壤水库容量，促进地力提升，创建适于平原区双季稻田生物覆盖培肥节肥丰产技术体系。

3. 双季稻增苗节肥丰产栽培技术研究

针对早稻移栽后常出现五月低温，导致僵苗不发，影响早稻生长发育，传统的增施氮肥，促进禾苗早发、快发措施，一方面往往导致无效分蘖多、成穗少、贪青晚熟、结实率低，产量低而不稳，另一方面由于过量施用氮肥，不仅利用效率低，而且导致面源污染等现状。重点研究早稻减氮增苗、提高成穗与结实率的增苗节肥丰产栽培技术，为促进早稻平衡增产提供科技支撑。

4. 双季稻节水节肥丰产技术集成研究

针对湘北平原区的气候特点及当地水稻种植习惯，综合集成双季稻田定量灌溉节水技术、双季稻田生物覆盖培肥技术、双季稻增苗节肥丰产栽培技术，形成适于区域特点的稻田水肥高效利用综合丰产技术规程，分别在华容县和赫山区建立核心示范基地，在所在区域进行示范推广。

（四）湘中库塘灌区双季稻节水节肥丰产技术集成与示范

1. 双季稻平衡施肥节氮技术研究

针对稻田绿肥种植少，在肥料施用上重氮轻磷钾，土壤有机质减少，土壤养分不平衡，氮素利用率低，面源污染加重等问题，在摸清稻田不同土壤类型、土壤养分丰缺指标的基础上，参照“3414”测土配方试验方案，进行平衡施肥试验研究，提出双季稻平衡施肥节氮增效技术。

2. 双季稻全程机械化与稻草还田培肥丰产技术研究

针对乡村劳动力向二三产业战略转移，农村劳动力少，稻田绿肥种植少，土壤有机质下降与养分不平衡的实际，重点研究水稻工厂化育秧、稻田机耕、水稻机插、水稻机收与稻草全量还田等全程机械化与农艺结合技术，构建适于全程机械化与稻草还田培肥丰产技术。

3. 双季稻冲垄田节水灌溉技术研究

针对稻田以山冲垄田为主，保水保肥性差，易受旱灾，而灌溉以山塘和水库为主，蓄水能力有限，导致农业灌溉用水不足等问题，重点研究山冲田双季稻灌溉用水合理调控与干湿交替湿润灌溉栽培平衡增产技术，以确保稻田在节水条件下丰产增收。

4. 湘中库塘灌区双季稻节水节肥丰产技术集成研究

综合集成双季稻节水节肥品种、平衡施肥节氮、全程机械化与稻草还田培肥、冲垄田节水灌溉、稻田少免耕稻草覆盖还田、水稻集中育秧、抗倒调控、双超搭配、防衰壮籽、增穗扩库调控、病虫草害综合防治等节本省工、节水节肥丰产栽培技术，形成“湘中库塘灌区双季稻节水节肥丰产技术体系”，分别在醴陵市和宁乡县建立核心示范基地，进行示范推广。

（五）湘南库塘与提引灌区节水节肥丰产技术研究

1. 双季稻早蓄晚灌节水栽培关键技术研究

针对夏秋干旱发生频繁、冲垄田面积大、保水性能差、部分稻田以雨养灌溉为主的实际，重点研究冲垄田早蓄晚灌、晚稻免耕栽培与深水插秧、节水节肥综合丰产技术，提出冲垄田“早蓄晚灌”节水栽培技术规程。

2. 晚稻覆盖免耕节水栽培关键技术研究

针对河谷平原区晚稻生长期间降雨少，易受夏旱、秋旱，提水灌溉成本高，水稻生产效益低的实际，重点研究基于节水节肥与土壤水库容量的晚稻免耕稻草覆盖节水节肥丰产技术，实现河谷平原连作晚稻省工节本、轻型高效、增产增收。

3. 双季稻田水旱轮作扩容保肥水肥耦合关键技术研究

针对中低产田面积大、类型多、成因复杂、障碍因素多、山荫冷浸、缺水干旱、土壤贫瘠、漏水漏肥、有效养分含量低、土壤有机质缺乏、产量低而不稳的特点，以消除土壤障碍因素为切入点，以增加土壤库容与地力提升为目标，通过平衡施肥、种植制度、耕作栽培、秸秆还田、绿色生物覆盖及土壤培肥技术，重点研究水稻垄作栽培、水旱轮作、土壤结构改良及生态修复技术，创建适合双季稻田水旱轮作扩容保肥、水肥耦合关键技术，提出区域农业资源优化配置模式与生产技术体系。

4. 湘南丘岗蓄水灌区水稻节水节肥丰产综合技术集成研究

集成耐旱水稻品种、“早蓄晚灌”、晚稻稻草覆盖、免耕栽培、平衡施肥、施用专用型缓控释肥、种植绿肥、施用有机肥以及抗蒸腾制剂等关键技术，提高稻田土壤水肥库容量，形成双季稻田节水节肥丰产综合技术体系，并制定相应的技术规程，分别在冷水滩区和衡阳县建立核心示范基地进行示范，并在该区域进行大面积辐射推广。

第二章　双季稻区水肥高效利用调控技术与新产品筛选应用研究

第一节　水肥高效利用水稻新品种的引进筛选与适应性研究

一、研究目标

引进筛选耐旱节水水稻新品种，研究耐旱节水水稻品种不同土壤水分状况下生理与产量机制，探明不同区域水稻品种对水分、养分的适应特征，建立不同区域水稻品种为主体的双季稻周年水肥高效利用综合调控技术，进行品种示范展示。

二、研究内容

（一）耐旱节水水稻品种在不同灌区的耐旱性研究

2013 年在以往研究基础上，选取 6~8 个晚稻品种分别在华容、赫山、衡阳等试验区进行品种的耐旱节水与适应性研究；2014 年进一步从中选择 2 个晚稻品种在赫山试验区进行相应研究。

（二）水稻不同生育期对干旱胁迫的敏感程度研究

2013 年在筛选的抗旱性较强的水稻品种中选取几个品种进行干旱胁迫的敏感性研究。

（三）不同土壤类型下水稻对干旱胁迫的生理响应研究

2014 年通过比较不同土壤类型的水稻在干旱胁迫下的产量和部分生理指标的变化，分析其产量构成及其生理基础，为耐旱品种区域适应性评价和试种示范提供依据。

（四）双季晚稻分蘖期干旱胁迫下的耐旱适应性研究

根据湖南干旱发生特征，2014—2016 年，在双季晚稻返青分蘖期、抽穗扬花期进行田间试验研究，进行干旱胁迫处理，研究干旱对水稻生长发育及产量的影响，获取双季稻关键时期干旱指标，进行干旱分级。

三、研究方案

（一）耐旱节水水稻品种在不同灌区的耐旱性研究

试验分别在益阳市赫山区、岳阳市华容县，衡阳市衡阳县进行，根据前期筛选结果，从获得耐旱性强的晚稻品种中选取湘晚籼 12 号、五优 308、天优 290、创香 5 号、五丰优 T025、金优 6530、岳优 9113 等品种，试验品种材料分两组，处理组和对照组，6 月中旬，同期播种，第 1 组对照组（7 个品种）插在同一块田，按常规方式灌溉，第 2 组处理组（7 个品种）插在另一块田，在孕穗期前（8 月下旬）停止灌水，直到成熟收获。每品种插 66.7m^2，不设重复。试验记载各水稻品种的盛花期，取样考种，考察的指标包括：株高，生物量，产量，结实率，收获指数（产量与相应生物量的比值），根据对照组与处理组的考种结果分析不同水稻品种的区域适应性。

（二）水稻不同生育期对干旱胁迫的敏感程度研究

试验在湖南省水稻研究所旱棚（试验地经度 113°5′E，纬度 28°12′N，海拔 44.9m）中进行。供试品种选择金优 6530、湘晚籼 12 号、创香 5 号三个耐旱品种，湘晚籼 13 号敏感品种，中旱 3 号和 IR64 分别为耐旱和敏感对照品种。试验分别测定干旱处理和对照组叶片中的叶绿素含量、相对含水量（表 2-1）。

表 2-1　水稻不同生育期干旱处理设计

试验设计	处理时期	试验方式	栽插方式	灌溉方式
对照		盆栽	设置三个对照组对应三个生育期；每个对照组内每个品种设置 3 个重复，每个重复栽 2 盆，每盆插 3 株水稻，每个品种共 18 盆	整个生育期保持浅水灌溉
处理 1	分蘖期	盆栽	每个品种设置 3 个重复，每个重复栽 2 盆，每盆插 3 株水稻，每个品种共 6 盆	处理组内每盆水稻中灌溉等量的水分，在分蘖前期停止灌水，定期测定土壤中的含水量
处理 2	孕穗期	盆栽	每个品种设置 3 个重复，每个重复栽 2 盆，每盆插 3 株水稻，每个品种共 6 盆	处理组内每盆水稻中灌溉等量的水分，在分蘖后期停止灌水，定期测定土壤中的含水量
处理 3	开花期	盆栽	每个品种设置 3 个重复，每个重复栽 2 盆，每盆插 3 株水稻，每个品种共 6 盆	处理组内每盆水稻中灌溉等量的水分，在孕穗期停止灌水，定期测定土壤中的含水量

（三）不同土壤类型下水稻对干旱胁迫的生理响应研究

试验在湖南省水稻研究所旱棚（试验地经度 113°5′E，纬度 28°12′N，海拔 44.9m）中进行。选用五丰优 T025、湘晚籼 12 号、湘晚籼 13 号等 3 个品种，于 6 月 25 日播种，7 月 15 日移栽；采用盆栽试验，五种不同类型的土壤处理，五种土壤包括河沙泥（水稻土）/汉寿、红黄泥（红壤）/长沙县、紫潮土（潮土）/汨罗华容、酸性紫色土（紫色土）/祁东衡南、紫潮泥（水稻土）/攸县。移栽前将土壤晒干，称重，放于试验盆中（每盆 5kg±0.25kg），然后浇入等量的水。每个处理种 2 盆，3 个重复，每盆插 3 株。分蘖期、抽穗期分别等量施肥。试验在分蘖期、拔节期保持正常水分管理（等量浇水），于始穗期开始干旱处理，停止浇水 20d，然后等量复水（表 2-2）。始穗期开始分别测定干旱处理和对照组叶片中的叶绿素含量，成熟期测定产量。

表 2-2　不同土壤类型下水稻对干旱胁迫的生理响应研究方案

试验设计	处理组（干旱胁迫）	对照组（浅水灌溉）
试验方式	盆栽	盆栽
处理时期	开花灌浆期	
栽插方式	每种土壤类型每个品种设 3 次重复，每个重复栽 2 盆，每盆插 3 株水稻，每个品种共 30 盆	每种土壤类型每个品种设 3 次重复，每个重复栽 2 盆，每盆插 3 株水稻，每个品种共 30 盆
灌溉方式	处理组内每盆水稻灌溉等量的水，在始穗期停止灌水，为期 20d，然后复水	在生育期内保持浅水灌溉

（四）双季晚稻分蘖期干旱胁迫下的耐旱适应性研究

试验地点：湖南衡阳市农业气象试验基地（26.96°N，112.57°E）进行。田间土壤为水稻土，肥力中等。

试验设计：田间试验采用遮雨棚对双季晚稻进行干旱胁迫处理。试验小区共计 15 个，其中安装遮雨棚小区 12 个，自然降水小区 3 个。试验小区面积为 2m×2m，遮雨棚面积为 3m×3m。干旱胁迫处理小区四周具有 50cm 深防止渗膜处理，小区间设有 30cm 宽×30cm 深防渗排水沟（图 2-1）。在双季晚稻移栽期选择植株大小一致、长势较好的秧苗，超级稻每蔸移栽 2 株，常规稻 4 株，移栽密度为 17cm×20cm。在双季晚稻分蘖始期当天开始进行干旱胁迫处理，处理期间不进行灌溉，并用遮雨棚遮住降水，四个处理持续时间分别为 15d（T1）、20d（T2）、25d（T3）和 30d（T4），每个处理设 3 个平行小区，处理完后及时灌水。田间试验品种为常规稻湘晚籼 13 号和超级稻五丰优 T025，均由湖南省农业科学院提供（图 2-1）。

盆栽试验采用防渗泡沫箱体进行干旱胁迫处理（备份盆）。泡沫箱体规格（长×宽×高）为 60cm×40cm×30cm，每个品种设 4 个箱体，在双季晚稻移栽期选择选植株大小一致、长势较好的秧苗，超级稻每蔸移栽 2 株，常规稻 4 株，移栽密度为 17cm×20cm，每个箱体移栽 4 蔸。水稻品种除田间试验两种品种，增加常规稻品种湘晚籼 12 号，来源于湖南省农业科学研究院。

测定项目：

（1）土壤性状的本地观测：按土壤站的要素，测定土壤质地、容重、田间持水量、饱和含水量等，以及地下水位。

（2）土壤水分观测：每 2d 测定处理小区 0～10cm 土壤含水量，干旱胁迫处理 10d 和干旱胁迫处理完当天加测 10～20cm、20～30cm 土壤含水量，对照组不做观测。测定时间早上 8：00—10：00。

（3）作物生育期：观测记录各小区双季晚稻全生育期进程，生育期观测按《农业气象观测规范》记载。每小区定株 5 蔸，移栽返青后进行挂牌标记。

（4）干旱胁迫处理开始当天，及时排出田间已有的水分；干旱胁迫处理时间结束后恢复灌溉，田间管理与对照组同步。

（5）干旱胁迫处理期间，每 2d 观测分蘖动态、测定叶绿素含量。干旱胁迫使得双季晚稻初现卷叶后，每 2d 观测卷叶数、萎蔫数、叶长（萎蔫长）、记录干旱致死植株数等。干旱胁迫处理结束当天测定叶绿素荧光特性、株高、叶面积、干物质等。卷叶数、萎蔫数、叶长（萎蔫长）选择在 8：00—10：00 观测。

（6）水稻成熟收获，测定总茎数、有效茎数、穗长、一次枝梗数、结实粒数、空壳粒、秕谷粒、茎秆重、籽粒重，计算穗粒数、穗结实粒数、空壳率、秕谷率、千粒重、理论产量、株成穗数、成穗率。

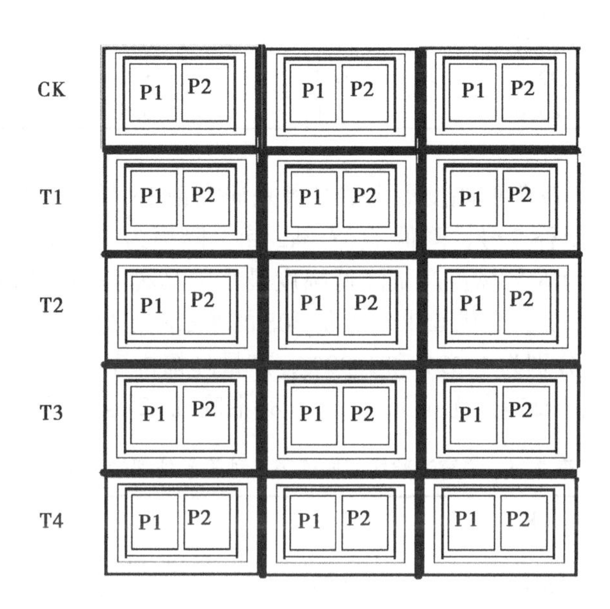

图 2-1　晚稻耐旱适应性试验小区设置

注：P 代表品种，T 代表干旱胁迫处理；表示挖沟深 0.5m，宽 0.3m，沟中铺防水膜，然后填土填平；表示挖沟深 0.3m，宽 0.3m，沟中铺防水膜，稍填土把膜压紧，以方便排水；表示遮雨棚，为 3m×3m

四、主要研究进展

（一）耐旱节水水稻品种在不同灌区的耐旱性研究

据华容县核心试验区试验，干旱胁迫处理后结实率降低幅度最大的品种是湘晚籼 13 号，降低了 8.5 个百分点，降幅达 9.93%，其次是岳优 9113，降低了 7.3 个百分点，降幅为 8.33%，创香 5 号也降低了 5.7 个百分点，降幅为 6.16%；结实率降低幅度最小的品种是湘晚籼 12 号，只降低了 0.8 个百分点，降幅为 0.85%，金优 6530、五优 308 的结实率降幅也较小，只降低了 1.2 个百分点，降幅分别为 1.38%和 1.28%（表 2-3）。

表 2-3　华容试验区不同晚稻品种干旱处理的结实率

品种名称	CK	干旱胁迫处理		
	结实率（%）	结实率（%）	与 CK 相比结实率差（%）	与 CK 相比降幅（±%）
金优 6530	86.7	85.5	1.2	1.38
五丰优 T025	84.5	80.8	3.7	4.38

（续表）

品种名称	CK	干旱胁迫处理		
	结实率（%）	结实率（%）	与 CK 相比结实率差（%）	与 CK 相比降幅（±%）
五优 308	93.6	92.4	1.2	1.28
岳优 9113	87.5	80.2	7.3	8.33
湘晚籼 12 号	94.4	93.6	0.8	0.85
创香 5 号	92.5	86.8	5.7	6.16
湘晚籼 13 号	85.6	77.1	8.5	9.93

干旱胁迫处理后产量降低幅度最大的品种是湘晚籼 13 号，降低了 38.0kg/亩，降幅达 8.23%，其次是创香 5 号，降低了 37.5kg/亩，降幅为 7.42%，岳优 9113 也降低了 32.45kg/亩，降幅为 6.73%；产量降低幅度最小的品种是湘晚籼 12 号，只降低了 5.9kg/亩，降幅为 1.26%，金优 6530、五优 308 的产量降幅也较小，只降低了 7.19kg/亩、6.83kg/亩，降幅分别为 1.39%和 1.30%，产量降幅排序为：湘晚籼 13 号>创香 5 号>岳优 9113>五丰优 T025>金优 6530>五优 308>湘晚籼 12 号（表 2-4）。

表 2-4　华容试验区不同晚稻品种干旱处理的产量

品种名称	CK	干旱处理		
	（kg/亩）	（kg/亩）	与 CK 相比产量差（kg/亩）	与 CK 相比降幅（±%）
金优 6530	517.34	510.45	7.19	1.39
五丰优 T025	498.67	476.00	22.67	4.55
五优 308	525.70	518.87	6.83	1.30
岳优 9113	482.45	450.00	32.45	6.73
湘晚籼 12 号	467.90	462.00	5.90	1.26
创香 5 号	505.50	468.00	37.5	7.42
湘晚籼 13 号	462.00	424.00	38.0	8.23

据赫山核心试验区试验，干旱胁迫处理后结实率降低幅度最大的品种是湘晚籼 13 号，降低了 9.2 个百分点，降幅达 9.87%；其次是创香 5 号，降低了 5.7 个百分点，降幅为 6.03%；五丰优 T025 降幅也较大，降低了 3.7 个百分点，降幅为 4.18%；岳优 9113 降幅中等，降低了 2.4 个百分点，降幅为 2.65%；结实率降低幅度较小的品种是五优 308、天优 290、金优 6530 和湘晚籼 12 号，降幅分别为 0.32%、1.09%、1.24%和 1.45%（表 2-5）。

表 2-5　赫山试验区不同晚稻品种干旱处理的结实率

品种名称	CK	干旱处理		
	结实率（%）	结实率（%）	与 CK 相比结实率差（%）	与 CK 相比降幅（±%）
金优 6530	88.6	87.5	1.1	1.24
五丰优 T025	88.5	84.8	3.7	4.18

（续表）

品种名称	CK	干旱处理		
	结实率（%）	结实率（%）	与 CK 相比结实率差（%）	与 CK 相比降幅（±%）
五优 308	95.0	94.7	0.3	0.32
天优 290	91.6	90.6	1.0	1.09
岳优 9113	90.4	88.0	2.4	2.65
湘晚籼 12 号	96.4	95.0	1.4	1.45
创香 5 号	94.5	88.8	5.7	6.03
湘晚籼 13 号	93.2	84.0	9.2	9.87

干旱胁迫处理后产量降低幅度最大的品种是湘晚籼 13 号，降低了 43.2kg/亩，降幅达 9.41%；其次是创香 5 号，降低了 26.5kg/亩，降幅为 5.54%；五丰优 T025 降幅也较大，降低了 20.4kg/亩，降幅为 4.18%；岳优 9113 降幅中等，降低了 10.15kg/亩，降幅为 2.11%；产量降幅较小的品种是天优 290、五优 308、金优 6530 和湘晚籼 12 号，降幅分别为 0.58%、1.11%、1.33%和 1.57%（表 2-6）。

表 2-6　赫山试验区不同晚稻品种干旱处理的产量比较

品种名称	CK	干旱处理		
	产量（kg/亩）	产量（kg/亩）	与 CK 相比产量差（kg/亩）	与 CK 相比降幅（±%）
金优 6530	487.00	480.50	6.50	1.33
五丰优 T025	488.10	467.70	20.40	4.18
五优 308	505.00	499.40	5.60	1.11
天优 290	502.50	499.60	2.90	0.58
岳优 9113	482.00	471.85	10.15	2.11
湘晚籼 12 号	460.00	452.80	7.20	1.57
创香 5 号	478.50	452.00	26.50	5.54
湘晚籼 13 号	459.00	415.80	43.20	9.41

据衡阳核心试验区试验，在干旱条件下，除金优 6530 表现增产（+0.88%）外，另 7 个品种表现减产（-13.06%~0.83%），减产幅度由小到大依次为湘晚籼 12 号、创香五号、五优 308、天优 290、岳优 9113、五丰优 T025、湘晚 13。从产量来看，金优 6530 和湘晚 12 两品种表现增产或减产不到 1%，可视为在衡阳地区耐旱力强，创香五号和五优 308 两品种减产不到 5%，耐旱力较强，天优 290 和岳优 9113 减产不到 10%，耐旱力中等，五丰优 T025 和湘晚 13 则减产超过 10%，耐旱力差。

综合 3 个核心试验区结果分析表明：在干旱条件下，湘晚籼 12 号、金优 6530 和五优 308 在 3 个点的结实率、产量降幅均较低，可视为耐旱性强的品种；而湘晚籼 13 号和五丰优 T025 的结实率、产量降幅较大，耐旱性较差；其他品种的耐旱性中等。

（二）水稻不同生育期对干旱胁迫的敏感程度研究

在大田筛选基础上选择耐旱性较强的“金优 6530”“湘晚籼 12 号”“创香 5 号”和敏感品种“湘晚籼 13 号”，以耐旱品种“中旱 3 号”、敏感品种“IR64”作对照。各品种于 6 月 20 日同期播种，7 月 12 日移栽至盆钵中，选择在分蘖期、孕穗期、开花期三个不同时期断水 3 天，进行干旱胁迫处理，分别测定干旱处理和对照组叶片中的叶绿素含量、相对含水量。由表 2-7 可看出，除中旱 3 号两指标的胁迫敏感指数较小外（0.009 以下），其他各品种在不同生育期干旱处理的胁迫敏感指数均较大，为 0.009~0.041 5。说明各生育期一定程度的干旱胁迫都会导致水稻生理功能的损伤。不同品种各生育期对干旱胁迫的敏感程度不一致，敏感品种 IR64 在分蘖期的敏感指数最高，可能是多穗型品种在分蘖期对水分更为敏感的原因。湘晚籼 13 号和金优 6530 这两个品种在孕穗期的敏感指数最高，说明这两个品种在孕穗期对水分更为敏感；湘晚籼 12 号、创香 5 号、中旱 3 号这 3 个耐旱品种则在开花期的敏感指数最高，说明耐旱型品种一般在开花期对水分最为敏感。从本试验结果看，孕穗期和开花期是水稻缺水临界期，特别是在抽穗开花期，即使是耐旱品种，也应保证有一定的水分供应（表 2-7）。

表 2-7　各品种不同生育期的叶片相对含水量和叶绿素含量（SPAD）值

品种名称	时期	含水量（水）	含水量（旱）	含水敏感指数	SPAD 值（水）	SPAD 值（旱）	SPAD 敏感指数	平均
IR64	分蘖期	0.695	0.662	0.047 5	45.1	43.5	0.035 5	0.041 5
	孕穗期	0.708	0.683	0.035 3	45.4	43.8	0.035 2	0.035 3
	开花期	0.703	0.681	0.031 3	45.6	43.7	0.041 7	0.036 5
中旱 3 号	分蘖期	0.709	0.702	0.009 9	48.1	47.8	0.006 2	0.008 1
	孕穗期	0.712	0.708	0.005 6	48.9	48.5	0.008 2	0.006 9
	开花期	0.710	0.705	0.007 0	49.3	48.8	0.010 1	0.008 6
湘晚籼 13 号	分蘖期	0.673	0.665	0.011 9	45.5	43.4	0.046 2	0.029 0
	孕穗期	0.677	0.664	0.019 3	45.9	43.5	0.052 3	0.035 8
	开花期	0.675	0.662	0.019 3	47.1	45.3	0.038 2	0.028 7
创香 5 号	分蘖期	0.693	0.688	0.007 2	48.2	47.6	0.012 4	0.009 8
	孕穗期	0.695	0.689	0.008 6	48.9	48.4	0.010 2	0.009 4
	开花期	0.686	0.679	0.010 2	49.1	48.3	0.016 3	0.013 2
湘晚籼 12 号	分蘖期	0.696	0.691	0.007 2	47.3	46.7	0.012 7	0.009 9
	孕穗期	0.705	0.698	0.009 9	47.8	47.2	0.012 6	0.011 2
	开花期	0.709	0.703	0.008 5	48.3	47.6	0.014 5	0.011 5
金优 6530	分蘖期	0.685	0.679	0.008 8	48.6	48.0	0.012 3	0.010 6
	孕穗期	0.691	0.685	0.008 7	48.7	47.2	0.030 8	0.019 7
	开花期	0.693	0.686	0.010 1	49.0	48.6	0.008 2	0.009 1

（三）不同土壤类型下水稻对干旱胁迫的生理响应研究

从图 2-2 可以看出，湘晚籼 12 号、五丰优 T025 和湘晚籼 13 号断水后剑叶的 SPAD 值变化与实际产量一致，断水后湘晚籼 12 号和五丰优 T025 的剑叶 SPAD 值、实际产量总体上均优于对照湘晚籼 13 号，说明湘晚籼 12 号和五丰优 T025 较湘晚籼 13 号耐旱。断水后湘晚籼 12 号和五丰优 T025 较高的剑叶 SPAD 值是其获得较高产量的生理基础。

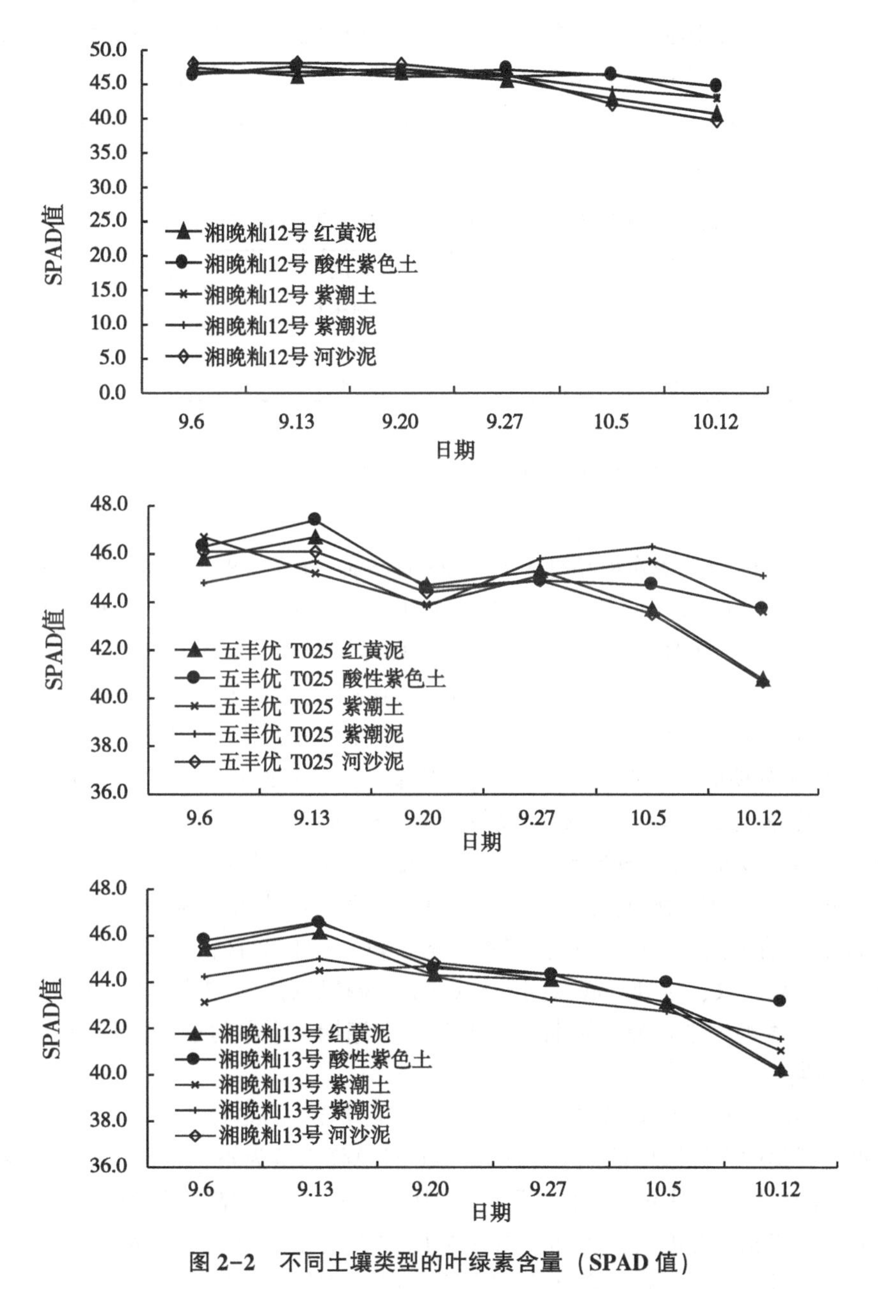

图 2-2 不同土壤类型的叶绿素含量（SPAD 值）

红黄泥、酸性紫色土、紫潮土、紫潮泥、河砂泥 5 种不同土壤类型条件下，湘晚籼 12 号产量依次为 420.1kg/亩、468.2kg/亩、464.6kg/亩、450.0kg/亩、386.9kg/亩，与湘晚籼 13 号比较，分别增产 23.34%、8.06%、26.66%、11.06%、21.51%；五丰优 T025 产量依次为 385.4kg/亩、418.9kg/亩、453.2kg/亩、482.7kg/亩、357.1kg/亩，

与湘晚籼13号比较，分别增产13.15%、-3.32%、23.56%、19.13%、12.16%，除五丰优T025在酸性紫色土种植略有减产外，其余增产幅度均达显著水平。不同土壤类型之间比较，湘晚籼12号、五丰优T025、湘晚籼13号3个品种的产量均以在酸性紫色土、紫潮土、紫潮泥3种土壤类型上种植的较高，在河砂泥、红黄泥土壤上种植产量较低。与河砂泥比较，湘晚籼12号在酸性紫色土、紫潮土、紫潮泥3种土壤类型上种植可显著增产幅度可21.01%、20.08%、16.31%，五丰优T025可显著增产17.31%、26.91%、35.17%（表2-8）。

表2-8　不同土壤类型下干旱胁迫对水稻实际产量的影响　　（kg/亩）

	红黄泥	酸性紫色土	紫潮土	紫潮泥	河砂泥
湘晚籼12号	420.1	468.2	464.6	450.0	386.9
五丰优T025	385.4	418.9	453.2	482.7	357.1
湘晚籼13号	340.6	433.3	366.8	405.2	318.4

（四）双季晚稻分蘖期干旱胁迫下的耐旱适应性研究

1. 试验基本情况

2014年3个试验双季晚稻品种于6月25日浸种，6月28日播种，6月30日出苗，至8月4日为育秧期，8月4日，双季晚稻移栽。8月8日，双季晚稻开始返青。每个品种选择长势一致、排列一起或间隔较近的5株挂牌标记。8月10日开始观测分蘖。8月12日，双季晚稻进入分蘖始期，14日进入普遍期，干旱胁迫试验开始。

2015年3个试验双季晚稻品种于6月14日浸种，6月17日播种，6月20日出苗，至7月15日为育秧期，7月15日，双季晚稻移栽。7月20日，双季晚稻开始返青。每个品种选择长势一致、排列一起或间隔较近的5株挂牌标记。7月22日开始观测分蘖，7月22日，双季晚稻进入分蘖始期，26日进入普遍期，干旱胁迫试验开始。

2016年3个试验双季晚稻品种于6月19日浸种，6月22日播种，6月24日出苗，至7月17日为育秧期，7月18日，双季晚稻移栽。7月22日，双季晚稻开始返青。每个品种选择长势一致、排列一起或间隔较近的5株挂牌标记。7月22日开始观测分蘖，7月24日，双季晚稻进入分蘖始期，26日进入普遍期，干旱胁迫试验开始。

2. 试验期间气象条件

2014—2016年试验期间日平均气温分别为27.7℃、29.3℃和31.2℃。2014年试验期间降水主要集中在试验的前期，8月15—26日总降水量为49.1mm；2015年降水主要集中在试验的后期，8月9—17日总降水量为33.1mm；出现降水的时段，日平均气温相对较低，空气相对湿度大，田间土壤水分的散失较慢。2016年降水集中在试验中前期，降水量总量为120.6mm，降水期间主要以短时强降水为主（图2-3）。

3. 干旱胁迫对常规晚稻分蘖期的影响

（1）干旱胁迫对分蘖百分率的影响　土壤分蘖百分率比值（Q）为控水处理小区分蘖百分率相对对照组分蘖百分率的变化百分比。2014—2016年分蘖百分率比值与控水持续天数之间的相关关系。

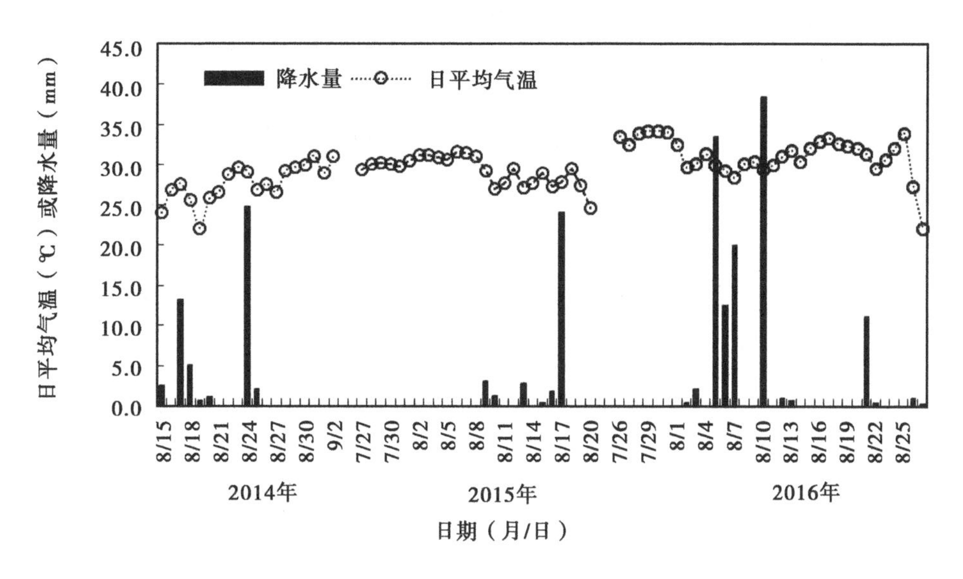

图 2-3　2014—2016 年试验期间气象条件

$$y_1 =- 79.85\ln x_1 + 200.16,\ r = 0.9760,\ P < 0.01 \quad (1)$$

$$y_2 =- 37.24\ln x_2 + 62.919,\ r = 0.86.13,\ P < 0.01 \quad (2)$$

$$y_3 =- 38.33\ln x_2 + 65.682,\ r = 0.9127,\ P < 0.01 \quad (3)$$

由式（1）～（2）可知，当 $y_1=0$ 时，$x_1=12.3$；当 $y_2=0$ 时，$x_2=5.4$；当 $y_3=0$ 时，$x_3=5.5$。

2014—2016 年分蘖百分率比值与控水持续天数之间存在着及其显著的相关关系（图 2-4）。

（2）干旱胁迫对株高影响　图 2-5 为 2014—2016 年控水处理对双季常规晚稻分蘖期株高的影响。2014 年控水处理持续时间为 15d 和 20d 时，对照组（CK）和控水处理组（T）之间株高的差异性不显著（P>0.05）；2015 年控水处理持续时间为 15d 和 20d 时，对照组（CK）株高显著低于和控水处理组（T）（P<0.05），控水处理持续时间为 25d 时，控水处理组（T）之间株高低于对照组（CK），但无明显差异（P>0.05）。2016 年控水处理持续时间为 15d 时，对照组（CK）和控水处理组（T）之间株高的差异性不显著（P>0.05），控水处理持续时间为 20d 和 25d 时，控水处理组（T）之间株高显著低于对照组（CK）（P>0.05）。由此可见，干旱胁迫对双季常规晚稻株高有一定影响。

（3）干旱胁迫对叶面积的影响　干旱胁迫对双季常规晚稻分蘖期单茎叶面积的影响如图 2-6 所示。2015 年控水处理持续时间为 15d，对照组（CK）单茎叶面积明显高于控水处理组（T）（P<0.05）；控水处理持续时间为 20d 时，CK 单茎叶面积高于，但其差异性不显著（P>0.05）；控水处理持续时间为 25d 时，CK 叶面积明显高于 T（P<0.05），控水处理的单茎叶面积相对对照降低了 15.69%。

2016 年控水处理持续时间为 15d，对照组（CK）单茎叶面积与控水处理组（T）无明显差异（P<0.05）；控水处理持续时间为 20d 和 25d 时，CK 叶面积明显高于 T

(P<0.05)，控水处理的单茎叶面积相对对照分别降低了7.81%和40.41%。由此可见，控水持续时间20d以上时，干旱胁迫降低了双季常规晚稻植株的单茎叶面积。

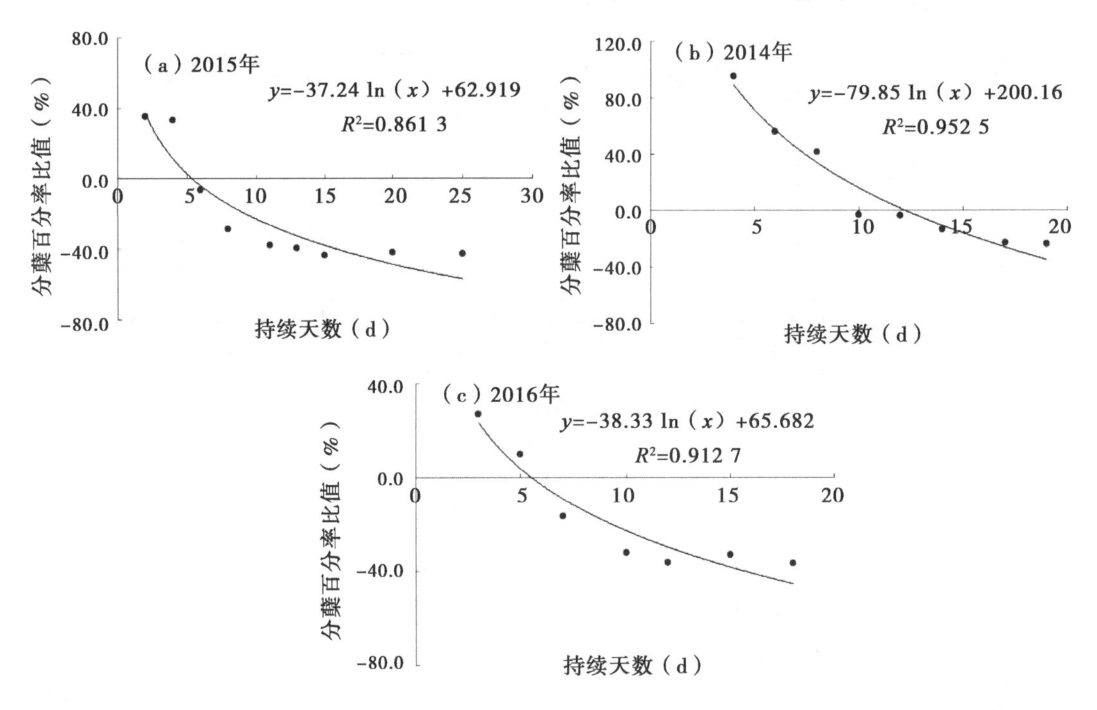

图2-4　2014—2016年干旱胁迫对常规晚稻分蘖百分率比值的影响

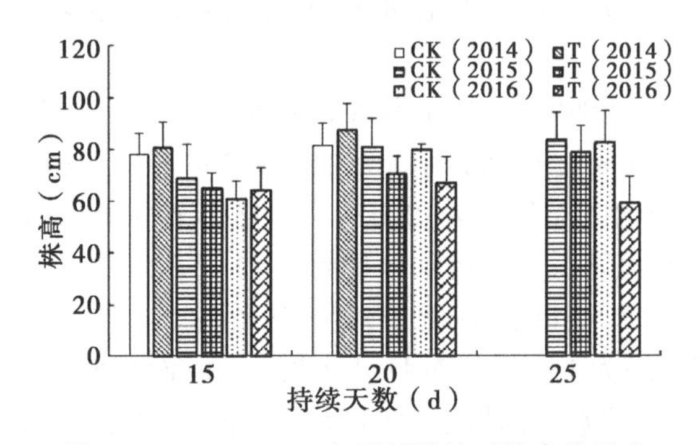

图2-5　2014—2016年干旱胁迫对株高的影响

(4) 干旱胁迫对比叶重的影响　图2-7为干旱胁迫对双季常规晚稻比叶重的影响。2015年控水处理持续时间为15d和20d时，对照组（CK）比叶重高于控水处理组（T），其中持续时间15d通过了0.05差异性检验；控水处理持续时间为25d时CK比叶重低于T，但显著性不明显（P>0.05）。

2016年控水处理持续时间为15d和20d时，对照组（CK）比叶重高于控水处理组（T），但差异性不明显（P>0.05）；控水处理持续时间为25d时CK比叶重显著高于T（P<0.05）。由此可见，控水持续时间20d以上时，干旱胁迫对双季常规晚稻比叶重的影响不明显。

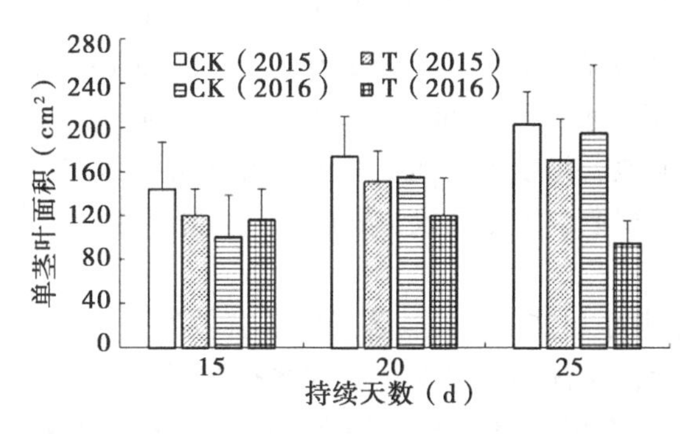

图 2-6　2015—2016 年干旱胁迫对单茎叶面积的影响

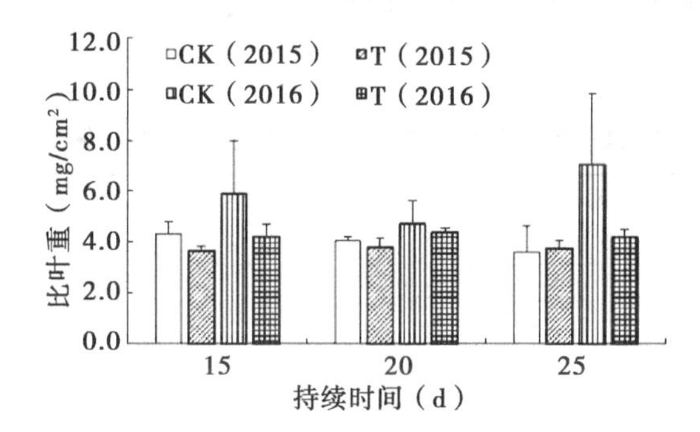

图 2-7　2015—2016 年干旱胁迫对比叶重的影响

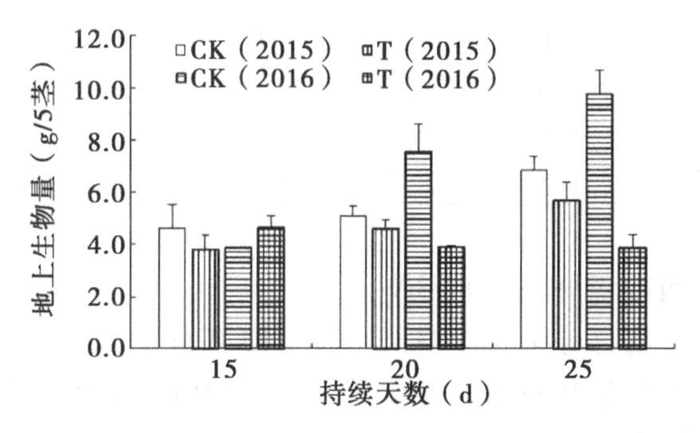

图 2-8　2015—2016 年干旱胁迫地上生物量的影响

（5）干旱胁迫对地上生物量的影响　干旱胁迫对双季常规晚稻地上生物量的影响如所图 2-8 所示。2015 年控水处理持续时间为 15d 和 20d 时，对照组（CK）和控水处理组（T）之间地上生物量的差异性不显著（$P>0.05$）；控水处理持续时间为 25d 时，CK 地上生物量明显高于 ST（$P<0.05$），控水处理的地上生物量相对对照降低了 16.62%。可见，干旱胁迫对双季常规晚稻地上生物量的影响明显。

2016 年控水处理持续时间为 15d 时，对照组（CK）和控水处理组（T）之间地上生物量的差异性不显著（$P>0.05$）；控水处理持续时间为 20d 和 25d 时，CK 地上生物量明显高于 ST（$P<0.05$），控水处理的地上生物量相对对照分别降低了 48.41% 和

60.49%。可见，干旱胁迫对双季常规晚稻地上生物量的影响明显。

（6）干旱胁迫对产量结构的影响　表2-9为2014—2016年常规晚稻干旱胁迫试验产量结构分析。2014年控水持续时间为15d和20d时，降低了每穗粒数、空壳率和千粒重，但提高了有效穗数、结实率、秕谷率和理论产量；2015年控水持续时间为15d和20d时，降低了有效穗数、每穗粒数、秕谷率、空壳率和理论产量，但提高了结实率和千粒重。

2015年控水持续时间为25d时，显著降低了有效穗数、每穗粒数、秕谷率、空壳率、千粒重和理论产量，仅提高了结实率，控水持续时间15d、20d和25d，有效穗数和理论产量分别降低了34.9%、33.5%、36.8%和41.1%、40.9%、49.7%。

2016年控水持续时间为15d和20d时，显著降低了有效穗数、每穗粒数、秕谷率和理论产量，对空壳率和千粒重的影响不明显，控水持续时间15d、20d有理论产量分别降低了41.63%和55.10%。

表2-9　2014—2016年双季常规晚稻干旱胁迫试验产量结构分析

年份	处理水平	有效穗数（穗/m^2）	每穗粒数（粒/穗）	结实率（%）	秕谷率（%）	空壳率（%）	千粒重（g）	理论产量（kg/亩）
2014	CK	264.7	117.6	78.0	7.7	14.3	26.65	428.98
	T1	290.8	111.7	81.5	10.2	8.3	26.41	467.16
	T2	303.9	108.9	80.1	10.5	9.4	25.77	455.38
2015	CK	260.1	138.6	67.0	17.0	16.0	29.25	470.81
	T1	169.4	117.5	69.9	15.9	14.3	29.89	277.21
	T2	172.9	115.3	71.4	15.4	13.3	29.35	278.45
	T3	164.3	104.2	70.4	14.0	15.6	29.49	236.97
2016	CK	302.8	172.3	61.2	19.3	19.5	26.12	556.09
	T1	174.1	155.1	58.1	23.4	18.4	26.26	274.83
	T2	151.4	142.5	55.6	24.6	19.8	26.43	211.39

4. 干旱胁迫对超级晚稻分蘖期的影响

（1）干旱胁迫对分蘖百分率的影响　土壤分蘖百分率比值（Q）为控水处理小区分蘖百分率相对对照组分蘖百分率的变化百分比。2014—2016年分蘖百分率比值与控水持续天数之间的相关关系分别为：

$$y_4 = -46.03\ln x_4 + 119.430,\ r = 0.9621,\ p < 0.01 \quad (4)$$

$$y_5 = -40.4\ln x_5 + 825.597,\ r = 0.9179,\ p < 0.01 \quad (5)$$

$$y_6 = -55.82\ln x_6 + 111.04,\ r = 0.9366,\ p < 0.01 \quad (6)$$

由公式（4）~（6）可知，当$y_4=0$时，$x_4=13.3$；当$y_5=0$时，$x_5=7.8$；当$y_6=0$时，$x_6=7.3$。

2014—2016年分蘖百分率比值与控水持续天数之间存在着及其显著的相关关系（图2-9）。

（2）干旱胁迫对株高影响　图2-10为2014—2016年控水处理对双季超级晚稻分

蘖期株高的影响。控水处理持续时间为 15d 时（2014—2016 年），对照组（SC）和控水处理组（ST）之间株高的差异性不显著（P>0.05）；控水处理持续时间为 20d 时，2014 年对照组（SC）和控水处理组（ST）的差异不明显，2015 年和 2016 年对照组（SC）高于控水处理组（ST），且 2016 年达到的显著水平；控水处理持续时间为 25d 时（2015—2016 年），SC 株高明显高于 ST（P<0.01），控水处理的株高相对对照分别降低了 14.54%和 17.25%。由此可见，控水持续时间 20d 以上时，干旱胁迫对双季超级晚稻株高的影响明显。

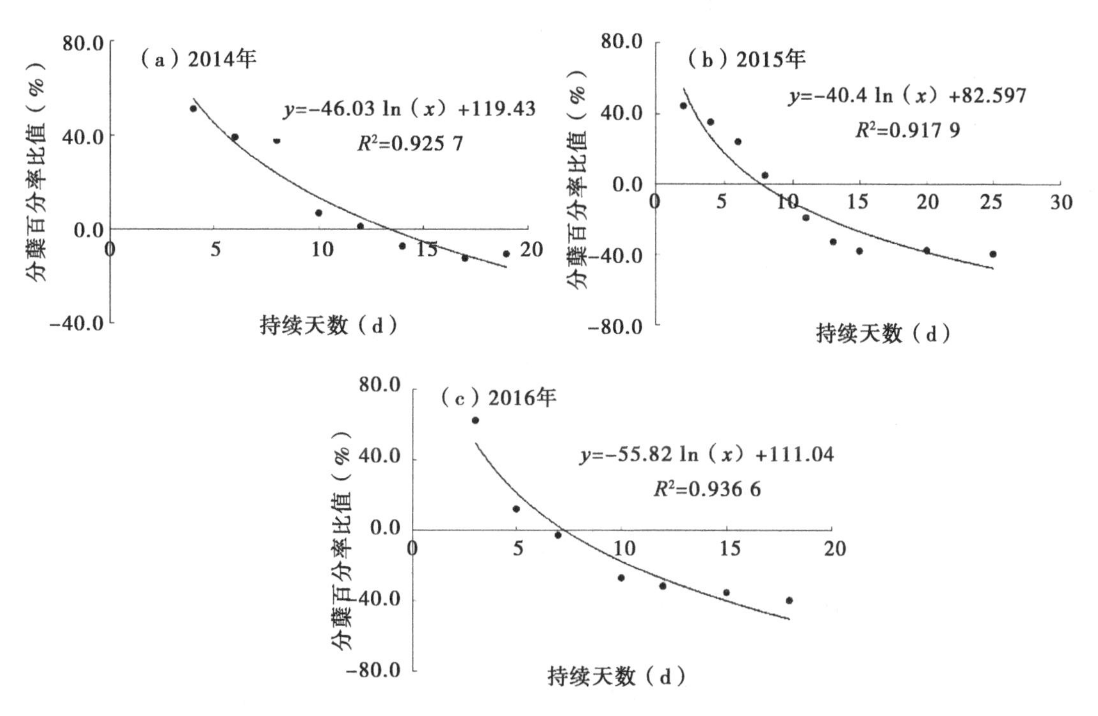

图 2-9　2014—2016 年干旱胁迫对分蘖百分率比值的影响

（3）干旱胁迫对叶面积的影响　干旱胁迫对双季超级晚稻分蘖期单茎叶面积的影响如图 2-11 所示。2014 年控水处理持续时间为 15d，对照组（SC）单茎叶面积明显低于控水处理组（ST）（P<0.01）；控水处理持续时间为 20d 时，SC 和 ST 之间单茎叶面积的差异性不显著（P>0.05）；控水处理持续时间为 25d 时，SC 叶面积明显高于 ST（P<0.05），控水处理的单茎叶面积相对对照降低了 16.09%。

2015 年控水处理持续时间为 15d，对照组（SC）单茎叶面积明显低于控水处理组（ST）（P<0.01）；控水处理持续时间为 20d 时，SC 和 ST 之间单茎叶面积的差异性显著（P<0.05）；控水处理持续时间为 25d 时，SC 叶面积明显高于 ST（P<0.05），控水处理的单茎叶面积相对对照降低了 27.64%。由此可见，控水持续时间 20d 以上时，干旱胁迫降低了双季超级晚稻植株的单茎叶面积。

（4）干旱胁迫对比叶重的影响　图 2-12 为干旱胁迫对双季超级晚稻比叶重的影响。2015 年控水处理持续时间为 15d 和 20d 时，对照组（SC）和控水处理组（ST）之间比叶重的差异性不显著（P>0.05）；控水处理持续时间为 25d 时，SC 比叶重明显高于 ST（$P<0.01$），控水处理的比叶重相对对照降低了 15.22%。

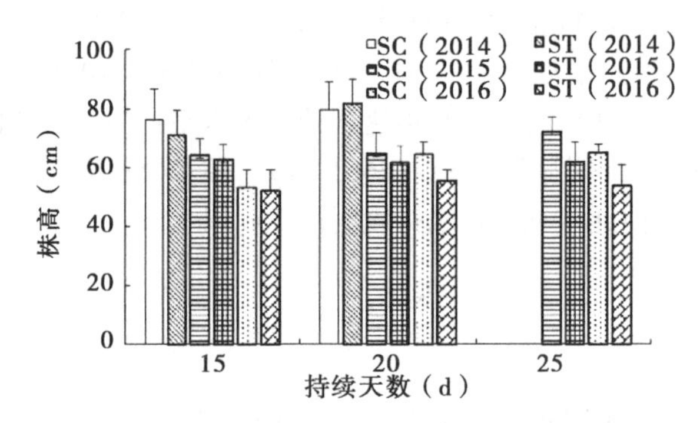

图 2-10　2014—2015 年干旱胁迫对株高的影响

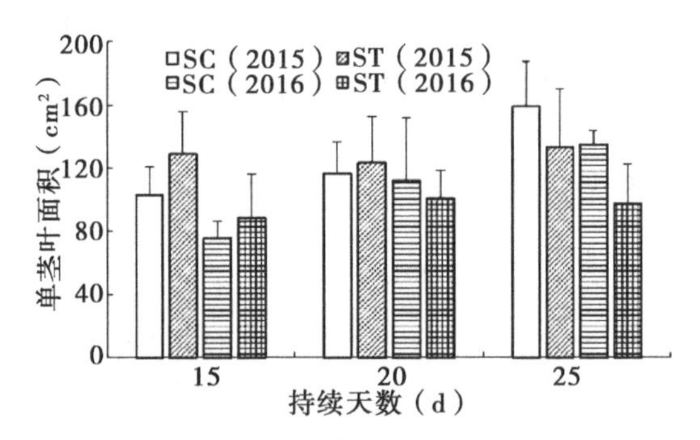

图 2-11　2015—2016 年干旱胁迫对单茎叶面积的影响

2016 年控水处理持续时间为 15 时，对照组（SC）和控水处理组（ST）之间比叶重的差异性不显著（$P>0.05$）；控水处理持续时间为 20d 时，SC 比叶重明显高于 ST（$P<0.01$），控水处理的比叶重相对对照降低了 27.45%；控水处理持续时间为 25d 时，SC 与 ST 的比叶重差异不明显。可见，控水持续时间 20d 以上时，干旱胁迫对双季超级晚稻比叶重的影响明显。

（5）干旱胁迫对地上生物量的影响　干旱胁迫对双季超级晚稻地上生物量的影响如图 2-13 所示。2015 年控水处理持续时间为 15d 和 20d 时，对照组（SC）和控水处理组（ST）之间地上生物量的差异性不显著（$P>0.05$）；控水处理持续时间为 25d 时，SC 地上生物量明显高于 ST（$P<0.05$），控水处理的地上生物量相对对照降低了 22.75%。

2016 年控水处理持续时间为 15d 时，对照组（SC）和控水处理组（ST）之间地上生物量的差异性不显著（$P>0.05$）；控水处理持续时间为 20d 和 25d 时，SC 地上生物量明显高于 ST（$P<0.05$），控水处理的地上生物量相对对照分别降低了 43.37% 和 35.51%。由此可见，控水持续时间 20d 及以上时，干旱胁迫对双季超级晚稻地上生物量的影响明显。

（6）干旱胁迫对产量结构的影响　表 2-10 为 2014—2016 年超级晚稻干旱胁迫试验产量结构分析。2014 年控水持续时间为 15d 和 20d 时，每穗粒数、结实率、秕谷率

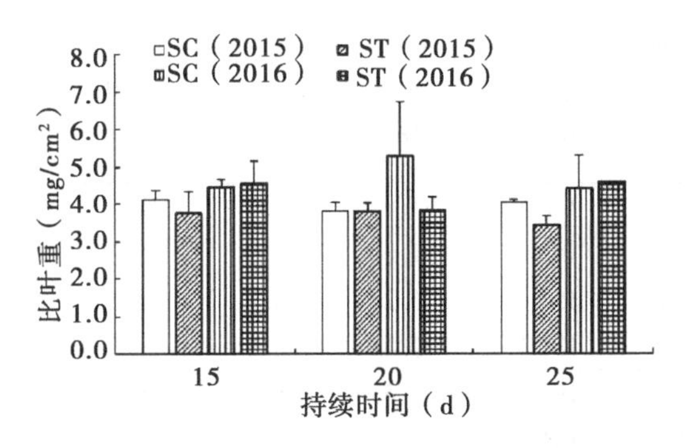

图 2-12 2015—2016 年干旱胁迫对比叶重的影响

和理论产量差异不明显，但降低了有效穗数、空壳率和千粒重；2015 年控水持续时间为 15d 和 20d 时，降低了有效穗数、每穗粒数、秕谷率、空壳率和理论产量，但提高了结实率和千粒重；

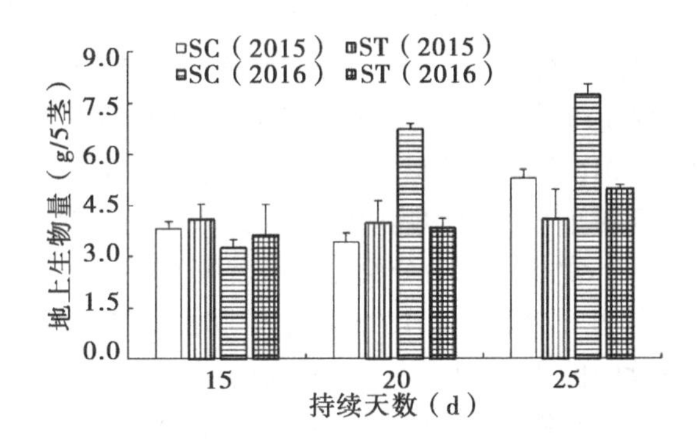

图 2-13 2015—2016 年干旱胁迫地上生物量的影响

2015 年控水持续时间为 25d 时，显著降低了有效穗数、每穗粒数、秕谷率、空壳率、千粒重和理论产量，仅提高了结实率，其中，控水持续时间 15d、20d 和 25d，有效穗数和理论产量分别降低了 31.4%、30.8%、37.2%和 28.4%、28.4%、48.7%。

2016 年控水持续时间为 15d 和 20d 时，显著降低了有效穗数、每穗粒数、秕谷率、千粒重和理论产量，对空壳率和结实率的影响不明显，控水持续时间 15d、20d 有理论产量分别降低了 45.36%和 50.46%。

表 2-10 2014—2016 年超级晚稻干旱胁迫试验产量结构分析

年份	处理水平	有效穗数（穗/m²）	每穗粒数（粒/穗）	结实率（%）	秕谷率（%）	空壳率（%）	千粒重（g）	理论产量（kg/亩）
2014	SC	251.6	134.3	80.3	8.3	11.3	27.71	468.98
	ST1	238.6	136.0	82.7	8.6	8.6	27.10	486.10
	ST2	238.6	130.7	84.0	8.6	7.3	27.25	475.36

（续表）

年份	处理水平	有效穗数（穗/m^2）	每穗粒数（粒/穗）	结实率（%）	秕谷率（%）	空壳率（%）	千粒重（g）	理论产量（kg/亩）
2015	SC	267.0	178.6	75.9	10.0	14.1	22.53	543.74
	ST1	183.1	142.2	91.0	3.9	5.2	24.46	386.19
	ST2	184.8	150.5	86.2	5.3	8.5	24.17	386.34
	ST3	167.7	131.7	87.4	6.3	6.3	22.01	283.22
2016	SC	262.5	195.4	67.5	15.6	16.8	24.32	561.40
	ST1	169.1	184.8	65.2	12.1	22.7	21.87	297.07
	ST2	156.5	160.2	72.0	11.4	16.6	22.38	269.36

5. 双季晚稻对干旱胁迫响应的差异性

（1）分蘖百分率比值差异性　根据公式（1）~（6）计算得出，常规晚稻和超级晚稻在相同干旱胁迫条件下，分蘖百分率对干旱胁迫的响应有所差异。2014 年，常规晚稻的响应时间为 12.3d，超级晚稻的响应时间为 13.3d；2015 年，常规晚稻的响应时间为 5.4d，超级晚稻的响应时间为 7.7d；常规晚稻在分蘖期对干旱胁迫的响应时间要比超级晚稻提前 1~2d。2016 年，常规晚稻的响应时间为 5.5d，超级晚稻的响应时间为 7.3d；常规晚稻在分蘖期对干旱胁迫的响应时间要比超级晚稻提前 1~2d。

由此可见，在分蘖期，常规晚稻的分蘖比超级晚稻更易受到干旱的影响。

（2）生长特性的差异性　2014—2016 年的干旱胁迫试验对常规晚稻和超级晚稻株高的影响表明：控水持续时间 15~20d 时，对株高的影响都不显著；控水持续时间 25d 时，显著降低了常规晚稻和超级晚稻的株高。可见，干旱胁迫对常规晚稻和超级晚稻的影响基本一致。

控水时间为 15~25d 时，常规晚稻单茎叶面积呈减少趋势，且在控水 25d 时，常规晚稻单茎叶面积显著减少，减少幅度达 15.69%~40.41%。控水时间为 15d 时，提高了超级晚稻单茎叶面积；控水时间为 20d 时，对超级晚稻单茎叶面积的影响不明显；控水时间为 25d 时，显著减少了超级晚稻单茎叶面积。可见，常规晚稻和超级晚稻对干旱胁迫的响应有所差异，常规晚稻对干旱胁迫一直呈负效应，而超级晚稻在控水天数为 15d 之前呈正效应，控水天数 20d 之后才对超级晚稻产生负效应。

控水时间为 15~25d 时，常规晚稻和超级晚稻比叶重都呈减少趋势说明，超级晚稻的比叶重对干旱胁迫的响应差异不大。控水时间为 15d 时，常规晚稻和超级晚稻地上生物量变化不明显；控水时间达到 20~25d 时，显著降低了常规晚稻和超级晚稻的地上生物量。由此可见，常规晚稻和超级晚稻地上生物量的积累对干旱胁迫的响应基本一致。

（3）有效穗数和理论产量的差异性　2014—2016 年常规晚稻和超级晚稻有效穗数和理论产量差异性分析如图 2-14 所示。在控水持续时间 15~20d 时，2014 年常规晚稻和超级晚稻的有效穗数和理论产量都有增加的趋势，2015 年和 2016 年常规晚稻和超级晚稻的有效穗数和理论产量都显著减少；在控水持续时间 25d 时（2015—2016），常规晚稻和超级晚稻的有效穗数和理论产量都显著减少。由此可见，常规晚稻在有效穗数和理论产量方面对干旱的胁迫的响应与超级晚稻基本一致。

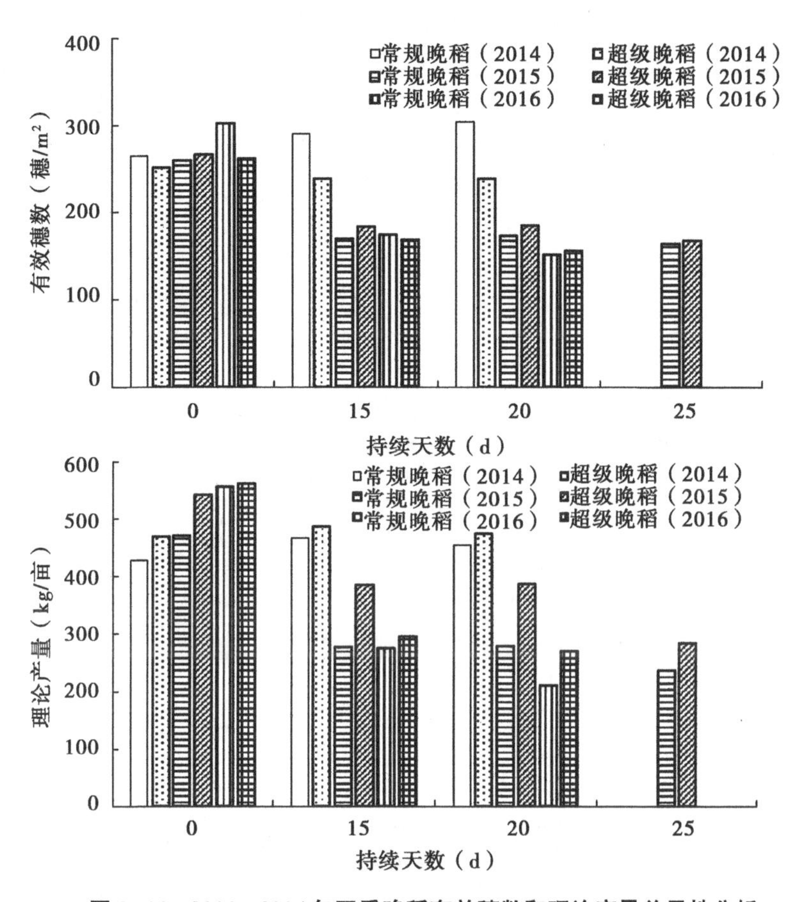

图 2-14 2014—2016 年双季晚稻有效穗数和理论产量差异性分析

6. 讨论

（1）土壤含水量变化 2014—2016 年试验期间 10~20cm 土层重量含水量随控水持续时间增加逐渐降低（图 2-15）。控水持续时间 10d 时，2014 年和 2015 年的田间土壤重量含水量分别为 31.0%和 23.0%。控水持续时间 20d 时，2014 年、2015 年和 2016 年田间土壤重量含水量分别为 26.1%、18.66%和 15.54%；2015 年控水持续时间为 25d 时，田间土壤重量含水量为 23.8%、18.56%和 15.05%。

（2）干旱胁迫对双季晚稻分蘖期的影响 2014 年干旱胁迫试验期间，在干旱持续天数 10d 内，出现了连续阴雨天气，空气相对湿度高，不利于田间土壤水分的蒸散。干旱持续天数 15d 和 20d，对常规晚稻和超级晚稻的株高的影响不明显，提高了常规稻有效穗数，降低了超级晚稻的有效穗数，但提高了常规晚稻和超级晚稻的理论产量。干旱胁迫的敏感时期主要分蘖中期，试验处理前期田间土壤水分蒸散缓慢，双季晚稻分蘖正常，处理结束后恢复灌溉，水稻出现补偿效应，使得双季晚稻的理论产量略有增加。

2015 年干旱胁迫试验期间，在干旱持续时间 10d 内，出现高温晴热天气，田间土壤水分蒸散较快。干旱持续天数15d时，显著降低双季晚稻的分蘖百分率。干旱持续天数20d，对常规晚稻和超级晚稻株高、叶面积、地上生物量的影响不明显，干旱持续天数25d，显著降低了对常规晚稻和超级晚稻株高、叶面积、地上生物量。可能的原因是分蘖期水分轻度胁迫，植株的根、叶、茎、穗和地上部分的干重及总干重较对照均在一定的程度上得到增加，而重度胁迫严重制约着水稻株高的生长、叶面积的扩展、水稻分蘖数降低。分蘖期干旱使单穴有效穗数减少，有效穗数降低过多而显著降低产量。干旱持续时间15~25d，显著降低了常规晚稻和超级晚稻的有效穗数、每穗粒数和理论产量。

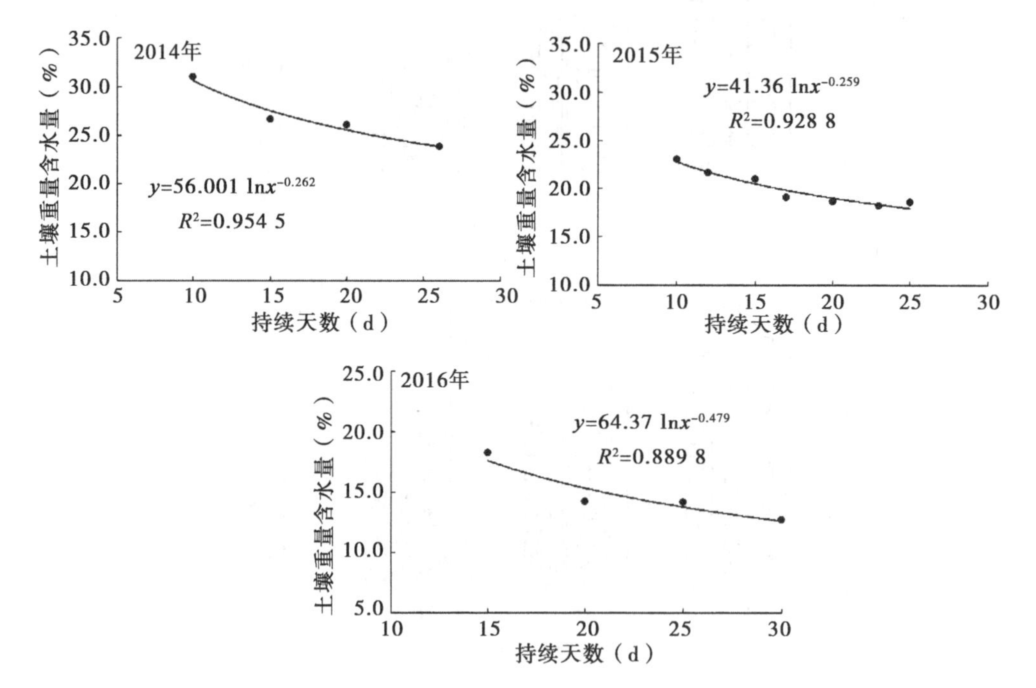

图2-15　2014—2016年试验期间土壤重量含水量变化情况

2016年干旱胁迫试验期间，在干旱持续时间内，虽有降水过程发生，但基本都是短时强降水过程，气温较高，田间土壤水分蒸散较快。干旱持续天数15d时，显著降低双季晚稻的分蘖百分率。干旱持续天数20d及以上时，显著降低常规晚稻和超级晚稻株高、叶面积、地上生物量。干旱持续时间15~25d，显著降低了常规晚稻和超级晚稻的有效穗数、每穗粒数和理论产量。

（3）双季晚稻分蘖期干旱指标　根据公式（1）~（6）预测，分蘖期日平均气温为27.7~31.2℃时，双季晚稻对分蘖百分率的开始产生影响时，连续无降水和灌溉天数为5.3~13.3d，平均为9.3d；连续无降水和灌溉天数为10d、15d、20d、25d时，双季晚稻分蘖百分率平均减少7.26%、27.38%、41.65%和52.72%。干旱持续时间为15d、20d、25d时，双季晚稻株高平均减少了1.58%、7.33%和18.01%。日平均气温为27.7~31.2℃时，连续15d、20d、25d无降水和灌溉，双季晚稻理论产量平均减少24.09%、27.97%和46.02%。

根据试验数据分析，结合田间观测情况，初步得出双季晚稻分蘖期干旱灾害指标为：

轻度干旱：连续无降水和灌溉 10～15d，分蘖百分率减少 15%左右，株高偏低 5%左右，减产 20%左右。田间主要表现为植株正常，分蘖减缓，总茎蘖数偏少，新生分蘖茎偏少。

中度干旱：连续无降水和灌溉 16~20d，分蘖百分率减少 25%左右，株高偏低 8%左右，减产 30%左右。田间主要表现为植株偏矮，分蘖缓慢，总茎蘖数较少，新生分蘖茎很少。

重度干旱：连续无降水和灌溉 20d 以上，分蘖百分率减少 35%左右，株高偏低 15%以上，减产 40%以上。田间主要表现为植株矮小，分蘖停滞，总茎蘖数不足，新生分蘖茎极少。

五、主要结论

（1）不同晚稻品种在干旱条件下，表现为湘晚籼 12 号、金优 6530 和五优 308 耐旱性强；湘晚籼 13 号和五丰优 T025 的结实率低，耐旱性较差；其他品种的耐旱性中等。

（2）不同品种在不同生育期对干旱胁迫的敏感程度研究证实，与对照品种（IR64、中旱 3 号）比较，经干旱胁迫处理后，金优 6530、湘晚籼 12 号、湘晚籼 13 号，叶片中的叶绿素含量、相对含水量计算敏感指数，以湘晚籼 12 号等品种在孕穗期和开花期的敏感指数最高。

第二节　稻田节水节肥型农作种植模式与关键技术研究

一、研究目标

针对湖南双季稻区旱灾频发、水资源利用效率低、氮肥用量过高等问题，根据水稻需水时空变异特征与周年降水分配特征，协调降水与水稻需水矛盾，通过研究与优化不同区域农作种植模式，使自然降水最优分配到水稻关键生育期，充分发挥自然降水和节水灌溉的增产潜力，构建适于不同区域特点的节水型农作制种植模式与关键技术。

二、研究内容

（一）雨养型稻田种植模式及关键技术研究

对不同种植模式下各作物的生育期、产量和产值以及秋作物的叶绿素含量等指标进行测量，分析不同种植模式下的产量差异。以期为稻田发生伏秋干旱后选择适宜的种植模式，获得更好的产量效益。

（二）不同冬季绿色覆盖节水节肥种植模式及关键技术研究

对不同种植模式下各作物生育期及茬口搭配、周年作物产量与经济效益、不同种植模式下早、晚稻光合特性及产量性状的研究，分析不同种植模式下作物的产量，选择最适茬口期搭配模式。

（三）双季稻田“三轮”栽培节水节肥安全生产技术研究

针对双季稻田长期土壤单一耕作、冬闲连作、秸秆焚烧、水肥利用效率低、重金属污染等现实问题，通过周年内实施早稻、晚稻及冬作物的土壤轮耕、水旱轮作及秸秆轮还栽培方法，结合节水湿润灌溉，达到节约能源，减轻劳动强度，提高资源利用效率，增加土壤有机质，增强保蓄土壤养分能力，减轻土壤重金属污染，保护农田生态环境，实现水稻节水节肥、持续均衡、安全生产的目标。

三、研究方案

（一）雨养型稻田种植模式关键技术

试验于2013—2014年在华容县三封寺镇金盆村雨养型稻田进行，共设5种种植模式：早稻—秋红薯、早稻—秋玉米、早稻—秋大豆、早稻—秋季蔬菜、双季稻（CK），每个处理，3次重复，小区面积20m^2。供试品种：早稻为湘早籼45号，晚稻为岳优9113，秋玉米为湘康玉1号，秋红薯为南薯38，秋大豆为翠丰大豆，秋蔬菜为大白菜；早稻于3月26日播种，7月13日成熟，生育期为109d。早稻收获后，于7月20日栽种不同秋作物，并以晚稻作对照，晚稻于6月20日播种，7月15日抛栽。其他管理与大田相同。

（二）不同冬季绿色覆盖节水节肥种植模式及关键技术研究

试验于2013—2014年在华容县万庾镇塌西湖村双季稻田进行，2015—2016年在华容县三封寺镇复兴村双季稻田进行。2013—2014年共设6种种植模式处理：处理1，冬闲—双季稻（CK）；处理2，紫云英—双季稻；处理3，黑麦草—双季稻；处理4，马铃薯—双季稻；处理5，裸大麦—双季稻；处理6，油菜—双季稻。2015—2016年共设5种种植模式，T1，冬闲—双季稻（CK）；T2，紫云英—双季稻；T3，黑麦草—双季稻；T4，油菜（茎叶还田）—双季稻；T5：马铃薯双季稻。大区设计，不设重复，每处理面积200m^2，紫云英品种为湘紫1号，黑麦草品种为多花黑麦草特高，马铃薯品种为兴佳2号，油菜品种为沣油682，早稻品种为湘早籼45号，晚稻品种为岳优9113，其他管理与大田相同。

（三）双季稻田“三轮”栽培节水节肥安全生产技术研究

依托湖南省农业科学院土壤肥料研究所试验网室2004年建立的长期定位试验，2014—2016年开展了相关研究。试验共设5种栽培模式，T1，冬闲免耕—早稻翻耕稻草还田—晚稻翻耕稻草不还田（CK1）；T2，黑麦草免耕秸秆还田—早稻翻耕稻草还田—晚稻翻耕稻草不还田；T3，紫云英免耕秸秆还田—早稻翻耕稻草还田—晚稻翻耕稻草不还田；T4，油菜免耕秸秆还田—早稻翻耕稻草还田—晚稻翻耕稻草不还田；T5，马铃薯翻耕秸秆还田—早稻翻耕稻草还田—晚稻翻耕稻草还田（CK2）。采用小区面积为0.85m×1.3m、深1.0m的水泥池，四面及底部均严格密封，并安装排灌设备，随机区组排列。试验土壤为第四纪红色黏土发育的红黄泥。采用土壤轮耕、水旱轮作、秸秆轮还的“三轮”栽培方法，早稻和晚稻均采用翻耕手插秧方式栽培，早稻收获后早稻草按500kg/亩还田量翻压还田，晚稻收获后，除马铃薯模式外，其余模式晚稻草不还田。冬季作物中，黑麦草、紫云英和油菜采用免耕直播方式播种栽培，马铃薯采用翻耕、稻草加薄膜覆盖方式栽培，冬季作物收获后，早稻移栽前，黑麦草和紫云英部分翻压还田（还田量均为鲜重1 500kg/亩），油菜部分秸秆翻压还田（还田量为500kg/亩），马铃薯部分地上茎和覆盖稻草翻压还田（还田量分别为277kg/亩和1 000kg/亩）。黑麦草品种为多花黑麦草特高，紫云英品种为湘紫1号，油菜品种为沣油682，马铃薯品种为中薯5号，早稻品种为陵两优211，晚稻品种为丰源优2297，早晚稻均采用湿润灌溉方式，其他管理按常规方式进行。

（四）测定指标与方法

1. 作物地上部指标

记录各生育期时间，叶绿素用SPAD仪测定，干物重在105℃下杀青半小时后在75℃下烘干24h，称重测定。

2. 产量及构成因素调查

在收获前一天每小区采用“梅花”式取15蔸样，在室内进行考种，主要调查有效穗、千粒重、总粒数、实粒数、空瘪粒数；每小区取1m^{2}测定实际产量。

3. 土壤样品的采集与分析

每小区在早稻移栽前、早稻收割后和晚稻收割后用直径5cm的取土仪器垂直插入20cm土壤中，取出土样，然后装入网袋，带回实验室，放在阴处自然风干。主要化验：植株养分及重金属含量；土壤容重、有机碳、活性有机碳及氮、磷、钾等养分含量；土壤重金属镉Cd含量。

四、研究进展

（一）雨养型稻田种植模式关键技术研究

1. 不同种植模式生育期

2013年参试的几种秋作物均能在10月底之前成熟收获，但不同秋作物的生育期存在显著差异。秋玉米于10月28日收获，生育期为102d，秋大豆10月27日收获，生育期为101d，秋红薯于10月28日收获，生育期为102d，秋蔬菜于10月18日收获，生育期为107d，对照晚稻成熟较早，于10月16日成熟收获，生育期为122d。

2014年不同种植模式的秋作物均能在10月底之前成熟收获，且收获期差异不大。秋玉米于10月26日收获，生育期为98d，秋大豆10月22日收获，生育期为94d，秋红薯于10月24日收获，生育期分别为96d，秋蔬菜于10月20日收获，生育期为107d，对照晚稻于10月24日成熟收获，生育期为126d（表2-11）。

表2-11　雨养田抗旱节水不同种植模式作物生育期

	作物	品种名称	播种期（月/日）	栽插期（月/日）	收获期（月/日）	生育期（d）
2013	早稻	湘早籼45号	3/25	4/18	7/11	108
	晚稻	湘晚籼13号	6/16	7/15	10/16	122
	秋玉米	湘康玉1号	7/18		10/28	102
	秋红薯	南薯38		7/18	10/28	102
	秋大豆	翠丰大豆	7/18		10/27	101
	秋蔬菜	西蓝花	7/3	7/18	10/18	107

（续表）

	作物	品种名称	播种期（月/日）	栽插期（月/日）	收获期（月/日）	生育期（d）
2014	早稻	湘早籼45号	3/26	4/20	7/13	109
	晚稻	岳优9113	6/20	7/15	10/24	126
	秋玉米	湘康玉1号	7/20		10/26	98
	秋红薯	南薯38		7/20	10/24	96
	秋大豆	翠丰大豆	7/20		10/22	94
	秋蔬菜	大白菜	7/5	7/20	10/20	107

2. 不同秋季作物叶绿素含量

从避旱减灾不同秋季作物叶绿素含量分析比较，2013年8月15日测定叶绿素含量，秋红薯最高，达55.7SPAD值，高出晚稻47.4%，达显著差异，其大小顺序为秋红薯>秋玉米>秋大豆>秋蔬菜>晚稻；9月10日测定，秋红薯叶绿素含量达51.3SPAD值，均显著高于其他作物，其大小顺序为秋红薯>秋玉米>秋大豆>秋蔬菜>晚稻；9月28日测定，秋红薯叶绿素含量达48.3SPAD值，均显著高于其他作物，其大小顺序为秋红薯>秋玉米>秋蔬菜>秋大豆>晚稻；10月15日测定，秋红薯叶绿素含量达45.7SPAD值，其大小顺序为秋红薯>秋玉米>秋蔬菜>秋大豆>晚稻（表2-12）。

表2-12 雨养田抗旱节水不同种植模式秋作物叶绿素含量（SPAD值）2013年

作物	品种名称	测定日期（月/日）			
		8/15	9/10	9/28	10/15
晚稻	湘晚籼13号	37.8	36.2	34.4	31.7
秋玉米	湘康玉1号	53.6	46.7	43.2	42.1
秋红薯	南薯38	55.7	51.3	48.3	45.7
秋大豆	翠丰大豆	44.8	43.4	41.3	38.5
秋蔬菜	西蓝花	43.5	42.3	42.6	39.3

3. 不同种植模式产量与产值

从避旱减灾不同种植模式的产量与产值分析比较，2013年不同种植模式全年粮食产量以早稻—秋玉米最高，为894.8kg/亩，其次是早稻—秋大豆，为861.8kg/亩，第三是早稻—晚稻，为787.0kg/亩，第四是早稻—秋红薯，为741.1kg/亩，早稻—秋蔬菜，蔬菜产量为922.3kg/亩，全年产量为1 335.9kg/亩；不同种植模式全年产值以早稻—秋蔬菜种植模式总产值最高，为4 026.7元/亩，早稻—秋红薯种植模式总产值最低，为1 926.8元/亩，产值大小顺序为早稻—秋蔬菜>早稻—秋玉米>早稻—秋大豆>早稻—晚稻>早稻—秋红薯（表2-13）。

表 2-13　雨养田抗旱节水不同种植模式产量与产值

种植模式	早稻（kg/亩）	晚稻（kg/亩）	玉米（kg/亩）	红薯（kg/亩）	大豆（kg/亩）	蔬菜（kg/亩）	总产量（kg/亩）	总产值（元/亩）
早稻—晚稻	413.6	373.4					787.0	2 046.2
早稻—秋玉米	413.6		481.2				894.8	2 326.5
早稻—秋红薯	413.6			1637.3			741.1	1 926.8
早稻—秋大豆	413.6				224.1		861.8	2 240.7
早稻—秋蔬菜	413.6					922.3	1 335.9	4 026.7

注：红薯按 5∶1 折谷，大豆按 1∶2 折谷；产值按市场价格计算，玉米 2.6 元/kg，红薯 0.52 元/kg，大豆 5.2 元/kg，蔬菜 3.2 元/kg，稻谷 2.6 元/kg

2014 年与早稻—晚稻模式比较，不同种植模式全年折谷产量与产值以早稻—秋蔬菜最高，分别为 1 086.9kg/亩和 2 825.9元/亩，增产增值幅度为 10.1%，而早稻—秋玉米、早稻—秋红薯、早稻—秋大豆 3 种模式产量与产值均有所下降，这可能是 2014 年试验区早晚稻生长季节气温较往年偏低、季节性干旱发生较轻，同时晚稻采用高产杂交稻品种“岳优 9113”等因素影响所致（表 2-14）。

表 2-14　雨养稻田不同种植模式产量与产值

种植模式	早稻（kg/亩）	晚稻（kg/亩）	玉米（kg/亩）	红薯（kg/亩）	大豆（kg/亩）	蔬菜（kg/亩）	总产量（kg/亩）	总产值（元/亩）
早稻/晚稻	483.2	503.7					986.9	2 565.9
早稻/秋玉米	483.2		492.6				975.8	2 537.1
早稻/秋红薯	483.2			1 514.5			949.2	2 467.9
早稻/秋大豆	483.2				232.7		948.6	2 466.4
早稻/秋蔬菜	483.2					784.8	1 086.9	2 825.9

注：参考市场价格，玉米、红薯、大豆、蔬菜按与稻谷比为 1∶1、3.25、0.5、1.3 折谷计算总产量，稻谷、玉米按 2.6 元/kg、红薯按 0.8 元/kg、大豆按 5.2 元/kg、蔬菜按 2.0 元/kg 价格计算

（二）不同冬季绿色覆盖节水节肥种植模式及关键技术研究

1. 不同种植模式作物生育时期及茬口搭配

2013 年不同冬作物收获时期比较，紫云英、黑麦草于 4 月 8 日收割鲜物质翻压还田，马铃薯于 4 月 23 日收获鲜薯，裸大麦、油菜分别于 5 月 3 日、5 月 4 日成熟收获。因冬作物收获时期不一致，早稻抛栽期出现差异，冬闲—双季稻、紫云英—双季稻、黑麦草—双季稻模式早稻抛栽期为 4 月 20 日；马铃薯—双季稻模式早稻抛栽期为 4 月 24 日；裸大麦—双季稻、油菜—双季稻模式早稻抛栽期为 5 月 5 日。裸大麦—双季稻、油菜—双季稻两种模式，因裸大麦、油菜收获期较迟，导致抛栽期推迟，成熟期也相应推迟，至 7 月 13 日收割时仍只有八九成熟，考虑到全年作物特别是早晚稻平衡增产，适当提早收割，晚稻抛栽期统一至 7 月 14 日抛栽（表 2-15）。

表 2-15　不同种植模式作物生育时期（2013 年）

种植模式	冬作物		早稻		晚稻	
	播种期（月/日）	收获期（月/日）	抛栽期（月/日）	收获期（月/日）	抛栽期（月/日）	收获期（月/日）
冬闲—双季稻（ck）	—	—	4/20	7/11	7/14	10/17
紫云英—双季稻	11/12	4/8	4/20	7/11	7/14	10/17
黑麦草—双季稻	11/5	4/8	4/20	7/11	7/14	10/17
马铃薯—双季稻	12/26	4/23	4/24	7/11	7/14	10/17
裸大麦—双季稻	11/8	5/3	5/5	7/13	7/14	10/17
油菜—双季稻	10/15	5/4	5/5	7/13	7/14	10/17

2014 年度试验区域气温较往年偏低，降雨偏多，低温寡照导致作物生长发育较往年普遍减缓，生育期普遍推迟。不同冬作物收获时期比较，紫云英、黑麦草于 4 月 12 日收割鲜物质翻压还田，马铃薯于 4 月 24 日收获鲜薯，芥菜于 3 月 6 日收获，裸大麦、油菜于 5 月 5 日成熟收获。根据冬作物收获时期，紫云英、黑麦草、芥菜、马铃薯收获后，均不影响早稻栽培，早稻均在 4 月 26—28 日正常抛栽。裸大麦、油菜因生育期偏长，至 5 月 5 日成熟收获，对早稻栽培有一定影响，早稻秧苗因秧龄较长采用了两段寄秧方式，至 5 月 7 日才抛栽至大田。但不同种植模式对早稻和晚稻生育期均没有显著差异，早稻均在 7 月 21 日成熟收获，晚稻均在 10 月 26 日成熟收获（表 2-16）。

表 2-16　不同种植模式作物生育时期（2014 年）

种植模式	冬作物		早稻		晚稻	
	播种期（月/日）	收获期（月/日）	抛栽期（月/日）	收获期（月/日）	抛栽期（月/日）	收获期（月/日）
冬闲—双季稻（CK）	—	—	4/26	7/21	7/23	10/26
紫云英—双季稻	10/22	4/12	4/26	7/21	7/23	10/26
黑麦草—双季稻	10/22	4/12	4/26	7/21	7/23	10/26
芥菜—双季稻	10/20	3/6	4/26	7/21	7/23	10/26
马铃薯—双季稻	1/5	4/24	4/28	7/21	7/23	10/26
裸大麦—双季稻	10/12	5/5	5/7	7/21	7/23	10/26
油菜—双季稻	10/12	5/5	5/7	7/21	7/23	10/26

2. 不同种植模式早、晚稻光合特性

（1）早稻叶绿素含量（SPAD 值）　2013 年测定结果，分蘖期、拔节期、齐穗期各处理叶绿素含量排序均为：黑麦草—双季稻>紫云英—双季稻>马铃薯—双季稻>冬闲—双季稻（CK）>油菜—双季稻>裸大麦—双季稻；成熟期叶绿素含量排序为：油菜—双季稻>裸大麦—双季稻>黑麦草—双季稻>紫云英—双季稻>马铃薯—双季稻>冬闲—双季稻（CK）（表 2-17）。

表 2-17　2013 年不同种植模式早稻叶绿素含量（SPAD 值）

种植模式	分蘖期（5/9）	拔节期（5/26）	齐穗期（6/12）	成熟期（7/10）
冬闲—双季稻（CK）	42.5b	34.7b	31.2c	25.1c
紫云英—双季稻	43.3a	35.5a	32.7b	26.2b
黑麦草—双季稻	43.8a	35.8a	33.3a	26.8b
马铃薯—双季稻	43.2a	35.1ab	32.5b	25.9bc
裸大麦—双季稻	35.6c	33.8c	30.6d	29.3a
油菜—双季稻	35.8c	34.2c	30.8d	29.6a

（2）早稻光合速率（μmol $CO_2/m^2 \cdot s$）　齐穗期各处理光合速率排序为：黑麦草—双季稻>紫云英—双季稻>马铃薯—双季稻>冬闲—双季稻（CK）>油菜—双季稻>裸大麦—双季稻；成熟期光合速率排序为：油菜—双季稻>裸大麦—双季稻>黑麦草—双季稻>马铃薯—双季稻>紫云英—双季稻>冬闲—双季稻（CK）（表 2-18）。

表 2-18　2013 年不同种植模式早稻光合速率　［μmol CO_2/（$m^2 \cdot s$）］

种植模式	齐穗期（6/12）	成熟期（7/10）
冬闲—双季稻（CK）	23.8c	20.8d
紫云英—双季稻	24.8b	21.6c
黑麦草—双季稻	25.3a	22.3b
马铃薯—双季稻	24.6b	21.9bc
裸大麦—双季稻	23.5c	23.4a
油菜—双季稻	23.6c	23.8a

（3）晚稻叶绿素含量（SPAD 值）　分蘖期、拔节期、齐穗期和成熟期各处理叶绿素含量排序均为：黑麦草—双季稻>紫云英—双季稻>马铃薯—双季稻>冬闲—双季稻（CK）>裸大麦—双季稻>油菜—双季稻（表 2-19）。

表 2-19　2013 年不同种植模式早稻叶绿素含量（SPAD 值）

种植模式	分蘖期（7/25）	拔节期（8/14）	齐穗期（9/15）	成熟期（10/16）
冬闲—双季稻（CK）	41.2b	36.4b	32.6c	25.5d
紫云英—双季稻	41.8ab	36.9a	33.8b	26.9b
黑麦草—双季稻	42.1a	37.1a	34.3a	27.6a
马铃薯—双季稻	41.6b	36.8ab	33.7b	26.1c
裸大麦—双季稻	40.7c	36.3b	31.8d	25.3d
油菜—双季稻	40.6c	36.2b	31.7d	25.1d

3. 不同种植模式产量性状

（1）2013 年早稻产量性状　不同种植模式早稻产量性状中，有效穗、总粒数、千粒重性状虽有一定差异，但均不显著，结实率差异相对较大，紫云英—双季稻模式早稻结实率最高为 85.8%，其排序为：紫云英—双季稻>黑麦草—双季稻>马铃薯—双季稻>冬闲—双季稻（CK）>裸大麦—双季稻>油菜—双季稻；理论产量以紫云英—双季稻和黑麦草—双季稻模式较高，分别为 498.7kg/亩、496.7kg/亩，比对照冬闲—双季稻模式分别提高 4.97%、4.55%，但差异不显著，裸大麦—双季稻和油菜—双季稻模式产量最低，虽比对照有所减产，但差异不显著，具体排序为：紫云英—双季稻>黑麦草—双季稻>马铃薯—双季稻>冬闲—双季稻（CK）>裸大麦—双季稻>油菜—双季稻（表 2-20）。

表 2-20　2013 年不同种植模式对早稻产量性状的影响

种植模式	有效穗（万穗/亩）	总粒数（粒/穗）	结实率（%）	千粒重（g）	理论产量（kg/亩）	排序
冬闲—双季稻	20.4a	115.6a	81.9b	24.6a	475.1ab	4
紫云英—双季稻	20.6a	114.7a	85.8a	24.6a	498.7a	1
黑麦草—双季稻	20.5a	114.6a	85.6a	24.7a	496.7a	2
马铃薯—双季稻	19.8a	116.5a	85.4a	24.7a	486.6ab	3
裸大麦—双季稻	20.8a	112.3a	81.5b	24.3a	462.6b	5
油菜—双季稻	20.7a	112.6a	81.2b	24.4a	461.8b	6

（2）2013 年晚稻产量性状　不同种植模式晚稻产量性状中，有效穗、总粒数性状没有显著差异，结实率除裸大麦—双季稻、油菜—双季稻模式偏低外，其他模式也无显著差异，其中紫云英—双季稻模式晚稻结实率最高为 81.8%，其排序为：紫云英—双季稻>黑麦草—双季稻>冬闲—双季稻（CK）>马铃薯—双季稻>裸大麦—双季稻>油菜—双季稻；千粒重除冬闲—双季稻（CK）偏低外，其余模式均无显著差异；理论产量以紫云英—双季稻和黑麦草—双季稻模式较高，分别为 514.7kg/亩、491.0kg/亩，比对照冬闲—双季稻模式分别提高 7.19%、2.25%，前者差异显著，后者差异不显著，裸大麦—双季稻和油菜—双季稻模式产量最低，虽比对照有所减产，但差异不显著，其排序为：紫云英—双季稻>黑麦草—双季稻>马铃薯—双季稻>冬闲—双季稻（CK）>油菜—双季稻>裸大麦—双季稻（表 2-21）。

表 2-21　2013 年不同种植模式对晚稻产量性状的影响

种植模式	有效穗（万穗/亩）	总粒数（粒/穗）	结实率（%）	千粒重（g）	理论产量（kg/亩）	排序
冬闲—双季稻	22.3a	105.7a	79.9a	25.5b	480.2b	4
紫云英—双季稻	22.5a	108.4a	81.8a	25.8ab	514.7a	1
黑麦草—双季稻	22.4a	104.6a	80.6a	26.0a	491.0ab	2
马铃薯—双季稻	22.8a	106.5a	78.4ab	25.7ab	489.3ab	3
裸大麦—双季稻	22.6a	105.3a	76.5b	26.1a	475.2b	6
油菜—双季稻	22.7a	106.1a	76.2b	26.1a	479.0b	5

（3）2014 年早稻产量性状 不同种植模式早稻产量性状中，总粒数、千粒重性状虽有一定差异，但均不显著，有效穗、结实率差异相对较大，紫云英—双季稻、黑麦草—双季稻模式的有效穗较高，分别为 24.50 万穗/亩、24.23 万穗/亩，其排序为：紫云英—双季稻>黑麦草—双季稻>芥菜—双季稻>裸大麦—双季稻>油菜—双季稻>马铃薯—双季稻>冬闲—双季稻（CK）；黑麦草—双季稻模式的结实率最高为 82.12%，其排序为：黑麦草—双季稻>马铃薯—双季稻>芥菜—双季稻>紫云英—双季稻>冬闲—双季稻（CK）>油菜—双季稻>裸大麦—双季稻；理论产量以黑麦草—双季稻和紫云英—双季稻模式较高，分别为 577.52kg/亩、569.39kg/亩，比对照冬闲—双季稻模式分别提高 19.59%、17.91%，且差异显著，油菜—双季稻和裸大麦—双季稻模式产量最低，虽比对照有所减产，但差异不显著，具体排序为：黑麦草—双季稻>紫云英—双季稻>芥菜—双季稻>马铃薯—双季稻>冬闲—双季稻（CK）>裸大麦—双季稻>油菜—双季稻（表 2-22）。

表 2-22 2014 年不同种植模式对早稻产量性状的影响

种植模式	有效穗（万穗/亩）	总粒数（粒/穗）	结实率（%）	千粒重（g）	理论产量（kg/亩）	排序
冬闲—双季稻	22.17	119.03	75.36	24.29	482.92	5
紫云英—双季稻	24.50	124.73	77.61	24.01	569.39	2
黑麦草—双季稻	24.23	118.10	82.12	24.57	577.52	1
芥菜—双季稻	23.98	113.48	79.00	24.95	536.33	3
马铃薯—双季稻	22.67	115.24	79.86	24.57	512.62	4
大麦—双季稻	23.69	126.06	63.80	25.18	479.72	6
油菜—双季稻	23.11	122.88	66.75	25.09	475.60	7

（4）2014 年晚稻产量性状 不同种植模式晚稻产量性状中，黑麦草—双季稻、马铃薯—双季稻、裸大麦—双季稻模式的有效穗较高，分别为 22.13 万穗/亩、22.40 万穗/亩、22.80 万穗/亩，显著高于冬闲—双季稻（CK）模式的 18.98 万穗/亩，其排序为：裸大麦—双季稻>马铃薯—双季稻>黑麦草—双季稻>紫云英—双季稻>芥菜—双季稻>油菜—双季稻>冬闲—双季稻（CK）；总粒数除黑麦草—双季稻、裸大麦—双季稻模式偏低外，其余模式均无显著差异；结实率以黑麦草—双季稻模式最高为 82.22%，但各模式结实率均无显著差异；千粒重各模式之间也无显著差异；理论产量以马铃薯—双季稻模式最高为 598.57kg/亩，比对照冬闲—双季稻模式提高 11.77%；其次是紫云英—双季稻、黑麦草—双季稻、芥菜—双季稻模式，分别为 592.24kg/亩、582.55kg/亩、577.43kg/亩，比对照冬闲—双季稻模式分别提高 10.59%、8.78%、7.82%，上述差异均达显著水平，油菜—双季稻、裸大麦—双季稻模式理论产量比对照冬闲—双季稻模式略有提高，但无显著差异（表 2-23）。

表 2-23 2014 年不同种植模式对晚稻产量性状的影响

种植模式	有效穗（万穗/亩）	总粒数（粒/穗）	结实率（%）	千粒重（g）	理论产量（kg/亩）	排序
冬闲—双季稻	18.98	140.09	81.30	24.77	535.54	7

（续表）

种植模式	有效穗（万穗/亩）	总粒数（粒/穗）	结实率（%）	千粒重（g）	理论产量（kg/亩）	排序
紫云英—双季稻	20.45	144.20	80.12	25.07	592.24	2
黑麦草—双季稻	22.13	128.42	82.22	24.93	582.55	3
芥菜—双季稻	20.38	142.63	80.60	24.65	577.43	4
马铃薯—双季稻	22.40	133.63	80.48	24.85	598.57	1
大麦—双季稻	22.80	125.41	77.66	24.80	550.69	6
油菜—双季稻	20.09	138.72	79.07	25.07	552.36	5

（5）2015年早、晚稻产量及周年产量　不同种植模式下，早稻、晚稻、周年产量均以T5产量最高，T1最低，T5、T4、T3、T2较T1分别增产8.5%、8.9%、8.1%、10.0%，晚稻分别增加10.4%、7.7%、9.0%、12.6%，周年产量分别增加9.5%、8.3%、8.5%、11.3%，表明采用三熟制有利于实现周年高产，保障粮食安全。有效穗及结实率是三熟模式产量高于冬闲模式的主要因子（表2-24、表2-25）。

表2-24　2015年不同种植模式下早、晚稻产量及周年产量

处理	早稻（kg/亩）	晚稻（kg/亩）	周年产量（kg/亩）
T1	488.9	514.5	1 003.4
T2	508.9	542.2	1 051.1
T3	510.6	528.9	1 039.5
T4	506.7	535.5	1 042.2
T5	515.6	553.4	1 069.0

T1：冬闲—双季稻（CK）；T2：紫云英—双季稻；T3：黑麦草—双季稻；T4：油菜—双季稻；T5：马铃薯双季稻

表2-25　2015年不同种植模式下早、晚稻产量构成

季别	处理	有效穗（万穗/亩）	每穗粒数（粒/穗）	结实率（%）	千粒重（g）	理论产量（kg/亩）
早稻	T1	24.7	96.6	82.4	24.4	479.7
	T2	26.5	97.2	82.8	24.2	516.1
	T3	26.2	96.8	83.9	24.3	517.4
	T4	25.9	97.3	82.7	24.5	510.6
	T5	27.4	95.6	83.3	24.1	526.2
晚稻	T1	24.4	102.7	72.5	27.6	499.9
	T2	25.2	106.7	73.5	27.6	546.1
	T3	25.6	103.9	72.8	27.7	536.4
	T4	25.3	105.9	71.7	27.8	533.8
	T5	25.9	104.9	76.6	27.4	570.9

（6）2016年早、晚稻产量及周年产量　不同种植模式下，早稻、晚稻、周年产量

均以马铃薯—双季稻模式产量最高分别为 393.4kg/亩、560.0kg/亩、953.4kg/亩，冬闲—双季稻模式最低分别为 346.7kg/亩、521.1kg/亩、867.8kg/亩，马铃薯—双季稻、油菜—双季稻、黑麦草—双季稻、紫云英—双季稻较冬闲—双季稻模式早稻分别增产 13.5%、8.3%、12.2%、11.5%，晚稻分别增加 7.5%、2.1%、5.8%、6.6%，周年产量分别增加 9.9%、4.6%、8.3%、8.6%，表明采用冬季绿色覆盖三熟种植模式有利于实现周年高产，保障粮食安全（表 2-26）。

表 2-26　2016 年不同种植模式下早、晚稻产量及周年产量

处理	早稻（kg/亩）	晚稻（kg/亩）	周年产量（kg/亩）	排序
冬闲—双季稻	346.7	521.1	867.8	5
紫云英—双季稻	386.7	555.6	942.3	2
黑麦草—双季稻	388.9	551.1	940.0	3
油菜—双季稻	375.6	532.2	907.8	4
马铃薯—双季稻	393.4	560.0	953.4	1

4. 不同种植模式作物产量与经济效益

（1）2013 年　从两种冬作物茎叶翻压还田量比较，紫云英还田量>黑麦草还田量，其鲜产量分别为 2 133.4kg/亩、1 266.7kg/亩；从两种收获籽粒冬作物产量比较，裸大麦产量>油菜产量，其籽粒产量分别为 370.7kg/亩、135.4kg/亩；马铃薯主要收获块茎，其鲜产量达到 2 605.7kg/亩。

从不同种植模式早稻实际产量比较，黑麦草—双季稻模式最高，为 482.5kg/亩，其次是紫云英—双季稻模式，为 478.6kg/亩，比对照冬闲—双季稻模式分别提高 3.16%、2.33%，但其差异均不显著。裸大麦—双季稻和油菜—双季稻模式因冬季种植油菜、裸大麦收获期偏迟，导致早稻抛栽期推迟了 15d，最终影响了早稻的产量，但产量虽比对照有所减产，其差异仍不显著，产量排序依次为：黑麦草—双季稻>紫云英—双季稻>马铃薯—双季稻>冬闲—双季稻（CK）>油菜—双季稻>裸大麦—双季稻。

从不同种植模式晚稻实际产量比较，紫云英—双季稻模式最高，为 493.6kg/亩，其次是黑麦草—双季稻模式，为 486.2kg/亩，比对照冬闲—双季稻模式分别提高 3.37%、1.82%，但其差异均不显著。裸大麦—双季稻和油菜—双季稻模式晚稻产量仍然最低，与对照比较，虽有所减产，但其差异不显著，产量排序依次为：紫云英—双季稻>黑麦草—双季稻>马铃薯—双季稻>冬闲—双季稻（CK）>油菜—双季稻>裸大麦—双季稻。

从不同种植模式全年经济效益比较，马铃薯—双季稻模式效益最高，马铃薯产值达 5 211.4元/亩，全年产值达 7 687.6元/亩，极显著高于对照和其他模式；裸大麦—双季稻模式第二，冬种裸大麦产值为 889.78 元/亩，全年产值达 3 305.0元/亩；油菜—双季稻模式第三，冬种油菜产值为 761.04 元/亩，全年产值为 3 187.8元/亩；紫云英—双季稻、黑麦草—双季稻模式因冬种紫云英、黑麦草茎叶还田及冬闲模式冬作物均未计产值，其全年产值相对较低（表 2-27）。

表 2-27 2013 年不同种植模式周年作物产量及经济效益

种植模式	冬作物		早稻		晚稻		合计	
	产量（kg/亩）	产值（元/亩）	产量（kg/亩）	产值（元/亩）	产量（kg/亩）	产值（元/亩）	产量（kg/亩）	产值（元/亩）
冬闲—双季稻	—	—	467.7	1 216.0	477.5	1 241.5	945.2	2 457.5
紫云英—双季稻	2 133.4	—	478.6	1 244.4	493.6	1 283.4	3 105.6	2 527.8
黑麦草—双季稻	1 266.7	—	482.5	1 254.5	486.2	1 264.1	2 235.4	2 518.6
马铃薯—双季稻	2 605.7	5 211.4	471.2	1 225.1	481.2	1 251.1	3 558.1	7 687.6
裸大麦—双季稻	370.7	889.78	461.3	1 199.4	467.6	1 215.8	1 299.6	3 305.0
油菜—双季稻	135.4	761.04	463.5	1 205.1	469.9	1 221.7	1 068.8	3 187.8

注：紫云英和黑麦草为鲜产量，全量还田未计产值；马铃薯为鲜产量，按 2.0 元/kg 计产值；裸大麦按 2.4 元/kg 计产值；油菜籽按 5.6 元/kg 计产值；早晚稻产量为实际产量，按 2.6 元/kg 计产值

（2）2014 年 从两种冬作物茎叶翻压还田量比较，紫云英还田量>黑麦草还田量，其鲜产量分别为 2 722.4kg/亩、2 300.2kg/亩；从 2 种收获籽粒冬作物产量比较，裸大麦产量>油菜产量，其籽粒产量分别为 347.2kg/亩、124.9kg/亩；芥菜主要收获茎叶，其鲜产量达 2 315.7kg/亩；马铃薯主要收获块茎，其鲜产量达到 1 867.5kg/亩。

从不同种植模式早稻实际产量比较，黑麦草—双季稻模式最高，为 535.6kg/亩，其次是紫云英—双季稻模式，为 522.3kg/亩，比对照冬闲—双季稻模式分别提高 15.31%、12.44%，其差异均显著。裸大麦—双季稻和油菜—双季稻模式因冬季种植油菜、裸大麦收获期偏迟，导致早稻抛栽期推迟了 11d，最终影响了早稻的产量，但与对照比较，产量差异不显著，产量排序依次为：黑麦草—双季稻>紫云英—双季稻>芥菜—双季稻>马铃薯—双季稻>油菜—双季稻>冬闲—双季稻（CK）>裸大麦—双季稻。

从不同种植模式晚稻实际产量比较，马铃薯—双季稻模式最高，为 548.0kg/亩，其次是紫云英—双季稻、黑麦草—双季稻模式，为 546.5kg/亩、529.1kg/亩，比对照冬闲—双季稻模式分别提高 12.64%、12.33%、8.76%，且差异显著。产量排序依次为：马铃薯—双季稻>紫云英—双季稻>黑麦草—双季稻>芥菜—双季稻>油菜—双季稻>裸大麦—双季稻>冬闲—双季稻（CK）。

从不同种植模式全年折谷产量及经济效益比较，马铃薯—双季稻模式产量与效益最高，马铃薯产值达 1 494.0元/亩，全年折谷产量达 1 601.5kg/亩，产值达 4 164.0元/亩，显著高于对照和其他模式；芥菜—双季稻模式第二，芥菜产值达 1 157.8元/亩，全年折谷产量达 1 473.7kg/亩，产值达 3 652.2元/亩；裸大麦—双季稻模式第三，冬种裸大麦产值为 902.8 元/亩，全年折谷产量达 1 317.1kg/亩，产值达 3 424.3元/亩；油菜—双季稻模式第四，冬种油菜产值为 649.2 元/亩，全年折谷产量达 1 236.7kg/亩，产值为 3 215.3元/亩；紫云英—双季稻、黑麦草—双季稻模式因冬种紫云英、黑麦草茎叶还田及冬闲模式冬作物均未计产值，其全年产值相对较低。

表 2-28　2014 年不同种植模式周年作物产量及经济效益

种植模式	冬作物产量（kg/亩）	产值（元/亩）	早稻产量（kg/亩）	产值（元/亩）	晚稻产量（kg/亩）	产值（元/亩）	合计产量（kg/亩）	产值（元/亩）
冬闲—双季稻	0.0	0.0	464.5	1 207.6	486.5	1 264.9	950.9	2 472.5
紫云英—双季稻	2 722.4	0.0	522.3	1 357.9	546.5	1 420.9	1 068.7	2 778.7
黑麦草—双季稻	2 300.2	0.0	535.6	1 392.5	529.1	1 375.7	1 064.7	2 768.3
芥菜—双季稻	2 315.7	1 157.8	505.6	1 314.5	522.8	1 359.2	1 473.7	3 831.5
马铃薯—双季稻	1 867.5	1 494.0	478.9	1 245.2	548.0	1 424.8	1 601.5	4 164.0
裸大麦—双季稻	347.2	902.8	463.4	1 204.7	506.5	1 316.8	1 317.1	3 424.3
油菜—双季稻	124.9	649.2	468.9	1 219.2	518.1	1 346.9	1 236.7	3 215.3

注：参考市场价格，大麦、芥菜、马铃薯、油菜按与稻谷比为 1∶1、1∶5.2、1∶3.25、1∶0.5 折谷计算总产量，稻谷、大麦按 2.6 元/kg，芥菜按 0.5 元/kg，马铃薯按 0.8 元/kg，油菜按 5.2 元/kg 价格计算，紫云英、黑麦草不计产值

5. 不同种植模式下早稻 N、P、K、Cd 含量

2015 年早稻测定结果显示，T5 的茎秆中含氮量最低，而叶片含氮量最高，较 T1 增加了 11.8%，表明 T5 有利于水稻茎秆中的氮素往叶片中转运，防止叶片早衰，提高叶片功能活性，是 T5 获得高产的重要因子之一；T1 茎、叶重的磷含量均显著高于其他模式，而稻谷中无显著差异；T2、T3、T4、T5 的茎、叶、稻谷中的钾含量、镉含量均要显著高于 T1，表明三熟种植模式下，能显著提高水稻对钾素的吸收与积累，但也显著增加了对镉的吸收，不利于水稻的安全生产，故生产中应控制绿肥的还田量。

表 2-29　不同种植模式下早稻 N、P、K、Cd 含量（2015 年）

处理	茎				叶				稻谷			
	N（%）	P（%）	K（%）	Cd（mg/kg）	N（%）	P（%）	K（%）	Cd（mg/kg）	N（%）	P（%）	K（%）	Cd（mg/kg）
T1	0.67	0.23	3.90	0.54	1.78	0.24	1.37	0.053	1.34	0.30	0.29	0.07
T2	0.71	0.14	3.95	0.80	1.96	0.17	1.62	0.079	1.35	0.31	0.40	0.10
T3	0.66	0.10	3.93	0.93	1.37	0.15	1.57	0.071	1.35	0.29	0.45	0.13
T4	0.68	0.13	4.10	0.82	1.74	0.14	1.48	0.067	1.33	0.30	0.43	0.10
T5	0.47	0.10	4.08	0.79	1.99	0.18	1.55	0.070	1.33	0.30	0.39	0.10

注：T1：冬闲—双季稻（CK）；T2：紫云英—双季稻；T3：黑麦草—双季稻；T4：油菜—双季稻；T5：马铃薯双季稻

2016 年早稻测定结果显示，紫云英—双季稻、黑麦草—双季稻、油菜—双季稻、马铃薯—双季稻模式的茎叶中氮、磷含量均低于冬闲—双季稻模式，而糙米中氮、磷含量均高于冬闲—双季稻模式，表明冬季绿色覆盖三熟种植模式有利于水稻茎叶中氮素和磷素向籽粒转移，是获得高产的重要因子之一。紫云英—双季稻、黑麦草—双季稻、油菜—双季稻、马铃薯—双季稻模式的茎叶和糙米中钾含量均高于冬闲—双季稻模式，表明三熟种植模式下，能显著提高水稻对钾素的吸收与积累，有利于增强水稻植株的抗倒

伏能力，提高水稻产量。紫云英—双季稻、黑麦草—双季稻、油菜—双季稻、马铃薯—双季稻模式的茎叶和糙米中镉含量均高于冬闲—双季稻模式，表明三熟模式下，水稻对镉的吸收富集能力也得到增强，说明在镉污染稻田应适当控制秸秆还田量，注意水稻安全生产（表2-30）。

表2-30　不同种植模式下早稻N、P、K、Cd含量（2016年）

处理	茎叶				糙米			
	N（%）	P（%）	K（%）	Cd（mg/kg）	N（%）	P（%）	K（%）	Cd（mg/kg）
冬闲—双季稻	0.73	0.12	2.87	0.78	1.36	0.34	0.24	0.35
紫云英—双季稻	0.63	0.07	3.28	1.06	1.69	0.38	0.25	0.39
黑麦草—双季稻	0.71	0.11	3.00	0.86	1.63	0.39	0.28	0.37
油菜—双季稻	0.62	0.06	3.60	1.13	1.93	0.36	0.30	0.47
马铃薯—双季稻	0.68	0.10	3.02	0.79	1.76	0.42	0.29	0.36

6. 不同种植模式下早稻土壤养分含量

2015年测定显示，不同种植模式下的pH值以T2最大，较T1模式增加1.03%，其他模式均低于T1，且所有模式各土层pH值均随着土层深度的增加而增加；T3的全氮含量最高，T2、T3、T4、T5各土层平均全氮较T1分别增加17.9%、20.9%、7.2%、12.0%；所有模式各土层碱解氮均随土层深度的增加而降低，T2、T3、T4、T5各土层平均碱解氮较T1分别增加8.6%、17.2%、9.1%、20.0%，且主要表现在0~5cm土层，T5最高达到248.8mg/kg，T2、T3、T4、T5较T1分别增加12.9%、20.0%、16.9%、45.8%；所有模式下均表现出10~20cm土层的有效磷含量最高，T1的含量最大达到7.67mg/kg，T2、T3、T4、T5较T1分别减少了51.5%、47.2%、58.9%、39.0%，各土层平均有效磷分别减少了47.3%、42.0%、53.2%、36.6%；速效钾以T5最大，T2、T3、T4、T5各土层平均速效钾较T1分别增加11.7%、4.4%、24.0%、34.2%；阳离子交换量（CEC）以T4最大，T2、T3、T4、T5各土层平均CEC较T1分别增加1.7%、2.7%、8.0%、3.7%，结果表明：种植冬季作物能够显著提高土壤的全氮、碱解氮、速效钾含量，以马铃薯尤为显著，但也会显著减少土壤的有效磷含量，且有效磷存在明显的往耕作层底层聚集的现象，其具体机理还有待进一步研究。

表2-31　不同种植模式下早稻土壤养分含量（2015年）

处理	pH值（水）	碱解氮（N）（mg/kg）	有效磷（P）（mg/kg）	速效钾（K）（mg/kg）	全氮（N）（g/kg）	阳离子交换量[cmol（+）/kg]
T1（0~5cm）	4.51	170.7	5.17	47.1	1.87	10.1
T1（5~10cm）	4.56	166.2	5.07	47.1	2.04	9.8
T1（10~20cm）	5.47	147.2	7.67	43.1	1.68	9.9
平均值	4.85	161.4	5.97	45.8	1.86	9.9
T2（0~5cm）	4.68	192.7	3.24	52.1	2.22	10.2
T2（5~10cm）	4.78	183.6	2.47	50.1	2.35	9.7

(续表)

处理	pH 值（水）	碱解氮（N）（mg/kg）	有效磷（P）（mg/kg）	速效钾（K）（mg/kg）	全氮（N）（g/kg）	阳离子交换量 [cmol（+）/kg]
T2（10~20cm）	5.24	149.5	3.72	51.1	2.02	10.3
平均值	4.90	175.3	3.14	51.1	2.20	10.1
T3（0~5cm）	4.30	204.9	3.29	49.1	2.29	10.1
T3（5~10cm）	4.77	190.5	3.05	49.1	2.30	10.0
T3（10~20cm）	4.97	172.2	4.05	45.1	2.17	10.4
平均值	4.68	189.2	3.46	47.8	2.25	10.2
T4（0~5cm）	4.42	199.6	3.05	62.1	2.09	10.7
T4（5~10cm）	4.47	181.4	2.18	58.1	1.98	10.6
T4（10~20cm）	5.03	147.2	3.15	50.1	1.92	10.8
平均值	4.64	176.1	2.79	56.8	2.00	10.7
T5（0~5cm）	4.68	248.8	3.58	60.1	2.17	10.7
T5（5~10cm）	4.81	172.2	3.10	65.1	2.02	10.2
T5（10~20cm）	4.98	159.7	4.68	59.1	2.07	9.9
平均值	4.82	193.6	3.79	61.4	2.09	10.3

T1：冬闲—双季稻（CK）；T2：紫云英—双季稻；T3：黑麦草—双季稻；T4：油菜—双季稻；T5：马铃薯双季稻

2016 年测定显示，紫云英—双季稻、黑麦草—双季稻、油菜—双季稻、马铃薯—双季稻模式的土壤 pH 值均低于冬闲—双季稻模式，表明冬季绿色覆盖三熟种植模式有促进土壤酸化的趋势。紫云英—双季稻、黑麦草—双季稻、油菜—双季稻、马铃薯—双季稻模式较冬闲—双季稻模式的土壤碱解氮分别增加 16.4%、16.6%、8.1%、9.4%；速效钾分别增加 19.8%、20.4%、22.5%、85.3%；全氮分别增加 7.1%、4.9%、4.4%、8.7%；阳离子交换量（CEC）分别增加 8.7%、7.7%、3.4%、4.8%；而有效磷分别降低 43.9%、62.3%、59.5%、19.8%。结果表明，通过种植冬季作物秸秆还田能够提高土壤的全氮、碱解氮、速效钾等养分含量及阳离子交换量，但也会减少土壤的有效磷含量，因此在三熟种植模式下应注意平衡合理施肥，在节氮栽培的同时不能忽视磷肥的施用（表 2-32）。

表 2-32　不同种植模式下土壤养分含量（2016 年）

处理	pH 值（水）	碱解氮（N）（mg/kg）	有效磷（P）（mg/kg）	速效钾（K）（mg/kg）	全氮（N）（g/kg）	阳离子交换量 [cmol（+）/kg]
冬闲—双季稻	5.35	166.52	5.65	56.76	1.84	9.38
紫云英—双季稻	5.27	193.75	3.17	68.02	1.97	10.02
黑麦草—双季稻	5.01	194.10	2.13	68.35	1.93	10.10
油菜—双季稻	5.05	180.01	2.29	69.52	1.91	9.70
马铃薯—双季稻	5.13	182.10	4.53	105.18	2.00	9.83

7. 不同种植模式下早稻土壤镉及碳含量

2015 年测定结果，总体上，各种植模式下各土层总镉、有效镉含量均表现出随着土层深度增加而降低的趋势，T1 的平均总镉最低，T2、T3、T4、T5 平均总镉含量较 T1 分别增加 16.4%、12.6%、9.4%、11.3%，平均有效镉无显著差异；全碳、活性炭、胡敏酸碳、富里酸碳、胡敏素碳含量均表现出随着土层深度增加而降低的趋势，T1 的平均全碳、活性炭、胡敏酸碳、胡敏素碳含量均最低，T2、T3、T4、T5 平均全碳含量较 T1 分别增加 10.3%、19.1%、9.8%、6.0%，平均活性炭分别增加 8.9%、13.7%、7.9%、5.4%，平均胡敏酸碳分别增加 10.4%、6.0%、18.9%、2.3%，平均胡敏素碳分别增加 8.5%、21.4%、12.9%、4.3%；平均富里酸碳含量以 T3 最高达到 5.22g/kg，T5 最低，T2、T3 较 T1 分别增加 14.3%、23.3%，而 T4、T5 较 T1 分别减少 4.3%、7.6%。结果表明：种植绿肥会显著增加土壤全碳、活性炭、胡敏酸碳、胡敏素碳含量，其中 T2 对全碳、有效碳的影响最大，T3 对富里酸、胡敏素碳的影响最大，T4 对胡敏酸碳的影响最大，达到了改善土壤结构，扩库增容，增强土壤保水保肥能力的效果，同时，也会显著提高土壤全镉含量，以 T2 尤为明显，但对有效镉含量影响不显著（表 2-33）。

表 2-33　不同种植模式下早稻土壤重要农化指标（2015 年）

处理	总镉（Cd）（mg/kg）	有效镉（Cd）（mg/kg）	活性炭（C）（g/kg）	全碳（C）（g/kg）	胡敏酸碳（C）（g/kg）	富里酸碳（C）（g/kg）	胡敏素碳（C）（g/kg）
T1（0~5cm）	0.180	0.109	14.2	18.7	3.51	4.54	10.8
T1（5~10cm）	0.164	0.107	14.2	17.7	3.33	4.14	10.0
T1（10~20cm）	0.180	0.086	11.7	15.5	2.68	4.01	8.8
平均值	0.175	0.101	13.3	17.3	3.17	4.23	9.9
T2（0~5cm）	0.204	0.099	15.4	20.5	3.69	5.47	11.9
T2（5~10cm）	0.203	0.099	15.2	18.7	3.51	5.00	10.5
T2（10~20cm）	0.203	0.089	13.0	17.8	3.31	4.04	9.8
平均值	0.203	0.096	14.5	19.0	3.50	4.84	10.7
T3（0~5cm）	0.210	0.104	16.0	23.4	3.69	5.88	13.8
T3（5~10cm）	0.187	0.098	15.8	20.6	3.42	4.96	12.2
T3（10~20cm）	0.193	0.080	13.7	17.8	2.98	4.81	10.0
平均值	0.197	0.094	15.2	20.6	3.36	5.22	12.0
T4（0~5cm）	0.218	0.103	16.0	20.7	4.39	4.51	12.1
T4（5~10cm）	0.190	0.103	14.6	20.1	3.51	4.30	12.0
T4（10~20cm）	0.165	0.084	12.5	16.1	3.42	3.34	9.4
平均值	0.191	0.097	14.4	19.0	3.77	4.05	11.1
T5（0~5cm）	0.199	0.098	16.5	19.6	3.60	4.42	11.5
T5（5~10cm）	0.198	0.096	14.2	18.6	3.42	4.15	11.0
T5（10~20cm）	0.186	0.077	11.5	16.8	2.72	3.15	8.3
平均值	0.194	0.090	14.1	18.3	3.25	3.91	10.3

T1：冬闲—双季稻（CK）；T2：紫云英—双季稻；T3：黑麦草—双季稻；T4：油菜—双季稻；T5：马铃薯双季稻

2016年测定结果，各种植模式下土壤总镉含量为0.15~0.16mg/kg、有效镉含量为0.08~0.09mg/kg，均未表现出显著差异。紫云英—双季稻、黑麦草—双季稻、油菜—双季稻、马铃薯—双季稻模式较冬闲—双季稻模式全碳含量分别增加8.3%、14.6%、3.8%、6.9%，活性炭含量分别增加20.2%、30.6%、13.5%、15.1%。说明种植冬季绿色作物能增加土壤全碳、活性炭含量，改善土壤结构，提高土壤肥力水平。

表2-34　不同种植模式下土壤镉及碳含量（2016年）

处理	总镉（Cd）（mg/kg）	有效镉（Cd）（mg/kg）	全碳（C）（g/kg）	活性炭（C）（g/kg）
冬闲—双季稻	0.16	0.09	14.89	9.99
紫云英—双季稻	0.16	0.09	16.13	12.01
黑麦草—双季稻	0.16	0.09	17.06	13.05
油菜—双季稻	0.15	0.08	15.46	11.34
马铃薯—双季稻	0.15	0.09	15.92	11.50

8. 不同种植模式下土壤耕层深度

2016年测定结果，不同种植模式对土壤耕层分布有一定影响，冬闲—双季稻模式的耕作层最浅为14.5cm，犁底层最后为10.8cm，紫云英—双季稻、黑麦草—双季稻、油菜—双季稻、马铃薯—双季稻模式较冬闲—双季稻模式的耕作层深度分别增加了5.5%、5.5%、5.5%、6.2%，犁底层深度分别降低了4.6%、2.8%、4.6%、6.5%。说明种植冬季绿色作物能增加一定的耕作层深度，减少犁底层厚度，有利于提高土壤养分库容量，改善土壤结构（图2-16）。

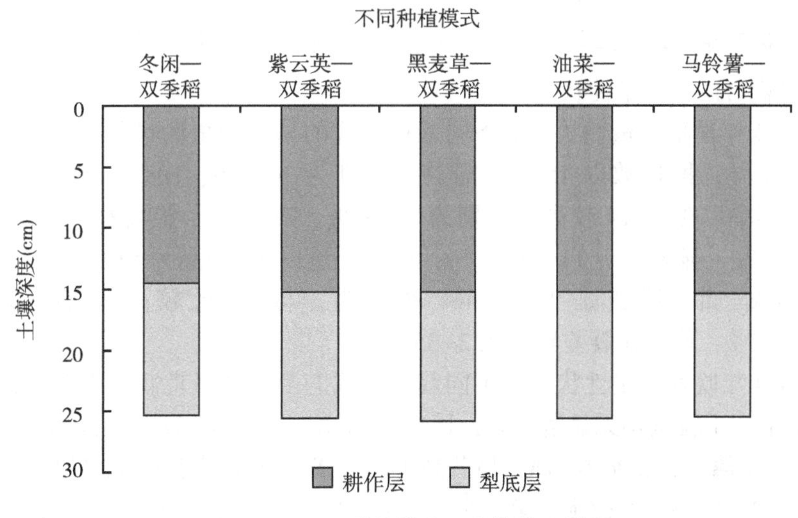

图2-16　不同种植模式下土壤耕层分布

9. 不同种植模式下土壤容重

2016 年测定结果，本试验不同种植模式对耕作层土壤容重有一定影响，但均无显著差异，各处理容重都处在水稻土 1~1.3g/cm³的合理区间值之内。冬闲—双季稻、紫云英—双季稻、黑麦草—双季稻、油菜—双季稻、马铃薯—双季稻模式较冬闲—双季稻模式各处理容重大小分别为：1.19g/cm³、1.18g/cm³、1.19g/cm³、1.19g/cm³、1.19g/cm³（图 2-17）。

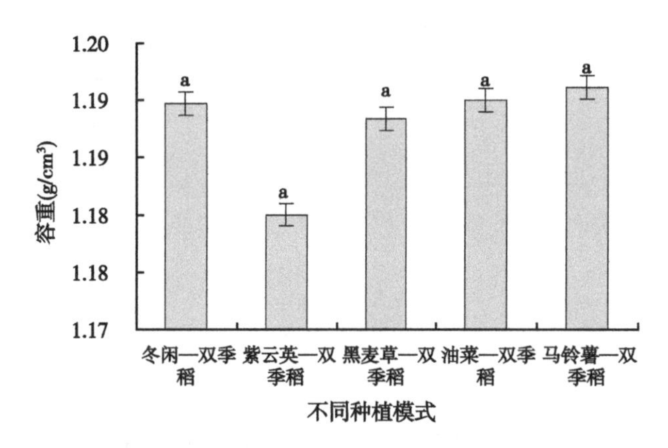

图 2-17　不同种植模式下土壤容重（2016）

10. 不同种植模式下土壤硬度

2016 年测定结果，不同种植模式对耕作层土壤硬度影响较大，冬闲—双季稻模式硬度最大为 1.94kg/cm²，紫云英—双季稻、黑麦草—双季稻、油菜—双季稻、马铃薯—双季稻模式较冬闲—双季稻模式的耕作层硬度分别降低了 8.3%、8.8%、32.5%、32.5%，差异显著，说明采用冬季绿色覆盖三熟种植可降低耕作层土壤硬度，有利于合理土壤耕层结构的形成（图 2-18）。

（三）双季稻田“三轮”栽培节水节肥安全生产技术研究

1. 不同栽培模式产量性状

（1）2014 年早稻产量性状　对不同栽培模式的早稻产量性状分析表明，各处理有效穗无显著差异；穗粒数以 T5、T3 较高，分别为 109.76、108.39 粒/穗，显著高于 T1、T3；结实率以 T3、T4 较高，分别为 78.35%、78.36%，显著高于 T1；千粒重以 T5 最高为 26.2g，显著高于 T1、T2、T4；理论产量以 T5 最高为 519.43kg/亩，其次是 T3 为 494.31kg/亩，第三是 T4 为 464.80kg/亩，与 T1 比较，分别提高 20.27%、14.45%、7.62%，均达显著差异（表 2-35）。

（2）2014 年晚稻产量性状　对不同栽培模式的晚稻产量性状分析表明，各处理有效穗、结实率、千粒重均无显著差异；穗粒数以 T5、T2、T3 较高，分别为 136.70 粒/穗、135.06 粒/穗、134.96 粒/穗，显著高于 T1、T4；理论产量以 T5 最高为 597.47kg/亩，其次是 T3 为 573.37kg/亩，第三是 T2 为 570.47kg/亩，第四是 T4 为 563.56kg/亩，与 T1 比较，分别提高 13.55%、8.97%、8.42%、7.11%，均达显著差异（表 2-36）。

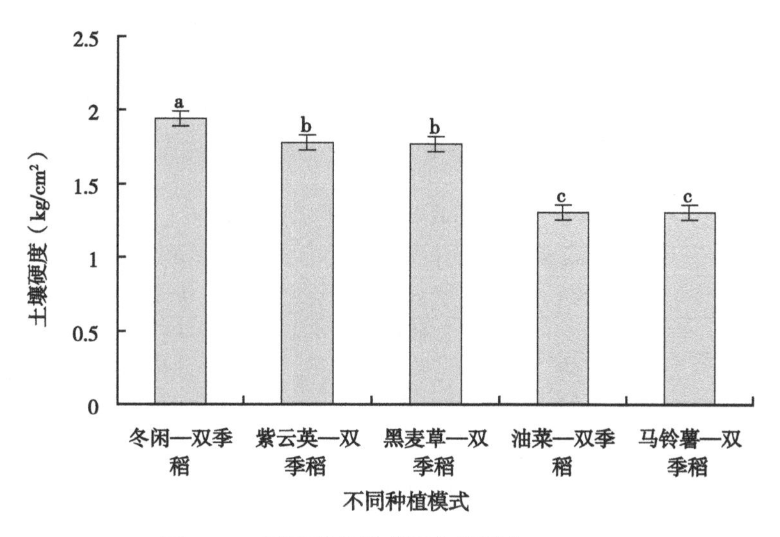

图 2-18 不同种植模式下土壤硬度（2016）

表 2-35 不同栽培模式早稻产量性状（2014）

栽培模式	有效穗（万穗/亩）	每穗总粒数（粒/穗）	结实率（%）	千粒重（g）	理论产量（kg/亩）
T1	23.81	99.83	73.87	24.60	431.89
T2	23.17	104.59	75.93	24.33	447.65
T3	23.20	108.39	78.35	25.69	494.31
T4	23.14	99.96	78.36	24.79	464.80
T5	23.64	109.76	76.42	26.20	519.43

表 2-36 不同栽培模式晚稻产量性状（2014）

栽培模式	有效穗（万穗/亩）	每穗总粒数（粒/穗）	结实率（%）	千粒重（g）	理论产量（kg/亩）
T1	23.54	124.27	69.98	25.70	526.16
T2	23.68	135.06	69.33	25.73	570.47
T3	23.24	134.96	70.80	25.82	573.37
T4	23.54	128.14	71.51	26.12	563.56
T5	23.11	136.70	71.73	26.37	597.47

（3）2014 年不同栽培模式周年作物产量　不同栽培模式的冬作物产量显示，紫云英、黑麦草秸秆鲜产量分别为 3 727.43 kg/亩、1 972.45 kg/亩，油菜籽粒产量为 114.42kg/亩，马铃薯产量为 2 676.90kg/亩。不同栽培模式早稻实际产量比较，紫云英—双季稻模式最高，为 485.85kg/亩，其次是马铃薯—双季稻模式，为 479.69kg/亩，比对照冬闲—双季稻模式分别提高 15.87%、14.42%，其差异均显著。不同栽培模式晚稻实际产量比较，马铃薯—双季稻模式最高，为 592.75kg/亩，其次是紫云英—双季稻、黑麦草—双季稻、油菜—双季稻模式，为 570.09kg/亩、565.84kg/亩、558.36kg/亩，比对照冬闲—双季稻模式分别提高 13.13%、8.80%、7.99%、6.57%，其差异均

显著。不同栽培模式全年水稻产量比较，马铃薯—双季稻模式最高，为1072.44kg/亩，其次是紫云英—双季稻、黑麦草—双季稻、油菜—双季稻模式，为1 055.94 kg/亩、998.74kg/亩、990.13kg/亩，比对照冬闲—双季稻模式分别提高13.70%、11.95%、5.89%、4.98%，其差异均显著（表2-37）。

表2-37　不同栽培模式作物产量（2014）

栽培模式	冬作物产量（kg/亩）	早稻产量（kg/亩）	晚稻产量（kg/亩）	水稻总产（kg/亩）
T1	0	419.23	523.96	943.20
T2	1 972.45	432.90	565.84	998.74
T3	3 727.43	485.85	570.09	1 055.94
T4	114.42	431.77	558.36	990.13
T5	2 676.90	479.69	592.75	1 072.44

（4）2015年不同栽培模式下早、晚稻产量及周年产量　不同栽培模式下，早稻、晚稻、周年产量均以T5产量最高，T1最低，T5、T4、T3、T2较T1早稻分别增产17.2%、7.79%、14.1%、14.6%，晚稻分别增加17.2%、6.5%、8.3%、9.1%，周年产量分别增加17.2%、7.0%、11.0%、11.7%，表明采用三熟制有利于实现周年高产，保障粮食安全（表2-38）。表2-39表明：有效穗、每穗粒数及结实率是三熟模式产量高于冬闲模式的主要因子。

表2-38　不同种植模式下早、晚稻产量及周年产量（2015）

处理	早稻（kg/亩）	晚稻（kg/亩）	周年产量（kg/亩）
T1	416.9	439.8	856.7
T2	453.7	484.0	937.7
T3	428.2	475.9	904.1
T4	426.3	472.1	898.4
T5	488.4	515.3	1 003.7

注：T1：冬闲免耕—早稻翻耕稻草还田—晚稻翻耕稻草不还田（CK1）；T2：紫云英免耕秸秆还田—早稻翻耕稻草还田—晚稻翻耕稻草不还田；T3：黑麦草免耕秸秆还田—早稻翻耕稻草还田—晚稻翻耕稻草不还田；T4：油菜免耕秸秆还田—早稻翻耕稻草还田—晚稻翻耕稻草不还田；T5：马铃薯翻耕秸秆还田—早稻翻耕稻草还田—晚稻翻耕稻草还田（CK2）

表2-39　不同种植模式下早、晚稻产量构成（2015）

季别	处理	有效穗（万穗/亩）	每穗粒数（粒/穗）	结实率（%）	千粒重（g）	理论产量（kg/亩）
早稻	T1	22.9	96.7	75.5	25.2	421.1
	T2	23.1	105.7	77.7	25.0	475.1
	T3	23.1	101.3	77.3	25.1	453.4
	T4	23.5	101.4	76.9	25.5	466.5
	T5	23.7	108.1	77.1	25.8	510.1

（续表）

季别	处理	有效穗（万穗/亩）	每穗粒数（粒/穗）	结实率（%）	千粒重（g）	理论产量（kg/亩）
晚稻	T1	18.3	139.0	28.1	63.8	457.5
	T2	19.5	135.4	29.0	66.3	507.9
	T3	19.4	134.6	28.7	67.2	504.6
	T4	19.4	135.8	28.6	65.4	491.2
	T5	19.6	142.2	28.6	66.1	527.6

（5）2016年不同栽培模式下早、晚稻产量及周年产量　不同栽培模式下，早稻产量排序为紫云英—双季稻>马铃薯—双季稻>黑麦草—双季稻>冬闲—双季稻>油菜—双季稻，晚稻产量排序为马铃薯—双季稻>紫云英—双季稻>油菜—双季稻>黑麦草—双季稻>冬闲—双季稻，周年产量排序为马铃薯—双季稻>紫云英—双季稻>黑麦草—双季稻>油菜—双季稻>冬闲—双季稻。与冬闲—双季稻比较，马铃薯—双季稻、紫云英—双季稻、黑麦草—双季稻、油菜—双季稻早稻产量分别增产6.2%、6.8%、3.3%、-4.6%，晚稻产量分别增产12.5%、9.3%、7.4%、15.0%，周年产量分别增产9.4%、8.1%、5.4%、5.1%。表明采用马铃薯—双季稻、紫云英—双季稻、黑麦草—双季稻等三熟制，通过增加马铃薯、紫云英、黑麦草等冬季作物秸秆还田，改善土壤肥力状况，实现了水稻周年丰产，而油菜—双季稻由于冬季油菜收获的菜籽及大部分茎秆被移除稻田，土壤培肥效果偏低，尽管周年水稻产量增加，但早稻产量出现了降低的现象（表2-40）。

表2-40　不同种植模式下早、晚稻产量及周年产量（2016）

处理	早稻（kg/亩）	晚稻（kg/亩）	周年产量（kg/亩）	排名
冬闲—双季稻	416.4	406.0	822.4	5
紫云英—双季稻	444.7	493.9	938.6	2
黑麦草—双季稻	430.3	437.3	867.6	3
油菜—双季稻	397.4	467.0	864.4	4
马铃薯—双季稻	442.2	534.6	976.8	1

2. 不同种植模式下早稻植株N、P、K、Cd含量

2015年对不同种植模式早稻植株N、P、K、Cd含量测定，T5的茎秆中含氮量最低，而叶片含氮量较T1增加了35.1%，表明T5有利于水稻茎秆中的氮素往叶片中转运，防止叶片早衰，提高叶片功能活性，是T5获得高产的重要因子之一；T1茎、叶重的磷含量均显著高于其他模式，而稻谷中无显著差异；T2、T3、T4、T5的茎、叶、稻谷中的钾含量均要显著高于T1，其中，T5茎、叶、稻谷中的钾含量均最高，而T1均最低，T5分别较T1增加了83.5%、95.3%、83.3%；T1茎、叶、稻谷中的镉含量均显著低于T2、T3、T4、T5。结果表明：三熟种植模式下，能显著提高水稻对钾素的吸收与积累，但也显著增加了对镉的吸收，不利于水稻的安全生产，故生产中应控制绿肥的

还田量（表 2-41）。

表 2-41　不同种植模式下早稻 N、P、K、Cd 含量（2015）

处理	茎				叶				谷			
	N（%）	P（%）	K（%）	Cd（mg/kg）	N（%）	P（%）	K（%）	Cd（mg/kg）	N（%）	P（%）	K（%）	Cd（mg/kg）
T1	0.68	0.19	2.73	0.207	1.51	0.22	1.29	0.100	1.34	0.32	0.30	0.018
T2	0.61	0.14	4.33	0.228	1.73	0.18	1.60	0.149	1.33	0.3	0.45	0.038
T3	0.56	0.16	3.67	0.229	2.11	0.20	1.64	0.137	1.34	0.3	0.43	0.032
T4	0.79	0.13	3.14	0.788	2.19	0.21	1.51	0.282	1.36	0.29	0.45	0.047
T5	0.53	0.12	5.01	0.523	2.04	0.18	2.52	0.141	1.33	0.21	0.55	0.026

2016 年对不同种植模式早稻植株 N、P、K 含量测定，马铃薯—双季稻模式早稻茎叶中全 N 含量为 1.91%，全 K 含量为 4.21%，显著高于其他模式，较冬闲—双季稻提高了 40.4%、78.4%，糙米中 N、P、K 含量为 1.97%、0.37%、0.29%，较冬闲—双季稻提高了 11.9%、8.8%、3.5%；紫云英—双季稻模式早稻茎叶中全 N 含量为 1.76%，全 K 含量为 2.89%，也显著高于其他模式，较冬闲—双季稻提高了 29.4%、22.5%，糙米中 N、P 含量为 1.88%、0.35%，较冬闲—双季稻提高了 6.8%、2.9%；油菜—双季稻与冬闲—双季稻模式的早稻植株养分含量相对较低，这与产量表现结果基本一致，说明三熟种植模式下，通过提高水稻茎叶和籽粒中 N、P、K 等养分的吸收与积累，是实现水稻高产的重要基础（表 2-42）。

表 2-42　不同种植模式下早稻植株 N、P、K 含量（2016）

处理	茎叶			糙米		
	N（%）	P（%）	K（%）	N（%）	P（%）	K（%）
冬闲—双季稻	1.36	0.15	2.36	1.76	0.34	0.28
紫云英—双季稻	1.76	0.15	2.89	1.88	0.35	0.28
黑麦草—双季稻	1.39	0.16	2.54	1.78	0.35	0.26
油菜—双季稻	1.51	0.14	2.71	1.86	0.35	0.27
马铃薯—双季稻	1.91	0.14	4.21	1.97	0.37	0.29

3. 不同种植模式下土壤理化特性

（1）土壤有机质与活性有机质　2014 年测定，不同栽培模式土壤有机质以马铃薯—双季稻模式最高为 26.4g/kg，其次是黑麦草—双季稻为 22.6g/kg，与冬闲—双季稻模式分别提高了 27.54%、9.18%，达显著差异。活性有机质也以马铃薯—双季稻模式最高为 19.2g/kg，其次是黑麦草—双季稻为 16.8g/kg，第三是油菜—双季稻为 15.6g/kg，第四是紫云英—双季稻为 15.5g/kg，与冬闲—双季稻模式分别提高了 43.28%、25.37%、16.42%、15.67%，均达显著差异（图 2-19）。

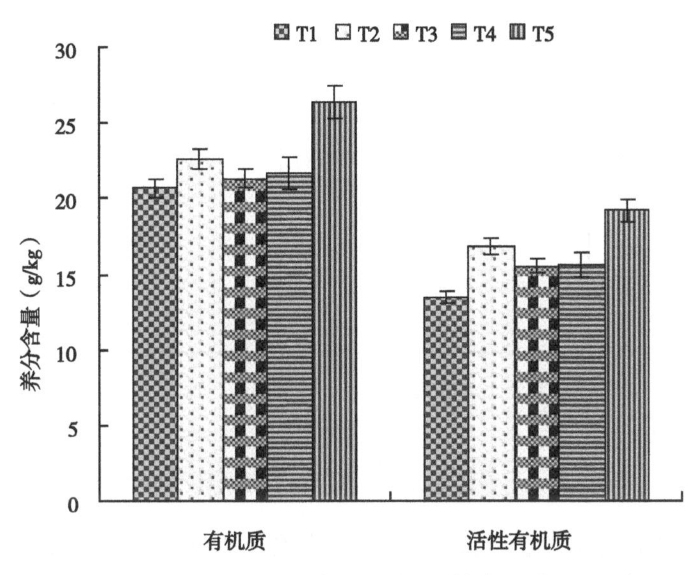

图 2-19 不同栽培模式土壤有机质与活性有机质（2014 年）

（2）土壤养分及阳离子交换量 2014 年测定结果，从不同栽培模式土壤养分分析，冬闲—双季稻模式的全氮、碱解氮、有效磷、速效钾均最低；黑麦草—双季稻模式的全氮、碱解氮最高分别为 1.60g/kg、342mg/kg，均显著高于其他模式，比冬闲—双季稻模式分别提高 33.33%、115.09%；马铃薯—双季稻模式的有效磷、速效钾最高分别为 20.8mg/kg、250mg/kg，均显著高于其他模式，比冬闲—双季稻模式分别提高 79.31%、247.22%（表 2-43）。

表 2-43 不同栽培模式土壤养分含量（2014 年）

栽培模式	pH 值（水）	碱解氮（N）（mg/kg）	有效磷（P）（mg/kg）	速效钾（K）（mg/kg）	全氮（N）（g/kg）
T1	6.1	159	11.6	72	1.20
T2	6.1	342	12.0	102	1.60
T3	6.0	178	13.1	126	1.25
T4	5.9	179	10.8	138	1.27
T5	6.0	188	20.8	250	1.47

土壤阳离子交换量（CEC）是反映土壤保肥能力的一个重要指标，土壤阳离子交换量越大，土壤保肥能力越强。不同栽培模式土壤阳离子交换量以马铃薯—双季稻模式最高为 12.0cmol（+）/kg，其次是黑麦草—双季稻模式为 11.3cmol（+）/kg，与冬闲—双季稻模式分别提高了 20.0%、13.0%，达显著差异。紫云英—双季稻、油菜—双季稻模式均为 11.0cmol（+）/kg，与冬闲—双季稻模式比较也提高了 10.0%，达显著差异（图 2-20）。

2015 年测定结果，不同种植模式下的 pH 值以 T2 最大，较 T1 模式增加 2.7%；T5 的全氮含量最高，较 T1 增加 22.1%；所有模式各土层碱解氮均随土层深度的增加而降

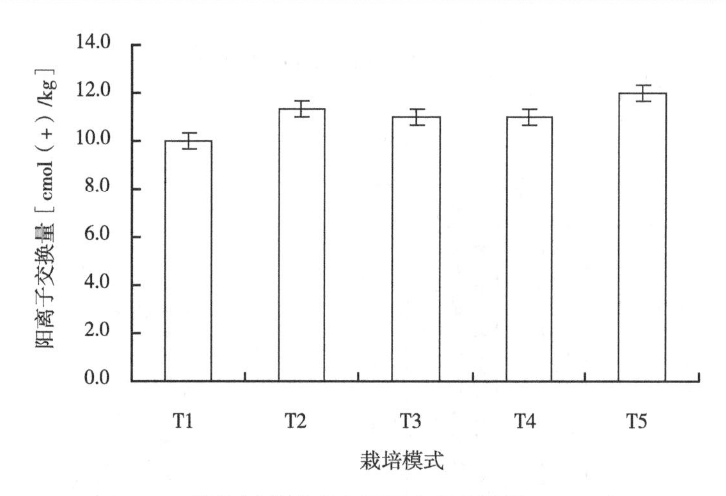

图 2-20　不同栽培模式土壤阳离子交换量（2014 年）

低，T5 各土层平均碱解氮含量最高，较 T1 分别增加 30. 0%，且主要表现在 0~5cm 土层，T5 最高达到 210. 9mg/kg，较 T1 增加了 24. 1%；T5 各土层平均有效磷含量最高，较 T1 分别增加 81. 8%；所有模式各土层速效钾含量均随土层深度的增加而降低，平均速效钾以 T5 最大达到 56. 3mg/kg，较 T1 增加 31. 5%；阳离子交换量（CEC）以 T5 最大，T2、T3、T4、T5 各土层平均 CEC 较 T1 分别增加 2. 7%、5. 1%、1. 5%、11. 6%，结果表明：种植马铃薯能够显著提高土壤的全氮、碱解氮、有效磷、速效钾含量，扩库增容，提升土壤肥力（表 2-44）。

表 2-44　不同种植模式下早稻土壤养分含量（2015）

送样编号	pH 值（水）	碱解氮（N）（mg/kg）	有效磷（P）（mg/kg）	速效钾（K）（mg/kg）	全氮（N）（g/kg）	阳离子交换量［cmol（+）/kg］
T1（0~5cm）	4. 70	145. 7	7. 3	46. 1	2. 00	11. 4
T1（5~10cm）	4. 60	140. 4	4. 9	42. 1	1. 88	11. 1
T1（10~20cm）	5. 35	116. 9	7. 7	40. 1	1. 82	11. 0
平均值	4. 88	134. 3	6. 6	42. 8	1. 90	11. 2
T2（0~5cm）	4. 71	141. 9	8. 0	40. 1	1. 93	11. 6
T2（5~10cm）	4. 69	126. 0	6. 7	31. 1	1. 89	11. 7
T2（10~20cm）	5. 63	99. 4	5. 9	30. 1	1. 65	11. 1
平均值	5. 01	122. 4	6. 9	33. 8	1. 82	11. 5
T3（0~5cm）	4. 58	157. 1	10. 6	56. 1	2. 07	12. 0
T3（5~10cm）	4. 45	146. 4	5. 4	49. 1	2. 07	12. 0
T3（10~20cm）	4. 95	114. 6	4. 0	37. 1	1. 89	11. 2
平均值	4. 66	139. 4	6. 7	47. 4	2. 01	11. 7
T4（0~5cm）	4. 41	135. 8	7. 6	37. 1	1. 67	11. 9
T4（5~10cm）	4. 91	144. 2	4. 9	31. 6	2. 10	12. 1
T4（10~20cm）	5. 61	104. 0	5. 4	28. 1	1. 75	10. 0
平均值	4. 98	128. 0	6. 0	32. 3	1. 84	11. 3
T5（0~5cm）	4. 45	210. 9	12. 3	65. 3	2. 70	12. 8
T5（5~10cm）	4. 64	182. 1	13. 4	55. 7	2. 47	13. 4

（续表）

送样编号	pH值（水）	碱解氮（N）(mg/kg)	有效磷（P）(mg/kg)	速效钾（K）(mg/kg)	全氮（N）(g/kg)	阳离子交换量[cmol（+）/kg]
T5（10~20cm）	5.46	170.0	10.2	47.8	1.78	11.2
平均值	4.85	187.7	12.0	56.3	2.32	12.5

2016年测定结果，不同种植模式的土壤pH值均为5.32~5.57，差异不大。马铃薯—双季稻模式的土壤碱解氮、有效磷、速效钾和全氮依次为150.96mg/kg、6.05mg/kg、224.20mg/kg和1.71g/kg，均显著高于其他模式，较冬闲—双季稻分别提高22.0%、210.3%、413.8%和18.8%，阳离子交换量也最高为10.98cmol（+）/kg，紫云英—双季稻模式的土壤碱解氮含量也较高为136.17mg/kg，较冬闲—双季稻提高了10.1%，说明土壤N、P、K养分含量的高低也是影响水稻周年丰产的一个重要因素，通过双季稻田冬季种植马铃薯能够显著提高土壤的全氮、碱解氮、有效磷、速效钾含量，实现扩库增容，提升土壤肥力（表2-45）。

表2-45　不同种植模式下早稻土壤理化特性（2016）

处理	pH值（水）	碱解氮（N）(mg/kg)	有效磷（P）(mg/kg)	速效钾（K）(mg/kg)	全氮（N）(g/kg)	阳离子交换量[cmol（+）/kg]
冬闲—双季稻	5.57	123.72	1.95	43.85	1.44	10.61
紫云英—双季稻	5.32	136.17	1.76	33.91	1.42	10.24
黑麦草—双季稻	5.56	127.61	1.33	33.42	1.26	9.96
油菜—双季稻	5.45	121.39	2.24	28.95	1.36	9.59
马铃薯—双季稻	5.46	150.96	6.05	224.20	1.71	10.98

4. 不同种植模式土壤镉及碳含量

2014年测定不同栽培模式的土壤Cd含量分析，土壤总Cd、有效Cd含量均以马铃薯—双季稻模式最高分别为0.386mg/kg、0.185mg/kg，其次是冬闲—双季稻模式分别为0.356mg/kg、0.173mg/kg；而黑麦草、紫云英、油菜—双季稻模式的土壤总Cd分别比马铃薯—双季稻模式低25.91%、28.24%、25.65%，比冬闲—双季稻模式低19.66%、22.19%、19.38%；土壤有效Cd分别比马铃薯—双季稻模式低11.35%、20.00%、8.65%，比冬闲—双季稻模式低5.20%、14.45%、2.31%，除油菜—双季稻与冬闲—双季稻模式土壤有效Cd差异不显著外，其余均达显著差异（图2-21）。

2015年测定不同种植模式土壤镉及碳含量，总体上，各种植模式下各土层总镉、有效镉含量均表现出随着土层深度增加而降低的趋势，T5的平均总镉、有效镉均最高，较T1分别增加25.6%、16.0%；全碳、活性炭、胡敏酸碳、富里酸碳、胡敏素碳含量均表现出随着土层深度增加而降低的趋势，T5的平均全碳、活性炭、胡敏酸碳、胡敏素碳含量均最高，较T1分别增加23.5%、21.5%、52.6%、5.0%。结果表明：种植马铃薯会显著增加土壤全碳、活性炭、胡敏酸碳、胡敏素碳含量，达到了改善土壤结构，扩库增容，增强土壤保水保肥能力的效果，但同时也会显著提高土壤全镉、有效镉含量，因此马铃薯茎叶应只部分还田，以降低稻米生产中镉超标的风险（表2-46）。

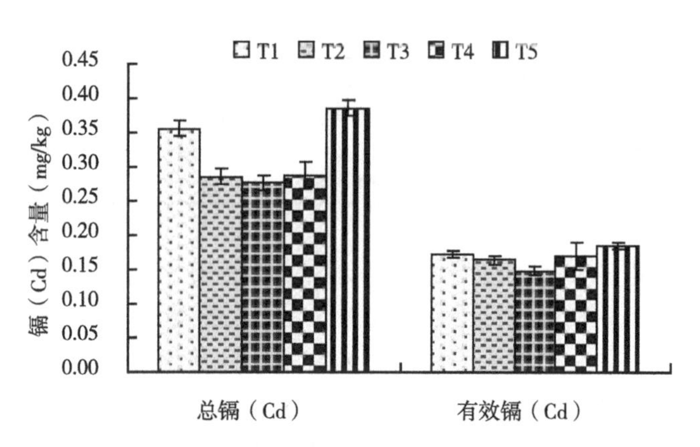

图 2-21　不同栽培模式土壤 Cd 含量（2014 年）

表 2-46　不同种植模式下早稻土壤重要农化指标（2015）

送样编号	总镉（Cd）（mg/kg）	有效镉（Cd）（mg/kg）	活性炭（C）（g/kg）	全碳（C）（g/kg）	胡敏酸碳（C）（g/kg）	富里酸碳（C）（g/kg）	胡敏素碳（C）（g/kg）
T1（0~5cm）	0. 42	0. 27	12. 6	18. 6	3. 16	4. 33	11. 57
T1（5~10cm）	0. 39	0. 27	12. 2	17. 2	2. 28	3. 90	10. 63
T1（10~20cm）	0. 35	0. 22	10. 5	15. 3	2. 15	3. 65	9. 45
平均值	0. 39	0. 25	11. 8	17. 0	2. 53	3. 96	10. 55
T2（0~5cm）	0. 43	0. 25	12. 8	17. 6	2. 94	3. 97	11. 50
T2（5~10cm）	0. 38	0. 22	11. 3	16. 6	2. 41	3. 98	10. 68
T2（10~20cm）	0. 33	0. 16	8. 5	15. 3	1. 67	3. 39	8. 89
平均值	0. 38	0. 21	10. 9	16. 5	2. 34	3. 78	10. 36
T3（0~5cm）	0. 38	0. 22	13. 5	18. 7	3. 51	4. 83	10. 53
T3（5~10cm）	0. 37	0. 21	12. 7	17. 2	3. 33	3. 25	10. 47
T3（10~20cm）	0. 34	0. 17	9. 3	13. 3	1. 93	3. 50	7. 84
平均值	0. 36	0. 20	11. 8	16. 4	2. 92	3. 86	9. 61
T4（0~5cm）	0. 42	0. 28	12. 7	18. 3	3. 12	4. 09	11. 44
T4（5~10cm）	0. 39	0. 26	12. 5	18. 1	2. 65	3. 96	11. 05
T4（10~20cm）	0. 35	0. 17	8. 0	12. 3	1. 49	3. 20	7. 56
平均值	0. 39	0. 23	11. 0	16. 2	2. 42	3. 75	10. 02
T5（0~5cm）	0. 53	0. 33	16. 6	23. 6	4. 74	4. 68	14. 42
T5（5~10cm）	0. 50	0. 30	16. 7	22. 8	4. 30	4. 39	13. 82
T5（10~20cm）	0. 43	0. 23	10. 3	15. 8	2. 54	3. 40	9. 81
平均值	0. 49	0. 29	14. 5	20. 7	3. 86	4. 16	12. 68

2016 年测定结果显示，马铃薯—双季稻模式的土壤总镉、有效镉、全碳、活性炭均最高，较冬闲—双季稻分别增加 32. 1%、53. 9%；30. 3%、31. 5%，其他模式的上述指标均相对较低，说明 N、P、K 含量高的土壤，总镉、有效镉、全碳、活性炭含量也相对较高，同时也说明马铃薯—双季稻模式在改善土壤结构，提高土壤肥力，实现水稻

丰产的同时，也会显著提高土壤全镉、有效镉含量，因此，如在镉污染严重的稻田发展双季稻三熟栽培，在通过秸秆还田构建合理耕层的同时，应适当控制秸秆还田量以减少农田污染（表2-47）。

表2-47 不同种植模式下早稻土壤镉及碳含量（2016）

处理	总镉（Cd）(mg/kg)	有效镉（Cd）(mg/kg)	全碳（C）(g/kg)	活性炭（C）(g/kg)
冬闲—双季稻	0.28	0.13	11.39	8.91
紫云英—双季稻	0.26	0.15	12.64	9.18
黑麦草—双季稻	0.24	0.13	11.20	8.74
油菜—双季稻	0.27	0.16	11.60	8.92
马铃薯—双季稻	0.37	0.20	14.84	11.72

5. 不同种植模式下耕层土壤深度及硬度

2016年测定，不同栽培模式下耕层土壤深度以马铃薯—双季稻、油菜—双季稻最深为13.9cm，紫云英—双季稻、黑麦草—双季稻、冬闲—双季稻耕层土壤深度分别为13.6cm、13.4cm、13.5cm，不同种植模式的耕层深度虽有一定差异，但不显著。不同栽培模式下耕层土壤硬度以黑麦草—双季稻最大为1.86kg/cm^2，马铃薯—双季稻最小为0.82kg/cm^2，油菜—双季稻、紫云英—双季稻、冬闲—双季稻耕层土壤硬度分别为1.22kg/cm^2、1.53kg/cm^2、1.04kg/cm^2，与冬闲—双季稻比较，马铃薯—双季稻耕层土壤硬度降低了21.2%，黑麦草—双季稻、紫云英—双季稻、油菜—双季稻分别提高了78.9%、47.1%、17.3%。说明冬季种植不同作物及采用不同耕作方式，可导致不同种植模式的耕作层土壤硬度产生显著差异，种植马铃薯因采用翻耕稻草覆盖还田种植，降低了土壤硬度，而紫云英、黑麦草、油菜等采用免耕种植，使得土壤硬度有所提高。

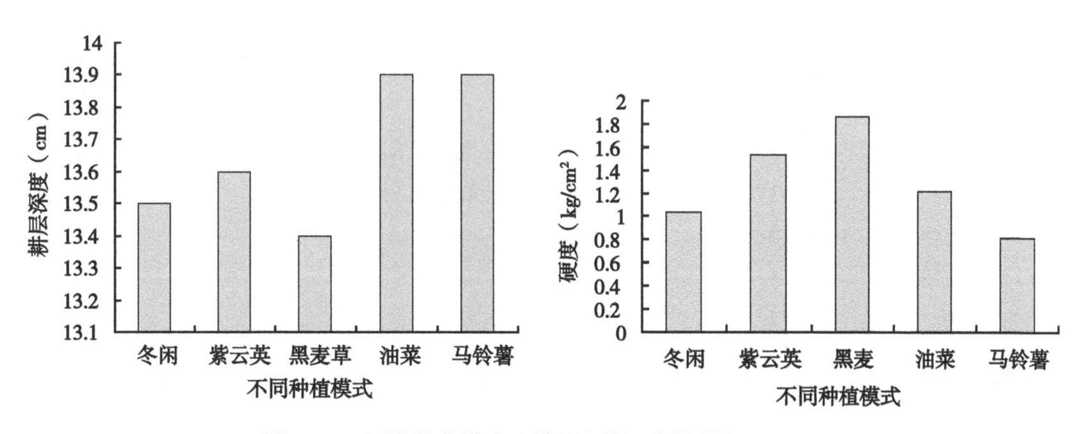

图2-22 不同种植模式下耕层土壤深度及硬度（2016）

6. 不同种植模式下养分利用效率

根据2015年测定结果，在黑麦草—双季稻模式的早晚稻减少18%化肥氮施用量（相对CK1），紫云英、马铃薯—双季稻模式的早晚稻减少30%化肥氮施用量（相对

CK1）情况下，T5 的早稻、晚稻及周年氮肥偏生产力均最高，分别达到了 60.7kg/kg、50.0kg/kg、54.7kg/kg。早稻 T2、T3、T4、T5 的氮肥偏生产力分别较 T1 增加 55.4%、25.2%、2.3%、67.3%；晚稻分别增加 57.2%、37.0%、7.3%、67.4%；周年分别增加 56.4%、28.7%、4.9%、67.4%。结果表明：种植冬季作物及秸秆还田能显著提高早、晚稻及周年的氮肥偏生产力，其中以马铃薯效果最佳（表 2-48）。

表 2-48　不同种植模式下氮肥偏生产力（2015）

处理	早稻（kg/kg）	晚稻（kg/kg）	周年（kg/kg）
T1	36.3	29.9	32.7
T2	56.4	47.0	51.1
T3	45.5	39.4	42.1
T4	37.1	32.1	34.3
T5	60.7	50.0	54.7

7. 不同栽培模式冬季作物 N、P、K 养分含量

从 2014 年测定不同栽培模式冬季作物 N、P、K 养分含量分析，全氮含量以黑麦草、紫云英茎叶较高，分别为 2.81%、2.23%，显著高于其他作物，其次是马铃薯、油菜茎叶，分别为 1.79%、1.67%，马铃薯块茎、油菜籽粒全氮含量较低，分别为 1.41%、1.29%。全磷含量以黑麦草茎叶最高为 0.53%，显著高于其他作物，以马铃薯茎叶最低为 0.21%，显著低于其他作物。全钾含量以马铃薯茎叶最高为 7.41%，显著高于其他作物，以紫云英茎叶最低为 1.23%，显著低于其他作物。从 4 种冬季作物 N、P、K 养分总量比较，紫云英茎叶养分总量最低，只有 14.28kg/亩，马铃薯茎叶加块茎的养分总量最高为 24.10kg/亩，其次是黑麦草茎叶为 14.28kg/亩，油菜茎叶加籽粒为 15.21kg/亩，与紫云英茎叶比较，分别提高 68.77%、33.33%、6.51%，其差异均达显著水平（表 2-49）。

表 2-49　不同冬季作物 N、P、K 养分含量（2014）

冬季作物	干重（kg/亩）	全氮（N）（%）	全磷（P）（%）	全钾（K）（%）	养分总量（kg/亩）
黑麦草茎叶	287.23	2.81	0.53	3.29	19.04
紫云英茎叶	383.93	2.23	0.26	1.23	14.28
马铃薯茎叶	76.20	1.79	0.21	7.41	7.17
马铃薯块茎	348.11	1.41	0.26	3.20	16.93
油菜茎叶	123.47	1.67	0.25	6.44	10.32
油菜籽粒	114.42	1.29	0.26	2.72	4.89

8. 不同栽培模式冬季作物镉富集量

从 2014 年测定不同栽培模式冬季作物 Cd 含量分析，马铃薯茎叶最高为 2.59mg/kg，其次是油菜茎叶为 1.83mg/kg，黑麦草、紫云英茎叶较低，分别为 0.68mg/kg、0.43mg/kg；油菜籽粒 Cd 含量最低为 0.32mg/kg，马铃薯块茎为 0.60mg/kg，均超过了食品安全生产 Cd 含量指标。从几种冬季作物 Cd 吸收富集总量分析，油菜茎叶、马铃

薯块茎、马铃薯茎叶、黑麦草茎叶、紫云英茎叶 Cd 富集量较高，分别为 225.95mg/亩、208.98mg/亩、197.05mg/亩、196.47mg/亩、163.17mg/亩，油菜籽粒 Cd 富集量最低为 37.07mg/亩（表 2-50）。

表 2-50　不同冬季作物镉富集量（2014）

冬季作物	干重（kg/亩）	镉含量（Cd）（mg/kg）	总镉量（mg/亩）
黑麦草茎叶	287.23	0.68	196.47
紫云英茎叶	383.93	0.43	163.17
马铃薯茎叶	76.20	2.59	197.05
马铃薯块茎	348.11	0.60	208.98
油菜茎叶	123.47	1.83	225.95
油菜籽粒	114.42	0.32	37.07

五、研究结论

（一）雨养型稻田种植模式关键技术

当双季稻区发生伏秋干旱后，在水利条件较差的雨养稻作区，通过改种秋蔬菜、秋玉米、秋大豆或秋红薯，能实现增产增收，取得较好的经济效益，不同种植模式全年粮食产量以早稻—秋玉米最高，为 894.8kg/亩，全年产值以早稻—秋蔬菜种植模式总产值最高，为 4 026.7元/亩。说明早稻—秋玉米、早稻—秋蔬菜是该区域雨养田抗旱节水最适宜推广的种植模式，能获得更好的产量与效益。在 2014 年季节性干旱发生不明显的情况下，雨养稻田种植晚稻可以依靠自然降水实现正常生长，但因雨养稻田无灌溉条件，一旦出现高温干旱，种植晚稻仍然存在干旱缺水导致减产减收的风险。

（二）不同冬季绿色覆盖节水节肥种植模式及关键技术研究

1. 采用还田技术与冬闲—双季稻模式比较，不同冬季种植模式对早晚稻产量有一定影响，紫云英、黑麦草模式因其茎叶还田，改善了土壤结构、增加了土壤有机质、提高了土壤肥力，因而其双季稻产量均高于对照；油菜、裸大麦因生育期偏迟，对双季稻产量造成了一定影响，但与对照比较均无显著差异，且增加了一季冬作物产量，其产值均显著高于对照。从不同种植模式全年产值比较，马铃薯—双季稻模式产值最高，由于选用了较早熟的马铃薯品种，实现了品种突破，解决了双季稻三熟茬口衔接紧张的矛盾，不会影响双季稻生长，是值得推广的一种节水节肥型高效种植模式。

2. 采用冬季绿色覆盖三熟种植模式

有利于实现周年高产，保障粮食安全。三熟种植模式有利于水稻茎叶中氮素和磷素向籽粒转移，能显著提高水稻对钾素的吸收与积累，通过种植冬季作物秸秆还田能提高土壤全氮、碱解氮、速效钾、全碳、活性炭等养分含量及阳离子交换量，提高土壤肥力水平。能增加一定的耕作层深度，减少犁底层厚度，降低耕作层土壤硬度，有利于改善土壤结构，提高土壤养分库容量，有利于合理土壤耕层结构的形成。

3. 种植绿肥

会显著增加土壤全碳、活性炭、胡敏酸碳、胡敏素碳含量，其中紫云英—双季稻模式对全碳、有效碳的影响最大，黑麦草—双季稻模式对富里酸、胡敏素碳的影响最大，油菜（茎叶还田）—双季稻模式对胡敏酸碳的影响最大，达到了改善土壤结构，扩库增容，增强土壤保水保肥能力的效果，同时，也会显著提高土壤全镉含量，以黑麦草—双季稻模式尤为明显，但对有效镉含量影响不显著。

（三）双季稻田“三轮”栽培节水节肥安全生产技术研究

1. 采用非“三轮”栽培的冬闲—双季稻模式

因长期只有部分早稻草还田，秸秆还田量较少，土壤有机质、活性有机质、土壤全碳、活性炭、胡敏酸碳、富里酸碳、胡敏素碳含量及 N、P、K 养分含量、阳离子交换量较低，从而导致周年水稻产量下降显著。同时，从重金属 Cd 的富集效应比较，由于没有冬季作物的富集转移，土壤中积累的 Cd 含量相对较高。

2. 采用非“三轮”栽培的马铃薯—双季稻模式

因连年早稻草、晚稻草、马铃薯秸秆均被部分还田，秸秆还田量较高，土壤有机质、活性有机质、土壤全碳、活性炭、胡敏酸碳、富里酸碳、胡敏素碳含量及 N、P、K 养分含量、阳离子交换量较高，尽管在减少施氮量 30%的情况下，水稻产量仍表现增产显著，与冬闲—双季稻模式比较，早晚稻及周年产量显著增产 3.70%~17.2%，氮肥利用效率（偏生产力）提高 67.4%，但另一方面，马铃薯茎叶吸收富集 Cd 能力较强，秸秆还田量较高也直接导致土壤总 Cd 和有效 Cd 含量显著高于三种“三轮”栽培模式。

3. 采用“三轮”栽培的油菜、黑麦草、紫云英—双季稻模式

因采用秸秆适量还田，加上冬季作物的吸收富集作用，尽管在减少施氮量 18%~30%的情况下，土壤碳及 N、P、K 养分含量、阳离子交换量有所下降，但与冬闲—双季稻模式比较，早稻产量仍分别增产 7.79%、14.1%、14.6%，晚稻分别增加 6.5%、8.3%、9.1%，周年产量分别增加 7.0%、11.0%、11.7%。周年氮肥利用效率（偏生产力）分别提高 4.9%、28.7%、56.4%，同时土壤总 Cd 和有效 Cd 含量也有所下降，达到了既稳定粮食生产，又改善了土壤环境的效果。

黑麦草、紫云英、油菜、马铃薯等冬季作物在富集土壤养分的同时，也富集了土壤中部分重金属 Cd，因此在目前被污染的稻田上，秸秆还田的利用应适当谨慎，不能过量，只能适量或采用秸秆轮还的方式。

第三节　双季稻节水节肥丰产栽培关键技术研究

一、研究目标

针对双季稻田长期土壤单一耕作、水肥利用效率低等问题，以提高降水利用率和肥料利用率为核心，开展双季稻丰产条件下，节水、节肥与水肥耦合栽培关键技术研究，将节水、节肥、培肥融于一体，探讨不同区域、不同土壤类型、不同类型水稻品种（常规稻、杂交稻）需水需肥规律与群体构建，探讨不同培肥措施，提高稻田土壤水库容量与肥料

当季利用效率的关键技术，为创建双季稻节水节肥丰产栽培技术体系提供支撑。

二、研究内容

（一）稻田垄作栽培水分调控技术研究

以垄作水肥调控为核心，以节水、省肥、提质增产为目标，研究垄作栽培的节水节肥效应及关键技术。配套应用抗旱品种进行节水灌溉，研究比较常规耕作和垄作栽培条件下水稻产量、品质效应及水稻生长的生理基础及发育特点，为双季稻丰产、优质、节水栽培提供依据。

（二）双季稻田不同耕作方式与稻草还田土壤扩库增容技术研究

通过不同耕作方式与稻草还田对水稻产量、稻田土壤水肥库容量的影响，提出保水保肥的土壤耕作方式，为水稻生产节水节肥提供技术支撑。

（三）双季稻田土壤轮耕保水保肥技术研究

针对双季稻田长期土壤单一耕作、水肥利用效率低等问题，通过多年土壤轮耕，结合节水湿润灌溉，达到构建合理耕层结构，实现水稻节水节肥、持续丰产的目标。

三、研究方案

（一）稻田垄作栽培水分调控技术研究

试验于 2013 年在冷水滩区株山桥镇株山桥村进行，共设 4 个处理：

（1）常规栽培　按照农民的习惯栽培方法，即翻耕稻田土壤约 15cm 深，耘田后栽秧，连年每季翻耕；返青期和孕穗抽穗期田间保持水层，以后间歇湿润灌溉，收获前 1 周断水。

（2）双季垄作早翻晚免耕栽培　水稻插秧前先起垄作厢，厢宽 1.20m，厢沟宽 25cm、深 10~15cm，第一季早稻翻耕栽培，以便起垄开沟，以后连年早翻晚免耕留垄栽培。移栽后在返青期和孕穗抽穗期保持畦面有水，其他时期保持在控水状态，以不出现水分亏缺为度，少灌或不灌水。

（3）双季垄作旋耕栽培　水稻插秧前先起垄作厢，厢宽 1.20m，厢沟宽 25cm、深 10~15cm，第一季早稻旋耕栽培，起垄开沟，晚稻旋耕栽培，以后连年留垄双旋栽培。移栽后在返青期和孕穗抽穗期保持畦面有水，其他时期保持在控水状态，以不出现水分亏缺为度，少灌或不灌水。

（4）双季垄作早旋晚免栽培　水稻插秧前先起垄作厢，厢宽 1.20m，厢沟宽 25cm、深 10~15cm，第一季早稻旋耕栽培，起垄开沟，以后连年早旋晚免耕留垄栽培。移栽后在返青期和孕穗抽穗期保持畦面有水，其他时期保持在控水状态，以不出现水分亏缺为度，少灌或不灌水。

供试品种：早稻“陆两优 996”，晚稻“丰源优 299”；不设重复，共 4 个小区，小区面积 0.2 亩，田块面积 1 亩；N、P、K 施用量：早稻 N 10kg/亩、P_2O_5 4.5kg/亩、K_2O 9kg/亩，晚稻 N 12kg/亩、P_2O_5 3kg/亩、K_2O 10kg/亩，其中 P 肥为底肥一次性施入，K 肥按基、蘖肥各 50%分 2 次施入，N 肥按质量比为基肥：分蘖肥：穗肥=6：3：1 分 3 次施入。

（二）双季稻田不同耕作方式与稻草还田土壤扩库增容技术研究

试验于2015—2017年在宁乡县回龙铺镇天鹅村试验区进行，共设6个处理，重复3次，小区面积66.7m^2，随机区组排列。处理分别为：①免耕秸秆还田（NTS）：不整地，免耕抛秧，早晚稻收获后秸秆全量覆盖还田；②翻耕秸秆还田（CTS）：水稻抛秧前用铧式犁翻地1遍，再用旋耕机旋地2遍，耕深约15cm，早稻收获后秸秆全量翻压还田，晚稻收获后覆盖还田，次年早稻抛秧前翻压入土；③翻耕秸秆不还田（CT）：水稻抛秧前用铧式犁翻地1遍，再用旋耕机旋地2遍，耕深约15cm，早、晚稻收获后秸秆不还田，全量移出稻田；④旋耕秸秆全量还田（RTS）：水稻抛秧前用旋耕机旋地4遍，耕深约8cm，早稻收获后秸秆全量还田，晚稻收获后覆盖还田，次年早稻抛秧前旋耕混入土壤；⑤旋耕1/3秸秆还田（1/3RTS）：水稻抛秧前用旋耕机旋地4遍，耕深约8cm，早稻收获后秸秆全量还田，晚稻收获后覆盖还田，次年早稻抛秧前旋耕混入土壤；⑥旋耕2/3秸秆还田（2/3RTS）：水稻抛秧前用旋耕机旋地4遍，耕深约8cm，早稻收获后秸秆全量还田，晚稻收获后覆盖还田，次年早稻抛秧前旋耕混入土壤。秸秆全量还田处理的还田量约12 500kg/hm^2。

早稻供试品种为“湘早籼45号,”晚稻供试品种为湘“晚籼13号”。早稻施基肥为复合肥（N：P_2O_5：K_2O=20：12：14）375kg/hm^2；分蘖时追施尿素150kg/hm^2；晚稻施基肥为复合肥375kg/hm^2、尿素75kg/hm^2，分蘖时追施尿素75kg/hm^2。各处理在早晚稻插秧前喷洒除草剂（克无踪），冬闲季自然落干不泡水。

（三）双季稻田土壤轮耕保水保肥技术研究

试验于2014—2016年在醴陵市东富镇立新村进行，共设双季稻连续长年免耕（M-M）、连续长年翻耕（F-F）、连续长年旋耕（X-X）、旋免轮耕（X-M）、翻免轮耕（F-M）5个不同土壤耕作与轮耕方式处理，旋免轮耕周期为3年（1年旋耕、2年免耕），翻免轮耕周期为3年（1年翻耕、2年免耕）。

依托在连续免耕7年（1999—2005年）稻田基础上，于第8年即2006年开始实施的长期定位试验，分别设置5个不同土壤耕作与轮耕方式处理，大区设计，不设重复，每处理面积200m^2。对于同一处理，早、晚稻采取相同的耕作措施，旋耕深度为6~8cm，翻耕深度为12~15cm。早稻品种为陵两优268，晚稻品种为深优5105，早晚稻均采用湿润灌溉方式，其他管理按常规方式进行。

（四）测定指标与方法

1. 产量及构成因素调查

在收获前一天每小区采用“梅花”式取15蔸样，在室内进行考种，主要调查有效穗、千粒重、总粒数、实粒数、空瘪粒数；每小区取1m^2测定实际产量。

2. 土壤指标

每小区采用X型5点定位测定耕层厚度；使用土钻S形多点采集土样，按0~5cm、5~10cm、10~20cm分层取样用于测定土壤有机碳、活性有机碳、氮、磷、钾含量、土壤阳离子交换量、土壤重金属Cd含量等，将样品实验室自然风干后，剔除石砾及植物残茬等杂物，过60目筛后进行分析；采用环刀按0~5cm、5~10cm、10~20cm分层取原状土样，105℃烘箱内烘干法测定土壤容重；每小区取中间连续5蔸植株样，尽量保持根系完整，用自来水和去离子水反复清洗根系至洗净全部泥土，再将根系、秸秆与稻米分离，于70℃烘箱中烘干，测定干物质后，粉碎，过100目尼龙筛，用于测定植株各部位Cd含量。

土壤有机碳的测定采用重铬酸钾氧化法，活性有机碳测定采用$KMnO_4$氧化法，碱解氮的测定采用碱解扩散法，有效磷的测定采用碳酸氢钠浸提—钼锑抗比色法，速效钾的测定采用乙酰胺浸提—火焰光度法，阳离子交换量的测定采用EDTA-乙酰胺盐交换法。土壤Cd的测定采用GB/T 17141—1997中硝酸—盐酸—高氯酸—氢氟酸消解—石墨炉原子吸收光谱法，植株Cd的测定采用GB/T 5009.15—2003中硝酸—高氯酸消解—石墨炉原子吸收光谱法。

四、研究进展

（一）稻田垄作栽培水分调控技术研究

1. 早稻经济性状及产量

早稻不同栽培方式产量以双季垄作旋耕栽培最高，其次是双季垄作早旋晚免栽培、双季垄作早翻晚免耕栽培，3种栽培方式产量均要高于常规栽培，实际产量分别高出1.7%、1.6%和0.4%。与对照相比，增产的原因在于3种处理提高了有效穗数和结实率（表2-51）。

表2-51　早稻不同栽培方式试验经济性状

处理	有效穗（万穗/亩）	每穗总粒（粒/穗）	每穗实粒（粒/穗）	结实率（%）	千粒重（g）	理论亩产（kg/亩）	实际亩产（kg/亩）	比对照（±%）
常规栽培（对照）	18.8	118.6	94.4	79.6	27.5	488	468.50	
双季垄作早翻晚免耕栽培	19.1	117.9	96.2	81.6	27.5	505.3	470.50	0.4
双季垄作旋耕栽培	19.3	119.5	96.1	80.4	27.5	510.1	476.50	1.7
双季垄作早旋晚免栽培	19.2	117.1	95.6	81.6	27.5	504.8	476.00	1.6

2. 晚稻经济性状及产量

晚稻实际产量以双季垄作早旋晚免栽培最高，依次为双季垄作早翻晚免耕栽培、双季垄作旋耕栽培，分别比常规栽培增加了7.24%、6.22%和2.69%，其增产的主要原因在于3种栽培方式与常规栽培相比，均提高有效穗和结实率（表2-52）。

表2-52　晚稻不同栽培方式试验经济性状

处理	有效穗（万穗/亩）	每穗总粒（粒/穗）	每穗实粒（粒/穗）	结实率（%）	千粒重（g）	理论亩产（kg/亩）	实际亩产（kg/亩）	比对照（±%）
常规栽培（对照）	20.27	160.39	135.7	84.61	29	797.69	538.50	
双季垄作早翻晚免耕栽培	21.46	153.74	130.63	84.97	29	812.96	572.00	6.22

（续表）

处理	有效穗（万穗/亩）	每穗总粒（粒/穗）	每穗实粒（粒/穗）	结实率（%）	千粒重（g）	理论亩产（kg/亩）	实际亩产（kg/亩）	比对照（±%）
双季垄作旋耕栽培	20.44	152.75	128.13	83.88	29	759.50	553.00	2.69
双季垄作早旋晚免栽培	21.41	155.92	132.77	85.15	29	824.36	577.50	7.24

（二）双季稻田不同耕作方式与稻草还田土壤扩库增容技术研究

1. 不同耕作方式与秸秆还田下产量构成及周年产量

2015 年研究结果显示，从稻草还田方式来看，稻草还田比稻草不还田的产量要高，早、晚稻及周年产量均以 2/3RTS 处理最高，早稻的 CTS、NTS、RTS、1/3RTS、2/3RTS 分别比 CT 增产 7.5%、2.5%、12.3%、10.0%、17.6%，晚稻分别增产 2.5%、1.3%、10.1%、10.6%、12.5%，周年产量分别增加 4.9%、1.9%、11.1%、10.3%、14.9%，从稻草还田量来看，早、晚稻均以 2/3 稻草还田最佳，且早稻表现出 2/3 稻草还田>稻草全量还田>1/3 稻草还田，晚稻表现出 2/3 稻草还田>1/3 稻草全量还田>稻草全量还田。从耕作方式来看，早、晚稻及周年产量均表现出旋耕>翻耕>免耕。结果表明 2/3 稻草还田加旋耕条件下能够实现周年高产（表 2-53、表 2-54）。

有效穗及结实率是 2/3RTS 获得高产的主要原因，每穗粒数及结实率是 CT 产量最低的主要因素。

表 2-53　不同耕作方式与秸秆还田下早、晚稻产量及周年产量（2015）

处理	早稻（kg/亩）	晚稻（kg/亩）	周年产量（kg/亩）
CT	421.4	470.3	891.7
CTS	453.2	482.2	935.4
NTS	432.1	476.3	908.4
RTS	473.2	517.8	991.0
1/3RTS	463.7	520.0	983.7
2/3RTS	495.5	528.9	1 024.4

表 2-54　不同耕作方式与秸秆还田下早、晚稻产量构成（2015）

季别	处理	有效穗（万穗/亩）	每穗粒数（粒/穗）	结实率（%）	千粒重（g）	理论产量（kg/亩）
早稻	CT	24.2	84.6	83.1	25.8	438.9
	CTS	25.1	85.3	83.4	25.7	458.9
	NTS	22.6	86.9	84.2	26.0	429.9
	RTS	25.3	85.7	85.5	26.1	483.8
	1/3RTS	24.9	86.5	85.1	25.6	469.4
	2/3RTS	26.4	87.1	85.8	25.8	509.0

（续表）

季别	处理	有效穗（万穗/亩）	每穗粒数（粒/穗）	结实率（%）	千粒重（g）	理论产量（kg/亩）
晚稻	CT	25.1	92.8	77.4	27.1	488.3
	CTS	24.3	95.1	76.8	27.0	478.1
	NTS	22.9	98.8	78.4	26.7	473.0
	RTS	25.6	99.2	77.2	27.0	530.2
	1/3RTS	25.1	99.8	77.7	26.9	521.8
	2/3RTS	26.3	94.9	78.3	27.0	527.0

2016年研究结果显示，从稻草还田方式来看，稻草还田比稻草不还田的产量要高，CTS与CT比较，CTS早稻、晚稻及周年产量分别比CT增产22.9%、15.3%、18.9%；稻草还田量多的比还田量少的产量高，RTS、2/3RTS、1/3RTS比较，产量排序为RTS>2/3RTS>1/3RTS，其中早稻、晚稻及周年产量RTS较1/3RTS分别增产13.4%、0.7%、6.6%，2/3RTS较1/3RTS分别增产6.3%、2.8%、4.4%。从不同耕作方式比较，CTS产量最高，其次是RTS，NTS产量最低，其中早稻、晚稻及周年产量CTS较NTS分别增产6.6%、11.3%、9.0%，RTS较NTS分别增产5.1%、2.1%、3.6%。从不同耕作与秸秆还田周年综合效应比较，CTS产量最高，其次是RTS，2/3RTS第三，CT产量最低，CTS、RTS、2/3RTS、NTS、1/3RTS周年产量与CT比较，分别增产18.9%、13.0%、10.6%、9.1%、6.0%。表明翻耕秸秆全量还田、旋耕秸秆全量还田和旋耕2/3秸秆还田是实现周年高产较理想的组合（表2-55）。

表2-55　不同耕作方式与秸秆还田下早、晚稻产量及周年产量（2016）

处理	早稻（kg/亩）	晚稻（kg/亩）	周年产量（kg/亩）	排序
CT	396.0	456.7	852.7	6
CTS	486.7	526.7	1 013.4	1
NTS	456.7	473.4	930.1	4
RTS	480.0	483.4	963.4	2
1/3RTS	423.4	480.0	903.4	5
2/3RTS	450.0	493.4	943.4	3

对2015年、2016年、2017年共3年水稻周年平均产量统计显示，从稻草还田方式来看，稻草还田比稻草不还田的产量要高，CTS与CT比较，CTS周年产量比CT增产14.9%；稻草还田量多的比还田量少的产量高，RTS、2/3RTS、1/3RTS比较，产量排序为RTS>2/3RTS>1/3RTS，其中周年产量RTS较1/3RTS增产4.5%，2/3RTS较1/3RTS增产4.1%。从不同耕作方式比较，CTS产量最高，其次是RTS，NTS产量最低，其中周年产量CTS较NTS增产7.5%，RTS较NTS增产5.9%。从不同耕作与秸秆还田周年综合效应比较，CTS产量最高，其次是RTS，2/3RTS第三，CT产量最低，CTS、RTS、2/3RTS、NTS、1/3RTS周年产量与CT比较，分别增产14.9%、13.2%、12.8%、8.3%、6.9%。表明翻耕秸秆全量还田、旋耕秸秆全量还田和旋耕2/3秸秆还田是实现周年高产较理想的组合（表2-56）。

表 2-56 不同耕作方式与秸秆还田周年产量

处理	2015 年（kg/亩）	2016 年（kg/亩）	2017 年（kg/亩）	3 年平均（kg/亩）	排序
CT	891.7	852.7	826.9	857.1	6
CTS	935.4	1 013.4	1 005.9	984.9	1
NTS	908.4	930.1	910.4	916.3	5
RTS	991.0	963.4	955.9	970.1	2
1/3RTS	983.7	903.4	898.5	928.5	4
2/3RTS	1 024.4	943.4	931.4	966.4	3

2. 不同耕作方式与秸秆还田下水稻植株 N、P、K 及 Cd 含量

2015 年研究结果显示，从稻草还田方式来看，稻草还田条件下早稻茎叶中的含氮量均要低于稻草不还田，CT 较 NTS、CTS、RTS、1/3RTS、2/3RTS 分别增加了 3.1%、16.5%、9.8%、19.6%、17.5%，而稻谷以 CT 的氮含量最低，CTS、NTS、RTS、1/3RTS、2/3RTS 较 CT 分别增加 15.6%、9.0%、6.6%、21.3%、9.0%，表明稻草还田条件下有利于早稻茎叶中的氮素往籽粒进行转运，以 1/3RTS 最佳；茎叶中的磷含量在各处理间未表现出一定规律，而稻谷中 CT 的磷含量最低；CT 处理下茎叶及稻谷中的钾含量均最低，CTS、NTS、RTS、1/3RTS、2/3RTS 茎叶钾含量较 CT 分别增加 6.0%、10.1%、45.6%、45.6%、67.1%，稻谷钾含量分别增加 17.4%、21.7%、30.4%、39.1%、52.2%；从稻草还田量来看，茎叶中的氮含量伴随还田量的增加而增加，稻谷伴随还田量的增加而降低，茎叶及稻谷的磷、钾含量均以 2/3RTS 最高。从耕作方式来看，茎叶中的氮含量表现为 NTS>RTS>CTS、稻谷中的氮含量表现为 NTS>CTS>RTS；茎叶及稻谷中的含钾量均表现为 RTS>CTS>NTS；结果表明稻草还田有利于早稻茎叶中的氮素往籽粒进行转运，且具有明显的“补钾”功能，能够显著促进早稻植株对钾的吸收与利用；免耕能够增加茎叶及稻谷对氮素的吸收，但会进一步增加倒伏风险，致使减产，而旋耕能显著增加茎叶对钾素的吸收，从而有效防止倒伏，因此总体来讲，2/3 稻草还田+旋耕的处理效果最佳。

CT 处理下茎叶及稻谷中的镉含量均最低，CTS、NTS、RTS、1/3RTS、2/3RTS 茎叶镉含量较 CT 分别增加 138.7%、81.6%、57.7%、64.4%、116.5%，稻谷镉含量分别增加 21.8%、11.2%、22.9%、6.2%、12.1%，表明稻草还田能显著增加稻谷中的镉含量，且随着还田量的增加而增加，在生产中应采取稻草适量还田，并选择低镉水稻品种进行种植，以达到既培肥土壤又保障稻米质量安全的目的（表 2-57）。

表 2-57 不同耕作方式与秸秆还田下早稻植株 N、P、K 及 Cd 含量（2015）

处理	茎叶				稻谷			
	N（%）	P（%）	K（%）	Cd（mg/kg）	N（%）	P（%）	K（%）	Cd（mg/kg）
NTS	1.30	0.08	1.58	5.699	1.41	0.27	0.27	0.686

（续表）

处理	茎叶				稻谷			
	N（%）	P（%）	K（%）	Cd（mg/kg）	N（%）	P（%）	K（%）	Cd（mg/kg）
CTS	1.15	0.18	1.64	4.336	1.33	0.26	0.28	0.626
CT	1.34	0.13	1.49	2.388	1.22	0.25	0.23	0.563
RTS	1.22	0.13	2.17	3.765	1.30	0.32	0.30	0.692
1/3RTS	1.12	0.11	2.17	3.927	1.48	0.31	0.32	0.598
2/3RTS	1.14	0.10	2.49	5.17	1.33	0.27	0.35	0.631

2016年研究结果显示，从是否稻草还田来看，CTS茎秆、叶片中的氮、磷、钾含量均要高于CT，糙米中的氮、磷含量差异不显著，钾含量显著高于CT，表明稻草还田能促进早稻茎叶对氮、磷、钾的吸收及籽粒对钾的吸收。从稻草还田量来看，2/3 RTS下会促进茎、叶对氮及钾的吸收，糙米中氮及钾的积累分别以2/3 RTS及RTS最高。从不同耕作方式（CTS、NTS、RTS）来看，长期免耕（NTS）下植株茎、叶的氮含量均最高，糙米中的氮含量则与其他处理差异不明显，且长期免耕的产量最低，表明长期免耕不利于早稻植株茎、叶中的氮素往籽粒运转。

从是否稻草还田来看，CT的茎、叶及糙米中的镉含量均低于CTS，表明稻草还田会促进植株对镉的吸收，增加稻米安全生产的风险。从稻草还田量来看，2/3 RTS下茎、叶及糙米中的镉含量最高，RTS次之，表明从稻米安全生产角度来看，稻草还田应该控制还田量，以1/3稻草还田最佳，既能培肥土壤，又能保障稻米的安全生产。从不同耕作方式（CTS、NTS、RTS）来看，长期免耕会显著增加早稻对镉的吸收，长期翻耕的降镉效果最好，长期旋耕次之。综合来看，长期翻耕稻草还田（CTS）既能培肥土壤，又能有效降低稻米对镉的积累，结合稻草还田量来考虑，1/3 CTS处理的降镉效果应该最理想，但有待开展试验作进一步验证（表2-58）。

表2-58　不同耕作方式与秸秆还田下早稻植株N、P、K及Cd含量（2016）

处理	茎				叶				糙米			
	N（%）	P（%）	K（%）	Cd（mg/kg）	N（%）	P（%）	K（%）	Cd（mg/kg）	N（%）	P（%）	K（%）	Cd（mg/kg）
NTS	0.76	0.18	1.96	2.14	2.16	0.19	1.11	0.15	1.48	0.36	0.24	0.41
CTS	0.65	0.15	2.83	0.74	1.88	0.18	1.18	0.15	1.48	0.37	0.33	0.22
CT	0.56	0.10	1.70	0.58	1.85	0.16	0.86	0.16	1.42	0.36	0.29	0.18
RTS	0.68	0.19	2.54	1.06	1.92	0.17	1.03	0.14	1.47	0.40	0.34	0.27
1/3RTS	0.67	0.17	2.53	1.20	1.76	0.18	1.04	0.16	1.40	0.38	0.29	0.22
2/3RTS	0.72	0.17	2.80	1.63	2.00	0.19	1.13	0.17	1.53	0.35	0.29	0.38

3. 不同耕作方式与秸秆还田下土壤养分含量

2016年研究结果显示，从是否稻草还田（CT与CTS）来看，稻草还田下整个土层全氮含量的加权平均值低于稻草不还田，主要是由 10~20cm 土层全氮含量较低所致，而碱解氮高于稻草不还田，主要是 0~10cm 土层碱解氮显著高于稻草不还田所致。稻草还田下的速效钾要显著高于稻草不还田，有效磷低于稻草不还田，阳离子交换量差异不明显。从稻草还田量（1/3RTS、2/3RTS、RTS）来看，2/3RTS 整个土层的全氮、碱解氮、有效磷及阳离子交换量的加群平均值最高，而速效钾以 RTS 最高，表明稻草还田具有显著的“补钾”效果，且随着稻草还田量的增加而增加，整体培肥效果以 2/3RTS 最佳。从耕作方式（CTS、NTS、RTS）来看，NTS 0~5cm 土层的全氮、碱解氮、有效磷及速效钾显著高于其他耕作处理，表明长期免耕的土壤养分主要聚集在 0~5cm，这与长期免耕下的耕层变浅有关，其容易造成养分通过地表径流而流失。翻耕及旋耕各土层的养分分布则相对均匀，有利于耕层的合理构建（表 2-59）。

表 2-59　不同耕作方式与秸秆还田下早稻土壤养分含量（2016）

处理	全氮（N）(g/kg)	碱解氮（N）(mg/kg)	有效磷（P）(mg/kg)	速效钾（K）(mg/kg)	阳离子交换量 [cmol（+）/kg]
CT（0~5cm）	2.94	240.8	17.3	65.1	17.6
CT（5~10cm）	2.83	224.5	16.0	53.1	16.8
CT（10~20cm）	2.37	166.9	7.17	31.0	14.9
CT（20~30cm）	1.82	136.2	6.70	28.9	14.4
加权平均值	2.36	178.6	10.2	39.7	15.5
CTS（0~5cm）	3.05	283.6	18.0	67.2	17.3
CTS（5~10cm）	2.92	262.2	11.4	57.1	15.9
CTS（10~20cm）	1.88	151.3	5.76	36.0	14.3
CTS（20~30cm）	1.78	128.8	4.91	33.0	13.4
加权平均值	2.21	184.3	8.46	43.7	14.8
NTS（0~5cm）	3.98	414.7	25.9	60.1	20.2
NTS（5~10cm）	2.46	210.9	8.49	39.0	15.7
NTS（10~20cm）	2.10	177.0	7.27	35.0	15.2
NTS（20~30cm）	1.85	126.1	6.23	30.0	13.9
加权平均值	2.39	205.3	10.23	38.2	15.7
1/3RTS（0~5cm）	3.23	272.7	19.3	59.1	17.6
1/3RTS（5~10cm）	2.65	231.1	10.8	35.0	15.7
1/3RTS（10~20cm）	2.01	143.6	5.67	27.9	14.9
1/3RTS（20~30cm）	1.69	113.2	4.54	26.9	13.6
加权平均值	2.21	169.6	8.43	34.0	15.1
2/3RTS（0~5cm）	3.51	282.5	27.1	54.1	17.5
2/3RTS（5~10cm）	3.06	255.2	12.4	38.0	16.1
2/3RTS（10~20cm）	2.55	202.3	7.83	35.0	14.9
2/3RTS（20~30cm）	1.99	130.3	6.37	30.0	14.2
加权平均值	2.61	200.5	11.32	37.0	15.3
RTS（0~5cm）	3.13	267.3	24.7	65.1	17.4
RTS（5~10cm）	2.17	266.1	14.3	43.0	15.9
RTS（10~20cm）	2.31	154.1	7.55	33.0	15.0
RTS（20~30cm）	1.58	100.9	2.70	32.0	12.7
加权平均值	2.18	173.9	9.9	39.7	14.8

2017 年研究结果显示，从是否稻草还田来看，稻草还田增加了土壤碱解氮、速效钾、全氮含量及阳离子交换量，CTS 与 CT 比较，分别增加了 0.83%、47.35%、1.13%、0.46%，其中稻草还田下的速效钾要显著高于稻草不还田。从稻草还田量（1/3RTS、2/3RTS、RTS）来看，稻草全量还田的速效钾要显著高于稻草 1/和 2/3 还田处理，分别提高了 29.32%和 43.95%，其他养分指标差异不显著。从耕作方式（CTS、NTS、RTS）来看，NTS 土层的碱解氮、有效磷、全氮及阳离子交换量显著高于其他耕作处理，NTS 与 CTS 比较，分别提高了 27.33%、93.4%、24.6%、13.0%，NTS 与 RTS 比较，分别提高了 21.42%、15.7%、16.8%、4.9%，这可能是长期免耕的土壤养分主要聚集在耕作层表层所致（表 2-60）。

表 2-60　不同耕作方式与秸秆还田下土壤养分含量（2017）

处理	pH 值（水）	碱解氮（N）（mg/kg）	有效磷（P）（mg/kg）	速效钾（K）（mg/kg）	全氮（N）（g/kg）	阳离子交换量［cmol（+）/kg］
CT	5.52	186.17	6.99	43.53	2.65	15.40
CTS	5.57	187.72	5.61	64.14	2.68	15.47
NTS	5.75	239.03	10.85	47.05	3.34	17.48
RTS	5.48	196.86	9.38	54.34	2.86	16.67
1/3RTS	5.51	194.53	9.16	42.02	2.67	16.99
2/3RTS	5.62	202.89	10.95	37.75	2.67	14.68

2015 年测定土壤阳离子交换量（CEC）与土壤养分变化规律基本一致。在各土层中，阳离子交换量伴随土层深度的增加而呈下降趋势，NTS 的变化量最大，这主要是由有机质在表层聚集所致。与 CT 相比，稻草还田显著增加了 0～5cm、5～10cm、10～20cm 土层的阳离子交换量，显著增强了土壤的保肥能力（图 2-23）。

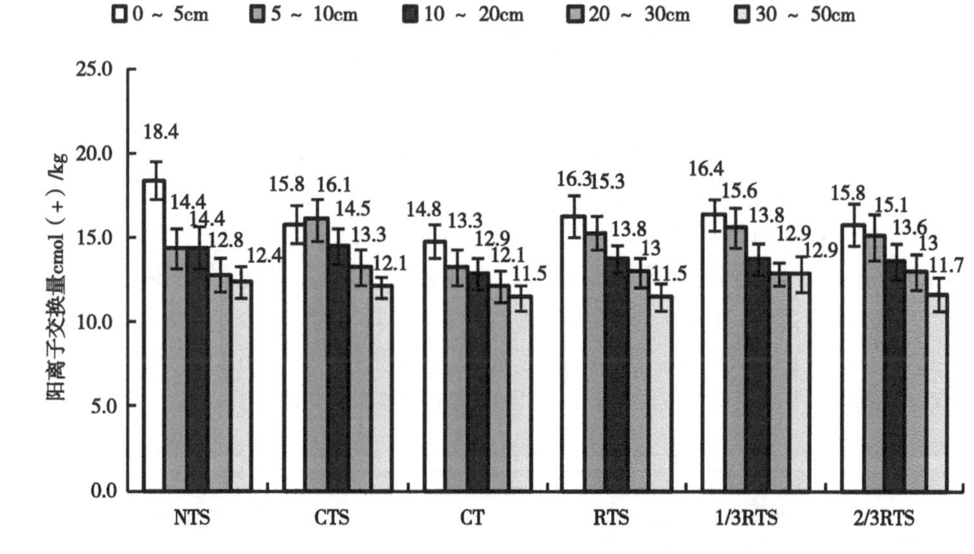

图 2-23　不同耕作方式与秸秆还田下早稻土壤阳离子交换量（2015）

4. 不同耕作方式与秸秆还田下土壤容重

2015 年测定结果，从稻草还田方式来看，稻草还田处理下 0~5cm 的土壤容重均要低于稻草不还田，早稻 CT 较 NTS、CTS、RTS、1/3RTS、2/3RTS 分别增加了 4.6%、9.3%、14.2%、7.7%、11.0%，晚稻分别增加了 3.0%、14.4%、36.8%、23.0%、23.7%，从稻草还田量来看，0~5cm 土层土壤容重随着稻草还田量的增加而降低。从耕作方式来看，0~5cm 的容重表现为 NTS>CTS>RTS，5~10cm、10~20cm 均表现为 NTS>RTS >CTS，其他土层未表现出一定规律。表明稻草还田能显著降低稻田 0~5cm 土壤容重，且伴随稻草还田量的增加而降低；长期免耕会导致整个耕作层的容重明显增加，不利于保水保肥；旋耕+稻草还田及翻耕+稻草还田能有效降低 0~5cm、5~10cm 土壤容重，增强了土壤孔隙度及库容量，增强保水保肥能力（表 2-61）。

表 2-61 不同耕作方式与秸秆还田下土壤容重（2015）

处理	早稻收获期（g/cm³）					晚稻收获期（g/cm³）				
	0~5cm	5~10cm	10~20cm	20~30cm	30~50cm	0~5cm	5~10cm	10~20cm	20~30cm	30~50cm
NTS	1.02	1.29	1.50	1.57	1.66	1.00	1.26	1.45	1.55	1.53
CTS	0.98	1.04	1.39	1.57	1.70	0.90	0.98	1.34	1.59	1.62
CT	1.07	1.10	1.40	1.54	1.67	1.03	1.12	1.21	1.56	1.61
RTS	0.93	1.23	1.41	1.59	1.64	0.75	1.01	1.43	1.57	1.65
1/3RTS	0.99	1.15	1.49	1.57	1.73	0.84	1.15	1.32	1.49	1.62
2/3RTS	0.96	1.11	1.47	1.66	1.64	0.83	1.05	1.36	1.62	1.66

2016 年测定结果，从长期翻耕稻草还田与不还田比较，稻草还田主要降低了 0~20cm 耕作层土壤容重，0~5cm、5~10cm、10~20cm 的土壤容重，早稻 CTS 较 CT 分别降低了 8.1%、5.3%、0.7%，晚稻分别降低了 10.2%、11.0%、4.4%，从长期旋耕不同稻草还田量来看，早稻 0~20cm 土层的土壤容重均随着稻草还田量的增加而降低，晚稻 0~50cm 土层的土壤容重均随着稻草还田量的增加而增加，这可能与取样前连续降雨导致土壤含水量变化有关。从不同耕作方式来看，与长期免耕比较，长期翻耕、长期旋耕主要降低了 0~20cm 耕作层土壤容重，0~5cm、5~10cm、10~20cm 的土壤容重，CTS 较 NTS 早稻分别降低了 3.8%、18.8%、7.1%，晚稻分别降低了 10.2%、11.0%、4.4%，RTS 较 NTS 早稻分别降低了 8.5%、13.5%、5.8%，晚稻分别降低了 5.5%、6.6%、1.4%，30~50cm 土层未表现出一定规律。表明长期免耕会导致整个耕作层的容重明显增加，不利于保水保肥；旋耕+稻草还田及翻耕+稻草还田能有效降低 0~20cm 土壤容重，增强了土壤孔隙度及库容量，增强保水保肥能力（表 2-62）。

表 2-62 不同耕作方式与秸秆还田下土壤容重（2016）

处理	早稻收获期（g/cm³）					晚稻收获期（g/cm³）				
	0~5cm	5~10cm	10~20cm	20~30cm	30~50cm	0~5cm	5~10cm	10~20cm	20~30cm	30~50cm
NTS	1.06	1.33	1.54	1.63	1.7	0.91	1.21	1.44	1.56	1.59

（续表）

处理	早稻收获期（g/cm³）					晚稻收获期（g/cm³）				
	0~5cm	5~10cm	10~20cm	20~30cm	30~50cm	0~5cm	5~10cm	10~20cm	20~30cm	30~50cm
CTS	1.02	1.08	1.43	1.61	1.74	0.79	0.89	1.30	1.46	1.51
CT	1.11	1.14	1.44	1.58	1.71	0.88	1.00	1.36	1.51	1.56
RTS	0.97	1.15	1.45	1.63	1.68	0.86	1.13	1.42	1.58	1.66
1/3RTS	1.03	1.27	1.53	1.61	1.67	0.76	1.06	1.30	1.40	1.54
2/3RTS	1.00	1.19	1.51	1.62	1.68	0.77	0.98	1.37	1.52	1.63

2017 年测定结果，从长期翻耕稻草还田与不还田比较，稻草还田降低了土壤容重，早稻季和晚稻季 CTS 较 CT 分别降低了 3.1%、7.0%；从长期旋耕不同稻草还田量来看，早晚 稻季不同稻草还田量对土壤容重影响不明显。从不同耕作方式来看，长期免耕显著增加了土壤容重，与长期翻耕比较，长期免耕早稻季和晚稻季容重分别增加了 10.5%、16.8%；与长期旋耕比较，长期免耕早稻季和晚稻季容重分别增加了 8.7%、3.3%（表 2-63）。

表 2-63 不同耕作方式与秸秆还田下土壤容重（2017）

处理	早稻季（g/cm³）	晚稻季（g/cm³）
CT	1.28	1.15
CTS	1.24	1.07
NTS	1.37	1.25
RTS	1.26	1.21
1/3RTS	1.34	1.11
2/3RTS	1.30	1.12

5. 不同耕作方式与秸秆还田下土壤总镉（Cd）、有效镉（Cd）及镉有效比

2015 年测定，从稻草还田方式来看，稻草还田下的土壤总镉含量要显著高于稻草不还田，且 CT 各土层总镉的变化量最小，为 0.324mg/kg，NTS 最大，达到了 0.919mg/kg，NTS 较 CTS、CT、RTS、1/3RTS、2/3RTS 分别增加 168.7%、183.6%、18.1%、139.9%、78.4%，0~5cm、5~10cm 土层的总镉含量随着稻草还田量的增加而增加；从耕作方式来看，NTS 的 0~5cm 土层总镉含量最高，达到了 1.04mg/kg，分别比 CTS、CT、RTS、1/3RTS、2/3RTS 增加 121.1%、140.6%、18.6%、110.3%、65.9%；5~10cm、10~20cm 土层总镉含量均以 NTS 最低；20~30cm、30~50cm 土层总镉含量无明显差异。有效镉在各处理间的表现趋势同总镉基本一致。结果表明稻草还田会显著增加土壤中的总镉及有效镉含量，且伴随稻草还田量的增加而增加，同时，NTS 对 0~5cm 土层的总镉及有效镉含量有显著增加效益，但显著降低了 5~10cm、10~20cm 土层的总镉及有效镉含量，因此，在生产中，稻草还田应该谨慎的控制用量，以保证土

壤的可持续利用（图 2-24）。

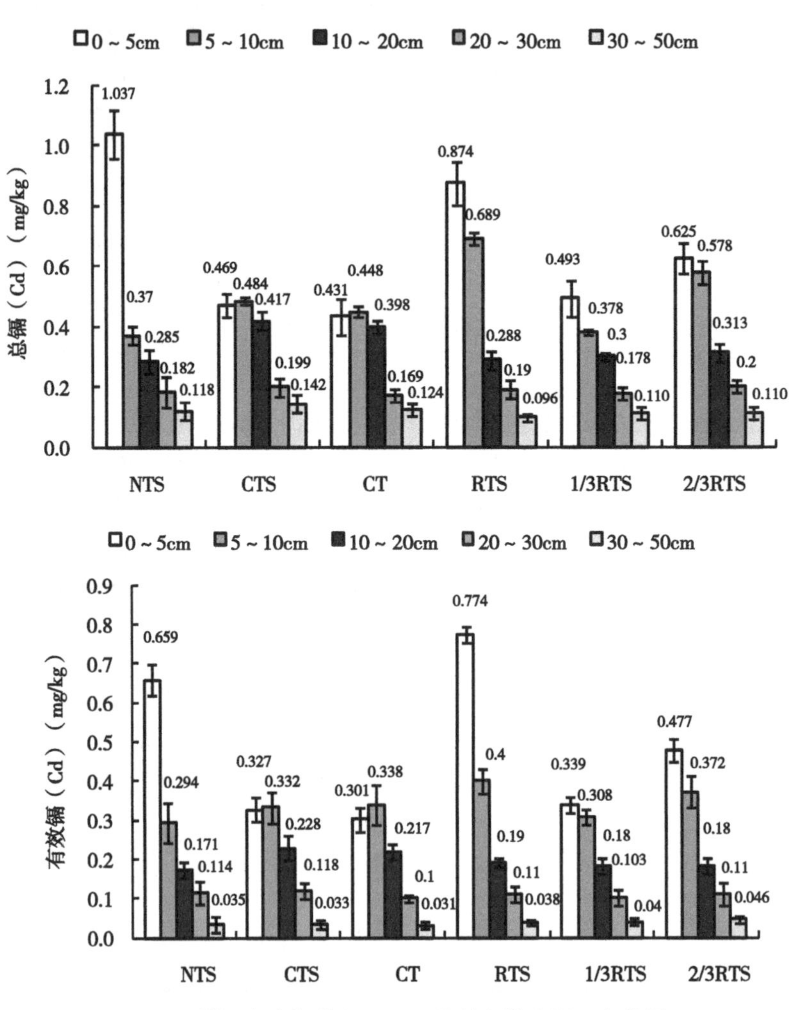

图 2-24　不同耕作方式与秸秆还田下早稻土壤总镉、有效镉（2015）

2016 年测定结果，从是否稻草还田来看，稻草还田下的土壤总镉及有效镉含量要显著高于稻草不还田，表明稻草还田会增加土壤的镉含量。从稻草还田量来看，总镉及有效镉均随着稻草还田量的增加而增加，在生产中，稻草还田应该谨慎控制用量，以保证土壤的可持续利用。从耕作方式（CTS、NTS、RTS）来看，NTS 会显著增加 0～5cm 土层的总镉及有效镉，NTS 0～5cm 的总镉、有效镉较 5～10cm 分别增加了 191.9%、130.0%，而其他处理均在 30%以内，表明长期免耕稻草还田（NTS）存在显著的镉表聚效应。翻耕处理下 10～20cm 的总镉含量高于其他耕作处理，表明翻耕条件下，重金属镉有往底层（10～20cm）聚集的趋势。而旋耕条件下各耕层的镉分布则相对较均匀（表 2-64）。

表 2-64　不同耕作方式与秸秆还田下早稻土壤总镉、有效镉（2016）

处理	总镉（Cd）（mg/kg）					有效镉（Cd）（mg/kg）				
	0~5cm	5~10cm	10~20cm	20~30cm	加权平均	0~5cm	5~10cm	10~20cm	20~30cm	加权平均
CT	0.47	0.42	0.39	0.20	0.34	0.38	0.34	0.19	0.13	0.23
CTS	0.51	0.52	0.43	0.20	0.38	0.46	0.38	0.23	0.11	0.25
NTS	1.08	0.37	0.33	0.19	0.42	0.69	0.30	0.24	0.13	0.29
1/3RTS	0.49	0.38	0.28	0.16	0.31	0.47	0.32	0.18	0.12	0.23
2/3RTS	0.56	0.41	0.31	0.19	0.31	0.41	0.32	0.22	0.13	0.24
RTS	0.64	0.54	0.36	0.16	0.37	0.40	0.39	0.24	0.12	0.25

6. 不同耕作方式与秸秆还田下土壤全碳及活性炭

2015 年测定结果，从稻草还田方式来看，稻草还田下的土壤全碳含量要显著高于稻草不还田，NTS 条件下，各土层的全碳变化量最大，达到了 42.2g/kg，较 CTS、CT、RTS、1/3RTS、2/3RTS 分别增加 50.8%、77.3%、56.0%、42.3%、51.5%。0~5cm 土层全碳含量以 NTS 最大，与 CT 相比，NTS、CTS、RTS、1/3RTS、2/3RTS 分别增加 64.8%、15.3%、11.6%、22.6%、19.6%，5~10cm、10~20cm 均以 NTS 全碳含量最低，同时，在旋耕处理下，0~5cm、5~10cm、10~20cm 的全碳含量随着稻草还田量的增加而增加；从耕作方式来看，旋耕及翻耕条件下，各土层的全碳分布更为均匀，活性在各处理间的表现趋势同总碳基本一致。结果表明：稻草还田会显著增加土壤中的总碳及活性炭含量，且伴随稻草还田量的增加而增加，同时，NTS 对 0~5cm 土层的总碳及活性炭含量有显著增加效益，但显著降低了 5~10cm、10~20cm 土层的总碳及活性炭含量，CTS 及 RTS 各土层的全碳及有效碳分布较 NTS 相对均匀，有利于耕层的合理构建及土壤的可持续利用（图 2-25）。

2016 年测定结果，从是否稻草还田来看，稻草还田下的土壤有机碳及活性有机碳含量均要高于稻草不还田，且主要集中在 0~10cm 土层。从稻草还田量来看，有机碳及活性有机碳随着稻草还田量的增加而增加，且主要集中在 0~10cm 土层。从不同耕作方式（CTS、NTS、RTS）来看，NTS 条件下，各土层的有机碳变化量最大，达到了 35.5g/kg，0~5cm 土层的有机碳及活性有机碳显著高于其他耕作处理，而整个土层的加权平均值（稻草还田条件下）却最低，表明长期免耕处理的有机碳及活性有机碳具有显著的表聚（0~5cm）效应，从而显著降低了土层中下层（5~20cm）的总碳及活性炭含量；CTS 及 RTS 处理下的有机碳及活性有机碳表现出往土壤中下层（5~20cm）聚集的规律，各土层分布相对较均匀，有利于耕层的合理构建及土壤的可持续利用（表 2-65）。

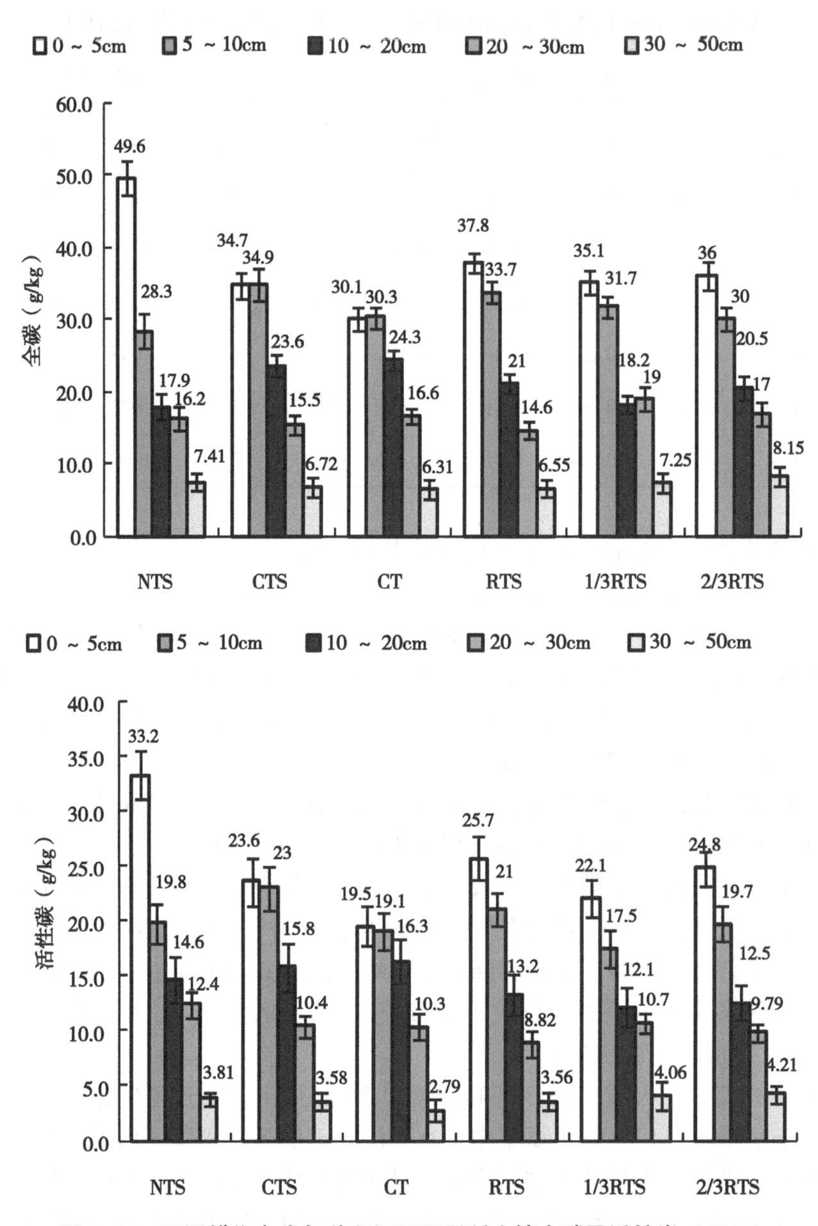

图 2-25　不同耕作方式与秸秆还田下早稻土壤全碳及活性炭（2015）

表 2-65　不同耕作方式与秸秆还田下早稻土壤全碳及活性炭（2016）

处理	有机碳（C）（g/kg）					活性有机碳（C）（g/kg）				
	0~5cm	5~10cm	10~20cm	20~30cm	加权平均	0~5cm	5~10cm	10~20cm	20~30cm	加权平均
CT	29.8	29.9	20.8	15.2	22.0	21.7	19.8	14.2	10.8	15.3
CTS	33.6	32.0	21.5	14.7	23.0	23.1	21.7	16.4	11.0	16.6
NTS	47.9	26.3	18.2	12.4	22.6	31.1	18.7	14.9	10.4	16.7

（续表）

处理	有机碳（C）（g/kg）					活性有机碳（C）（g/kg）				
	0~5cm	5~10cm	10~20cm	20~30cm	加权平均	0~5cm	5~10cm	10~20cm	20~30cm	加权平均
1/3RTS	33.3	30.6	20.4	15.5	22.6	25.4	21.3	15.2	11.3	16.6
2/3RTS	35.4	30.8	22.8	17.4	24.5	25.7	22.2	15.5	11.6	17.0
RTS	38.5	32.4	21.6	17.7	24.9	26.9	22.0	17.9	12.5	18.3

7. 土壤活性还原物质

2017 年测定土壤活性还原性物资，从稻草还田情况看，稻草还田增加了土壤，特别是犁底层土壤活性还原物质含量，CTS 与 CT 比较，0~10cm 耕作层、20~25cm 犁底层分别增加了 1.96%、75.0%；从稻草还田量来看，稻草全量还田的活性还原物质含量要高于部分还田。从不同耕作方式（CTS、NTS、RTS）来看，免耕降低了活性还原物质含量，NTS 与 CTS 比较，0~10cm 耕作层活性还原物质含量降低了 13.5%，NTS 与 RTS 比较，0~10cm 耕作层和 20~25cm 犁底层活性还原物质含量分别降低了 6.2%、17.2%（表 2-66）。

表 2-66　不同耕作方式与秸秆还田土壤活性还原物质（2017）

处理	0~10cm 耕作层（cmol/kg）	20~25cm 犁底层（cmol/kg）
CT	0.51	0.24
CTS	0.52	0.42
NTS	0.45	0.24
RTS	0.48	0.29
1/3RTS	0.46	0.28
2/3RTS	0.45	0.27

8. 不同耕作方式与秸秆还田下土壤耕层深度

2016 年测定显示，不同耕作方式与秸秆还田处理对耕层深度变化影响较大，CT 和 CTS 的耕作层较深分别为 16.1cm、15.9cm，犁底层较浅分别为 15.1cm、15.4cm，NTS 耕作层最浅只有 6.7cm，犁底层最厚为 25.1cm。与 CT 比较，CTS、NTS、1/3RTS、2/3RTS、RTS 耕作层深度分别下降了 1.2%、58.4%、10.6%、7.5%、16.8%，犁底层深度分别增加了 2.0%、66.2%、14.6%、13.2%、20.5%。说明长期免耕秸秆还田使耕作层显著变浅，犁底层显著增厚，长期旋耕秸秆还田耕作层深度也有所下降，犁底层有所增厚。其耕层变化主要受耕作方式影响，与秸秆还田与否关系不大（图 2-26）。

（三）双季稻田土壤轮耕保水保肥技术研究

1. 不同耕作模式的水稻产量及地上部生物量

2014 年研究结果，不同耕作模式早稻产量比较，1 年翻耕—2 年免耕（FM）的轮耕模式最高为464.47kg/亩，其次是长期翻耕（FF）模式为451.13kg/亩，与最低的长期旋耕（XX）模式为422.89kg/亩比较，分别显著增产9.83%、6.68%。不同耕作模式晚稻产量比较，1年旋耕—2年免耕（XM）轮耕模式最高为595.59kg/亩，其次是1年翻耕—2年免耕（FM）轮耕模式为535.58kg/亩，第三是长期翻耕（FF）模式为517.80kg/亩，第四是长期旋耕（XX）模式为482.25kg/亩，与最低的长期免耕（MM）模式为446.69kg/亩比较，分别显著增产33.33%、19.90%、15.92%、7.96%。不同耕作模式全年水稻产量比较，1年旋耕—2年免耕（XM）、1年翻耕—2年免耕（FM）轮耕模式的产量较高，分别为1 037.83kg/亩、1 000.05kg/亩，第三是长期翻耕（FF）模式为968.94kg/亩，与最低的长期免耕（MM）模式为895.60kg/亩比较，分别显著增产15.88%、11.66%、8.19%，长期旋耕（XX）模式与长期免耕（MM）模式全年产量无显著差异（表2-67）。

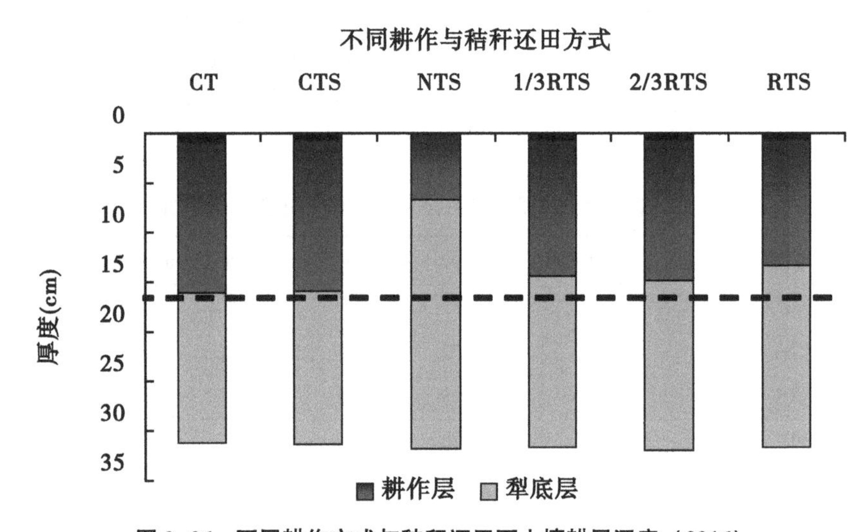

图2-26 不同耕作方式与秸秆还田下土壤耕层深度（2016）

不同耕作模式地上部生物产量与稻谷产量变化趋势基本一致，1年旋耕—2年免耕（XM）轮耕模式的生物产量最高，为1 771.20kg/亩，其次是1年翻耕—2年免耕（FM）轮耕模式为1 748.98kg/亩，第三是长期翻耕（FF）模式为1 673.42kg/亩，第四是长期免耕（MM）模式为1 600.08kg/亩，长期旋耕（XX）模式最低为1 591.19kg/亩（表2-68）。

表2-67 不同耕作模式的水稻产量（2014）

处理	早稻产量（kg/亩）	晚稻产量（kg/亩）	合计产量（kg/亩）	排位
MM	448.91	446.69	895.60	5
FF	451.13	517.80	968.94	3
XX	428.91	482.25	911.16	4
XM	442.24	595.59	1 037.83	1

（续表）

处理	早稻产量（kg/亩）	晚稻产量（kg/亩）	合计产量（kg/亩）	排位
FM	464.47	535.58	1 000.05	2

表 2-68　不同耕作模式的水稻地上部生物量（2014）

处理	早稻地上部生物量（kg/亩）	晚稻地上部生物量（kg/亩）	全年合计（kg/亩）	排位
MM	871.15	728.93	1 600.08	4
FF	877.82	795.60	1 673.42	3
XX	837.82	753.37	1 591.19	5
XM	866.71	904.49	1 771.20	1
FM	928.94	820.04	1 748.98	2

2015 年研究结果，早稻产量以 X-M 最高，F-M 次之，X-M 分别比 M-M、F-F、X-X提高了 8.4%、6.7%、11.8%，X-M 较之分别增加 4.2%、2.6%、7.5%；晚稻产量以 F-M 最高，F-M 分别比 M-M、F-F、X-X 提高了 7.1%、5.7%、3.5%；周年产量以 F-M 最高，X-M 次之，F-M 分别比 M-M、F-F、X-X 提高了 5.9%、4.4%、5.1%，X-M 较之分别增加 4.0%、2.5%、3.3%。结果表明：轮耕处理（X-M、F-M）有利于实现高产，达到即节约成本又实现高产的目的，是在农村劳动力转移及农业生产资料不断上涨的背景下，非常值得推广的一种轮作休耕模式（表 2-69）。

结实率是早、晚稻轮耕处理（X-M、F-M）高产的主要因子，早稻 X-M 的结实率较 M-M、F-F、X-X 分别提高了 3.3%、10.2%、14.3%，F-M 较之分别提高了 3.0%、9.9%、14.1%；晚稻 X-M 的结实率较 M-M、F-F、X-X 分别提高了 5.4%、4.1%、4.7%，F-M 较之分别提高了 5.0%、3.7%、4.3%。表明轮耕能够显著提高早、晚稻的结实率，这可能与轮耕模式下，耕层的结构及理化特性较其他模式更为合理，有利于营养物质的吸收及转运，从而提高了结实率（表 2-70）。

表 2-69　不同耕作模式下早、晚稻产量及周年产量（2015）

处理	早稻产量（kg/亩）	晚稻产量（kg/亩）	周年产量（kg/亩）	排名
M-M	382.7	516.7	899.4	5
F-M	398.9	553.4	952.3	1
X-M	414.9	531.1	935.6	2
F-F	388.9	523.6	912.5	3
X-X	371.1	534.7	905.8	4

表 2-70　不同耕作模式下产量构成（2015）

水稻季别	处理	有效穗（万穗/亩）	每穗粒数（粒/穗）	结实率（%）	千粒重（g）	理论产量（kg/亩）
早稻	M-M	20.1	97.4	75.6	26.6	393.7
	F-M	20.3	96.8	77.9	26.7	408.7
	X-M	20.5	99.3	78.1	26.9	424.4
	F-F	21.1	97.1	70.9	27.1	394.1
	X-X	21.4	97.5	68.3	26.9	383.3
晚稻	M-M	20.1	136.9	77.9	24.1	517.3
	F-M	20.9	137.9	81.8	23.6	555.6
	X-M	20.4	137.2	82.1	23.6	542.3
	F-F	21.5	134.7	78.9	23.4	533.9
	X-X	21.1	136.7	78.4	23.6	533.7

注：M-M 代表长期免耕；F-F 代表长期翻耕；X-X 代表长期旋耕；X-M 代表旋免轮耕（1 年旋耕—2 年免耕）；F-M 代表翻免轮耕（1 年翻耕—2 年免耕）

2016 年研究显示，早稻产量以 X-X 最高，M-M 最低，与 M-M 比较，X-X、F-F、X-M、F-M 分别增产 7.4%、5.1%、4.0%、0.6%，晚稻产量和周年产量均以 F-F 最高，M-M 最低，与 M-M 比较，F-F、X-X、X-M、F-M 晚稻产量分别增产 24.3%、22.0%、21.0%、11.7%，周年产量分别增产 15.7%、15.4%、13.4%、6.7%。结果表明：长年翻耕、长年旋耕、旋免轮耕、翻免轮耕均能显著提高水稻产量，但轮耕处理（X-M、F-M）达到了即节约成本又实现高产的目的，是在农村劳动力转移及农业生产资料不断上涨的背景下，非常值得推广的一种轮作休耕模式（表 2-71）。

表 2-71　不同耕作模式下早、晚稻产量及周年产量（2016）

处理	早稻（kg/亩）	晚稻（kg/亩）	周年产量（kg/亩）	排名
M-M	388.9	475.6	864.5	5
F-M	391.1	531.1	922.3	4
X-M	404.5	575.6	980.0	3
F-F	408.9	591.1	1 000.1	1
X-X	417.8	580.0	997.8	2

注：M-M 代表长期免耕；F-F 代表长期翻耕；X-X 代表长期旋耕；X-M 代表旋免轮耕（1 年旋耕—2 年免耕）；F-M 代表翻免轮耕（1 年翻耕—2 年免耕）

2. 不同耕作模式下水稻植株 N、P、K 及 Cd 含量

2015 年测定显示，M-M 水稻茎叶的全氮含量最高，分别比 F-F、X-X、X-M、F-M 提高了 43.8%、43.8%、50.0%、87.5%；M-M 茎叶中的全磷含量分别是 F-F、X-X、X-M、F-M 的 1.9 倍、2.1 倍、2.4 倍、2.8 倍；F-F 茎叶中的全钾含量最高，分别比 M-M、X-X、X-M、F-M 提高了 17.3%、14.5%、36.7%、1.8%；M-M 茎叶中的镉含量最高，分别比 F-F、X-X、X-M、F-M 提高了 162.0%、175.0%、34.8%、15.1%。各处理稻谷中的全氮、全磷、全钾含量差异不明显。结果表明连续免耕（M-

M）处理下茎叶中的含氮量显著高于其他处理，证明 M-M 不利于氮素由茎叶往籽粒中进行转运，而主要滞留在茎叶中，致使结实率降低，且会大大增加倒伏的风险；而轮耕处理（X-M、F-M）茎叶中的含氮量均较低，稻谷中的含氮量与长期单一耕作处理五显著差异，表明轮耕有利于氮素由茎叶往籽粒中进行转运，并降低了倒伏风险。会显著增加水稻茎叶及稻谷中的镉含量，而 F-F 及 X-X 能显著降低稻谷中的镉含量。

各处理间镉含量差异显著，M-M 最高，表明长期免耕（M-M）会显著增加稻米镉超标的风险。X-M、F-M 较 M-M 分别降低了 25.9%、29.6%，轮耕处理下的稻谷镉含量虽然较 F-F 及 X-X 有所增加，但与长期免耕相比，还是能有效降低稻谷中的镉含量，因此在轮耕（X-M、F-M）模式下，通过种植低镉水稻品种，可以有效降低稻米镉超标的风险，实现轮作休耕模式下稻米的安全生产（表 2-72）。

表 2-72　不同耕作模式对水稻植株 N、P、K 及 Cd 的影响（2015）

处理	茎叶				稻谷			
	全 N（%）	全 P（%）	全 K（%）	Cd（mg/kg）	全 N（%）	全 P（%）	全 K（%）	Cd（mg/kg）
M-M	1.05	0.17	2.89	2.56	1.25	0.29	0.24	0.467
F-F	0.73	0.09	3.39	0.977	1.23	0.29	0.24	0.181
X-X	0.73	0.08	2.96	0.931	1.23	0.26	0.25	0.249
X-M	0.70	0.07	2.48	1.899	1.22	0.27	0.24	0.346
F-M	0.56	0.06	3.33	2.225	1.23	0.27	0.24	0.329

2016 年测定结果，连续免耕（M-M）水稻茎、叶的全氮含量最高，而糙米中的氮含量跟其他处理相比差异不大，表明 M-M 不利于氮素由茎叶往籽粒中进行转运，而主要滞留在茎叶中，致使结实率降低。轮耕处理 X-M、F-M 茎、叶中的含氮量均较低，稻谷中的含氮量与长期单一耕作处理无显著差异，表明轮耕有利于氮素由茎叶往籽粒中进行转运，从而为获得高产打下基础。

各处理间茎、叶及糙米镉含量差异明显，M-M 最高，表明长期免耕（M-M）会显著增加稻米镉超标的风险。X-M、F-M 糙米中镉含量较 M-M 分别降低了 42.7%、53.1%，轮耕处理下的糙米镉含量虽然较 F-F 及 X-X 有所增加，但与长期免耕相比，还是能有效降低稻谷中的镉含量，因此在轮耕（X-M、F-M）模式下，通过种植低镉水稻品种，可达到既节约劳动力又有效降低糙米镉含量（表 2-73）。

表 2-73　不同耕作模式对水稻植株 N、P、K 及 Cd 的影响（2016）

处理	茎				叶				糙米			
	氮（%）	磷（%）	钾（%）	Cd（mg/kg）	氮（%）	磷（%）	钾（%）	Cd（mg/kg）	氮（%）	磷（%）	钾（%）	Cd（mg/kg）
M-M	0.75	0.08	3.00	5.03	1.48	0.11	0.84	1.24	1.25	0.26	0.30	0.96
F-M	0.59	0.09	3.61	1.81	0.96	0.10	1.13	0.71	1.20	0.24	0.34	0.45

（续表）

处理	茎				叶				糙米			
	氮（%）	磷（%）	钾（%）	Cd（mg/kg）	氮（%）	磷（%）	钾（%）	Cd（mg/kg）	氮（%）	磷（%）	钾（%）	Cd（mg/kg）
X-M	0.51	0.05	4.71	3.91	0.99	0.08	1.65	1.07	1.18	0.27	0.34	0.55
X-X	0.73	0.08	3.30	1.38	1.09	0.09	0.70	0.71	1.23	0.29	0.32	0.32
F-F	0.62	0.10	3.32	1.68	1.05	0.11	1.00	0.54	1.26	0.29	0.34	0.29

3. 不同耕作模式下土壤N、P、K养分含量及阳离子交换量

2014年测定结果，从耕层土壤垂直分布状况分析，长期免耕（MM）及翻—免（FM）、旋—免（XM）轮耕模式，在0~5cm、5~10cm、10~20cm三个土层中，从上往下土壤全N、碱解N、有效P、速效K含量呈现下降趋势，特别是长期免耕（MM）最明显。从不同耕作方式土壤养分含量分析，长期免耕（MM）0~5cm土壤全N、碱解N、有效P、速效K含量显著高于长期翻耕（FF）和长期旋耕（XX）模式，说明长期免耕土壤养分主要富集在土壤表层；而长期翻耕（FF）、长期旋耕（XX）、翻—免（FM）及旋—免（XM）轮耕模式5~10cm土壤全N、碱解N、速效K含量则显著高于长期免耕（MM）模式；翻—免（FM）及旋—免（XM）轮耕模式10~20cm土壤全N、碱解N含量则显著低于长期翻耕（FF）、长期旋耕（XX）模式，说明采用翻—免（FM）及旋—免（XM）轮耕模式土壤N素养分有向耕层中部5~10cm富集的趋势，这样既可适当减少土壤表层养分富集流失，又可适当减少底层养分渗漏损失，达到增强保肥能力的效果（表2-74）。

表2-74　不同轮耕模式的土壤N、P、K养分含量（2014）

处理	pH值（水）	碱解氮（N）（mg/kg）	有效磷（P）（mg/kg）	速效钾（K）（mg/kg）	全氮（N）（g/kg）
M-M 0~5cm	4.8	367	16.8	190	2.27
M-M 5~10cm	4.8	204	6.53	76	1.48
M-M 10~20cm	5.1	150	5.76	43	1.26
F-F 0~5cm	5.1	255	6.05	160	1.47
F-F 5~10cm	5.0	245	5.37	100	1.61
F-F 10~20cm	5.1	187	5.76	78	1.40
X-X 0~5cm	5.0	317	5.66	170	1.82
X-X 5~10cm	5.1	250	6.72	85	1.82
X-X 10~20cm	5.1	181	6.19	61	1.40
X-M 0~5cm	4.8	322	11.4	165	2.33
X-M 5~10cm	4.8	234	5.47	94	1.78
X-M 10~20cm	5.0	147	3.53	65	1.18
F-M 0~5cm	4.9	301	11.2	195	1.96
F-M 5~10cm	4.8	249	7.11	117	1.76
F-M 10~20cm	5.0	146	4.4	62	1.15

2014年测定不同耕作模式土壤阳离子交换量，从耕层土壤垂直分布状况分析，不同耕作模式的0~5cm、5~10cm、10~20cm三个土层中，从上往下土壤阳离子交换量均呈现下降趋势。从不同耕作方式土壤阳离子交换量分析，不同耕作层次均无明显的变化规律，但长期翻耕（FF）模式0~5cm土壤阳离子交换量显著低于其他模式，翻—免（FM）模式5~10cm土壤阳离子交换量显著高于其他模式，而旋—免（XM）轮耕模式10~20cm土壤阳离子交换量显著高于其他模式（表2-75）。

表2-75　不同轮耕模式的土壤阳离子交换量（2014）

处理	0~5cm［cmol（+）/kg］	5~10cm［cmol（+）/kg］	10~20cm［cmol（+）/kg］
MM	18.3	14.3	13.2
FF	15.9	14.7	13.5
XX	18.4	14.9	13.9
XM	19.0	15.1	15.4
FM	18.3	16.3	13.1

2015年测定结果，从各处理平均值来看，F-F的pH值最高，分别比M-M、X-M、F-M、X-X增加了6.43%、1.72%、1.29%、1.94%；全氮、碱解氮及有效磷均以M-M最高，M-M的全氮分别比F-M、X-M、F-F、X-X增加了11.5%、17.5%、15.7%、6.2%，碱解氮分别增加了21.4%、27.4%、32.6%、7.8%，有效磷分别增加了203.2%、151.8%、227.9%、137.3%；速效钾以X-M最高，分别比M-M、F-M、F-F、X-X增加了49.9%、8.9%、52.2%、38.6%。从不同土层深度来看，长期免耕(M-M)的土壤养分主要集中在0土层，10~20cm、20~30cm的养分含量显著低于其他耕作模式，而轮耕处理（X-M、F-M）的养分在0~20cm土层分布则相对均匀。结果表明：长期免耕（M-M）显著增加了0~5cm土层的养分含量，但也显著降低了10~20cm、20~30cm的养分含量，而轮耕处理（X-M、F-M）耕层的养分则相对均匀，使得既能有效减少土壤表层养分的表聚，而致使养分流失，又可适当减少底层养分的渗漏损失，从而达到增强保水保肥的效果（表2-76）。

表2-76　不同耕作模式下土壤N、P、K养分含量（2015）

送样编号	pH值（水）	全氮（N）（g/kg）	碱解氮（N）（mg/kg）	有效磷（P）（mg/kg）	速效钾（K）（mg/kg）
M-M（0~5cm）	4.00	3.76	393.1	12.70	87.5
M-M（5~10cm）	4.20	2.41	201.8	3.89	43.5
M-M（10~20cm）	4.50	1.80	158.6	1.38	39.5
M-M（20~30cm）	5.04	1.11	97.9	1.77	37.0
平均值	4.44	2.27	212.9	4.94	51.9
FM（0~5cm）	4.35	2.52	241.3	3.12	96.5
FM（5~10cm）	4.28	2.18	188.9	1.58	74.5
FM（10~20cm）	4.54	1.97	182.1	1.29	67.5
F-M（20~30cm）	5.45	1.47	88.8	0.52	47.0
平均值	4.66	2.04	175.3	1.63	71.4

（续表）

送样编号	pH 值（水）	全氮（N）(g/kg)	碱解氮（N）(mg/kg)	有效磷（P）(mg/kg)	速效钾（K）(mg/kg)
XM（0~5cm）	4.21	2.27	225.4	4.46	84.5
XM（5~10cm）	4.36	2.19	218.5	2.54	81.0
XM（10~20cm）	4.55	1.58	200.7	0.61	74.0
X-M（20~30cm）	5.44	1.69	81.2	0.23	71.5
平均值	4.64	1.93	167.1	1.96	77.8
F-F（0~5cm）	4.44	1.94	184.4	2.06	65.5
F-F（5~10cm）	4.32	2.31	172.2	1.77	54.5
F-F（10~20cm）	4.62	2.17	166.2	1.48	55.5
F-F（20~30cm）	5.50	1.43	119.1	0.71	45.0
平均值	4.72	1.96	160.5	1.51	55.1
X-X（0~5cm）	4.30	2.47	233.0	3.02	63.5
X-X（5~10cm）	4.33	2.06	212.5	2.35	62.5
X-X（10~20cm）	4.42	2.20	207.2	1.86	55.5
X-X（20~30cm）	5.45	1.82	137.3	1.09	43.0
平均值	4.63	2.14	197.5	2.08	56.1

2015 年测定不同耕作模式下阳离子交换量，0~5cm 土层的阳离子交换量表现为 M-M> F-M>X-M> X-X>F-F，M-M 较 F-M、X-M、X-X、F-F 分别增加 11.8%、25.0%、25.9%、37.4%；5~10cm 土层，X-M 最大为 13.9cmol（+)/kg，F-M 次之，X-M 较 M-M、X-X 分别增加 10.3%、4.5%，F-M 较 M-M、F-F 分别增加 7.1%、19.5%；10~20cm 及 20~30cm 土层差异不明显。结果表明：免耕能够显著增加 0~5cm 土层的阳离子交换量，而轮耕（F-M、X-M）模式能显著增加 5~10cm 土层的阳离子交换量，且轮耕处理的产量最高，证明不同耕作方式下，产量主要与 5~10cm 土层的阳离子交换量有关，产量越高，5~10cm 土层的阳离子交换量越大，其具体机制还有待进一步研究（图 2-27）。

2016 年测定结果，从各处理平均值来看，全氮、碱解氮均以 M-M 最高，X-M、F-M次之，F-F 最低，速效钾以 X-M 最高，F-M 次之，阳离子交换量以 M-M 最高，但各处理间差异不显著，表明长期免耕（M-M）及轮耕（X-M、F-M）能有效增加土壤养分含量，增加土壤养分库容量，而 F-F 由于长期耕作，可能打破了犁底层，养分通过渗漏流失进入地下水。从不同土层深度来看，长期免耕（M-M）的土壤养分主要集中在 0~20 土层，0~5cm 的全氮、碱解氮及有效磷显著高于其他处理，而 20~30cm 的养分含量则显著低于其他耕作模式，轮耕处理（X-M、F-M）的养分在 0~30cm 土层分布则相对均匀。表明长期免耕（M-M）显著增加了 0~5cm 土层的养分含量，但也显著降低了 20~30cm 的养分含量，表现出向表层富集的趋势；而轮耕处理（X-M、F-M）耕层的养分则相对均匀，既能保持一定耕层，增加养分库容量，又能有效减少土壤表层养分的表聚，降低养分通过地表径流流失的可能性，同时，又可能有效减少渗漏，减少对地下水的污染（表 2-77）。

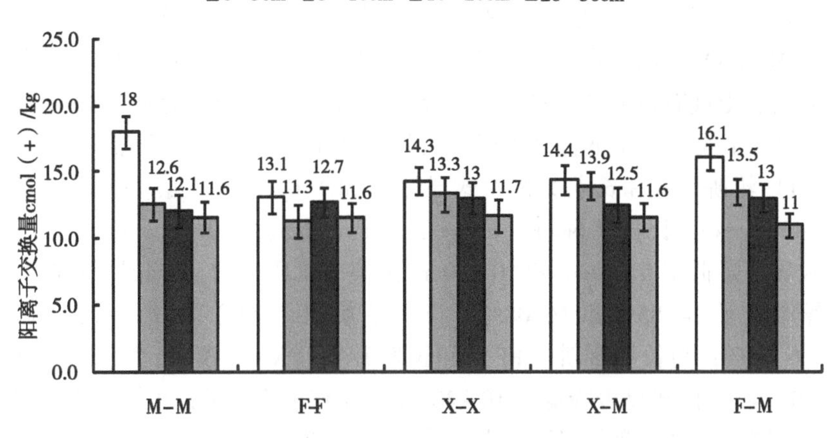

图 2-27　不同耕作模式下土壤阳离子交换量（2015）

表 2-77　不同耕作模式下土壤 N、P、K 养分含量（2016）

处理	全氮（N）(g/kg)	碱解氮（N）(mg/kg)	有效磷（P）(mg/kg)	速效钾（K）(mg/kg)	阳离子交换量 [cmol（+）/kg]
M-M（0~5cm）	2.50	361.8	17.9	69.2	21.3
M-M（5~10cm）	1.72	247.8	5.76	46.0	16.7
M-M（10~20cm）	1.61	183.6	5.38	36.0	14.1
M-M（20~30cm）	0.97	85.2	2.70	32.5	11.6
加权平均值	1.56	191.2	6.64	42.02	14.9
F-M（0~5cm）	2.19	264.2	5.20	71.2	20.0
F-M（5~10cm）	1.59	228.4	3.88	46.0	14.1
F-M（10~20cm）	1.41	154.8	4.16	37.0	13.8
F-M（20~30cm）	1.12	141.2	3.17	42.5	13.6
加权平均值	1.47	180.8	3.96	46.0	14.8
X-M（0~5cm）	1.53	276.0	8.68	54.1	17.1
X-M（5~10cm）	1.57	218.7	4.72	45.0	15.5
X-M（10~20cm）	1.45	197.3	3.88	40.0	14.0
X-M（20~30cm）	1.34	111.7	3.50	43.5	13.1
加权平均值	1.45	185.4	4.69	44.4	14.4
F-F（0~5cm）	1.49	207.8	3.88	67.2	16.6
F-F（5~10cm）	1.63	177.8	3.12	54.1	15.6
F-F（10~20cm）	1.51	152.1	3.31	37.0	13.7
F-F（20~30cm）	1.16	96.1	2.89	34.5	12.2
加权平均值	1.41	147.0	3.23	44.0	14.0
X-X（0~5cm）	1.53	205.0	5.48	59.1	17.6
X-X（5~10cm）	1.47	186.7	3.69	48.1	15.5
X-X（10~20cm）	1.63	172.4	2.75	36.0	13.7
X-X（20~30cm）	1.35	119.4	1.80	37.0	12.7
加权平均值	1.49	162.6	3.05	42.2	14.3

4. 不同耕作模式土壤全碳、活性炭、有机质与活性有机质含量

2014 年测定结果，从耕层土壤垂直分布状况分析，长期免耕（MM）及翻—免（FM）、旋—免（XM）轮耕模式，由于土壤搅动幅度较小，土壤有机质垂直分布差异大，0~5cm 表层土壤有机质含量高，而长期翻耕（FF）和长期旋耕（XX）模式由于土壤搅动幅度大，土壤有机质垂直分布相对均匀。从不同耕作方式土壤有机质含量分析，旋—免（XM）轮耕模式和长期免耕模式显著增加了 0~5cm 土壤有机质含量，分别为 47.9g/kg、43.7g/kg，比长期翻耕（FF）模式显著提高 53.04%、39.62%；长期免耕（MM）模式显著降低了 5~10cm 和 10~20cm 土壤有机质含量，与长期翻耕（FF）模式比较，显著降低了 14.85% 和 16.08%，与长期旋耕（XX）模式比较，显著降低了 21.12%和 16.08%；与长期翻耕（FF）和长期旋耕（XX）模式比较，翻—免（FM）、旋—免（XM）轮耕模式显著降低了 10~20cm 土壤有机质含量；土壤活性有机质含量变化规律与土壤有机质含量变化规律基本一致（表 2-78）。

表 2-78　不同轮耕模式的土壤有机质及活性有机质含量（2014）

处理	有机质（g/kg）			活性有机质（g/kg）		
	0~5cm	5~10cm	10~20cm	0~5cm	5~10cm	10~20cm
MM	43.7	30.3	25.5	30.3	19.0	15.8
FF	31.3	34.8	29.6	22.7	24.0	20.2
XX	41.4	36.7	29.6	28.8	25.0	21.0
XM	47.9	35.7	26.0	34.3	24.7	16.8
FM	41.0	36.5	23.3	30.8	25.6	16.1

2015 年测定土壤全碳及活性炭，总体上，不同耕作模式下全碳含量均伴随土层深度的增加而降低。M-M 条件下，各土层全碳的变化量最大，达到了 38.8g/kg，F-F 最少，仅为 8.5g/kg。0~5cm 土层的全碳含量表现为 M-M> F-M>X-X >X-M >F-F，M-M 较 F-M、X-X、X-M、F-F 分别增加 80.3%、80.9%、85.4%、113.5%，表明免耕能够显著增加 0~5cm 土层的全碳含量；5~10cm 土层的全碳含量表现为 M-M>X-M>X-X > F-M >F-F；10~20cm 土层的全碳含量表现为 X-X > F-M >F-F >X-M >M-M；20~30cm 土层的全碳含量表现为 X-X 最大，F-F 次之，其他耕作模式间无显著差异；不同耕作模式下有效碳的表现趋势大体同全碳一致。结果表明：长期免耕能显著增加 0~5cm 土层的全碳及活性炭，但也会显著降低 10~20cm、20~30cm 土层的活性炭及全碳，不利于合理耕层的构建；单一机械作业下，土壤全碳及有效碳的分布更均匀，但生产成本过高；而轮耕作业既能够节约生产成本，又能保证耕层全碳及活性炭的相对均匀分布，有利于耕层的合理构建（图 2-28）。

2016 年测定土壤全碳及活性炭，从整个土层加权平均值来看，有机碳及活性有机碳含量均以 M-M 最高，F-F 最低，表明长期免耕有利于土壤固碳，而长期翻耕则会降低土壤的有机碳及活性有机碳含量。从不同土层来看，M-M 各土层有机碳的变化量最大，达到了 26.7g/kg，F-F 最少，仅为 4.0g/kg，F-M、X-M 次之。0~5cm

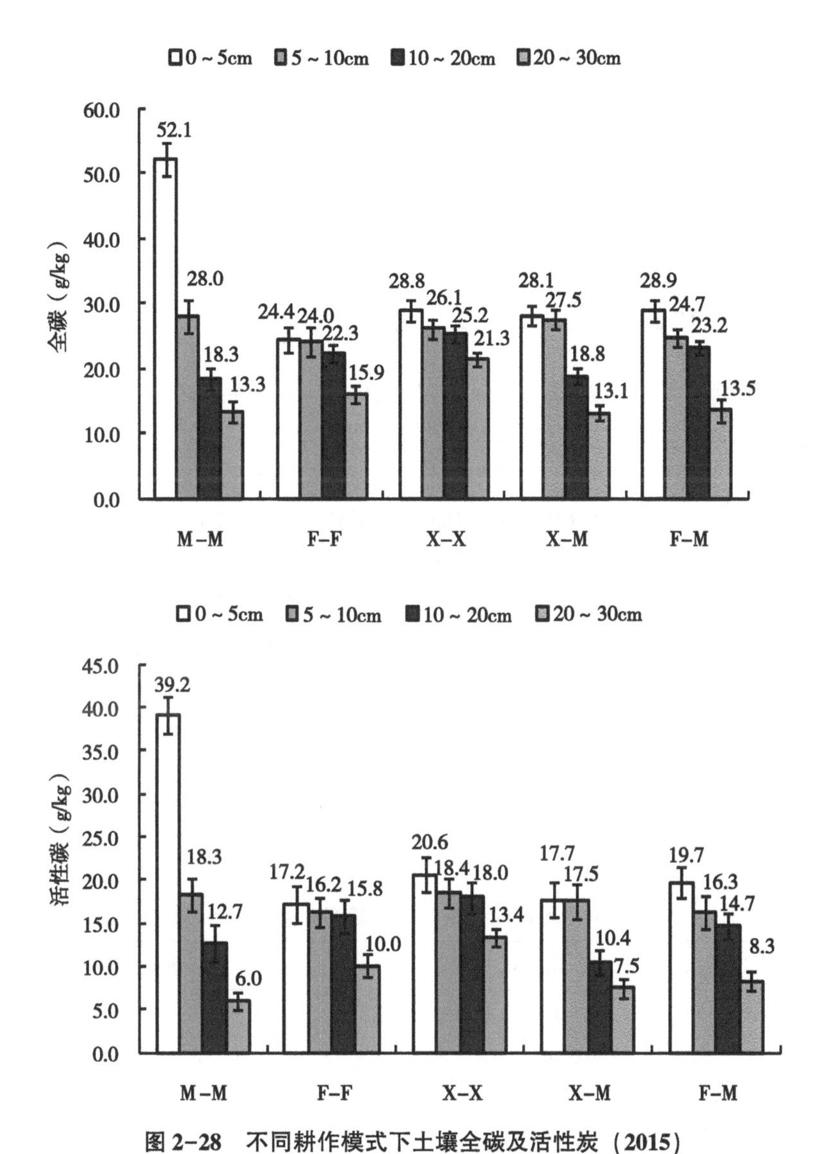

图 2-28 不同耕作模式下土壤全碳及活性炭（2015）

土层的机碳及活性有机碳含量均以 M-M 最大，F-M、X-M 次之，X-X 最低；5~10cm 及 10~20cm 差异相对较少，20~30cm 的以 M-M 最低。表明长期免耕能显著增加 0~5cm 土层的有机碳及活性有机碳含量，表聚效应显著，同时会显著降低 20~30cm 土层的有机碳及活性有机碳，不利于耕层的合理构建；长期旋耕及翻耕下，土壤有机碳及活性有机碳的分布更均匀，但生产成本过高，而轮耕既能够节约生产成本，又能保证耕层有机碳及活性有机碳的分布相对均匀，有利于耕层的合理构建（表 2-79）。

表 2-79　不同耕作模式下土壤全碳及活性炭（2016）

处理	全碳（C）（g/kg）					活性炭（C）（g/kg）				
	0~5cm	5~10cm	10~20cm	20~30cm	加权平均	0~5cm	5~10cm	10~20cm	20~30cm	加权平均
M-M	35.6	17.9	15.8	8.9	15.7	20.4	12.9	11.1	6.1	11.3
F-M	23.7	16.4	13.8	10.4	14.8	16.7	11.9	9.7	7.3	10.4
X-M	17.1	16.2	13.6	11.7	14.0	12.9	11.7	9.9	8.1	10.1
F-F	14.5	15.9	13.5	10.5	13.0	10.5	11.8	9.9	7.4	9.5
X-X	14.3	14.6	14.2	9.6	12.7	10.7	11.1	10.2	8.7	10.0

5. 不同耕作模式下土壤总镉（Cd）、有效镉（Cd）及镉有效比

2014 年测定显示，从耕层土壤垂直分布状况分析，不同耕作模式的 0~5cm、5~10cm、10~20cm 三个土壤层次，从上往下土壤总 Cd 和有效 Cd 含量均呈现下降趋势。从不同耕作模式土壤 Cd 含量分析，长期免耕（MM）显著增加了 0~5cm 有效 Cd 含量，而显著降低了 5~10cm、10~20cm 有效 Cd 含量及 10~20cm 总 Cd 含量；长期翻耕（FF）、长期旋耕（XX）、翻—免（FM）、旋—免（XM）轮耕模式 0~5cm 有效 Cd 含量依次为 0.325mg/kg、0.369mg/kg、0.358mg/kg、0.330mg/kg，与长期免耕（MM）比较，分别显著降低了 28.88%、19.26%、21.66%、27.79%；5~10cm 有效 Cd 含量依次为 0.319mg/kg、0.351mg/kg、0.277mg/kg、0.299mg/kg，与长期免耕（MM）比较，分别增加了 19.03%、30.97%、3.36%、11.57%；10~20cm 有效 Cd 含量依次为 0.258mg/kg、0.225mg/kg、0.164mg/kg、0.152mg/kg，与长期免耕（MM）比较，分别显著增加了 88.32%、64.23%、19.71%、10.95%（表 2-80）。

表 2-80　不同轮耕模式的土壤 Cd 含量（2014）

处理	总 Cd（mg/kg）			有效 Cd（mg/kg）		
	0~5cm	5~10cm	10~20cm	0~5cm	5~10cm	10~20cm
MM	0.522	0.381	0.201	0.457	0.268	0.137
FF	0.549	0.344	0.489	0.325	0.319	0.258
XX	0.608	0.615	0.314	0.369	0.351	0.225
XM	0.536	0.381	0.322	0.358	0.277	0.164
FM	0.529	0.495	0.34	0.330	0.299	0.152

2015 年测定结果，不同耕作模式下各土层总镉含量均伴随土层深度的增加而减少，X-M 各土层镉的变化量最小，仅为 0.14mg/k，而 M-M 的变化量最大，达到了 0.60mg/kg；X-M 的 0~5cm 土层总镉含量最低，为 0.42mg/kg，F-M 次之，X-M 分别比 M-M、X-X 减少了 51.2%、27.6%，F-M 比 M-M 减少了 47.7%，与 F-F 无差异；X-M 及 F-M 的 5~10cm 土层总镉含量最低，为 0.42mg/kg，分别比 M-M、F-F、X-X 减少了 22.2%、8.7%、14.3%；而 10~20cm 及 20~30cm 土层总镉含量均以 X-X 最高，F-F 次之。表明长期免耕能够显著增加 0~5cm 土层总镉的含量，而显著降低 10~20cm

及的总镉含量，而轮耕则使镉在不同土层中的分布相对均匀（图 2-29）。

有效镉在各处理间的表现趋势同总镉基本一致，但各处理间的镉有效比差异显著，总体来看，土壤镉有效比伴随土层深度的增加而降低，0~5cm 土层镉有效比最大，达到 69.2%，分别比 5~10cm、10~20cm 及 20~40cm 增加了 4.8%、7.8%、79.4%。F-M 在 0~5cm 土层中的镉有效比最高，M-M 次之，X-X 最低，免耕作为一种节本高效的耕作方式，X-M 较 M-M、F-M 分别降低了 53.2%、12.1%；F-M 的 5~10cm、10~20cm 土层中镉有效比均显著高于其他处理，X-M 的稻谷镉含量要显著低于 F-M 及 M-M。结果表明在农村劳动力资源短缺及稻米安全的背景下，X-M 是一种比较合理的轮耕方式，达到既节约劳动力成本又能有效保障稻米质量安全的效果（表 2-81）。

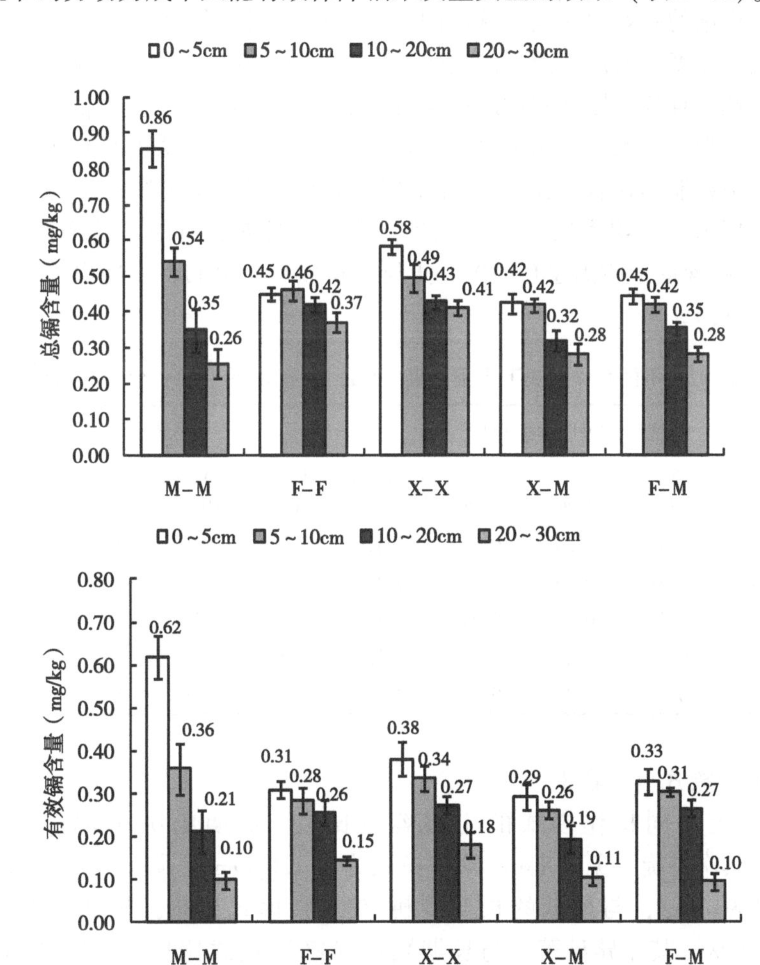

图 2-29　不同耕作模式下土壤总镉（Cd）及有效镉（Cd）含量（2015）

表 2-81　不同耕作模式下土壤镉有效比（2015）

处理	0~5cm（%）	5~10cm（%）	10~20cm（%）	20~40cm（%）
M-M	72.1a	66.1bc	60.9b	38.7b
F-F	65.7b	61.3c	60.6b	39.2b

（续表）

处理	0~5cm（%）	5~10cm（%）	10~20cm（%）	20~40cm（%）
X-X	65.2b	68.2b	63.6b	43.7a
X-M	69.0ab	62.1c	61.0b	37.6b
F-M	73.7a	72.4a	74.9a	33.6c
平均值	69.2	66.0	64.2	38.5

2016 年测定结果，从整个土层加权平均值来看，总镉及有效镉含量均以 M-M 最高，F-F 的有效镉含量最低，表明长期免耕会增加土壤的总镉及有效镉含量，而长期翻耕能有效降低土壤的有效镉含量。从不同土层来看，不同耕作模式下各土层总镉含量均表现出伴随土层深度的增加而减少的趋势，M-M 的 0~5cm 土层的总镉及有效镉含量显著高于其他处理，且各土层之间的总镉及有效镉变化量分别为 0.45mg/kg、0.50mg/kg，显著高于其他处理。X-M、F-M 的 0~5cm、5~10cm 土层的总镉及有效镉分布相对均匀。表明长期免耕能够显著增加 0~5cm 土层总镉的含量，而显著降低 20~30cm 土层的总镉含量，表现出往土壤表层富集的趋势；轮耕较长期免耕能显著降低 0~5cm、5~10cm 土层的总镉含量，使镉在 0~10cm 土层的得以均匀分布，表现出往土壤中层富集的趋势（表 2-82）。

表 2-82　不同耕作模式下土壤总镉（Cd）及有效镉（Cd）含量（2016）

处理	总镉（Cd）（mg/kg）					有效镉（Cd）（mg/kg）				
	0~5cm	5~10cm	10~20cm	20~30cm	加权平均	0~5cm	5~10cm	10~20cm	20~30cm	加权平均
M-M	0.60	0.41	0.30	0.15	0.32	0.58	0.39	0.24	0.08	0.27
F-M	0.41	0.31	0.25	0.18	0.26	0.35	0.30	0.20	0.11	0.21
X-M	0.38	0.35	0.25	0.21	0.28	0.33	0.30	0.17	0.13	0.21
F-F	0.32	0.33	0.28	0.20	0.27	0.30	0.28	0.21	0.12	0.20
X-X	0.35	0.34	0.30	0.19	0.28	0.30	0.29	0.23	0.14	0.22

6. 不同耕作模式土壤容重

2014 年测定不同耕作模式的土壤容重比较，长期免耕（MM）模式最高为 1.125g/cm^3，其次是旋—免（XM）轮耕模式为 1.120g/cm^3，第三是翻—免（FM）轮耕模式为 1.109g/cm^3，与最低的长期旋耕（XX）模式比较，分别增加了 11.83%、11.33%、10.24%，其差异显著；与长期翻耕（FF）模式比较，分别增加了 4.85%、4.38%、3.36%，但差异不显著（图 2-30）。

7. 不同耕作模式下土壤耕层深度

2016 年测定土壤耕层深度结果，长期不同耕作方式的耕层结构变化差异较大，从耕作层厚度变化情况看，长期翻耕（F-F）耕作层最深为 18.2cm，长期免耕（M-M）最浅为 10.5cm，长期旋耕（X-X）、翻免轮耕（F-M）、旋免轮耕（X-M）依次为 13.9cm、14.2cm、11.4cm，与长期翻耕（F-F）比较，长期免耕（M-M）、翻免轮耕（F-M）、旋

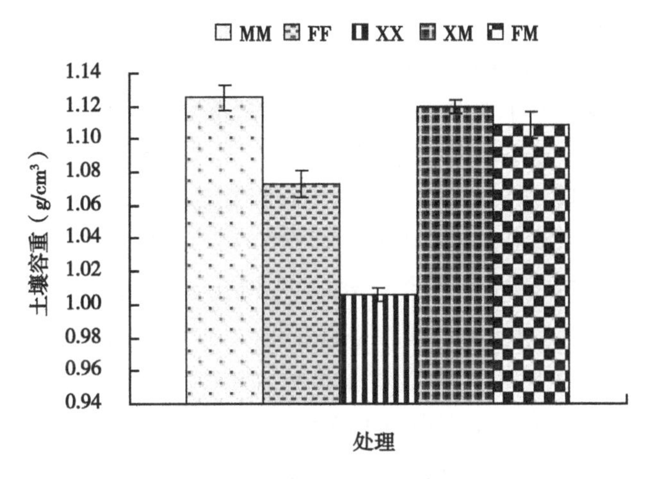

图 2-30　不同轮耕模式的土壤容重（2014）

免轮耕（X-M）、长期旋耕（X-X）耕作层深度依次降低了 42.3%、22.0%、37.4%、23.6%。从犁底层厚度变化情况看，长期免耕（M-M）包括过渡层最深为 17.4cm，长期翻耕（F-F）最浅为 8.7cm，与长期翻耕（F-F）比较，长期免耕（M-M）、翻免轮耕（F-M）、旋免轮耕（X-M）、长期旋耕（X-X）犁底层深度依次增加了 50.0%、24.1%、43.7%、32.2%。说明随着耕作频率减少和耕翻深度降低，导致了耕作层变浅，犁底层变厚，其中以长期免耕和旋免轮耕变化显著（图 2-31）。

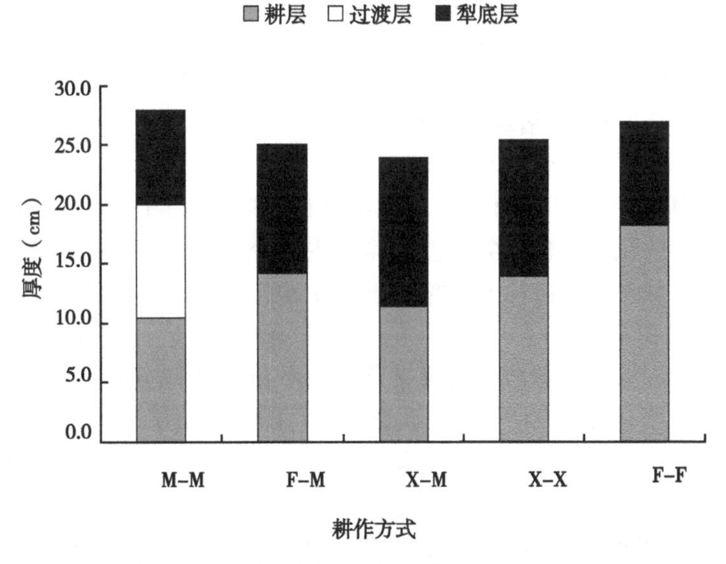

图 2-31　不同耕作模式下土壤耕层深度（2016）

五、研究结果

（一）稻田垄作栽培水分调控技术研究

双季垄作栽培产量均高于常规栽培，其中早稻产量以双季垄作旋耕栽培最高，其次是双季垄作早旋晚免栽培、双季垄作早翻晚免耕栽培，与常规栽培比较，实际产量分别高出1.7%、1.6%和0.4%。晚稻产量以双季垄作早旋晚免栽培最高，依次为双季垄作早翻晚免耕栽培、双季垄作旋耕栽培，分别比常规栽培增加了7.24%、6.22%和2.69%。

（二）双季稻田不同耕作方式与稻草还田土壤扩库增容技术研究

（1）翻耕秸秆全量还田、旋耕秸秆全量还田和旋耕2/3秸秆还田是实现周年高产较理想的组合，其中2/3稻草还田+旋耕能够增加有效穗及结实率，是耕作方式与秸秆还田互作下的最佳组合，有利于实现周年高产。稻草还田有利于早稻茎叶中的氮素往籽粒进行转运，且具有明显的“补钾”功能，能够显著促进早稻植株对钾的吸收与利用。但稻草还田显著增加了稻谷中的镉含量，且随着还田量的增加而增加，在生产中应采取稻草适量还田，并选择低镉水稻品种进行种植，以达到既培肥土壤又保障稻米质量安全的目的。稻草还田能显著降低稻田0~5cm土壤容重，且伴随稻草还田量的增加而降低。稻草还田显著增加了0~5cm、5~10cm、10~20cm土层的阳离子交换量，显著增强了土壤的保肥能力。稻草还田会显著增加土壤中的总碳及活性炭含量，且伴随稻草还田量的增加而增加，同时，NTS对0~5cm土层的总碳及活性炭含量有显著增加效益，但显著降低了5~10cm、10~20cm土层的总碳及活性炭含量，CTS及RTS各土层的全碳及有效碳分布较NTS相对均匀，有利于耕层的合理构建及土壤的可持续利用。

（2）免耕能够增加茎叶及稻谷对氮素的吸收，但会进一步增加倒伏风险，致使减产，而旋耕能显著增加茎叶对钾素的吸收，从而有效防止倒伏，总体来讲，2/3稻草还田+旋耕的处理效果最佳。长期免耕会导致整个耕作层的容重明显增加，不利于保水保肥；旋耕+稻草还田及翻耕+稻草还田能有效降低0~5cm、5~10cm土壤容重，增强了土壤孔隙度及库容量，增强保水保肥能力。

（3）长期翻耕稻草还田（CTS）、长期旋耕稻草还田（RTS）既能培肥土壤，又能有效降低稻米对镉的积累。长期免耕土壤养分主要聚集在0~5cm，容易造成养分通过地表径流而流失。翻耕及旋耕各土层的养分分布则相对均匀，有利于耕层的合理构建。

（4）长期免耕稻草还田（NTS）存在显著的镉表聚效应，翻耕条件下重金属镉有往底层（10~20cm）聚集的趋势，而旋耕条件下各耕层的镉分布则相对较均匀。稻草还田显著增加了土壤有机碳及活性有机碳含量，且随着稻草还田量的增加而增加。长期免耕稻草还田处理的有机碳及活性有机碳具有显著的表聚（0~5cm）效应，长期翻耕秸秆还田（CTS）及长期旋耕秸秆还田（RTS）则表现出往土壤中下层（5~20cm）聚集的规律，各土层分布相对较均匀，有利于耕层的合理构建及土壤的可持续利用。长期免耕秸秆还田使耕作层显著变浅，犁底层显著增厚，长期旋耕秸秆还田耕作层深度也有所下降，犁底层有所增厚。

（5）免耕降低了活性还原物质含量，稻草还田增加了土壤，特别是犁底层土壤活性还原物质含量。

（三）双季稻田土壤轮耕保水保肥技术研究

（1）长年翻耕、长年旋耕、旋免轮耕、翻免轮耕均能显著提高水稻产量，但在农村劳动力转移及农业生产资料不断上涨的背景下，轮耕处理（X-M、F-M）能达到既节约成本又实现高产的目的，是非常值得推广的一种轮作休耕模式。

（2）长期免耕不利于氮素由茎叶往籽粒中进行转运，致使结实率降低，并会增加稻米镉超标的风险。轮耕有利于氮素由茎叶往籽粒中进行转运，从而为获得高产打下基础，同时能有效降低稻谷中的镉含量。

（3）长期免耕及轮耕（X-M、F-M）能有效增加土壤养分含量，增加土壤养分库容量，长期免耕表现出养分向表层富集的趋势，而轮耕处理耕层的养分则相对均匀，既能保持一定耕层，增加养分库容量，又能有效减少土壤表层养分的表聚，降低养分通过地表径流流失的可能性，同时，又可能有效减少渗漏，减少对地下水的污染。

（4）不同耕作模式的土壤总 Cd 和有效 Cd 含量均随耕层深度的加深而呈现下降趋势。长期免耕增加了土壤总镉及有效镉含量，并表现出往土壤表层富集的趋势，而长期翻耕能有效降低土壤有效镉含量；轮耕较长期免耕能显著降低 0~5cm、5~10cm 土层的总镉含量，使镉在 0~10cm 土层的得以均匀分布，表现出往土壤中层富集的趋势。

（5）长期免耕有利于土壤固碳，而长期翻耕则会降低土壤的有机碳及活性有机碳含量；长期免耕能显著增加 0~5cm 土层的有机碳及活性有机碳含量，表聚效应显著，同时会显著降低 20~30cm 土层的机碳及活性有机碳，不利于耕层的合理构建；长期旋耕及翻耕下，土壤有机碳及活性有机碳的分布更均匀，但生产成本过高，而轮耕既能够节约生产成本，又能保证耕层有机碳及活性有机碳的分布相对均匀，有利于耕层的合理构建。

（6）耕作频率减少和耕翻深度降低，导致了耕作层变浅，犁底层变厚，其中以长期免耕和旋免轮耕变化显著。

第四节　双季稻周年丰产氮肥运筹与专用型新肥料筛选应用研究

一、高产水稻有机无机氮肥配施应用技术研究

（一）研究目标

本试验通过紫云英和稻草与化肥的配合施用，研究有机无机氮的合理配比，最佳施用方法和配套施用技术；阐明水稻土供氮性能的变化特征、氮释放规律及碳活化机理，揭示有机、无机氮配施后土壤的供氮特性及其对作物生长的意义；为氮肥在稻田土壤上合理施用及维持或提高土壤氮素肥力提供理论依据。

（二）研究内容

试验主要通过紫云英与减氮量尿素和缓控释氮肥的配合施用，研究不同有机无机氮施用模式下早稻产量、产量构成因素、不同生育期植株干物质积累动态变化、不同生育

期植株氮素养分含量和积累量动态变化、稻谷和稻草氮素养分吸收积累特性、氮素吸收利用效率和不同生育期土壤碱解氮的动态变化；探索不同有机无机氮施用模式下氮素积累量动态变化、氮素吸收利用与土壤供氮性能及氮素释放规律及其关系，揭示有机和无机氮配施后土壤的供氮特性及其对作物生长的意义，进一步优化施肥模式及早稻种植中紫云英与尿素和缓控释氮肥的合理配比。

（三）研究方案

1. 试验地点

试验于2013—2014年在湖南省华容县万庾镇塌西湖村（N 29°36′，E 112°28′）开展。该区域气候类型为亚热带湿润气候，光照充足，雨量适度。全年平均降水量1 232mm，年平均气温17.8℃，全年日照时数为1 734h，供试土壤为河湖沉积物母质发育的潮泥田，土壤基础理化指标见表2-83。

表2-83　有机无机氮肥配施试验基础土壤理化性状

土层	pH值	碱解N（mg/kg）	有效P（mg/kg）	速效钾K（mg/kg）	全N（g/kg）	全P（g/kg）	全K（g/kg）	有机质（g/kg）
0~20cm	5.7	275	1.9	200	3.09	0.89	23.1	51.2
20~40cm	6.4	212	1.5	127	2.49	0.71	24.9	36.5

2. 试验处理设置

试验共设6个处理：①GM（不施化肥氮条件下翻压紫云英鲜草15 000kg/hm^2）；②100%Ur（施用尿素，施氮量150kg N/hm^2）；③80%Ur（施用尿素，施氮量120kg N/hm^2）；④GM+80%Ur（施氮量120kg N/hm^{2}的尿素配施紫云英鲜草15 000kg/hm^2）；⑤60%CRNF（施氮量90kg N/hm^{2}的缓控释氮肥）；⑥GM+60%CRNF（施氮量90kg N/hm^{2}的缓控释氮肥配施15 000kg/hm^{2}紫云英鲜草）。各处理磷肥、钾肥施用量均相同，施磷（P_2O_5）75kg/hm^2，施钾（K_2O）90kg/hm^2。紫云英于早稻抛秧前一周异地还田翻压；尿素50%N做基肥施入，50%N做分蘖肥于抛秧后10d施用；缓控释氮肥做基肥一次性施入；磷肥用过磷酸钙，做基肥一次性施入；钾肥用氯化钾，50%的钾肥做基肥施入，余下50%做分蘖肥于抛秧后10d施用。各处理基肥部分均于抛秧前1d施入，基肥施入后，立即用铁齿耙耖入5cm深的土层内。通过紫云英投入的养分量分别为N 48.0kg/hm^2，P_2O_5 8.9kg/hm^2、K_2O 46.0kg/hm^2。每处理3次重复，小区面积20m^2，随机区组排列。小区间用高20cm、宽30cm的泥埂覆膜隔离，实行单独排灌。早稻品种（组合）为湘早籼45号，于4月23日抛秧，每亩抛2.5万株，7月19日收获。为获得的数据与实际生产情况相一致，试验田采用常规管理模式。

3. 观察记载及测定项目

试验开始前采集0~20cm和20~40cm基础土壤样品，水稻收获后采集0~20cm耕层土壤样品，用于测定土壤全N、P、K，速效N、P、K，土壤pH值，SOM。分别于5个生育期（分蘖前期、分蘖末期、齐穗期、乳熟期和成熟期）调查株高、分蘖数、测定叶绿素含量和叶面积等。分别采集5个时期的水稻样品，测定各时期的干物质产量、植株全 N 含量；同时采集 5 个时期的土壤样品用于测定氮养分含量。成熟期取植株样考种并测定各小区的秸秆产量、籽粒产量及样品中的 N 养分含量。

4. 计算方法与数据处理

氮肥利用率、氮肥偏生产力、氮肥农学效率和氮收获指数计算方法如下：

氮肥利用率（NUE,%）=（施肥区作物地上部氮素积累量-对照区作物地上部氮素积累量）/施肥区施氮量×100。

氮肥偏生产力（PFP，kg/kg）= 施肥区作物经济产量/施氮量。

氮肥农学效率（ANUE，kg/kg）=（施肥区作物经济产量-对照区经济产量）/施氮量。

氮收获指数（NHI,%）= 籽粒中氮素积累量/植株氮素积累量×100。

（四）主要研究结果

1. 产量和产量构成因素

产量结果表明不同施肥对早稻稻谷产量有明显的影响（表 1）。GM+80%Ur 处理获得最高产量，其次是 GM+60%CRNF 处理，分别较 100%Ur 处理增产 7.5%和 6.7%，产量差异分别达到极显著（$P<0.01$）和显著水平（$P<0.05$）；无机氮配施紫云英的 GM+80%Ur 和 GM+60%CRNF 处理较相应的单施无机氮肥 80%Ur 和 60%CRNF 处理分别增产 9.9%和 7.3%，差异均达到极显著水平（$P<0.01$）；80%Ur 和 60%CRNF 处理较 100%Ur 处理有所减产，但 60%CRNF 处理稻谷产量略高于 80%Ur 处理；产量最低的是 GM 处理，较 100%Ur 减产 14.0%。

稻草产量最高的是 100%Ur 处理，其次是 GM+80%Ur 和 GM+60%CRNF 处理，其差异均未达到显著水平。100%Ur 处理的稻草产量，但其稻谷产量低于 GM+80%Ur 和 GM+60%CRNF 处理，其原因可能是由于水稻生长前期氮素养分释放过多，产生了较多的损失导致后期氮素养分供应相对不足，从而促进了水稻植株的营养生长而不利于后期生殖生长所致。

决定水稻产量高低的主要因素是单位面积有效穗数、每穗实粒数和千粒重。稻谷产量较高的 GM+80%Ur 和 GM+60%CRNF 处理单位面积有效穗、每穗实粒数和千粒重均较高，其水稻株高也较高（表 2-84）。不施化肥氮仅翻压紫云英的 GM 处理早稻株高和单位面积有效穗数均极显著低于其他施肥处理（$P<0.01$），每穗实粒数也低于其他施肥处理，说明仅翻压紫云英鲜草 15 000kg/hm^{2}不施化肥氮抑制了水稻生长，从而导致低的稻谷和稻草产量。80%Ur 和 60%CRNF 处理的单位面积有效穗和每穗实粒数显著（$P<0.05$）低于相应的配施紫云英的 GM+80%Ur 和 GM+60%CRNF 处理，说明这两种施肥模式也不能完全满足水稻作物生长对氮素营养的需求。

表 2-84　不同处理的早稻产量和产量构成因素

处理	株高（cm）	单位面积有效穗数（万穗/hm^2）	每穗实粒数（粒/穗）	结实率（%）	千粒重（g）	稻谷产量（kg/hm^2）	稻草产量（kg/hm^2）
GM	81.3bB	20.12dC	74.1cB	83.4aA	23.3bB	5 585cD	4 296cB

（续表）

处理	株高（cm）	单位面积有效穗数（万穗/hm²）	每穗实粒数（粒/穗）	结实率（%）	千粒重（g）	稻谷产量（kg/hm²）	稻草产量（kg/hm²）
100%Ur	84. 1aA	25. 42abA	74. 4cB	79. 1cC	23. 4abAB	6 491bBC	5 596aA
80%Ur	83. 9aA	24. 84bAB	74. 2cB	81. 1bB	23. 3bB	6 349bC	5 291bA
GM+80%Ur	84. 3aA	25. 67aA	75. 5bA	81. 2bB	23. 5abAB	6 979aA	5 583aA
60%CRNF	83. 9aA	24. 12cB	75. 9abA	81. 5bB	23. 5abAB	64 53bC	5 247bA
GM+60%CRNF	84. 1aA	24. 86bAB	76. 2aA	81. 8bAB	23. 6aA	6 924aAB	5 368abA

注：同列不同小写字母表示处理间差异达 5%的显著水平；不同大写字母表示处理间差异达 1%显著水平

水稻产量与产量构成因素相关分析（表 2-85）表明，稻谷产量与水稻株高、千粒重极显著正相关（$P<0.01$），与单位面积有效穗显著正相关（$P<0.05$），稻谷产量与每穗实粒数也呈正相关关系（但未达到显著水平），说明水稻产量较高的 GM+80%Ur 和 GM+60%CRNF 处理主要通过提高株高、单位面积有效穗、千粒重和每穗实粒数实现稻谷产量增加。稻草产量与水稻株高、单位面积有效穗极显著正相关（$P<0.01$），与结实率显著负相关（$P<0.05$），说明稻草产量最高的 100%Ur 处理虽然促进了植株生长，促进了分蘖，但由于结实率降低，仅过度促进了营养生长而一定程度上不利于生殖生长而未能实现真正的高产。

表 2-85　早稻产量与产量构成因素的相关系数

	株高	单位面积有效穗	每穗实粒数	结实率	千粒重
稻谷产量	0. 906**	0. 863*	0. 750	-0. 491	0. 874**
稻草产量	0. 978**	0. 979**	0. 494	-0. 825*	0. 627

注：* 和 ** 分别表示相关性达到 0. 05 和 0. 01 的显著和极显著水平

2. 地上部干物质积累量

从不同生育期早稻地上部干物质积累量来看，早稻分蘖期干物质积累量以 100%Ur 处理最高，其次为 GM+80%Ur 和 80%Ur 处理；孕穗期水稻地上部干物质积累量以 GM+80%Ur 处理最高，其次为 100%Ur 和 80%Ur 处理；乳熟期的干物质积累量以 GM+80% Ur 处理最高，其次为 100%Ur 和 GM+60%CRNF 处理；蜡熟期地上部干物质积累量以 GM+80%Ur 处理最高，其次为 GM+60%CRNF 和 100%Ur 处理；GM+80%Ur 处理地上部干物质积累量在分蘖期低于 100%Ur 处理，但孕穗期后地上部干物质积累量以该处理最高；GM+60%CRNF 处理在早稻分蘖期至孕穗期植株干物质积累量低于 100%Ur 处理和 80%Ur 处理，至水稻生长中后期也显现出紫云英和缓控释氮肥养分释放的持续性的优势，至蜡熟期成为仅次于 GM+80%Ur 处理的处理。GM+80%Ur 和 GM+60%CRNF 处理各生育期地上部干物质积累量均大于相应的单施化学氮肥处理；说明紫云英与化学氮肥配施能促进水稻生长，从而增加植株干物质量的积累。所有处理中在早稻各生育期均以单施紫云英 GM 处理的地上部干物质积累量最低，其干物质积累量与 100%Ur 处理的比值为 0. 53~0. 82（表 2-86）。

表 2-86　不同施肥处理早稻不同生育期地上部干物质积累量

处理	分蘖期（g/蔸）	拔节期（g/蔸）	孕穗期（g/蔸）	乳熟期（g/蔸）	蜡熟期（g/蔸）
GM	0. 31cC	6. 88bB	15. 24cC	20. 81dE	26. 38dC
100%Ur	0. 58aA	10. 51aA	19. 78aA	27. 73aAB	32. 28bAB
80%Ur	0. 42bBC	9. 79aA	18. 42bB	24. 56cCD	31. 08cB
GM+80%Ur	0. 51aAB	9. 92aA	20. 05aA	28. 62aA	33. 49aA
60%CRNF	0. 35bcBC	9. 71aA	17. 94bB	23. 38cD	31. 17cB
GM+60%CRNF	0. 38bcBC	9. 77aA	18. 06bB	26. 13bBC	32. 80abA

注：同列不同小写字母表示处理间差异达 5%的显著水平；不同大写字母表示处理间差异达 1%显著水平

3. 不同生育期植株氮素养分含量和氮素养分积累量

水稻养分吸收受不同品种、肥料结构和管理方式等影响，通常水稻产量高其养分吸收量也高。从早稻不同生育期植株氮含量结果可以看出，分蘖期至孕穗期植株全氮含量最高的为 100%Ur 处理，最低的为不施化肥氮的 GM 处理；分蘖期至拔节期 GM+80%Ur 处理植株全氮含量也较高，仅次于 100%Ur 处理，而 60%CRNF 处理植株全氮含量较低，仅高于 GM 处理。由于尿素为速效肥料，而施入的紫云英、缓控释氮肥的养分释放速率与尿素不同，随着生育期的推延水稻植株的氮含量状况也发生了变化，至孕穗期由于缓控释氮肥的氮素在水稻中后期的释放和紫云英腐解氮素营养的释放，GM+60% CRNF 处理植株氮素含量与 100%Ur 处理之间的差距减小，到早稻生长后期，缓控释氮肥和紫云英绿肥的养分释放对水稻中后期养分持续供应的优势进一步得到体现：早稻乳熟期 GM+60%CRNF 处理植株氮养分含量最高，其次为 GM+80%Ur 处理；蜡熟期 GM+80%Ur 处理最高，其次为 GM+60%CRNF 处理（表 2-87）。

表 2-87　各施肥处理早稻不同生育期植株中全 N 含量的动态变化

处理	分蘖期（g/kg）	拔节期（g/kg）	孕穗期（g/kg）	乳熟期（g/kg）	蜡熟期（g/kg）
GM	35. 6	21. 7	14. 8	12. 2	10. 8
100%Ur	44. 5	30. 9	23. 4	13. 4	12. 7
80%Ur	42. 6	25. 2	18. 8	13. 1	11. 3
GM+80%Ur	43. 4	27	21. 4	13. 7	12. 9
60%CRNF	38. 4	22. 5	20. 5	13. 3	11. 2
GM+60%CRNF	40. 2	24. 2	22. 5	14. 4	12. 8

分蘖期至孕穗期每蔸水稻植株氮素积累量均以 100%Ur 处理最高，极显著高于其他处理（$P<0.01$）；至乳熟期和蜡熟期植株氮素积累量最高的为 GM+80%Ur 处理，极显著高于 100%Ur 处理（$P<0.01$）；GM+ 60% CRNF 处理植株氮素积累量也高于 100%Ur 处理，但二者之间的差异不显著。GM+80%Ur 和 GM+ 60% CRNF 处理在早稻全生育期的植株氮素积累量均高于相应的无机氮肥处理（80%Ur 和 60% CRNF 处理），但在早稻生长前期差异不显著，随着生育期的推移差异变得显著（表 2-88）。

表 2-88　各施肥处理早稻不同生育期植株氮素积累量的动态变化

处理	分蘖期（g N/蔸）	拔节期（g N/蔸）	孕穗期（g N/蔸）	乳熟期（g N/蔸）	蜡熟期（g N/蔸）
GM	0.01cC	0.15eD	0.22fE	0.25eC	0.28dD
100%Ur	0.03aA	0.33aA	0.46aA	0.37bA	0.41bB
80%Ur	0.02bB	0.25cBC	0.35eD	0.32cB	0.35cC
GM+80%Ur	0.02bB	0.27bB	0.43bB	0.39aA	0.43aA
60%CRNF	0.01cC	0.22dC	0.37dC	0.31dB	0.35cC
GM+60%CRNF	0.02 bB	0.24cdBC	0.41cB	0.38abA	0.42abAB

注：同列不同小写字母表示处理间差异达 5%的显著水平；不同大写字母表示处理间差异达 1%显著水平

4. 植株氮素养分含量及吸收积累量

不同施肥处理对早稻蜡熟期稻草和稻谷中全氮含量有明显影响。稻谷全氮含量以 100%Ur 和 GM+60%CRNF 处理最高，其次是 GM+80%Ur 处理，仅翻压紫云英不施化肥氮的 GM 处理最低；稻草全氮含量以 GM+80%Ur 处理最高，其次为 GM+60%CRNF 处理，GM 处理最低。

不同处理间稻谷、稻草和植株总氮素积累量有明显差异（表 2-89）。稻谷氮素养分积累量最高的是 GM+80%Ur 和 GM+60%CRNF 处理，其次是 100%Ur 处理；GM 处理稻谷氮素养分吸收量极显著低于其他处理（$P<0.01$）。稻草氮素养分吸收量最高的为 GM+80%Ur 处理，其次为 100%Ur 处理，GM 处理稻草氮素养分吸收量也极显著低于其他处理（$P<0.01$）。各处理植株氮素养分总吸收量顺序与稻谷氮素养分积累量一致，从高到低为：GM+80%Ur>GM+60%CRNF>100%Ur>80%Ur>60%CRNF>GM。

表 2-89　各施肥处理早稻氮素养分吸收利用

处理	全氮含量（g/kg）		氮素养分吸收量（kg/hm^2）		植株氮素养分总吸收量（kg/hm^2）
	稻谷	稻草	稻谷	稻草	
GM	12.5	9.2	69.8dD	39.5eD	109.3dD
100%Ur	15.1	9.7	98.0bAB	54.3bAB	152.3bAB
80%Ur	14.7	9.7	93.3cBC	51.3cdBC	144.7cBC
GM+80%Ur	15.0	10.2	104.7aA	56.9aA	161.6aA
60%CRNF	13.9	9.5	89.7cC	49.8dC	139.5cC
GM+60%CRNF	15.1	9.9	104.6aA	53.2bcBC	157.7abA

注：同列不同小写字母表示处理间差异达 5%的显著水平；不同大写字母表示处理间差异达 1%显著水平

5. 不同施肥处理对氮素养分吸收利用效率

用差减法计算氮肥利用率，减量施用化肥、施用缓控释氮肥及有机无机氮肥配施均能提高氮肥利用率。与 100%Ur 处理相比，80%Ur 处理的氮肥利用率提高 2.8%，60% CRNF 处理的氮肥利用率提高 16.7%，减氮量尿素配施紫云英和减氮量缓控释氮肥配施紫云英处理的氮肥利用率提高程度更显著，GM+80%Ur 和 GM+60%CRNF 处理氮肥利用率较 100%Ur 处理分别提高 51.9%和 87.1%，差异均达到极显著水平（$P<0.01$）。

不同施肥处理间氮肥偏生产力差异均达到极显著水平（$P<0.01$）。减氮量无机氮肥、减氮量无机氮肥配施紫云英处理的氮肥偏生产力均较 100%Ur 处理均极显著提高（$P<0.01$）；GM+80%Ur 和 GM+60% CRNF 处理的氮肥偏生产力分别较施用相应的无机氮肥 80%Ur 和 60%CRNF 处理极显著提高（$P<0.01$）。表明适当降低氮肥用量、施用缓控释氮肥、无机氮肥配施紫云英都可以提高单位氮肥对产量的贡献。

不同施肥处理对氮肥农学效率有明显影响。3 个无机氮肥处理中氮肥农学效率高低顺序为：60%CRNF>80%Ur>100%Ur，相邻 2 处理间差异不显著，但 60%CRNF 处理氮肥农学效率显著高于 100%Ur（$P<0.05$），说明降低氮肥用量或施用缓控释氮肥都可以提高单位用量氮肥的增产效果。GM+80%Ur 和 GM+60%CRNF 处理的氮肥农学效率较施用相应的 80%Ur 和 60%CRNF 处理极显著提高（$P<0.01$），表明无机氮肥与紫云英配施有利于提高单位用量氮肥的增产效果。

GM+60%CRNF 处理氮收获指数高于其他处理，表明该施肥方式在本试验条件下有利于氮素在籽粒中的分配；GM 处理氮收获指数最低，表明不施化肥氮仅翻压 15 000kg/hm^{2}紫云英不利于氮素从植株叶片转移到籽粒中；各处理间氮收获指数差异不显著（表 2-90）。

表 2-90　不同施肥处理对早稻氮素养分吸收利用效率的影响

处理	氮肥利用率（%）	氮肥偏生产力（kg 稻谷/kg N）	氮肥农学效率（kg 稻谷/kg N）	氮收获指数（%）
GM	—	—	—	63.9aA
100%Ur	28.7cC	43.3eE	6.0dC	64.4 aA
80%Ur	29.5cC	52.9dD	6.4cdC	64.5 aA
GM+80%Ur	43.6bAB	58.2cC	11.6abAB	64.8aA
60%CRNF	33.5cBC	71.7bB	9.6bcBC	64.3aA
GM+60%CRNF	53.7aA	76.9aA	14.9aA	66.3aA

注：同列不同小写字母表示处理间差异达 5%的显著水平；不同大写字母表示处理间差异达 1%显著水平

6. 不同施肥处理土壤养分含量

从分蘖期至乳熟期，100%Ur 处理土壤碱解氮含量最高，成熟期土壤碱解氮含量下降为仅高于不施化学氮肥的 GM 处理；GM+80%Ur 处理的土壤碱解氮含量在早稻全生育期一直较高，生长前期至中期（分蘖期至孕穗期）仅低于 100%Ur 处理，蜡熟期仅低于 GM+60%CRNF 处理；GM+60%CRNF 处理在早稻生长前期至中期（自分蘖期至孕穗期）土壤碱解氮含量较低，但随生育期的推延，至乳熟期该处理土壤碱解氮含量仅低于 100%Ur 处理，至蜡熟期其土壤碱解氮含量在所有处理中最高；表明缓控释氮肥和紫云英在水稻生长中后期释放较多的氮素营养，提高了土壤碱解氮含量。在早稻生长的各生育期，不施化学氮肥仅翻压紫云英的 GM 处理土壤碱解氮含量始终最低，说明在此模式下氮素营养供应在早稻生长的整个生育期均是不够的（表 2-91）。

表 2-91 早稻不同生育期各处理土壤碱解氮含量

处理	分蘖期(mg/kg)	拔节期(mg/kg)	孕穗期(mg/kg)	乳熟期(mg/kg)	蜡熟期(mg/kg)
GM	291	244	230	220	218
100%Ur	379	315	273	284	261
80%Ur	351	276	267	250	266
GM+80%Ur	379	293	272	266	276
60%CRNF	328	261	259	263	269
GM+60%CRNF	333	266	265	272	287

(五)主要结论

1. 本试验在常规施氮量基础上减20%氮量尿素或减40%氮量缓控释氮肥与紫云英配合施用显著增加早稻稻谷产量，稻谷产量的增加主要通过提高单位面积有效穗数、千粒重和每穗实粒数实现。

2. 减20%氮量尿素与紫云英配合施用能持续供氮，有利于早稻整个生育期水稻生长，促进植株氮素吸收；减40%氮量缓控释氮肥与紫云英配合施用在早稻生长中后期氮素养分供应充分，有利于水稻生长和氮素养分向籽粒中转运，从而也获得较高产量。100% Ur分蘖期至乳熟期氮素供应较高，尤其在早稻生长前期氮素供应显著高于其他处理，而乳熟期后氮素供应相对较低，造成前期营养生长过旺而后期生殖生长不足，导致该处理稻草产量较高而稻谷不高。

3. 减20%氮量尿素或减40%氮量缓控释氮肥与紫云英配合施用由于增加了早稻产量、促进了植株氮素吸收同时降低化肥氮用量，从而提高氮肥利用率和氮肥农学效率。减40%氮量缓控释氮肥与紫云英配合施用由于早稻生育后期供氮充足有利于氮素向籽粒转运从而提高氮素收获指数。

二、缓控释肥料节氮丰产关键技术研究

(一)研究目标

针对湖南省水稻生产中，绿肥种植面积减少、有机肥施用量少、稻草大量焚烧，重氮轻磷钾，肥料利用率低，以及农田面源污染加剧等问题，重点研究双季稻丰产氮肥运筹、氮磷钾与中微量元素配合、有机与无机肥结合节肥丰产技术，引进筛选新型专用缓控释肥料并提出应用技术，为水稻高产稳产提供双季稻周年丰产氮肥运筹综合丰产技术。

(二)研究内容

以南方双季水稻为对象，选用树脂包膜尿素（Polymer-coated urea，PSU）和硫包膜尿素（Sulfur coated urea，SCU）两种具有较好代表性的控释氮肥，研究其减氮量施用条件下在早、晚稻上的产量效应、氮素吸收利用和土壤氮素养分特性，通过实验室静水溶解实验分析两种控释氮肥的养分释放特性差异，比较评价两种控施氮肥在双季水稻节氮高产、高效栽培应用的节肥增效机理、适宜施用量及施用方法，以期为南方双季稻区水稻高产节肥栽培生产上控释氮肥的推广应用提供理论依据和数据支撑。

（三）研究方案

1. 试验地点

试验于2014年在宁乡县回龙铺镇天鹅村（N28°12′，E112°26′，海拔高度60m）进行，试验区属亚热带大陆性季风湿润气候，年均降水量1 358mm，年均气温16.8℃，年均无霜期274d，年均日照时数1 739h。供试稻田土壤为白鳝泥田。试验前耕层0～20cm土壤基本理化性状为：pH值为6.5，有机质58.3g/kg，全氮2.84g/kg，全磷0.75g/kg，全钾11.2g/kg，碱解氮279.3mg/kg，有效磷8.5mg/kg，速效钾57.0mg/kg。

2. 试验设置

田间试验共设6个处理：①CK（不施任何肥料）；②CF（常规施肥，氮肥用普通尿素，磷肥为过磷酸钙、钾肥为氯化钾）；③85%PSU（节氮15%，氮肥用树脂包膜尿素，磷钾肥同CF处理）；④70%PSU（节氮30%，氮肥用树脂包膜尿素，磷钾肥同CF处理）；⑤85%SCU（节氮15%，氮肥用硫包膜尿素，磷钾肥同CF处理）；⑥70%SCU（节氮30%，氮肥用硫包膜尿素，磷钾肥同CF处理）。CF处理的施肥量按早稻N 150kg/hm^2，P_2O_5 75kg/hm^2、K_2O 90kg/hm^2，晚稻N 180kg/hm^2，P_2O_5 45kg/hm^2、K_2O 120kg/hm^{2}施用，其他施肥处理的施氮量按处理设计施用，磷、钾用量与CF处理一致。尿素分2次施用，其中70%做基肥施入，余下30%做分蘖肥追施，控释氮肥做基肥一次性施入，磷肥做基肥一次性施入，钾肥按50%做基肥、50%做分蘖肥施入。基肥于抛秧前1 d施入，施入后立即用铁齿耙耖入5cm深的土层内，分蘖肥于抛秧后7～10d撒施。早稻品种为常规稻湘早籼45号，4月20日抛秧，每亩抛2.5万株，7月15日收获；晚稻品种（组合）为杂交稻荆楚优148，7月18日抛秧，每亩抛1.8万株，10月24日收获。试验设3次重复，小区面积20m^2，随机区组排列。小区间砌20cm高、30cm宽的泥埂覆膜隔离，实行单独排灌。其他管理与大田相同。

实验室静水溶解试验设计：实验室条件下采用静水溶解法测定2种控释氮肥的氮素养分初期溶出率、时段释放率和累积释放率。称取10.0g肥料放入小网袋中，置于300ml玻璃瓶中，加入250ml蒸馏水，加盖密封在25℃的恒温条件下培养。前7d内分别在第1d（24h），第3d、第5d和第7d测定培养液中总氮含量，以后每隔7d测定一次，培养期共91d。测定时先将全部培养液转出，取溶液10ml转移至100ml容量瓶定容，取样时注意使溶液浓度保持一致。然后用去离子水将网袋连同袋中肥料冲洗干净后再次放入玻璃瓶中，再向瓶中加入250ml去离子水，继续培养。肥料样品3次重复。

3. 分析测定项目

控释氮肥氮素溶出率的测定：

用凯氏法测定实验室静水溶解培养液含氮量。氮素累积释放率按下式计算：

初期溶出率（%）= 24h溶出的氮素养分量/试样中的氮量×100

氮素累积释放率（%）= n天氮的累积溶出量/试样中的氮量×100

田间试验分析测定项目：

田间试验开始前采集0～20cm耕层土样，用于测定pH值、有机质、全氮、全磷、全钾、碱解氮、有效磷和速效钾。早、晚稻成熟期各小区单打单晒，分别测产，并采集各小区植株样用于考种并测定稻谷和稻草的氮含量。早、晚稻成熟期采集各小区耕层土样，用于全氮和碱解氮测定。

（四）主要研究结果

1. 2 种控释氮肥的氮素静水释放特征

在 25℃静水溶解条件下，两种控释氮肥的氮素累积释放曲线均为“S”形，累积释放率随培养时间增加，在整个培养期间，硫包膜尿素氮素累积释放率均高于树脂包膜尿素（图 2－32a）。硫包膜尿素初期溶出率为 7.7%，树脂包膜尿素初期溶出率仅为 3.6%；在培养 7d 和 14d 硫包膜尿素氮素累积释放率分别达到 19.3%和 23.1%，树脂包膜尿素氮素累积释放率分别为 13.7%和 16.2%；在培养 28d 硫包膜尿素氮素累积释放率为 34.0%，树脂包膜尿素仅为 22.4%；硫包膜尿素氮素累积释放率在 63d 达到 80.3%，树脂包膜尿素氮素释放率在 77d 达到 80.1%。

由树脂包膜尿素和硫包膜尿素的氮素时段释放曲线（图 2－32b）可以看出，两种

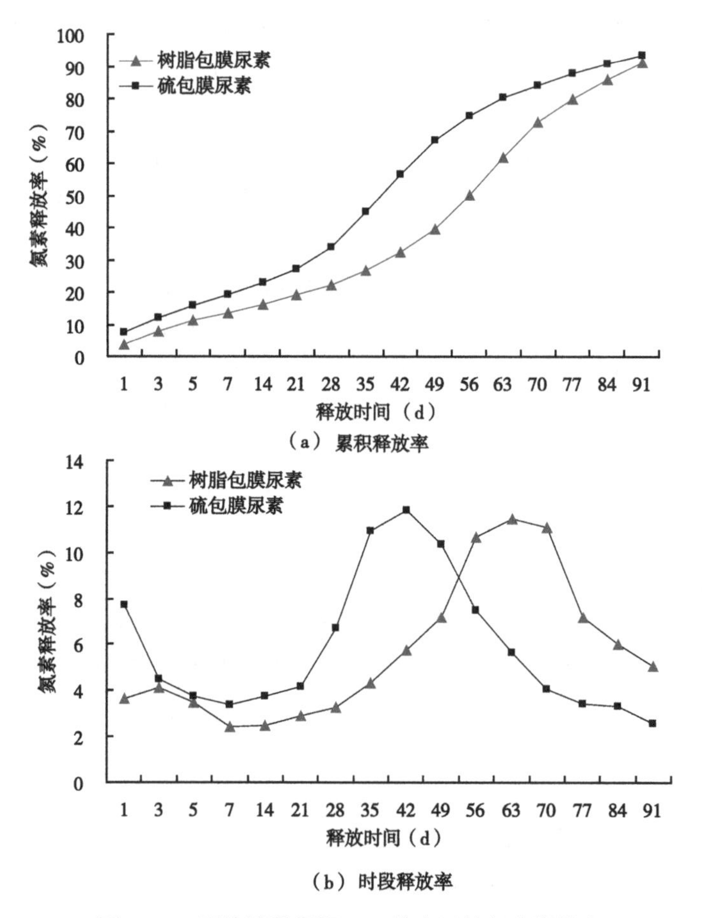

图 2－32　两种控释氮肥 25℃静水下的氮素释放率

控释氮肥都存在 1 个释放高峰阶段，硫包膜尿素的氮素释放高峰期为 35～49d，树脂包膜尿素的氮素释放高峰期为 56～70d，树脂包膜尿素较硫包膜尿素大约晚 20d。

2. 早、晚稻产量

试验结果表明，两种控释氮肥在常规施氮基础上节氮15%和30%施用对早、晚稻稻谷产量和生物产量的效应有所差异。节氮15%和30%的硫包膜尿素处理（85%CSU和70%CSU）早、晚稻稻谷产量和生物产量均高于CF处理，其中早稻稻谷产量和生物产量与CF处理间差异均达到显著水平（$P<0.05$），晚稻70%CSU处理稻谷产量与CF处理间差异达到显著水平（$P<0.05$），生物产量差异不显著，晚稻85%CSU处理稻谷产量和生物产量与CF处理之间差异不显著（$P>0.05$）。节氮15%和30%树脂包膜尿素处理（70%PSU和85%PSU）早稻稻谷产量和生物产量均高于CF处理，但差异均未达到显著水平（$P>0.05$），晚稻稻谷产量和生物产量则均显著低于CF处理（$P<0.05$）。

在本试验条件下，硫包膜尿素减量施用早晚稻均取得较好增产效应。早晚稻减量15%和30%施用硫包膜尿素均能促进水稻生长，取得较高产量，其中早稻节氮15%硫包膜尿素的增产效果优于节氮30%硫包膜尿素处理，晚稻节氮30%的硫包膜尿素增产效果优于节氮15%处理。早稻节氮15%和30%施用树脂包膜尿素也可实现一定的增产，而晚稻则表现为减产。

3. 早、晚稻产量构成因素

不同施肥处理对早、晚稻株高、穗长、有效穗、每穗实粒数、结实率和千粒重等产量构成因素也有一定的影响。各施肥处理的早、晚稻株高、穗长、有效穗、每穗实粒数和千粒重均高于CK处理，早稻产量较高的85%CSU和70%CSU处理的株高、每穗实粒数、结实率和千粒重均高于其他施肥处理，晚稻产量较高的85%CSU、70%CSU和CF处理的株高、穗长、每穗实粒数、结实率和千粒重也较高（表2-92）。

表2-92　不同施肥处理早晚稻产量及产量构成因素

处理	稻谷产量（kg/hm²）	生物产量（kg/hm²）	株高（cm）	穗长（cm）	有效穗（穗/蔸）	实粒数（粒/穗）	结实率（%）	千粒重（g）
				早稻				
CK	3 963	7 350	65.3	19.5	8.9	50.2	76.1	23.5
CF	5 624	10 600	79.8	20.2	12.4	52.6	75.9	23.8
85%PSU	6 041	11 434	80.6	20.3	13.3	52.7	76.8	24.1
70%PSU	5 772	11 268	80.1	20.1	13.1	51.4	76.3	24.2
85%CSU	6 422	11 818	81.9	20.4	12.5	56.3	78.7	25.1
70%CSU	6 348	11 868	81.2	20.2	12.3	55.6	77.9	24.9
				晚稻				
CK	5 063	9 543	91.4	23.2	9.5	70.1	73.3	25.4
CF	8 653	16 448	108.3	24.7	12.4	92.7	81.4	27.5
85%PSU	8 030	15 329	108.6	23.6	13.7	80.1	78.3	26.0
70%PSU	7 434	13 898	107.1	23.9	13.5	81.1	76.7	26.1
85%CSU	8 657	16 386	112.6	24.7	12.7	91.1	82.1	27.4
70%CSU	8 979	16 854	110.8	24.7	12.5	93.5	82.5	27.4

4. 植株氮养分吸收量

不同施肥处理对早晚稻稻谷、稻草和植株氮养分积累量存在较为明显的影响。早、晚稻各施肥处理稻谷、稻草及植株氮素养分积累量均显著高于 CK 处理；除晚稻 70% PSU 处理，节氮 15%和 30%水平的两种控释氮肥处理早晚稻稻谷、稻草和植株氮素养分总积累量均高于常规施氮量的 CF 处理；早晚稻施用同种类型控释氮肥，施氮量较高的处理稻谷、稻草和植株氮素养分总积累也较高。在节氮 15%和 30%水平下，施用树脂包膜尿素和硫包膜尿素均能提高早晚稻稻谷、稻草和植株氮素养分总积累量；相同施氮量水平下，早稻两种控释氮肥处理间的差异不明显，而晚稻硫包膜尿素处理稻谷、稻草和植株氮素养分总积累量提高效果优于树脂包膜尿素处理（表 2-93）。

表 2-93　不同施肥处理早、晚稻稻谷和稻草的氮素养分含量及积累量

处理	全氮含量（g/kg）		氮素养分吸收量（kg/hm^2）		植株氮素养分总吸收量（kg/hm^2）
	稻谷	稻草	稻谷	稻草	
			早稻		
CK	1.37	1.05	54.3	35.6	89.9
CF	1.42	1.16	79.9	57.7	137.6
85%PSU	1.51	1.13	91.2	60.9	152.2
70%PSU	1.45	1.14	83.7	62.7	146.3
85%CSU	1.41	1.15	90.6	62.1	152.6
70%CSU	1.37	1.08	87.0	59.6	146.6
			晚稻		
CK	1.22	1.51	61.8	67.6	129.4
CF	1.08	1.27	93.4	99.0	192.4
85%PSU	1.26	1.55	101.2	113.1	214.3
70%PSU	1.29	1.53	95.9	98.9	194.8
85%CSU	1.21	1.48	104.7	114.4	219.1
70%CSU	1.17	1.37	105.0	107.9	212.9

5. 氮养分吸收利用效率

氮肥利用率的结果表明，减氮 15%和 30%的 2 种控释氮肥处理均能较常规尿素处理提高氮肥回收利用率，且硫包膜尿素的效果优于树脂包膜尿素。与 CF 处理相比，早稻减 15%氮量树脂包膜尿素和硫包膜尿素处理（85%PSU 和 85%CSU）较 CF 处理氮肥回收利用率分别提高 53.8%和 54.7%，晚稻分别提高 58.6%和 67.4%；早稻减 30%氮量的树脂包膜尿素和硫包膜尿素处理（70%PSU 和 70%CSU）较 CF 处理氮肥回收利用率分别提高 69.2%和 69.8%，晚稻分别提高 48.3%和 89.4%。早、晚稻控释氮肥处理氮肥回收利用率与 CF 处理间的差异均达到显著水平。施用相同种类的控释氮肥，除晚稻树脂包膜尿素处理（85%PSU 和 70%PSU），其他控释氮肥处理的氮肥回收利用率均随施氮量的减少而提高。

与施用尿素相比，减量施用不同控释氮肥对氮肥偏生产力均有提高作用，且硫包膜尿素的提高效果优于树脂包膜尿素。与 CF 处理相比，早稻减 15%氮量的树脂包膜尿素和硫包膜尿素处理（85%PSU 和 85%CSU）较 CF 处理氮肥偏生产力分别提高 20.8%和 34.4%，晚稻分别提高 1.0%和 17.7%；早稻减 30%氮量的树脂包膜尿素和硫包膜尿素处理（70%PSU 和 70%CSU）较 CF 处理氮肥偏生产力分别提高 53.3%和 61.3%，晚稻分别提高 32.4%和 48.2%。除晚稻 85%PSU 处理，其他施控释氮肥处理早晚稻氮肥偏生产力与 CF 处理间的差异均达显著水平；施用相同类型的控释氮肥，早晚稻氮肥偏生产力均随氮用量的减少而提高。

试验结果表明除晚稻 85%PSU 处理，其他控释氮肥处理早晚稻氮肥农学效率均较 CF 处理有所提高；各施肥处理早稻氮肥农学效率为 11.1～22.7kg 稻谷/kg N，晚稻为 15.5～31.1kg 稻谷/kg N；在相同施氮量水平下，早晚稻施用硫包膜尿素对氮肥农学效率的提高作用均优于树脂包膜尿素。

不同施肥处理对氮素生理利用率存在明显影响。早稻除 85%PSU 处理外，其他控释氮肥处理氮素生理利用率均较 CF 处理有所提高；而晚稻所有控释氮肥处理的氮素生理利用率较 CF 处理均降低。在不同类型控释氮肥中，施氮量相同条件下，早晚硫包膜尿素处理的氮素生理利用率均显著高于树脂包膜尿素处理；对于同一种控释氮肥，早晚稻氮素生理利用率均随氮肥施用量减少而提高。

结果表明不同处理对早晚稻氮收获指数有一定的影响。其中，早稻各处理氮收获指数为 57.2%～60.4%，晚稻为 47.2%～49.3%（表 2-94）。

表 2-94　不同施肥处理对早、晚稻氮素养分吸收利用效率的影响

处理	氮肥回收利用率（%）	氮肥偏生产力（kg 稻谷/kg N）	氮肥农学效率（kg 稻谷/kg N）	氮素生理利用率（kg 稻谷/kg N）	氮收获指数（%）
			早稻		
CK	—	—	—	—	60.4
CF	31.8	37.5	11.1	34.8	58.0
85%PSU	48.9	45.3	14.2	29.1	59.9
70%PSU	53.8	57.5	19.8	36.9	57.2
85%CSU	49.2	50.4	19.3	39.2	59.3
70%CSU	54.0	60.5	22.7	42.0	59.3
			晚稻		
CK	—	—	—	—	47.7
CF	35.0	48.1	19.9	52.6	48.6
85%PSU	55.5	48.6	15.5	28.0	47.2
70%PSU	51.9	63.7	23.5	45.5	49.2
85%CSU	58.6	56.6	23.5	40.1	47.8
70%CSU	66.3	71.3	31.1	46.9	49.3

6. 早、晚稻收获后土壤氮素养分

从表 2-95 可以看出，不同处理对早、晚稻后土壤全氮、碱解氮有一定的影响。早稻后土壤全氮含量最高的为 85%CSU 处理，其次为 85%PSU 和 CF 处理，碱解氮最高的为

85%CSU 处理，其次为 85%PSU 处理；晚稻后土壤全氮含量最高的为 85%CSU 处理，其次为 CF 和 85%PSU 处理，碱解氮最高的为 85%PSU 处理，其次为 CF 和 85%CSU 处理。早稻后土壤全氮含量最低的为 70%CSU 处理，其次为 70%PSU 处理，碱解氮最低的为 CK 处理，其次为 70%CSU 处理；晚稻后土壤全氮含量最低的为 CK 处理，70%PSU 和 70%CSU 处理也较低，碱解氮最低的为 70%CSU 处理，其次为 CK 处理。表明常规尿素处理、减 15%氮量的树脂包膜尿素和硫包膜尿素处理均能保持土壤较高的氮素肥力水平，减 30%氮量的控释氮肥处理，尤其是减 30%氮量硫包膜尿素处理不利于土壤氮素肥力的保持。

表 2-95　不同施肥处理早、晚稻土壤氮素养分含量变化的影响

处理	早稻后		晚稻后	
	全氮（g/kg）	碱解氮（mg/kg）	全氮（g/kg）	碱解氮（mg/kg）
CK	2.57	252.4	2.47	172.3
CF	2.85	279.2	2.87	202.6
85%PSU	2.87	298.1	2.84	206.2
70%PSU	2.50	279.2	2.54	193.3
85%CSU	3.05	317.6	2.88	199.7
70%CSU	2.43	259.2	2.54	162.1

（五）主要结论

1. 与常规尿素处理相比，早晚稻减量 15%和 30%施用硫包膜尿素均显著增产，早稻节氮 15%和 30%施用树脂包膜尿素也在一定程度上提高了产量，但增产效果不及施用硫包膜尿素的处理。

2. 早晚稻产量较高的 85%CSU 和 70%CSU 处理株高、每穗实粒数、结实率和千粒重也较高，可能是与硫包膜尿素的养分释放规律与水稻生长需肥规律较为同步有关。晚稻产量较低的 85%PSU 和 70%PSU 处理的穗长、每穗实粒数、结实率和千粒重也较低，可能与树脂包膜尿素前期释放率低、释放量少而未能满足水稻生长前期对氮素养分需求有关。

3. 早晚稻在减氮 15%和 30%水平上施用硫包膜尿素和树脂包膜尿素均较常规尿素处理显著提高氮肥回收利用率和偏生产力，除晚稻 85%PSU 处理，其他控释氮肥处理的早晚稻氮肥农学效率均较 CF 处理有显著提高，且相同施氮水平下硫包膜尿素对氮肥回收利用率、氮肥偏生产力和氮肥农学效率的提高效果均优于树脂包膜尿素。但氮素生理利用率仅早稻 70%PSU、70%CSU 和 85%CSU 处理高于 CF 处理，早稻 85%PSU 处理和晚稻所有控释氮肥处理的氮素生理利用率均低于常规尿素处理。

4. 常规尿素处理、减氮 15%树脂包膜尿素和硫包膜尿素处理均能保持早稻后土壤较高的氮素肥力水平，减氮 30%控释氮肥处理，尤其是减氮 30%硫包膜尿素处理不利于土壤氮素肥力的保持，可能与其氮素投入较少而植株带走较多氮素有关。尽管减氮 30%硫包膜尿素早晚稻均取得较高产量，但从土壤肥力保持的角度看可能并不利于土壤氮素肥力和持续生产力的维持。

综合考虑作物的产量效应、养分吸收利用效率及土壤氮素肥力保持与培育，在本试验条件下或与该试验类似的生态区域，早晚稻一次性基施减氮15%的硫包膜尿素能取得较好的增产效应，并且有利于氮素养分吸收利用效率的提高和土壤肥力的保持；早稻施用减氮15%的树脂包膜尿素也可在一定程度促进增产，但效果不及硫包膜尿素；如果晚稻也采用树脂包膜尿素，建议配施一定比例速效氮肥。

三、减量尿素添加不同种类氮抑制剂节氮丰产关键技术研究

（一）研究目标

针对湖南省水稻生产中，绿肥种植面积减少、有机肥施用量少、稻草大量焚烧，重氮轻磷钾，肥料利用率低，以及农田面源污染加剧等问题，重点研究双季稻丰产氮肥运筹、氮磷钾与中微量元素配合、有机与无机肥结合节肥丰产技术，引进筛选新型专用缓控释肥料并提出应用技术，为湖南稻区水稻高产节肥栽培生产上应用新型缓控释氮肥并提供最佳施用方法和及配套施用技术，并为水稻高产稳产提供双季稻周年丰产氮肥运筹综合丰产技术提供理论依据。

（二）研究内容

本试验通过节氮20%缓控释氮肥、节氮20%尿素添加不同抑制剂在早、晚稻上的应用效果研究，旨在比较评价减量尿素添加不同抑制剂在超级常规稻（早稻）与超级杂交稻（晚稻）上节氮高产高效栽培应用中对水稻产量、节肥增效机理及环境效应影响，研究水稻的养分吸收特性和土壤养分的供给特性，进行肥料养分可控化及水稻养分吸收同步性的研究。

（三）研究方案

1. 试验地点

试验位于2015年早晚稻期间在宁乡县回龙铺镇天鹅村（N 28°12′，E 112°26′，海拔高度60m），属亚热带大陆性季风性湿润气候，年平均气温16.8℃，1月日平均气温4.5℃，7月日平均气温28.9℃，年平均无霜期274d，境内雨水充足，年均降水量1 358mm，全年平均日照时数为1 739h。供试稻田土壤为白鳝泥田，0~20cm耕层土壤基础理化指标为：pH值5.9，有机质44.7g/kg，碱解氮191.3mg/kg，有效磷12.5mg/kg，速效钾61.7mg/kg，全氮2.17g/kg，全磷0.55g/kg，全钾13.1g/kg。

2. 试验处理设置

试验共设8个处理：①常规施肥（早稻N 10kg/亩，P_2O_5 5.0kg/亩、K_2O 6.0kg/亩；晚稻N 12kg/亩，P_2O_5 3.0kg/亩、K_2O 8.0kg/亩）；②节氮20%缓控释肥料A（稳定性肥料）；③节氮20%缓控释肥料B（树脂包膜尿素）；④节氮20%缓控释肥料C（硫包衣尿素）；⑤节氮20%，尿素+硝化抑制剂；⑥节氮20%，尿素+脲酶抑制剂；⑦节氮20%，尿素+缓释剂（硝化抑制剂+脲酶抑制剂+磷活化剂）；⑧对照（PK）处理（早稻P_2O_5 5.0kg/亩、K_2O 6.0kg/亩；晚稻P_2O_5 3.0kg/亩、K_2O 8.0kg/亩）。早稻品种（组合）为常规稻湘早籼45号，4月20日抛秧，每亩抛2.5万株，7月14日收获；晚稻品种（组合）为杂交稻荆楚优148，7月13日抛秧，每亩抛1.8万株，10月14日收获。

试验设3次重复，小区面积20m^2，随机区组排列。小区间砌20cm高、30cm宽的

泥埂隔离，埂上覆膜，实行单独排灌。试验中尿素处理按处理设计的施氮量 70%做基肥于移栽前 1d 施入，30%分蘖肥追施，缓控释肥处理氮肥按处理设计的施氮量做基肥一次性施入。磷肥为过磷酸钙、钾肥为氯化钾，各处理磷钾肥用量一致，磷肥做基肥一次性施入，钾肥按 50%做基肥、50%做分蘖肥施入。各处理基肥部分均于抛秧前一天施入，基肥施入后，立即用铁齿耙耖入 5cm 深的土层内，分蘖肥于抛秧后 7~10d 50%撒施。其他管理与大田相同。

3. 分析测定项目

试验开始前采集耕层土样，用于测定土壤 pH 值、全氮、全磷、全钾、碱解氮、有效磷、速效钾和有机质等。早、晚稻成熟期各小区单打单晒，测定各小区产量，并采集各小区植株样用于考种并测定稻谷和稻草的氮、磷和钾含量。于早、晚稻采集各处理耕层土样，用于土壤养分测定。

（四）主要研究结果

1. 早晚稻产量

表 2-96 中早晚稻稻谷的产量结果表明，与常规尿素相比，减量施用缓控释肥料和减量尿素添加抑制剂对早晚稻稻谷产量有较大影响，但早晚稻的影响存在差异。与 100%尿素处理相比，早稻节氮 20%硫包膜尿素、节氮 20%尿素+硝化抑制剂、节氮 20%尿素+脲酶抑制剂处理的稻谷产量均增加，增产率分别为 3.9%、3.0%和 4.9%；晚稻节氮 20%稳定性肥料、节氮 20%树脂包膜尿素、节氮 20%硫包膜尿素和节氮 20%尿素+脲酶抑制剂处理均较 100%尿素处理稻谷增产，增产率分别为 17.5%、4.6%、9.2%和 8.9%。减量 20%硫包膜尿素处理早晚稻均较 100%尿素增产，减量 20%稳定性肥料和减量 20%树脂包膜尿素处理只在晚稻表现为增产，早稻则表现为减产。造成三种缓控释放肥料对早晚稻稻谷产量不同的原因与缓控肥料的原材料及其养分释放特性有关。节氮 20%尿素添加不同抑制剂在早晚稻上的产量效应也有所差异。早晚稻节氮 20%尿素添加脲酶抑制剂处理较 100%尿素处理均增产，节氮 20%尿素添加硝化抑制剂早稻较 100%尿素处理增产，晚稻则表现为减产（减产率 3.7%），节氮 20%尿素添加缓释剂早晚稻稻谷产量均低于 100%尿素处理。差异原因可能主要与不同抑制剂调控尿素养分释放速率有关。

表 2-96　不同施肥处理对水稻产量的影响　（kg/亩）

处理	早稻				晚稻			
	Ⅰ	Ⅱ	Ⅲ	平均值	Ⅰ	Ⅱ	Ⅲ	平均值
100%尿素	392.8	445.0	460.5	432.8	390.2	350.5	408.5	383.0
节氮 20%稳定性肥料	376.8	409.6	427.5	404.6	397.9	512.6	440.0	450.1
节氮 20%树脂包膜尿素	357.0	407.5	407.6	390.7	392.3	373.6	436.4	400.8
节氮 20%硫包膜尿素	452.3	433.8	462.8	449.6	432.3	386.2	436.4	418.3
节氮 20%尿素+硝化抑制剂	453.7	467.6	416.8	446.0	359.4	341.4	405.6	368.8
节氮 20%尿素+脲酶抑制剂	463.9	470.4	428.4	454.2	406.4	388.6	456.0	417.0

（续表）

处理	早稻				晚稻			
	Ⅰ	Ⅱ	Ⅲ	平均值	Ⅰ	Ⅱ	Ⅲ	平均值
节氮 20%尿素+缓释剂	392.7	415.6	393.8	400.7	357.8	339.0	365.6	354.1
对照（PK）	270.1	201.3	238.7	236.7	349.9	243.7	286.5	293.3

2. 早稻产量构成因素

表 2-97 中早稻产量主要各构成因素表明，氮肥品种和添加的抑制剂不同是导致有效穗和实粒数等产量构成指标变化的主要原因，且这些指标的变化趋势与产量的变化趋势关系密切，土壤中氮素供应时间较长是导致株高、穗长和有效穗增加的主要原因，而氮肥施用量和氮肥在土壤中的释放规律与水稻植株需肥规律相匹配是实粒数、结实率和千粒重增加而导致水稻增产的主要原因。谷草比主要受土壤的供氮量和供氮时间的长短影响，氮供应量大、时间长谷草比降低，稻草产量增加，反之氮供应量小、时间短，谷草比高，且存在对应一个适中的氮供应量和供应时间对应的谷草比。

表 2-97　不同施肥处理早稻成熟期水稻产量的构成因素

处理	株高（cm）	有效穗（穗/蔸）	实粒数（粒/穗）	结实率（%）	千粒重（g）	谷草比
100%尿素	91.3	11.4	61.6	82.4	28.6	1.37
节氮 20%稳定性肥料	91.3	10.2	50.5	79.9	28.5	1.17
节氮 20%树脂包膜尿素	93.3	10.6	55.7	81.4	29.9	1.48
节氮 20%硫包膜尿素	94.0	13.8	54.3	78.5	28.3	1.47
节氮 20%尿素+硝化抑制剂	93.6	11.2	64.4	80.9	28.9	1.41
节氮 20%尿素+脲酶抑制剂	95.0	16.6	45.6	81.4	29.2	1.2
节氮 20%尿素+缓释剂	90.3	14.8	40.8	78.6	28.9	1.55
对照（PK）	87.6	9.2	46.7	76.7	28.8	1.18

3. 植株养分含量

表 2-98 中早稻成熟期稻谷和稻草中养分含量的结果表明，3 种缓控释肥料减量施用和减量尿素添加不同抑制剂对稻谷和稻草中的氮、磷、钾养分含量存在影响，其中影响最大的是全氮含量。早稻 100%尿素处理的稻谷全氮含量最高，节氮 20%硫包膜尿素稻谷和稻草全氮含量均显著低于其他施氮处理。不同处理对稻谷和稻草的全磷、全钾含量也有一定的影响。

表 2-98　不同施肥处理成熟期早稻稻谷和稻草的养分

处理	稻谷			稻草		
	全氮（%）	全磷（%）	全钾（%）	全氮（%）	全磷（%）	全钾（%）
100%尿素	1.98	0.22	2.99	1.37	0.31	0.25
节氮 20%稳定性肥料	1.38	0.16	2.62	1.39	0.27	0.23

（续表）

处理	稻谷			稻草		
	全氮（%）	全磷（%）	全钾（%）	全氮（%）	全磷（%）	全钾（%）
节氮 20%树脂包膜尿素	1.11	0.13	3.04	1.23	0.31	0.27
节氮 20%硫包膜尿素	0.72	0.09	2.97	1.13	0.29	0.26
节氮 20%尿素+硝化抑制剂	1.00	0.16	2.86	1.49	0.29	0.26
节氮 20%尿素+脲酶抑制剂	1.27	0.17	2.7	1.4	0.39	0.31
节氮 20%尿素+缓释剂	1.27	0.18	3.04	1.38	0.28	0.28
对照（PK）	0.56	0.2	2.78	0.89	0.27	0.26

4. 土壤养分含量

从表 2-99 可以看出，种植早稻后不同处理对土壤氮素养分含量影响较大。节氮 20%硫包膜尿素处理的土壤全氮和碱解氮均以最高，但其土壤硝态氮含量最低；节氮 20%尿素+硝化抑制剂处理碱解氮、铵态氮含量最低，全氮仅高于对照处理；节氮 20%尿素+缓释剂处理土壤的硝态氮、铵态氮均较高，其全氮和碱解氮含量也较高；对照处理的土壤微生物碳、氮含量高于其他处理，而节氮 20%树脂包膜尿素均最低。不同处理土壤氮素养分的差异影响因素较为复杂，除与氮肥的施用量和土壤氮供应量有关外，可能与水稻植株的生物产量和根系分泌物等也有关。

表 2-99　不同施肥处理早稻成熟期后土壤氮素养分及微生物碳含量变化的影响

处理	全氮（g/kg）	碱解氮（mg/kg）	硝态氮（mg/kg）	铵态氮（mg/kg）	微生物氮（mg/kg）	微生物碳（mg/kg）
100%尿素	2.14	201.8	16.09	2.08	65.9	851
节氮 20%稳定性肥料	2.29	195.8	18.97	6.47	48.6	511
节氮 20%树脂包膜尿素	2.19	200.3	12.06	1.58	25.3	250
节氮 20%硫包膜尿素	2.41	205.6	10.53	2.18	66.4	769
节氮 20%尿素+硝化抑制剂	1.85	152.5	12.5	0.7	73	635
节氮 20%尿素+脲酶抑制剂	2.16	181.4	10.74	1.8	69.4	653
节氮 20%尿素+缓释剂	2.26	201.1	25.01	2.27	61.2	528
对照	1.81	171.5	13.91	1.66	97.5	870

从表 2-100 可以看出不同处理对早稻后土壤 pH、有机质及磷、钾养分的影响。与 100%尿素处理相比，减量施用缓控释肥、减量尿素添加硝化抑制剂或脲酶抑制剂均可提高土壤 pH；与 100%尿素处理相比，仅节氮 20%硫包膜尿素处理土壤有机质含量提高，其他均有所降低，尤其以对照降低明显；节氮 20%尿素+硝化抑制剂、节氮 20%尿素+缓释剂和对照处理土壤全磷、有效磷和速效钾明显降低其他处理；各处理土壤全钾含量没有显著差异。

表 2-100　不同施肥处理早稻成熟期后土壤其他养分含量变化的影响

处理	pH 值	有机质（g/kg）	全磷（g/kg）	有效 P（mg/kg）	全钾（g/kg）	速效 K（mg/kg）
100%尿素	5.21	45.1	0.5	16.2	12.5	67.6
节氮 20%稳定性肥料	6.25	43.4	0.5	12.9	12.6	55.2
节氮 20%树脂包膜尿素	6.03	44.5	0.5	14.3	13.5	70.6
节氮 20%硫包膜尿素	5.96	48.9	0.52	12.4	13.3	75.6
节氮 20%尿素+硝化抑制剂	5.91	37.6	0.4	11.4	12.5	50.7
节氮 20%尿素+脲酶抑制剂	6.24	43.1	0.51	13.7	13.3	52.7
节氮 20%尿素+缓释剂	5.16	43.9	0.44	9.07	13	65.6
对照	5.17	38.8	0.45	8.85	12.9	59.7

（五）主要结论

1. 减量施用缓控释肥料和减量尿素添加抑制剂对早晚稻稻谷产量有较大影响。早稻节氮 20%硫包膜尿素、节氮 20%尿素+硝化抑制剂和节氮 20%尿素+脲酶抑制剂处理的增产效果较好；晚稻节氮 20%稳定性肥料、节氮 20%树脂包膜尿素、节氮 20%硫包膜尿素和节氮 20%尿素+脲酶抑制剂处理的增产效果较好。造成三种缓控释放肥料对早晚稻稻谷产量不同的原因与缓控肥料的原材料及其养分释放特性有关，可能主要与不同抑制剂调控尿素养分释放速率有关。

2. 产量构成指标的变化趋势与产量的变化趋势关系密切，造成不同处理产量构成因素差异的主要原因可能不同品种缓控释氮肥及尿素添加不同抑制剂后氮肥在土壤中的释放规律与水稻植株需肥规律相匹配和耦合有关。

3. 3 种缓控释肥料减量施用和减量尿素添加不同抑制剂对稻谷和稻草中的氮、磷、钾养分含量存在影响，其中影响最大的是全氮含量，不同处理对稻谷和稻草的全磷、全钾含量也有一定的影响。

四、不同种类缓控释肥料节氮增苗丰产关键技术研究

（一）研究目标

针对湖南省水稻生产中绿肥种植面积减少、有机肥施用量偏少、稻草大量焚烧，重氮轻磷钾，氮肥利用效率低，用肥成本高以及农田面源污染加剧等问题，重点研究双季稻生产体系氮肥运筹、氮磷钾与中微量元素配合、有机与无机肥结合的节肥丰产技术，引进筛选新型专用缓控释肥料、综合集成增苗减氮丰产关键技术，旨在为确定湖南双季稻区不同季别水稻高产节肥栽培生产上应用新型缓控释氮肥提供最佳施用方法及配套施用技术提供理论依据。

（二）研究内容

本试验通过比较评价不同缓控释氮肥在常规稻（早稻）与杂交稻（晚稻）上节氮高产高效栽培应用中对水稻产量、节肥增效机理及环境效应影响，研究水稻的养分吸收特性和土壤养分的供给特性，进行肥料养分可控化及水稻养分吸收同步性的研究。

（三）研究方案

1. 试验地点

试验于2016年早晚稻期间在宁乡县回龙铺镇天鹅村（N 28°12′，E 112°26′，海拔高度60m）进行，试验区属亚热带大陆性季风性湿润气候，年平均气温16.8℃，1月日平均气温4.5℃，7月日平均气温28.9℃，年平均无霜期274d，境内雨水充足，年均降水量1 358mm，全年平均日照时数为1 739h。供试稻田土壤为白鳝泥田，试验前0~20cm耕层土壤基础理化指标为：pH值为6.2，有机质56.2g/kg，碱解氮251.3mg/kg，有效磷8.6mg/kg，速效钾61.5mg/kg，全氮2.67g/kg，全磷0.65g/kg，全钾11.1g/kg。

2. 试验处理设置

试验共设8个处理：①常规施肥（早稻N 10kg/亩，P_2O_5 5.0kg/亩、K_2O 6.0kg/亩；晚稻N 12kg/亩，P_2O_5 3.0kg/亩、K_2O 8.0kg/亩），常规密度；②节氮20%（树脂包膜尿素：尿素=3：2），常规密度；③节氮20%（树脂包膜尿素：尿素=3：2），增苗密度；④节氮20%（100%硫包衣尿素），常规密度；⑤节氮20%（100%硫包衣尿素），增苗密度；⑥节氮20%（脲酶抑制剂），常规密度；⑦节氮20%（脲酶抑制剂），增苗密度；⑧对照（PK）处理（早稻P_2O_5 5.0kg/亩、K_2O 6.0kg/亩；晚稻P_2O_5 3.0kg/亩、K_2O 8.0kg/亩）。常规密度：早稻2万蔸/亩，晚稻1.75万蔸/亩；增苗密度：早稻2.3万蔸/亩，晚稻2.0万蔸/亩。脲酶抑制剂按尿素量的0.5%添加。早稻品种（组合）为常规稻湘早籼45号，4月19日抛秧，7月12日收获；晚稻品种（组合）为杂交稻荆楚优148，7月15日抛秧，11月1日收获。试验设3次重复，小区面积20m²，随机区组排列。小区间砌高20cm、宽30cm的泥埂隔离，埂上覆膜，实行单独排灌。所有肥料一次性基施。各处理基肥部分均于抛秧前一天施入，基肥施入后，立即用铁齿耙耖入5cm深的土层内。其他管理与大田相同。

3. 观察记载及分析测定项目

试验开始前采集耕层土样，用于测定土壤pH值、全氮、全磷、全钾、碱解氮、有效磷、速效钾和有机质等。早、晚稻成熟期各小区单打单晒，测定各小区产量，并采集各小区植株样用于考种并测定稻谷和稻草的氮、磷和钾含量。于早、晚稻采集各处理耕层土样，用于土壤养分测定。

（四）主要研究结果

1. 早晚稻产量

早晚稻稻谷的产量结果表明，与常规尿素相比，减量施用缓控释肥料和减量尿素添加抑制剂对早晚稻稻谷产量有较大影响，但早晚稻的影响存在差异；相同施肥方式下，早晚稻增苗密度处理均较常规密度处理增产，但晚稻的效果比早稻更显著。

常规密度下，与100%尿素处理相比，早稻节氮20%采用树脂包膜尿素与普通尿素按3：2比例一次性基施处理增产17.4%，而节氮20%采用硫包膜尿素及节氮20%尿素添加硝化抑制剂处理早稻产量有所降低（分别减产13.6%和2.0%）；晚稻节氮20%采用硫包膜尿素较100%尿素处理产量提高（增产率8.7%），而节氮20%采用树脂包膜尿素与普通尿素配施及节氮20%尿素添加硝化抑制剂处理略有降低（分别减产3.9%

和 4.5%）。

增苗和常规密度相比，相同施肥方式下早晚稻增加种植密度产量均较常规密度有所增产，节氮 20%（树脂包膜尿素：尿素为 3：2）、节氮 20%（100%硫包膜尿素）和节氮 20%（100%尿素+脲酶抑制剂）3 种施肥方式早稻增苗密度处理较常规密度早稻分别增产 0.7%、5.4%和 5.0%，晚稻分别提高 17.5%、5.6%和 12.4%。晚稻增苗对产量的提高效果较早稻更明显。

不同节氮条件下不同施肥方式，及不同种植密度对早晚稻产量影响的差异性主要原因可能与早晚稻不同季别温度、环境对氮素养分释放速率的调节及养分释放与作物生长对养分需求耦合的同步性有关（表 2-101）。

表 2-101　不同施肥处理对水稻产量的影响

处理	早稻（kg/亩）				晚稻（kg/亩）			
	Ⅰ	Ⅱ	Ⅲ	平均值	Ⅰ	Ⅱ	Ⅲ	平均值
100%尿素，常规密度	352.9	349.8	358.6	353.8	515.5	343.8	467.1	442.2
节氮 20%（树脂包膜尿素：尿素为 3：2）、常规密度	457.0	435.4	353.3	415.2	404.9	454.4	416.0	425.1
节氮 20%（树脂包膜尿素：尿素为 3：2）、增苗密度	398.7	459.8	396.2	418.2	590.6	509.9	398.1	499.5
节氮 20%（100%硫包膜尿素）、常规密度	301.8	323.2	292.2	305.7	463.5	486.9	492.1	480.8
节氮 20%（100%硫包膜尿素）、增苗密度	281.7	309.1	375.5	322.1	513.6	528.9	480.3	507.6
节氮 20%（100%尿素+脲酶抑制剂）、常规密度	385.0	329.8	325.3	346.7	421.5	455.3	390.8	422.5
节氮 20%（100%尿素+脲酶抑制剂）、增苗密度	344.9	336.3	410.7	364.0	508.7	543.1	372.3	474.7
不施氮肥、常规密度	170.9	246.9	170.5	196.1	375.2	310.6	385.7	357.1

2. 早晚稻产量构成因素

中早稻产量主要构成因素表明，种植密度是导致株高、实粒数和结实率等产量构成指标变化的主要原因，且这些指标的变化趋势与产量的变化趋势关系密切。而氮肥施用量和氮肥在土壤中的释放规律与水稻植株需肥规律相匹配是导致实粒数、结实率和千粒重增加和水稻增产的主要原因。谷草比主要受土壤的供氮量和供氮时间的长短影响（表 2-102）。

表 2-102　不同施肥处理早稻成熟期水稻产量的构成因素

处理	株高（cm）	有效穗（穗/蔸）	实粒数（粒/穗）	结实率（%）	千粒重（g）	谷草比
100%尿素，常规密度	72.8	9.6	56.2	83.6	24.1	1.43
节氮 20%（树脂包膜尿素：尿素为 3：2）、常规密度	76.8	10.8	65.2	80.1	22.5	1.37
节氮 20%（树脂包膜尿素：尿素为 3：2）、增苗密度	81.2	12.2	70.1	84.3	21.0	1.35
节氮 20%（100%硫包膜尿素）、常规密度	72.6	10.0	56.9	83.3	23.7	1.49
节氮 20%（100%硫包膜尿素）、增苗密度	74.4	6.8	80.9	85.1	23.8	1.44
节氮 20%（100%尿素+脲酶抑制剂）、常规密度	77.4	8.8	64.0	72.1	21.4	1.30
节氮 20%（100%尿素+脲酶抑制剂）、增苗密度	79.2	8.8	75.3	83.8	21.8	1.31
不施氮肥、常规密度	58.0	6.6	40.0	80.1	23.6	1.22

晚稻主要产量构成因素结果表明，这些指标的变化趋势与产量变化趋势关系密切，土壤中氮素供应时间较长是导致株高、穗长和有效穗增加的主要原因，不同处理对晚稻株高、有效穗、实粒数和结实率有较大影响，这些差异的原因可能与氮肥施用量和氮肥在土壤中的释放规及氮肥品种及种植密度导致的氮素供应与作物需求之间的耦合和协调有较大关系（表 2-103）。

表 2-103　不同施肥处理晚稻成熟期水稻产量的构成因素

处理	株高（cm）	有效穗（穗/蔸）	实粒数（粒/穗）	结实率（%）	千粒重（g）	谷草比
100%尿素，常规密度	99.1	8.2	61.8	81.3	26.1	1.09
节氮 20%（树脂包膜尿素：尿素为 3：2）、常规密度	99.6	9.4	81.2	81.4	26.5	1.27
节氮 20%（树脂包膜尿素：尿素为 3：2）、增苗密度	99.1	11.4	80.0	82.8	26.0	1.19
节氮 20%（100%硫包膜尿素）、常规密度	97.6	8.0	70.4	80.1	25.8	1.24
节氮 20%（100%硫包膜尿素）、增苗密度	91.5	10.0	61.0	85.7	25.8	1.17
节氮 20%（100%尿素+脲酶抑制剂）、常规密度	97.2	7.0	64.6	76.2	26.4	1.21
节氮 20%（100%尿素+脲酶抑制剂）、增苗密度	90.2	9.2	53.3	77.1	25.8	1.16
不施氮肥、常规密度	92.0	6.8	68.1	79.9	26.0	1.26

3. 植株养分含量

早稻成熟期稻谷和稻草中养分含量的结果表明，两种缓控释肥料减量施用和减量尿素添加脲酶抑制剂对稻谷和稻草中的氮、磷、钾养分含量存在影响，其中影响最大的是水稻植株中的全氮含量。早稻100%尿素处理的稻谷全氮含量最高，两种缓控释肥料节氮20%施用和节氮20%尿素添加脲酶抑制剂施用处理的稻谷和稻草全氮含量均低于100%施氮处理；增苗处理中的水稻植株中的全氮含量低于等同施肥常规密度处理。不同处理对稻谷和稻草的全磷、全钾含量也有一定的影响，均以不施氮肥常规密度处理中的含量较高。

表2-104　不同施肥处理成熟期早稻稻谷和稻草的养分含量

处理	稻谷			稻草		
	全氮（%）	全磷（%）	全钾（%）	全氮（%）	全磷（%）	全钾（%）
100%尿素，常规密度	1.58	0.22	0.32	1.17	0.31	2.48
节氮20%（树脂包膜尿素：尿素3：2）、常规密度	1.56	0.16	0.33	1.09	0.29	2.56
节氮20%（树脂包膜尿素：尿素为3：2）、增苗密度	1.51	0.13	0.31	1.03	0.27	2.49
节氮20%（100%硫包膜尿素）、常规密度	1.49	0.19	0.35	1.06	0.29	2.53
节氮20%（100%硫包膜尿素）、增苗密度	1.45	0.16	0.32	1.01	0.26	2.42
节氮20%（100%尿素+脲酶抑制剂）、常规密度	1.53	0.20	0.36	1.09	0.30	2.55
节氮20%（100%尿素+脲酶抑制剂）、增苗密度	1.47	0.18	0.32	1.05	0.28	2.46
不施氮肥、常规密度	0.76	0.32	0.39	0.89	0.41	2.78

（五）主要结论

1. 减量施用缓控释肥料和减量尿素添加抑制剂及综合增苗技术模式对早晚稻稻谷产量有较大影响。常规密度下早稻节氮20%（树脂包膜尿素和尿素比例按3：2）处理的增产效果较好；晚稻节氮20%硫包膜尿素处理的增产效果较好。结合增苗技术，早稻节氮20%（树脂包膜尿素和尿素比例按3：2）及节氮20%尿素添加脲酶抑制剂处理增产效果较好，晚稻增苗条件下三种节氮施肥模式增产效果均较好。

2. 节氮条件下不同处理对早晚稻稻谷产量效应不同的原因主要与不同施肥模式下氮素养分释放特性与作物生长对养分需求耦合的同步性有关。

3. 产量构成指标的变化趋势与产量的变化趋势关系密切，造成不同处理产量构成因素差异的主要原因可能与不同施肥模式下不同品种缓控释氮肥及尿素添加抑制剂后氮肥在土壤中的释放规律与水稻植株需肥规律相匹配和耦合有关。

五、缓控释氮肥与紫云英配施双季稻丰产关键技术研究

（一）研究目标

如何在保持作物产量和维持土壤地力的基础上减少化学肥料投入，对提高资源利用效率和减少环境负担具有重要意义。施用绿肥紫云英替代部分化肥或施用控释氮肥都是可供选择的有效途径。试验通过紫云英与普通氮肥配施或与减量控释氮肥配施对双季稻效应的研究，寻求在化肥氮钾投入减量的条件下及保证水稻较高产量、养分利用较高效率及土壤养分较平衡基础上的紫云英与控释氮肥适宜配施比例，以期为南方双季稻种植区制定科学减肥增效策略提供依据。

（二）研究内容

采用连续6年定点大田试验，监测不同比例紫云英与尿素配施和相应比例的紫云英与控释氮肥配施对双季稻产量效应的影响，探讨比较不同比例紫云英与尿素配施或紫云英与控释氮肥配施对水稻氮钾养分吸收、氮钾利用效率及对土壤氮钾养分状况的影响，寻求在化肥氮钾投入减量的条件下及保证水稻较高产量、养分利用较高效率及土壤养分较平衡基础上的紫云英与控释氮肥适宜配施比例。

（三）研究方案

1. 试验地点

试验于2010—2017年在湖南省南县三仙湖乡万元桥村（N 29°13′，E 112°28′，海拔高度 30m）进行。试验区属亚热带湿润气候，年均降水量 1 238 mm，年均气温 16.6℃，全年日照时数为 1 775 h。供试土壤为河湖沉积物母质发育的潮泥田。试验前耕层0~20cm 土壤 pH 值为7.78，有机质47.9g/kg，全氮2.52g/kg，全磷1.05g/kg，全钾 20.9g/kg，碱解氮 219mg/kg，有效磷 23.4mg/kg，速效钾 92.3mg/kg。

2. 试验处理设置

试验共设6个处理：①CK（不施紫云英，早晚稻均不施任何肥料）；②100%CF（100%化肥，不施紫云英。早晚稻施氮量 150kg N/hm^2，75kg P_2O_5/ hm^2，120kg K_2O / hm^2）；③60%CF+40%GM（早稻氮钾总施用量与处理2一致：60%氮来自化肥，40%来自紫云英；施入紫云英不足的钾由化肥补足；化肥磷同处理2。晚稻不施紫云英，化肥施用量同早稻）；④40%CF+60%GM（早稻氮钾总施用量与处理2一致：40%氮来自化肥，60%来自紫云英；施入紫云英不足的钾由化肥补足；化肥磷同处理2。晚稻不施紫云英，化肥施用量同早稻）；⑤60%CRNF+40%GM（早稻氮钾总施用量与处理2一致：60%氮来自控释氮肥，40%来自紫云英；施入紫云英不足的钾由化肥补足；化肥磷同处理2。晚稻不施紫云英，其他肥料施用量同早稻）；⑥40%CRNF+60%GM（早稻氮钾总施用量与处理2一致：40%氮来自控释氮肥，60%来自紫云英；施入紫云英不足的钾由化肥补足；化肥磷同处理2。晚稻不施紫云英，其他肥料施用量同早稻）。紫云英于早稻移栽前一周翻压；处理②、③和④氮肥用尿素，50%做基肥施入，余下50%做分蘖肥于抛秧后10 d施用；处理⑤和⑥的控释氮肥做基肥一次性施入。磷肥用过磷酸钙，钾肥用氯化钾，均做基肥一次性施入。各处理基肥部分均于抛秧前1 d施入，基肥施入

后，立即用铁齿耙耖入 5cm 深的土层内。每处理 3 次重复，小区间用高 20cm、宽 30cm 的泥埂覆膜隔离，实行单独排灌，每个小区面积 $20m^2$，随机区组排列。早稻品种（组合）为湘早籼 45 号，晚稻品种（组合）为黄华占。为获得的数据与实际生产情况相一致，试验田的管理与大田常规管理模式保持一致。

3. 样品采集与测定

试验开始前采集 0~20cm 土层基础土样用于基本理化性状测定。每季水稻成熟后每个小区单打单晒，分别测产。早晚稻成熟期采集植株样品用于考种和测定氮、钾养分含量。于 2017 年晚稻收获后从每个小区采集 0~20cm 土层土壤样品，用于分析土全氮、碱解氮、全钾、速效钾含量。土壤和植株样品均采用常规分析法测定。

4. 计算方法与数据处理

评价肥料养分利用效率主要采用肥料回收利用率、农学效率和偏生产力，分别用下列公式计算。

肥料回收利用率（Fertilizer recovery efficiency，FRE）=（施肥区地上部养分吸收量-不施肥区地上部养分吸收量）/施肥量

肥料农学效率（Agronomic efficiency of fertilizer，FAE）=（施肥区籽粒产量-不施肥区籽粒产量）/施肥量

肥料偏生产力（Partial factor productivity of applied fertilizer，PFP）= 施肥区籽粒产量/施肥量

数据处理及分析采用 Microsoft Excel 2003 和 DPS 7.5 等数据处理系统。

（四）主要研究结果

1. 早晚稻产量

2010—2017 年不同处理的稻谷平均产量统计结果如表 2-105 所示，早稻稻谷产量从高到低依次为 60%CRNF+40%A>40%CRNF+60%A>60%CF+40%A>100%CF>40%CF+60%A>CK，晚稻和全年稻谷产量从高到低依次为 60%CRNF+40%A>60%CF+40%A>40%CRNF+60%A>100%CF>40%CF+60%A>CK。所有处理中，早稻、晚稻及全年两季稻谷产量均以对照 CK 处理最低，且 CK 处理与各施肥处理间的差异均达到显著水平（$P<0.05$）。早、晚稻及全年两季稻谷产量均以 60%CRNF+40%A 处理最高，其全年两季稻谷总产量较 CK、100%CF 和 60%CF+40%A 处理分别增产 63.1%、9.5% 和 4.0%，说明该施肥方式能促进早晚稻生长，有利于水稻产量形成。

早稻稻谷产量 40%CRNF+60%A 和 60%CF+40%A 处理较 100%CF 处理分别增产 6.4% 和 6.8%，晚稻分别增产 4.5% 和 2.2%，两季产量分别增产 5.3% 和 4.2%，说明这两种施肥方式也有利于双季水稻的增产。

尽管 40%CF+60%A 处理早晚稻施肥量与 40%CRNF+60%A 处理一致，40%CRNF+60%A 处理早晚稻均较 100%CF 处理增产，而 40%CF+60%A 处理早晚稻均较 100%CF 处理有所减产，可能主要是 40%CRNF+60%A 处理氮肥施用的为控释氮肥，由于其缓效性和长效性，使其氮素供应在早晚稻整个生育期与水稻对氮素养分的需求达到较一致的同步性，因此在晚稻季即使氮肥常规用量上减少了 60%，也表现出较好的后效作用（表 2-105）。

表 2-105　不同施肥处理 8 年早、晚稻平均产量

处理	早稻产量（kg/hm²）	较 CK 增产率（%）	晚稻产量（kg/hm²）	较 CK 增产率（%）	两季产量（kg/hm²）	较 CK 增产率（%）
CK	3123 c	—	5 256 b	—	8 379 b	—
100%CF	5 484 ab	75. 6	7 001 a	33. 2	12 485 a	49. 0
60%CF+40%A	5 835 ab	86. 8	7 313 a	39. 1	13 147 a	56. 9
40%CF+60%A	5 407b	73. 1	6 890 a	31. 1	12 297 a	46. 8
60%CRNF+40%A	6 153 a	97. 0	7 516 a	43. 0	13 669 a	63. 1
40%CRNF+60%A	5 859 ab	87. 6	7 153 a	36. 1	13 012 a	55. 3

2. 植株氮含量

不同施肥对早晚稻稻谷和稻草氮含量有一定的影响。各施肥处理的早晚稻稻谷和稻草氮含量均高于 CK 处理。早稻所有紫云英配施处理稻谷和稻草氮含量均高于 100%CF 处理；而晚稻 100%CF 处理的稻谷和稻草氮含量较高，其中稻谷氮含量在所有处理中最高，稻草氮含量仅低于 60%CF+40%A 处理。这可能与在早稻季所有施肥处理的氮用量一致，100%CF 处理施用的是速效氮肥（尿素），其他处理配施了紫云英，有利于植株氮含量的提高，而晚稻 100%CF 处理施氮量高于其他施肥处理有关（表 2-106）。

表 2-106　8 年不同施肥处理的早、晚稻植株平均氮含量

处理	早稻（g/kg）		晚稻（g/kg）	
	籽粒	稻草	籽粒	稻草
CK	9. 59±1. 96a	5. 75±0. 76b	9. 27±0. 81b	5. 51±0. 77a
100%CF	10. 52±2. 10a	6. 31±0. 55ab	11. 06±1. 20a	6. 33±0. 63a
60%CF+40%A	10. 65±2. 02a	6. 42±0. 35ab	10. 96±0. 95a	6. 35±0. 73a
40%CF+60%A	11. 14±2. 46a	6. 77±0. 62a	10. 43±1. 00a	5. 73±0. 33a
60%CRNF+40%A	11. 16±2. 32a	6. 53±0. 52a	10. 98±0. 73a	6. 14±0. 64a
40%CRNF+60%A	10. 64±2. 47a	6. 60±0. 43a	10. 70±0. 71a	5. 57±0. 64a

3. 植株氮吸收量

不同施肥处理对早晚稻稻谷、稻草和植株氮素总积累量有较大影响。所有施肥处理早晚稻籽粒氮素积累量、稻草氮素积累量和植株氮素总积累量均显著高于 CK 处理（$P<0.05$）。所有施肥处理中，除晚稻稻草氮素积累量 60% CRNF + 40% A 处理略低于 60%CF+40%A 处理，早晚稻籽粒氮素积累量、稻草氮素积累量和植株氮素总积累量均以 60%CRNF+ 40%A 处理最高，说明该施肥模式有利于促进早晚稻对氮素的吸收积累。

各施肥处理中，早稻所有紫云英配施处理的籽粒氮素积累量、稻草氮素积累量和植株氮素总积累量均高于 100%CF 处理，晚稻仅 60%CRNF+40%A 和 60%CF+ 40%A 处理的籽粒氮素积累量、稻草氮素积累量和植株氮素总积累量高于 100% CF 处理，40% CRNF+60%A 和 40%CF+ 60%A 处理均低于 100% CF 处理（表 2-107）。

表 2-107　8 年不同施肥处理的早、晚稻植株平均氮素积累量

处理	早稻（kg/hm²）			晚稻（kg/hm²）		
	籽粒	稻草	植株总积累量	籽粒	稻草	植株总积累量
CK	29.9±6.7b	14.9±2.0c	44.8±8.2b	49.4±14.8b	23.7±4.7b	73.1±18.3b
100%CF	57.3±10.5a	28.7±2.6b	86.1±11.5a	77.5±16.1a	37.1±8.3a	114.6±23.5a
60%CF+40%A	61.7±9.9a	31.2±3.2ab	93.0±9.8a	79.8±14.2a	38.8±9.3a	118.6±22.3a
40%CF+60%A	60.1±14.2a	30.4±3.0ab	90.5±15.2a	71.7±12.3a	32.9±5.4a	104.6±16.1a
60%CRNF+40%A	68.2±12.9a	33.3±3.0a	101.5±12.0a	82.8±14.7a	38.6±7.7a	121.3±20.4a
40%CRNF+60%A	61.9±13.6a	32.1±2.9ab	93.9±15.3a	76.5±12.5a	33.2±6.3a	109.7±17.0a

4. 氮肥利用效率

2010—2017 年的早晚稻氮肥回收利用率、氮肥农学效率和氮肥偏生产力平均结果（表 2-108）表明不同处理对氮肥利用效率有明显影响。早晚稻各施肥处理中配施紫云英处理的氮肥回收利用率均高于 100%CF 处理，且早稻 60%CRNF+40%A 处理和 100%CF 处理的差异达到显著水平（$P<0.05$），晚稻所有配施紫云英处理与 100%CF 处理的差异均达到显著水平（$P<0.05$）。控释氮肥配施紫云英处理（60%CRNF+40%A 和 40%CRNF+60%A）的早晚稻氮肥回收利用率均高于尿素配施紫云英处理（60%CF+40%A 和 40%CF+60%A）。所有紫云英配施处理（60%CF+40%A、40%CF+60%A、60%CRNF+40%A 和 40%CRNF+60%A）晚稻氮肥回收利用率远高于早稻，可能主要与这些处理晚稻施氮量低于早稻，同时早稻施入的紫云英或控释氮肥对晚稻产生后效有关。

氮肥农学效率和氮肥偏生产力主要表征投入的单位施氮量作物经济产量效应，其中氮肥农学效率是指单位施氮量所增加的作物籽粒产量，氮肥偏生产力是指投入单位氮肥量所生产的作物产量。100%CF 处理早晚稻氮肥农学效率和氮肥偏生产力均低于其他施肥处理，晚稻氮肥农学效率和氮肥偏生产力 100%CF 处理与其他施肥处理的差异均达到了显著水平（$P<0.05$）。早稻氮肥农学效率和氮肥偏生产力均以 60%CRNF+40%A 处理最高，晚稻 40%CF+60%A 和 40%CRNF+60%A 处理氮肥农学效率和氮肥偏生产力均高于 60%CRNF+40%A 处理，可能主要与它们晚稻施氮量较 60%CRNF+40%A 处理低有关。

表 2-108　8 年不同施肥处理的早、晚稻氮素养分吸收利用效率

处理	氮肥回收利用率（%）		氮肥农学效率（kg 稻谷/kg N）		氮肥偏生产力（kg 稻谷/kg N）	
	早稻	晚稻	早稻	晚稻	早稻	晚稻
CK	—	—	—	—	—	—
100%CF	27.5b	27.7c	15.7b	11.6b	36.6a	46.7c
60%CF+40%A	32.1ab	50.6b	18.1ab	22.8a	38.9a	81.3b
40%CF+60%A	30.5ab	52.4ab	15.2b	27.2a	36.0a	114.8a
60%CRNF+40%A	37.8a	53.6ab	20.2a	25.1a	41.0a	83.5b
40%CRNF+60%A	32.7ab	60.9a	18.2ab	31.6a	39.1a	119.2a

5. 植株钾含量

不同施肥处理对早晚稻稻谷和稻草钾素含量有一定影响，但各处理的差异均未达到显著水平（$P>0.05$）。早稻各施肥处理的稻谷和稻草钾含量均低于 CK 处理，晚稻各施肥处理的稻谷和稻草钾含量均高于 CK 处理。早、晚稻所有紫云英配施处理的稻谷钾含量均高于 100%CF 处理，稻草钾含量除早稻 100%CF 处理低于 40%CF+60%A 处理，早晚稻 100%CF 处理稻草钾含量高于所有紫云英配施处理。说明 100%CF 处理尽管有利于提高稻草钾含量，但对于促进稻草钾向籽粒转运的能力不及配施紫云英处理（表 2-109）。

表 2-109　8 年不同施肥处理的早、晚稻植株平均钾含量

处理	早稻（g/kg）		晚稻（g/kg）	
	籽粒	稻草	籽粒	稻草
CK	4.30±0.61a	25.56±4.44a	3.21±0.47a	19.11±2.83a
100%CF	3.92±0.38a	24.80±2.06a	3.35±0.57a	21.02±2.77a
60%CF+40%A	4.05±0.60a	24.29±2.31a	3.75±0.74a	20.43±2.99a
40%CF+60%A	4.26±0.59a	25.57±2.12a	3.54±0.63a	20.59±3.06a
60%CRNF+40%A	3.94±0.52a	23.77±2.18a	3.52±0.63a	20.65±2.70a
40%CRNF+60%A	4.10±0.46a	23.79±2.94a	3.59±0.65a	20.85±2.79a

6. 植株钾吸收量

不同施肥处理对早晚稻稻谷、稻草和植株钾素总积累量有较明显影响。所有施肥处理的早晚稻稻谷、稻草钾素积累量和植株钾素总积累量均显著高于 CK 处理（$P<0.05$）。所有施肥处理中，早晚稻籽粒钾素积累量、稻草钾素积累量和植株钾素总积累量均以 60% CRNF+ 40%A 处理最高，其次为 60%CF+ 40%A 和 40%CRNF+ 60%A 处理（表 2-110）。

早稻所有紫云英配施处理的籽粒和稻草钾素积累量及植株钾素总积累量均高于 100% CF 处理，晚稻除 40%CF+ 60%A 处理的稻草氮素积累量和植株氮素总积累量均低于 100% CF 处理，其他紫云英配施处理的籽粒、稻草及植株钾素总积累量均高于 100% CF 处理。说明与配施紫云英处理相比，100%CF 处理不利于早晚稻植株钾素的吸收积累。

表 2-110　8 年不同施肥处理的早、晚稻植株平均钾素积累量

处理	早稻（kg/hm^2）			晚稻（kg/hm^2）		
	籽粒	稻草	植株总积累量	籽粒	稻草	植株总积累量
CK	13.4±2.0b	66.4±14.4b	79.8±16.2b	16.8±4.5b	81.4±10.5b	98.1±14.8b
100%CF	21.5±2.9a	113.1±11.4a	134.5±13.4a	23.4±5.7ab	120.6±13.4a	144.0±16.8a
60%CF+40%A	23.8±4.4a	118.3±15.9a	142.0±17.9a	27.2±6.9a	122.0± 10.4a	149.3±14.2a
40%CF+60%A	23.0±3.9a	114.7±8.1a	137.8±9.8a	24.3±5.4a	116.0±7.2a	140.3±10.7a
60%CRNF+40%A	24.3±3.8a	121.8±16.9a	146.0±18.5a	26.3±5.6a	127.4±6.5a	153.7±10.0a
40%CRNF+60%A	23.8±2.3a	115.8±18.8a	139.6±19.6a	25.6±5.7a	122.3±7.1a	147.9±10.4a

7. 钾肥利用效率

不同处理对早晚稻钾肥回收利用率、钾肥农学效率和钾肥偏生产力有明显影响。早晚稻配施紫云英处理的钾肥回收利用率均高于100%CF处理，早稻仅60%CRNF+40%A处理和100%CF处理的差异达到显著水平（$P<0.05$），晚稻所有配施紫云英处理与100%CF处理的差异均达到显著水平（$P<0.05$）。控释氮肥配施紫云英处理的早晚稻钾肥回收利用率均高于相应的尿素配施紫云英处理（60%CRNF+40%A处理高于60%CF+40%A处理，40%CRNF+60%A处理高于40%CF+60%A处理）。60%CF+40%A、40%CF+60%A、60%CRNF+40%A和40%CRNF+60%A处理的晚稻钾肥回收利用率高于早稻，可能与这些处理晚稻施钾量低于早稻及早稻施入紫云英对晚稻的后效有关。

除40%CF+60%A处理，早稻钾肥农学效率和钾肥偏生产力100%CF处理均低于紫云英配施处理；晚稻钾肥农学效率和钾肥偏生产力100%CF处理低于所有紫云英配施处理。除40%CF+60%A处理的钾肥农学效率外，100%CF处理钾肥农学效率和钾肥偏生产力与其他处理的差异均达到了显著水平（$P<0.05$）。早晚稻钾肥农学效率均以60%CRNF+40%A处理最高，其次为40%CRNF+60%A和60%CRNF+40%A处理。早稻钾肥偏生产力以60%CRNF+40%A处理最高，40%CRNF+60%A和60%CRNF+40%A处理；晚稻钾肥偏生产力40%CRNF+60%A处理最高，其次为40%CRNF+60%A处理，可能主要与它们的晚稻施钾量较低有关（表2-111）。

表2-111　8年不同施肥处理的早、晚稻钾素养分吸收利用效率

处理	钾肥回收利用率（%）		钾肥农学效率（kg稻谷/kg钾）		钾肥偏生产力（kg稻谷/kg钾）	
	早稻	晚稻	早稻	晚稻	早稻	晚稻
CK	—	—	—	—	—	—
100%CF	55.0b	46.1c	23.7b	17.5b	55.1a	70.3b
60%CF+40%A	62.5ab	65.4ab	27.2ab	26.3a	58.6a	93.5a
40%CF+60%A	58.2ab	62.3b	22.9b	24.2ab	54.3a	101.9a
60%CRNF+40%A	66.5a	71.1ab	30.4a	28.9a	61.8a	96.1a
40%CRNF+60%A	60.1ab	73.6a	27.5ab	28.1a	58.8a	105.8a

8. 土壤全氮和碱解氮

连续8年不同施肥对土壤全氮和碱解氮含量有较明显的影响。各施肥处理无论土壤全氮还是碱解氮均高于CK处理；8年连续不同施肥后土壤全氮和碱解氮均以40%CRNF+60%A处理最高；所有紫云英配施处理的全氮和碱解氮含量均高于100%CF处理。在紫云英配施处理中，60%CRNF+40%A处理土壤全氮和碱解氮含量低于其他处理。

9. 土壤全钾和速效钾的变化

土壤钾素主要来源主要为土壤的矿物质钾及施入土壤中的钾肥及有机物料的钾。土壤全钾含量以对照CK处理最低，其次为60%CRNF+40%A处理，土壤全钾含量最高的为40%CRNF+60%A处理，其次为100%CF处理，但与试验前相比，不同处理对土壤全钾含量的影响均不明显。所有处理中，土壤速效钾含量也以 CK 处理最低。施肥处理中，所有紫云英配施处理的土壤速效钾含量均高于 100%CF 处理，其中土壤速效钾含量最高的为 60%CF+40%A 处理，其次为 60%CRNF+40%A 处理（表 2-112）。

表 2-112　2017 年晚稻后不同施肥处理土壤氮钾养分含量

处理	全氮（g/kg）	碱解氮（mg/kg）	全钾（g/kg）	速效钾（mg/kg）
CK	2.73	219.3	20.5	77.3
100%CF	2.78	226.1	21.2	81.0
60%CF+40%A	2.89	244.8	21.0	92.1
40%CF+60%A	2.95	234.3	20.9	85.2
60%CRNF+40%A	2.88	232.1	20.7	88.9
40%CRNF+60%A	2.92	236.1	21.3	87.4

（五）主要结论

1. 早稻用紫云英替代 40%化肥氮、21%化肥钾，晚稻减施 40%化肥氮、21%化肥钾的条件下（60%CF+40%A 处理），氮肥施用尿素早晚稻及全年产量均较全量化肥处理增产，而在相同用量紫云英配施、氮肥采用控释氮肥条件下（60%CRNF+40%A 处理），早晚稻及全年产量较 60%CF+40%A 处理进一步增产；在早稻用紫云英替代 60%化肥氮、32%化肥钾，晚稻减施 60%化肥氮、32%化肥钾的条件下（40%CF+60%A 处理），氮肥施用尿素早晚稻及全年产量均较全量化肥处理有所减产，而在相同用量紫云英配施、氮肥采用控释氮肥条件下（40%CRNF+60%A 处理），早晚稻及全年产量较 40%CF+60%A 处理有较大幅度增产，较全量化肥处理也有所增产。

2. 早稻用紫云英替代 40%左右氮肥、20%左右钾肥，晚稻减施 40%左右氮肥、20%左右钾肥，氮肥采用普通尿素，可实现双季水稻增产，如果将尿素改为控释氮肥，适当提高替代和减施比例也可实现双季水稻增产，但随紫云英替代比例和肥料减施比例的提高可能导致双季稻增产幅度有所下降。

3. 控释氮肥由于其养分供应的长效性和持续稳定性，有效降低了养分损失，当季未利用完的氮素养分可能留在土壤中继续留给后季水稻继续利用，因此对产量的促进作用更为明显和稳定。

4. 综合考虑作物的产量效应、养分吸收利用效率及土壤肥力的维持和提高，在本试验条件下或与该试验区域生态条件类似的双季稻种植区，在氮肥品种采用普通尿素条件下，早稻可用紫云英替代 40%氮肥、20%钾肥，晚稻减施 40%氮肥、20%钾肥。如果将尿素改为控释氮肥，可以按这一替代和减施比例施用，也可适当提高早稻紫云英的替代比例和晚稻氮钾肥减施比例，也可实现双季稻高产稳产和氮钾养分的高效利用。

六、高产水稻氮、钾肥运筹模式的研究

（一）研究目标

本试验通过氮钾肥分时期配合施用，研究氮钾肥在高产水稻中的合理配比，最佳施

用时间和配合施用技术。阐明水稻土壤氮钾供应性能的变化特征及其释放规律，揭示氮钾肥配施后土壤的氮钾供应特性及其对作物生长的意义，为氮钾肥在稻田土壤上的合理和有效施用提供数据支撑。

（二）研究内容

试验在高肥力和低肥力两种不同肥力土壤上，研究研究氮、钾肥分不同时期施用对早、晚稻产量和产量构成因素的影响，探讨氮钾肥在高产水稻中的合理配比及最佳施用时间，通过试验研究进一步优化氮钾肥双季稻高产种植中的运筹技术。

（三）研究方案

1. 试验地点

试验于2013—2014年在湖南省益阳市赫山区开展，试验区气候类型为亚热带湿润气候。分别选择高产和低产水稻田两个田块作为试验田块，0~20cm耕层供试土壤基础理化性状见表（表2-113）。

表2-113　氮、钾肥运筹模式试验基础土壤理化性状

项目	pH值	碱解N（mg/kg）	有效P（mg/kg）	速效K（mg/kg）	全N（g/kg）	全P（g/kg）	全K（g/kg）	有机质（g/kg）
低肥力	5.0	198	2.73	191	2.11	0.59	13.6	36.8
高肥力	5.4	221	3.27	216	2.34	0.59	13.9	44.4

2. 试验处理设置

试验设8个处理：①CK（不施肥）；②10：0：0：0（N肥分基施：分蘖肥：穗肥：粒肥，K肥基肥与穗肥各50%，以下同）；③4：3：2：1；④4：2：2：2；⑤3：2：3：2；⑥2：2：4：2；⑦1：2：5：2；⑧4：2：2：2（N肥分基施：分蘖肥：穗肥：粒肥，K肥100%作基肥）。整个生育期早稻施肥量为N 10kg/亩，P_2O_5 5.0kg/亩、K_2O 6.0kg/亩、基施硫酸锌（七水）2kg；晚稻施肥量为N 12kg/亩，P_2O_5 3.0kg/亩、K_2O 8.0kg/亩、基施硫酸锌（七水）2kg；磷肥和锌肥全部一次性作基肥，N、K肥按试验处理施用。早稻品种（组合）为湘早籼24号，晚稻品种（组合）为丰源优299，移栽密度早稻2.5万蔸/亩，晚稻1.8万蔸/亩。每个处理3次重复，小区面积20m^2，随机区组排列。小区间起20cm高、30cm宽的埂隔离，埂上覆膜，实行单独排灌，其他田间管理同大田。

3. 观察记载及测定项目

试验开始前采集耕层0~20cm基础土壤样品，用于测定土壤基本理化性状。早晚稻成熟期各处理小区进行测产考种。

（四）主要研究结果

1. 低肥力稻田土壤早稻产量及农艺性状

低肥力不同施肥比例试验产量结果表明不同施肥比例间的产量效应存在差异。其中，4：3：2：1和4：2：2：2处理均获得产量最高，基肥+分蘖肥适宜的比例为50%~70%，穗肥+粒肥比例为30%~50%（表2-114）。

表 2-114 低肥力稻田不同肥料运筹下早稻产量

处理	重复（kg/亩）			平均值（kg/亩）	较 CK	较一次施肥
	Ⅰ	Ⅱ	Ⅲ		增产（%）	增产（%）
CK（不施肥）	205.9	240.1	214.0	220.0	—	—
10：0：0：0	323.3	333.5	329.9	328.9	49.48	—
4：3：2：1	349.3	354.8	374.4	359.5	63.40	9.31
4：2：2：2	357.8	343.7	352.3	351.3	59.65	6.80
3：2：3：2	350.8	343.4	339.4	344.5	56.57	4.74
2：2：4：2	349.0	336.5	338.0	341.2	55.07	3.74
1：2：5：2	342.0	335.9	329.2	335.7	52.57	2.06
4：2：2：2	353.0	342.4	362.9	352.7	60.31	7.25

农艺性状结果表明各氮磷钾肥同等施肥处理的株高、穗长、实粒数、千粒重、谷草比均相差不大，有效穗数存在一定差异，有效穗数的大小排序为：4：3：2：1>4：2：2：2>3：2：3：2>2：2：4：2>1：2：5：2>10：0：0：0（表 2-115）。

表 2-115 低肥力稻田不同肥料运筹下早稻植株农艺性状

处理	株高（cm）	穗长（cm）	有效穗（蔸/个）	实粒数（粒/穗）	千粒重（g）	谷草比
CK（不施肥）	60.45	15.56	7.35	67.09	22.29	1.47
10：0：0：0	63.68	16.13	10.98	67.57	22.18	1.21
4：3：2：1	63.46	16.03	12.04	67.48	22.17	1.39
4：2：2：2	63.12	16.21	11.94	66.36	22.14	1.38
3：2：3：2	63.24	16.18	11.71	66.27	22.13	1.36
2：2：4：2	63.46	16.09	11.61	66.22	22.11	1.35
1：2：5：2	63.13	16.07	11.48	66.18	22.09	1.34
4：2：2：2	63.09	16.18	11.92	66.36	22.17	1.40

2. 高肥力稻田土壤早稻产量及农艺性状

高肥力稻田土壤上不同施肥比例试验产量结果表明不同施肥比例间的产量效应存在差异。产量的高低顺序为：4：3：2：1>4：2：2：2>3：2：3：2>2：2：4：2>1：2：5：2。基肥+分蘖肥适宜的比例为 50%～70%，穗肥+粒肥比例在 30%～50%（表 2-116）。

表 2-116 高肥力稻田不同肥料运筹下早稻产量

处理	重复（kg/亩）			平均值（kg/亩）	较 CK	较一次施肥
	Ⅰ	Ⅱ	Ⅲ		增产（%）	增产（%）
CK（不施肥）	271.3	272.8	270.3	271.5	—	—
10：0：0：0	368.7	396.0	386.1	383.6	34.69	—
4：3：2：1	414.9	426.5	408.2	416.5	46.25	8.58

（续表）

处理	重复（kg/亩）			平均值（kg/亩）	较 CK	较一次施肥
	Ⅰ	Ⅱ	Ⅲ		增产（%）	增产（%）
4∶2∶2∶2	405.9	409.5	415.0	410.1	44.00	6.91
3∶2∶3∶2	397.6	407.8	402.6	402.7	41.38	4.96
2∶2∶4∶2	411.1	401.9	380.3	397.8	39.67	3.69
1∶2∶5∶2	389.5	393.8	394.7	392.7	37.87	2.36
4∶2∶2∶2	407.4	419.6	395.0	407.3	43.02	6.18

高肥力稻田土壤上不同施肥比例试验结果表明各氮磷钾肥同等施肥处理的株高、穗长、实粒数、千粒重、谷草比均相差不大，以一次施肥处理的较差。有效穗数存在一定差异，有效穗数的大小排序为：4∶3∶2∶1>4∶2∶2∶2>3∶2∶3∶2>2∶2∶4∶2>1∶2∶5∶2>10∶0∶0∶0（表 2-117）。

表 2-117　高肥力稻田不同肥料运筹下早稻植株农艺性状

处理	株高（cm）	穗长（cm）	有效穗（个/蔸）	实粒数（粒/穗）	千粒重（g）	谷草比
CK（不施肥）	61.57	15.78	8.82	68.12	22.47	1.43
10∶0∶0∶0	64.06	16.68	12.65	67.87	22.26	1.26
4∶3∶2∶1	64.56	16.54	13.86	67.56	22.25	1.40
4∶2∶2∶2	64.22	16.35	13.62	67.46	22.23	1.37
3∶2∶3∶2	64.21	16.29	13.45	67.35	22.19	1.33
2∶2∶4∶2	64.11	16.18	13.29	67.28	22.14	1.32
1∶2∶5∶2	63.89	16.16	13.11	67.19	22.11	1.29
4∶2∶2∶2	64.31	16.14	13.58	67.36	22.24	1.38

3. 低肥力稻田土壤晚稻产量

低肥力稻田土壤上不同施肥比例试验产量结果表明（表 2-118），不同施肥比例间的产量效应存在差异。4∶3∶2∶1 和 4∶2∶2∶2 处理均获得最高产量，基肥+分蘖肥适宜的比例为 50%～70%，穗肥+粒肥比例为 30%～50%。

表 2-118　低肥力稻田不同肥料运筹下晚稻产量

处理	重复（kg/亩）			平均值（kg/亩）	较 CK	较一次施肥
	Ⅰ	Ⅱ	Ⅲ		增产（%）	增产（%）
CK（不施肥）	414.2	376.5	401.6	397.4	—	—
10∶0∶0∶0	458.1	464.4	451.8	458.1	15.26	—
4∶3∶2∶1	527.1	454.4	464.4	482.0	21.27	5.22
4∶2∶2∶2	527.1	414.2	502.0	481.1	21.05	5.02
3∶2∶3∶2	502.0	451.8	482.7	478.8	20.48	4.53
2∶2∶4∶2	467.1	451.8	502.0	473.6	19.18	3.40
1∶2∶5∶2	552.2	414.2	451.8	472.7	18.95	3.20
4∶2∶2∶2	507.8	464.4	471.1	481.1	21.05	5.02

4. 高肥力稻田土壤晚稻产量

高肥力稻田土壤不同施肥比例试验产量结果表明不同施肥比例间的产量效应存在差异。其中，4：3：2：1 和 4：2：2：2 处理均获得最高产量，基肥+分蘖肥适宜的比例为 50%～70%，穗肥+粒肥比例为 30%～50%（表 2-119）。

表 2-119　高肥力稻田不同肥料运筹下晚稻产量

处理	重复（kg/亩）			平均值（kg/亩）	较 CK	较一次施肥
	Ⅰ	Ⅱ	Ⅲ		增产（%）	增产（%）
CK（不施肥）	409. 4	403. 1	414. 7	409. 0	—	—
10：0：0：0	491. 2	394. 1	526. 6	470. 6	15. 05	—
4：3：2：1	534. 0	520. 9	523. 3	526. 1	28. 61	11. 78
4：2：2：2	535. 1	598. 9	441. 5	525. 2	28. 39	11. 59
3：2：3：2	523. 3	524. 6	525. 8	524. 6	28. 24	11. 46
2：2：4：2	579. 3	489. 5	491. 0	519. 9	27. 10	10. 47
1：2：5：2	556. 0	481. 2	441. 5	492. 9	20. 49	4. 73
4：2：2：2	491. 2	524. 3	557. 0	524. 2	28. 15	11. 38

（五）主要结论

1. 高肥地力和低肥地力 2 个肥料利用方式早、晚稻试验结果表明，不同氮肥施肥比例对水稻产量影响较大，施肥处理中以 4：3：2：1 和 4：2：2：2 处理产量最高，10：0：0：0 和 1：2：5：2 处理产量最低，表明基肥+分蘖肥适宜的氮肥比例在 50%～70%，穗肥+粒肥比例在 30%～50%。

2. 钾肥分 2 次施用与一次施用对产量的影响不明显，钾肥可全部基施。

3. 各氮磷钾肥同等施肥处理的株高、穗长、实粒数、千粒重、谷草比均相差不大变化趋势与产量趋势一致，以一次施肥处理的较差；但有效穗数存在一定差异，有效穗数大小排序为：4：3：2：1>4：2：2：2>3：2：3：2>2：2：4：2>1：2：5：2>10：0：0：0。

第三章 湖南双季稻区水资源特征与优化配置研究

第一节 不同区域自然降水特征、干旱发生规律与干旱监测评估技术研究

一、研究目标

通过搜集气象、作物发育期、土壤湿度、灾情，农情、水文等资料，进行数据库结构设计，构建干旱数据库；根据作物系数，构建水稻需水模型，建立双季稻关键生育期干旱指标。利用 GIS 和数理统计方法，揭示分区域不同品种熟性搭配的双季稻全生育期和关键生育期降水资源特征、作物需水特征和干旱时空分布规律，并提出各区域利用水资源有效利用途径和应对干旱的策略。

二、研究内容

2013 年通过搜集气象、土壤湿度、水稻生育期、灾情、农情、水文等资料，进行数据库结构设计，构建干旱数据库。同时收集干旱指标、作物需水、水资源优化利用等文献资料进行综合分析，初步建立双季稻干旱评估模型。

2014 年完善气象资料、作物生育期资料与地理信息数据，构建分区域干旱数据库，初步开展双季稻关键生育期干旱指标研究。通过干旱发生规律和历史灾情资料反演，建立基于不同种植区域、不同品种熟性搭配的双季稻干旱评估模型。

2015 年利用 GIS 和有关数理统计方法，系统地分析双季稻全生育期和关键生育期降水资源特征和干旱时空分布规律，开展双季稻干旱风险评估和区划。初步提出各区域利用水资源有效利用途径和应对干旱的策略。

2016 年结合各区域田间试验结果，完善水稻全生育期干旱指标体系，完善各区域利用水资源有效利用途径和应对干旱的策略。根据土壤湿度资料，结合水稻需水特性，初步建立双季稻干旱预警模型，进行系统开发。

2017 年完善双季稻干旱预警模型和系统开发。

三、研究方案

通过搜集气象、土壤湿度、水稻生育期、灾情、农情、水文等资料，进行数据库结构设计，干旱数据库的构建。同时通过收集干旱指标、作物需水、水资源优化利用等文献资料进行综合分析，建立双季稻干旱评估模型。

四、主要研究进展

（一）湖南自然降水与干旱特征

湖南雨水较充沛，但地域分布不均，存在4个多雨中心和4个少雨中心。年际变化大，最多年份的降水量约为最少年份降水量的两倍。现将湖南年降水量和农作物生长期间的降水进行详细分析，为该项目水稻生产节水提供技术支撑。

1. 湖南降水特征

（1）年降水分布特征　根据1961—2016年降水资料统计，全省各地多年平均降水量为1 200~1 700mm，全省平均年降水量为1 426.0mm。湘西、邵阳及洞庭湖区为1 200~1 400mm，湘中大部分地方为1 400~1 500mm，湘南大部分地方在1 500mm以上。由图3-1可见，湖南境内年降水量地域上存在“四多四少”现象，即4个多雨区和4个少雨区。

四个多雨区是：①雪峰山北端以安化附近为中心，桃江、沅陵、新化为外围，年降水量可达1 550~1 700mm；②湘东边境的幕阜山、九岭山一带，如浏阳等地年降水量可达1500mm以上，临湘、平江、醴陵为其外围；③湘东南山地，如桂东、汝城一带年降水量达1 600~1 700mm；④湘南的萌诸岭、九嶷山一带，如道县等地年降水量达1 500mm，江华、江永为其外围。

四个少雨区是：①滨湖地区年降水量在1 300mm左右；②衡（阳）邵（阳）盆地年降水量1 350mm左右；③湘西南的新晃、麻阳、芷江、会同一带，年降水量为1 200~1 300mm，新晃最少，仅1 135mm；④雪峰山南端的城步年降水量仅1 220mm。

图3-1　湖南年降水量地域分布

（2）双季稻生长期间降水特征　汛期（4—10月）全省各地多年平均降水量为850~1 150mm，平均降水量为973.7mm。从地域分布图上可见：汛期降水存在五个多雨区和三个少雨区。五个多雨区为：①以安化为中心的多雨区，汛期降水量为1 000~

1 170mm；②湘东南山地，如桂东、汝城一带，汛期降水雨量达 1 000~1 150mm；③湘东边境的幕阜山、九岭山一带，如浏阳等地汛期降水量达 1 000~1 050mm；④永州南部的江永、江华一线，汛期降水量为 1 000~1 050mm；⑤湘西北角的龙山、桑植、永顺等地汛期降水量为 1 000~1 050mm。

三个少雨区分别为：①怀化的中南部汛期降水量在 900mm 以下；②滨湖地区降水量为 825~900mm；③衡阳盆地、湘潭等地降水量为 850~900mm（图 3-2）。

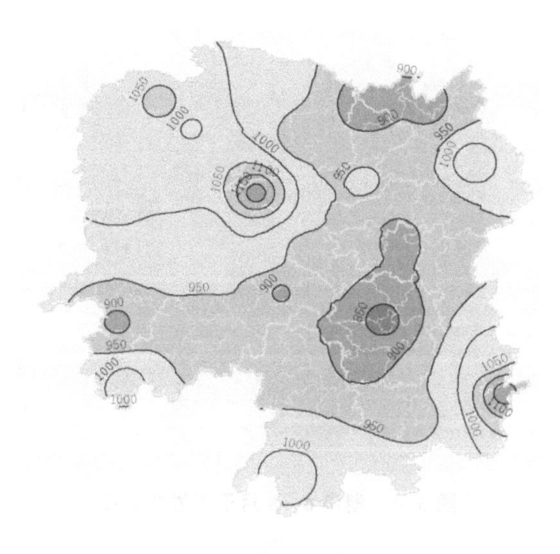

图 3-2　双季稻生长期间降水分布

（3）旱季（7—9 月）降水地域特征　7—9 月平均降水量为 365.7mm，7—9 月降水量较多的区域在自治州、张家界、常德西北部、益阳西部、娄底、怀化北部和郴州东部，降水量在 375mm 以上。其他地方在 350mm 以下，其中衡阳、邵阳等地不足 300mm（图 3-3）。

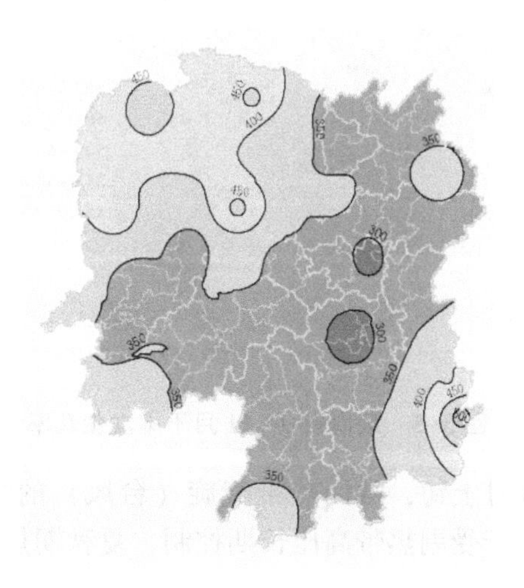

图 3-3　旱季降水量地域分布

2. 湖南干旱特征

根据湖南《气象灾害术语与分级》地方标准，利用降水量和无降水日数对双季稻生长期内的干旱进行了分析，结果表明：湖南干旱主要表现为夏旱、秋旱和夏秋连旱。其中夏旱主要发生在洞庭湖区、湘江下游、衡邵盆地及湘西中部等地，其是以衡邵盆地发生频率最高。这一时段的干旱主要出现在6月底到7月下旬，主要危害晚稻移栽、早稻的灌浆、中稻孕穗和迟熟玉米成熟（图3-4）。

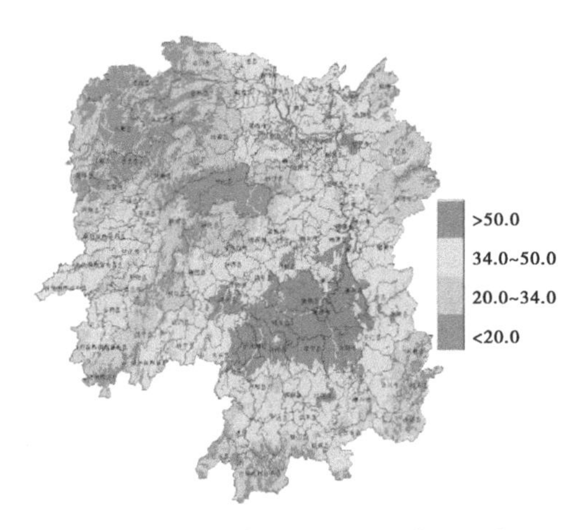

图3-4　湖南6—8月干旱发生机率

秋季干旱发生的地域分布特征与夏旱基本一致，范围有所扩大。主要发生在洞庭湖区、湘江流域一带，发生频率在五年三遇到三年二遇之间，是全省的干旱走廊地带。

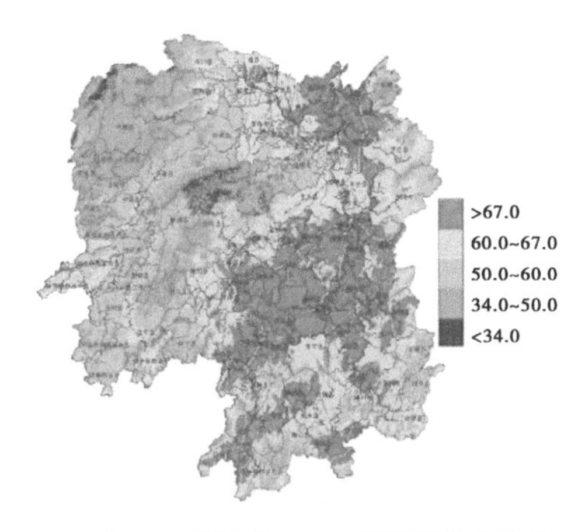

图3-5　湖南省9—11月干旱发生几率

此外，在7月底至8月上旬，常因热带气旋（台风）的影响产生较大降水，使旱情得到缓解。个别年份由于受副热带高压长期控制，夏秋期热带气旋不影响湖南省，致使出现大范围夏秋连旱。

（二）双季晚稻干旱指标诊断

1. 田间试验基本情况

（1）试验地概况　2014—2016 年双季晚稻生长季在湖南衡阳市农业气象试验基地（26.96°N，112.57°E）进行，田间土壤为水稻土，肥力中等。试验基地为湖南著名“衡邵干旱走廊”区域，7—9 月总降水量仅为雨季（4—6 月）的一半，南风高温，水分蒸发量大，夏秋连旱频率超过 70%。

（2）田间试验　采用遮雨棚干旱胁迫处理。小区面积为 2m×2m，遮雨棚面积为 3m×3m。四周具有 50cm 深防止渗膜处理，小区间设有 30cm（宽）×30cm（深）防渗排水沟。

双季晚稻分蘖始期当天开始进行胁迫处理，期间不灌溉，3 个处理持续时间分别为 15d、20d 和 25d，每个处理设 3 个平行小区，处理完后恢复正常灌溉。

试验品种：常规晚稻为湘晚籼 13 号和超级晚稻五丰优 T025。

（3）关键生育期情况　2014 年双季晚稻 6 月 28 日播种，8 月 4 日移栽，8 月 14 日分蘖普遍期，10 月 23 日成熟收获。

2015 年双季晚稻 6 月 17 日播种，7 月 16 日移栽，7 月 24 日分蘖普遍期，10 月 14 日成熟收获。

2016 年双季晚稻 6 月 22 日播种，7 月 18 日移栽，7 月 26 日分蘖普遍期，10 月 14 日成熟收获。

（4）测定项目

一是生育期：观测记录各小区双季晚稻全生育期进程，干旱胁迫处理期间，每 2d 观测分蘖动态。干旱胁迫处理结束当天测定株高、叶面积、地上生物量等。

二是产量结构：水稻成熟收获，测定总茎数、有效茎数、结实粒数、空壳粒、秕谷粒、籽粒重，计算穗粒数、穗结实粒数、空壳率、秕谷率、千粒重、理论产量等。观测方法参考《农业气象观测规范》（国家气象局，1993）进行。

三是土壤水分：分别在干旱胁迫处理 10d、15d、20d 和 25d 结束时测量 10～20cm 土壤含水量，对照组不做观测。测定时间早上 8：00—10：00。

2. 干旱胁迫对产量结构的影响

（1）常规晚稻产量结构　控水持续时间为 15d 和 20d 时，2014 年降低了每穗粒数、空壳率和千粒重，提高了有效穗数、结实率和理论产量，2015 年和 2016 年降低了有效穗数、每穗粒数、秕谷率和理论产量，2015 年提高了结实率和千粒重，2016 年对结实率和千粒重影响不明显。控水持续时间为 25d 和 30d 时，2014—2016 年都显著降低了有效穗数、每穗粒数和理论产量。

（2）超级晚稻产量结构　控水持续时间为 15d 和 20d 时，2014 年降低了有效穗数、空壳率、千粒重和理论产量，对每穗粒数和秕谷率影响规律不明显，2015 年和 2016 年都降低了有效穗数、每穗粒数、秕谷率和理论产量，2015 年提高了结实率和千粒重，2016 年对结实率和千粒重影响规律不明显。控水持续时间为 25d 和 30d 时，2014—2016 年都显著降低了有效穗数、每穗粒数、千粒重和理论产量。

（3）土壤湿度与理论产量　干旱胁迫后稻田土壤湿度与理论产量变化率之间存在

着极其显著的相关性：

$y_1=5.69x_1-149.84$，$r=0.9659$，$P<0.01$（常规晚稻）

$y_2=4.8626x_2-135.21$，$r=0.9327$，$P<0.01$（超级晚稻）

超级晚稻理论产量受不利影响的土壤湿度的阈值高于常规晚稻，但其对土壤湿度的敏感性低于常规晚稻（图 3-6）。

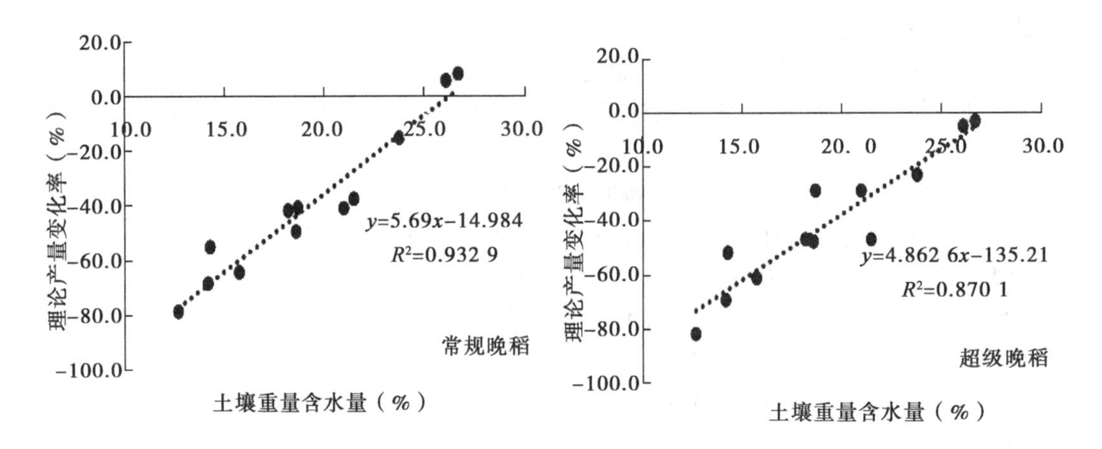

图 3-6　土壤湿度与理论产量变化率相关性

（4）土壤湿度与有效穗数　干旱胁迫后稻田土壤湿度与有效穗数变化率之间存在着极其显著的相关性：

$y_3=5.3317x_3-132.41$，$r=0.9710$，$P<0.01$（常规晚稻）

$y_4=3.6022x_4-99.345$，$r=0.9629$，$P<0.01$（超级晚稻）

超级晚稻分蘖始期对田间土壤湿度的敏感阈值高于常规晚稻，但其敏感性要低于常规晚稻（图 3-7）。

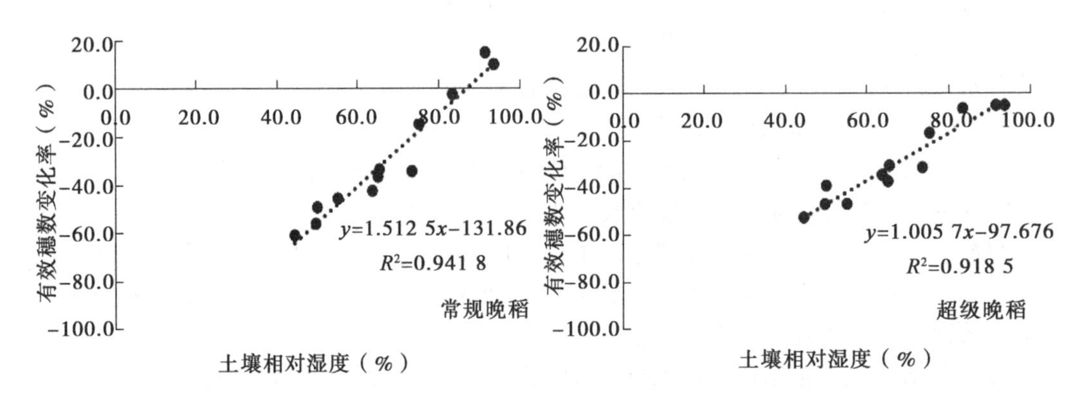

图 3-7　试验稻田土壤湿度与结实率变化率相关性分析

（5）土壤湿度与结实粒数　干旱胁迫后稻田土壤湿度与结实粒数变化率之间存在着显著的相关性：

$y_5=2.0575x_5-56.555$，$r=0.6952$，$P<0.05$（常规晚稻）$y_6=2.5971x_6-67.31$，

$r=0.6812$，$P<0.05$（超级晚稻）

常规晚稻分蘖始期对田间土壤湿度的敏感阈值高于常规晚稻，但其敏感性要低于超级晚稻（图3-8）。

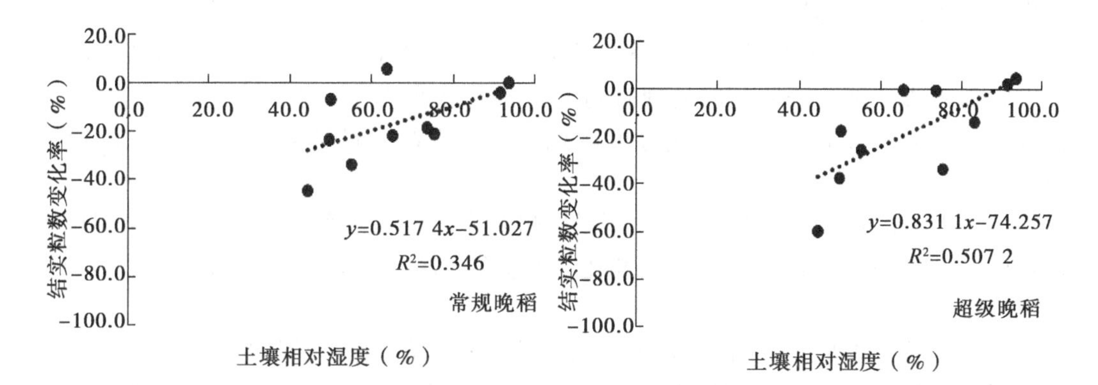

图3-8　试验稻田土壤湿度与结实率变化率相关性分析

（6）土壤湿度与产量结构综合分析　2014—2016年干旱胁迫试验表明理论产量、有效穗数和结实粒数变化率与土壤湿度有着密切相关（表3-1）。

表3-1　不同产量结构变化率的土壤湿度估算

项目		土壤重量含水量（%）	
		常规晚稻	超级晚稻
理论产量变化率（%）	-10	24.6	25.7
	-30	21.1	21.6
	-50	17.5	17.5
	-80	12.3	11.4
有效穗数变化率（%）	-10	23.0	24.8
	-30	19.2	19.3
	-50	15.5	13.7
	-80	9.8	5.4
结实率数变化率（%）	-5	25.1	24.0
	-15	20.2	20.1
	-25	15.3	16.3
	-35	10.5	12.4

（7）双季晚稻干旱等级划分　基于双季晚稻对干旱持续时间和土壤湿度两个因子的响应情况，初步对常规晚稻和超级晚稻的干旱灾害量级进行了划分。干旱量级的初步划分有效体现了常规晚稻和超级晚稻在干旱初期阈值的敏感性，以及重旱、特旱的耐旱性差异。

3. 小结

（1）干旱胁迫年际间差异分析　2014年干旱胁迫试验期间，出现了连续阴雨天气，空气相对湿度大，不利于田间土壤水分的散失。2015—2016 年干旱胁迫试验期间，出现高温晴热天气，田间土壤水分蒸散较快。相同干旱胁迫时间下，稻田土壤湿度 R2014>R2015>R2016，这就使得对双季晚稻的理论产量、有效穗数和结实粒数变化率影响程度出现明显差异。

（2）干旱胁迫与产量结构　水稻产量主要由单位面积的有效穗数、穗结实粒数和千粒重构成。试验表明相同处理时间下不同土壤重量含量对双季晚稻产量、有效穗数和结实粒数影响，稻田土壤湿度越低，对双季晚稻的产量及产量构成的影响越大。

（3）干旱胁迫响应与品种差异　干旱胁迫对常规晚稻结实粒数影响的土壤湿度阈值要高于超级晚稻，超级稻与常规稻相比，不仅在产量上具有优势，其耐旱性也表现出明显优势。

（4）水稻干旱指标　本研究基于水稻干旱胁迫试验数据分析的基础上，结合田间苗情制定的双季晚稻干旱等级指标，综合的国家气象干旱标准和国家农业干旱等级标准中对干旱等级的划分和对作物形态的描述，对双季晚稻干旱的评估具有更好的适用性。

（三）干旱动态监测

1. 干旱动态监测技术研发

利用农业干旱监测指标，采取日滑动算法建立逐日温光水气象资料数据库。利用 GIS 技术，自动收集实时气象数据，研发干旱监测预警评估系统，实现了对干旱的动态监测和快速预警的功能。

2. 干旱监测个例

（1）2013 夏秋干旱监测个例　2013 年 6 月中旬开始，至 8 月中旬，湖南省降水持续偏少，特别是衡邵盆地尤甚。从 7 月上旬开始，干旱由湘中地区向全省迅速蔓延，至 8 月中旬前期全省出现了不同程度的干旱，其中湘南北部、湘中一带及湘西自治州、怀化地区出现了重度农业干旱，衡邵盆地特别严重。出现了 1951 年以来罕见的干旱天气，据不完全统计，全省有 200 万 hm^2 左右农作物受灾，95 万 hm^2 成灾，3.4 万 hm^2 绝收（图 3-9）。

（2）2014 夏秋干旱监测个例　2014 年湖南省降水时段分布较均匀，没有出现明显的干旱，仅在 8 月下旬湘南南部出现了轻度干旱，其他地方均无旱情发生（图 3-10）。

（3）2015 年夏秋干旱监测个例　2015 年湖南省降水时间和空间上分布均较均匀，未发生明显干旱。

（4）2016 夏秋干旱监测个例　2016 年夏旱呈零星分布，进入秋季后，湘西南地区出现成片轻度以上的干旱（图 3-11）。

（5）2017 年夏秋干旱监测个例　2017 年 7 月下旬开始，湘西中北部出现轻度干旱，之后向湘中一带发展，至 8 月上旬，全省干旱基本解除。秋旱结束于湘南，以轻度干旱为主（图 3-12）。

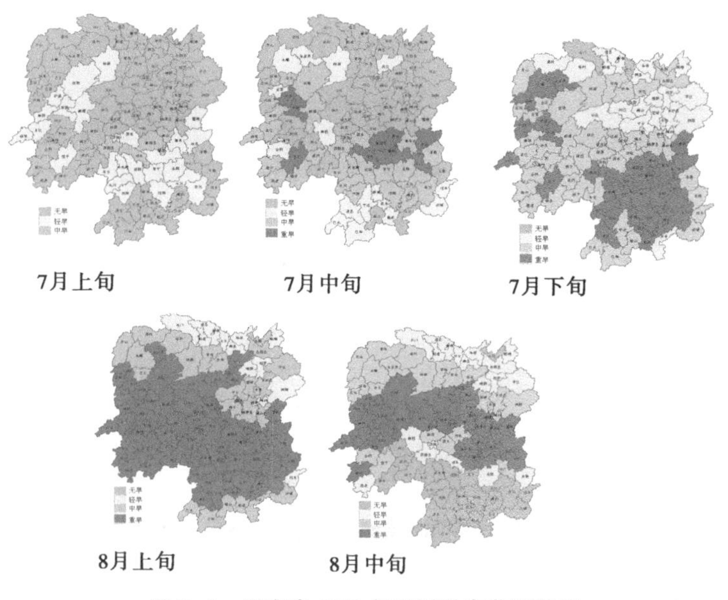

图 3-9　湖南省 2013 年干旱动态监测结果

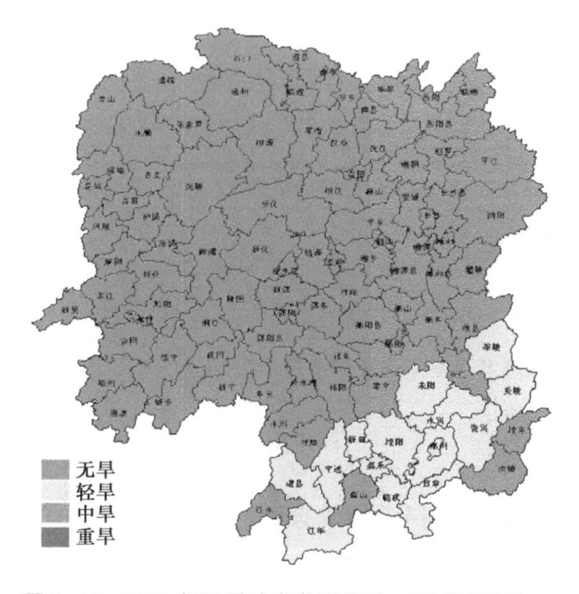

图 3-10　2014 年干旱动态监测结果（10 月下旬）

（四）干旱监测服务

在课题研发期间，为减轻干旱对水稻生产造成的危害，在干旱季节，课题组根据干旱的动态发生发展情况，有针对性地开展了干旱监测与评估工作，5 年间，共制作干旱监测产品 56 期，为水稻防旱减灾提供了科学依据（图 3-13）。

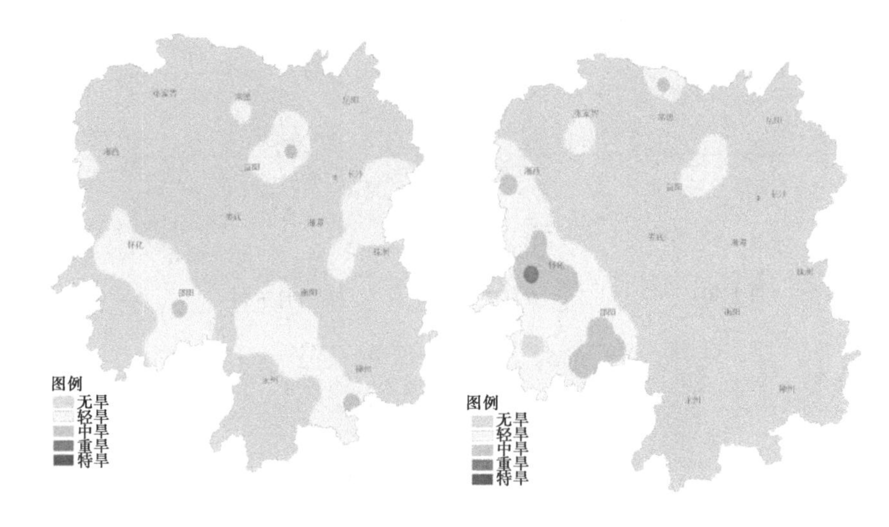

图 3-11　2016 年干旱动态监测结果（7 月下旬、10 月中旬）

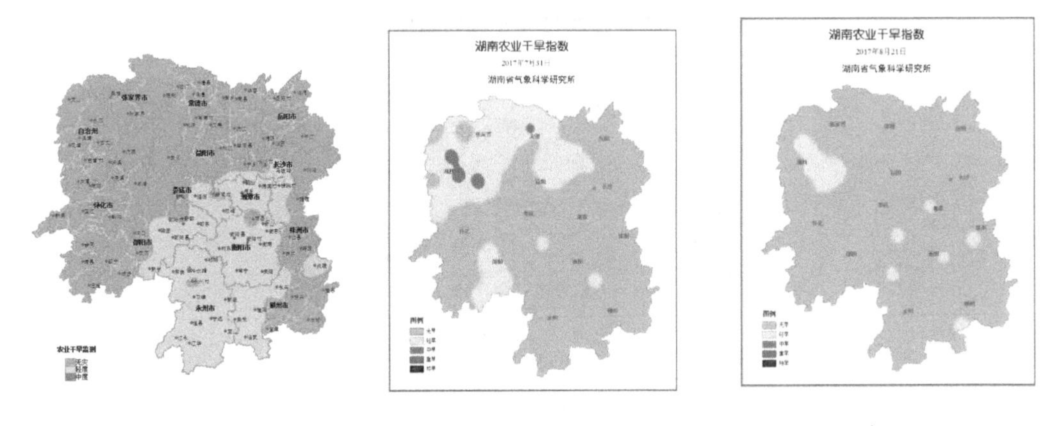

图 3-12　2017 年干旱动态监测结果（7 月下旬、8 月上下旬、9 月下旬）

五、研究结论

1. 通过对湖南省 1961—2014 年气象资料统计分析，基本探明了湖南省降水时空特征。全省各地年降水量为 1 200~ 1 700mm，降水量在地域上分配不均匀，表现为 4 个多雨区、4 个少雨区；各地双季稻生长季内多年平均降水量为 900~ 1 200mm，4—6 月雨季内的降水量为 378. 3（1985 年）~775. 8（2010 年）mm，多年平均值为 585. 5mm，约占全年降水量的 42%；7—9 月旱季各地降水在 250~500mm，空间上表现为南部多于北部，山地多于平地的分布趋势。

2. 根据湖南省多年降水时空特征，初步探明了湖南省干旱发生规律。全省干旱发生年次频率为 10%~75%，总体上呈从中部向西北和东南方向辐射减少的分布态势，湘中衡阳及周边干旱频发区发生频率最高在 65%以上，中东部等多发区在 50%以上，湘西北、湘东南等低发区在 35%以下。干旱强度以湘中以南衡邵盆地一带最强，干旱持续天数以湘江流域及洞庭湖区北部一带干旱最长天数最长，多在120d以上；干旱发生季节以夏秋连旱为主，开始时间早，持续时间长，有近60%的干旱开始日期在7月15日之前，持续到10月底甚至到12月，特别是7—8月，气温高，蒸发量大，干旱持续时间长，对农作物影响严重。

3. 基于双季晚稻对干旱持续时间和土壤湿度两个因子的响应情况，初步对常规晚稻和超级晚稻的干旱灾害量级进行了划分。在基于水稻干旱胁迫试验数据分析的基础上，结合田间苗情制定的双季晚稻干旱等级指标，对双季晚稻干旱的评估具有更好的适用性。利用农业干旱监测指标，研发干旱监测预警评估系统，实现了对干旱的动态监测和快速预警的功能。

农业干旱监测预报

2013　第6期

湖南省气象局农业气象中心　　2013年8月21日

湖南省2013年8月中旬农业干旱监测预报

［内容提要］本旬全省平均气温偏高，旬雨量除湘南南部外，其他地方持续偏少。根据干旱监测模型计算，湘西和湘中及以北大部分地区维持中度-重度干旱。根据下一旬天气预报和作物需水分析，预计8月下旬湘北北部、湘中南部以及湘南干旱解除，其他大部分地区为轻旱，其中湘西北部分地方为中旱。

一、8月中旬农业干旱监测

图1　2013年8月中旬农业干旱监测

表1　2013年8月中旬出现农业干旱代表台站监测结果

站名	本旬作物需水量(mm)	本旬降水量(mm)	连续三旬作物需水量(mm)	连续三旬降水量(mm)	农业干旱情况
张家界	51.1	42.3	157.1	59.3	中旱
岳阳	50.5	122.7	156.1	124.6	无旱
吉首	47.6	26.5	145	34.7	中旱
常德	49.8	26.8	155.7	26.8	中旱
益阳	51	8	160.4	8	重旱
长沙	50.2	0.3	153.9	0.3	中旱
怀化	47.9	21.6	150.5	22	重旱
娄底	49.9	2.6	154.3	2.6	重旱
邵阳	45.8	61.6	145.6	61.6	中旱
湘潭	50.7	0.2	155.9	0.2	重旱
株洲	50.1	46.6	156	48.7	中旱
永州	45.2	142.3	147.7	143.6	无旱
郴州	45.7	136	148.2	147.1	无旱

二、8月下旬农业干旱趋势预报

根据省气象台预报，预计8月下旬全省平均气温偏低；旬雨量湘东、湘南偏多，湘东南局部特多，其他地区正常或略偏多，根据降水等气象要素预报和作物需水预测，预计8月下旬湘南、湘北北部以及湘中南部干旱解除，其他大部分地区为轻旱，其中湘西北部分地方为中旱（图2）。

图2　2013年8月下旬农业气象干旱趋势预测

图3-13　干旱监测服务实例

第二节　双季稻主产区节水灌溉调控技术研究

一、不同区域双季稻节水灌溉制度及运行管理模式研究

（一）研究概述

根据湖南省目前的水稻灌溉制度，结合示范区的气象、水文、土壤实际，运用节水节肥技术现有科技成果，通过模拟水稻蒸腾作用中的耗水规律，结合试验数据和理论分析，研究制定双季稻节水灌溉制度和节水运行管理模式。

通过定位是要研究一定的气象、水文、土壤、常规水肥技术条件下，双季水稻不同生育阶段田面水深控制情况，分析验证特定灌溉技术下合理的田间灌水定额；结合对比田的建立和本课题中“以肥调水、肥水耦合”的节水节肥试验及相应的栽培技术探索，建立双季稻不同生育阶段相关的田面水层控制深度的试验，通过分析对比不同田组试验结果，遴选水肥耦合条件最佳、田面水深控制指标与相应蒸发、降水条件耦合最佳的不同生育阶段控制水深值，提出试验区相应的双季稻灌溉制度，并与常规灌溉技术下灌溉制度进行对比分析，提出相应的节水指标。

（二）定位试验设计

1. 试验目的

通过试验研究，获得双季稻不同品种，不同田间灌溉模式，不同施肥方案条件下，水稻需水量、施肥量、粮食产量等参数的变化，获得节水节肥高产的最佳耦合灌溉技术，为“双季稻农业节水技术集成与示范”研究提供技术支撑。

2. 试验方案

试验设定3种灌溉模式耦合3种施肥方案，共组合9个试验处理，每处理小区面积66.7m^2（不含田埂、排水沟），不设重复，每小区种植两个品种（一半优质稻+一半杂交稻）。另安排一个66.7m^{2}的小区作为基础数据采集区，不种水稻，专门用于观测降水、蒸发、土壤入渗等基础数据（图3-14）。

图3-14　水肥耦合试验田间图

3. 试验地点及主要观测项目

试验地点：益阳市赫山区笔架山乡中塘村

主要观测项目：①气象要素：逐日降水量，蒸发量；②水利要素：逐日田间水深。每次灌排水量，灌排时起止田间水深；③产品要素：水稻株高、产量、结实率、千粒重、有效穗数，收获指数、水稻叶绿素含量、光合速率、叶面积指数、蒸腾速率、根系活力等。

4. 田间灌排水模式

根据湖南省双季稻主产区的自然条件和灌排水管理经验，拟定“薄露灌溉（间歇灌溉）—M_a”“薄浅湿晒灌溉（湿润灌溉）—M_b”“浅灌深蓄（淹灌）—M_c”3种灌排水模式开展定位试验研究，各灌排水模式的概念与要点参见表3-2。

表 3-2　不同灌排水模式的概念与实施要点

薄露灌溉（Ma）	薄浅湿晒灌溉（Mb）	浅灌深蓄（Mc）
一、概念 薄露灌溉是一种稻田灌薄水层，适时落干露田的灌溉方式。“薄”是指灌溉水层一般为 20mm 以下。“露”是指田面表土要经常露出来，表层土面不要长期淹盖一层水 二、实施要点 1. 灌水控制 （1）每次灌水 20mm 以下，落水后自然落干露田 （2）连续降雨田间淹水超 5d 需排水落干露田 （3）防病虫、施肥时需满足防治病和施肥用水深 2. 落干露田控制 （1）前期：即返青、分蘖、拔节期，第一次露田在移栽后 5d，田间自然或排水落干，表土露面，出现微裂时复灌薄水再次落干 （2）中期：即孕穗与抽穗期薄水露田要比前期轻，田面断水时灌薄水保持一定湿度，在抽穗前 3~5d 露田轻晒 1~2d （3）后期：即乳熟与黄熟期，加重露田程度，乳熟期露干到表土开裂 2mm 左右，黄熟期加重到 5mm 再灌薄水 （4）收割前提前断水，高温干燥提前 5~10d，阴雨天提前 7~15d	一、概念 薄水插秧，浅水返青、分蘖前期湿润，分蘖后期晒田，孕穗期灌薄水，抽穗期保持薄水，乳熟湿润，黄熟湿润落干 二、实施要点 （1）插秧水层不超 20mm，保持浅水层 （2）返青水层保持在 40mm 以内，低于 5mm 灌水 （3）分蘖前期 3~5d 灌一次小于 10mm 的薄水层，保持田间土壤水分饱合 （4）分蘖后期晒田，视不同田类和天气采取重晒 7~10d，或轻晒 5~7d （5）孕穗期灌薄水，田间保持 10~20mm 浅水层 （6）抽穗期保持薄水，水层 5~15mm （7）乳熟期湿润，田间土壤水分饱和，一般 3~5d 灌一次 10mm 以下薄水层 （8）黄熟期湿润落干，前期保持湿润，后期落干，遇雨排水	一、概念 浅灌深蓄是针对地下水位低、土壤渗透水，水资源条件差的水田，为利用雨水而采取的一种灌溉模式。即在插秧到成熟期进行浅灌、水层 30~50mm，下限为 10mm，上限为 60mm，遇雨适当田间蓄水，蓄水上限 80mm，在分蘖后期落干晒田 5~10d 二、实施要点 （1）返青期田间适宜水层 10~30mm，最低 10mm，雨后蓄水最高至 40mm （2）分蘖期间适宜水层 20~50mm，最低 20mm，雨后蓄水最高至 80mm （3）分蘖后期 5~18d 落干晒田 （4）孕穗期田间适宜水层 50mm，最低 30mm；雨后蓄水最高至 80mm （5）抽穗期田间适宜水层 10~30mm，最低 10mm，雨后蓄水最高至 80mm （6）乳熟期田间适宜水层 10~30mm，最低 10mm，雨后蓄水最高至 60mm （7）黄熟期自然落干或排水落干

5. 施肥方案

常规化肥（Kp）、适量化肥+适量有机肥（Kn）、减量化肥+增量有机肥（Ke）3 个不同量级的施肥方案，参见紫云英和稻草作基肥用（表 3-3）。

表 3-3　试验田块灌排水模式与施肥方式

处理	灌溉模式	施肥方案	代表符号	作物品种
1-1	薄露灌溉 Ma	全部化肥 Kp	Ma+Kp	一半优质稻 一半杂交稻
1-2	薄露灌溉 Ma	适量化肥+适量有机肥（适量稻草还田或紫云英）Kn	Ma+Kn	一半优质稻 一半杂交稻
1-3	薄露灌溉 Ma	减量化肥+增量有机肥（全部稻草还田或紫云英）Ke	Ma+Ke	一半优质稻 一半杂交稻

（续表）

处理	灌溉模式	施肥方案	代表符号	作物品种
2-1	薄浅湿晒 Mb	全部化肥 Kp	Mb+Kp	一半优质稻 一半杂交稻
2-2	薄浅湿晒 Mb	适量化肥+适量有机肥（适量稻草还田或紫云英）Kn	Mb+Kn	一半优质稻 一半杂交稻
2-3	薄浅湿晒 Mb	减量化肥+增量有机肥（全部稻草还田或紫云英）Ke	Mb+Ke	一半优质稻 一半杂交稻
3-1	浅灌深蓄 Mc	全部化肥 Kp	Mc+Kp	一半优质稻 一半杂交稻
3-2	浅灌深蓄 Mc	适量化肥+适量有机肥（适量稻草还田或紫云英）Kn	Mc+Kn	一半优质稻 一半杂交稻
3-3	浅灌深蓄 Mc	减量化肥+增量有机肥（全部稻草还田或紫云英）Ke	Mc+Ke	一半优质稻 一半杂交稻

肥料用量　（单位：kg/亩）

施肥方式		N	P_2O_5	K_2O	紫云英	稻草
常规化肥（Kp）	早稻	9.0	68.0	135.0		
	晚稻	150.0	75.0	150.0		
适量化肥+适量有机肥（Kn）	早稻	7.0	4.5	9.0	500.0	0.0
	晚稻	8.4	5.0	10.0	0.0	200.0
减量化肥+增量有机肥（Ke）	早稻	5.0	4.5	9.0	1 000.0	0.0
	晚稻	6.8	2.5	5.0	0.0	400.0
肥料施用时间		秧苗移植前施复合肥；尿素用于返青后期和分蘖后期	秧苗移植前施复合肥+过磷酸钙	秧苗移植前复合肥，分蘖后期用氯化钾	基肥	

6. 试验场地布置与基本要求

（1）平面总体布置　租用农田 1.5 亩（约 1 000m²）划分成 9 块试验田和 1 块基础数据采集区（即入渗试验田），总净面积 667m²（每块 1 分地）。9 块试验田的编号为Ⅰ-1、Ⅰ-2、Ⅰ-3、Ⅱ-1、Ⅱ-2、Ⅱ-3、Ⅲ-1、Ⅲ-2、Ⅲ-3。

田间水深观测井布置在 10 块田的田埂旁。基础数据采集区布置雨量计、蒸发皿，水位测井。田块Ⅰ-1、Ⅱ-2、Ⅲ-2 除安排水位测井外加布蒸发皿。

供水系统由加压水泵、储水箱、输水管道、截止阀及水表等组成，分别接通到每个田块。每个田块设置出水表控制排水。

（2）试验田基本要求　试验田要求做到精细平整，平整后田面凹凸高差控制在±5mm 以内。

种植水稻的 9 块试验田田埂宽 40cm，高 20cm，采用塑料膜防渗。基础数据采集区田埂宽 40cm，高 30cm，田埂采取土工膜防渗，土工膜伸入老土 10cm。

7. 水位测井设计

根据任务要求，测量每个田块水稻生育期每天的水位变化，即每天田面水深。在每个田块中预先安置 1 个测井，湖井直径 30cm，采用 PVC 花管。

8. 土壤入渗观测场（田）设计

为获得试验区土壤入渗量参数，在试验区内设置一个采集基础数据的观测场地——入渗观测田。

（1）设计原理　在土质相同，且忽略作物根系对土壤入渗的影响时，土壤性质与田面水深将成为影响入渗量的主要因素。在相同土类和相同种植界面条件下，初期入渗量与田间水深成正比，经过一段时间后，入渗量趋于稳定。据此，可在同一试验区内选择一块非种植田块，作为入渗试验水田，向田中定量灌水，然后展开水面蒸发，降雨和田间水位观测，通过计算求出逐日入渗量，以此代表水稻试验田块土壤入渗量。

（2）入渗水田设计　入渗田净面积与试验水稻田块面积相同，为 66.7m^2，四周田埂采取土工膜防渗，形成四周封闭的水田。田面水平，田内分别安置雨量计、蒸发器和 1 个水位测井。入渗田不种植作物，保持一定水深。

（3）入渗量观测与计算　入渗水田建好后，在观测前，表层保持一定的水深，两天后，再向田中灌水，使田中水深达到 200mm，然后逐日观测田中的水位、水面蒸发、降水量，连续观测到水稻全生育期结束为止。当田中水深 H≤10mm 时，及时灌水恢复到 200mm 水深。由此可按下式求出试验田块土壤入渗量与平均入渗率。

$$q_{入} = H + P - E \qquad \overline{S_{入}} = \frac{H + P - E}{T}$$

式中：$q_{入}$：入渗量（mm）；$\overline{S_{入}}$：平均入渗率（mm/d）；P：降水量（mm）；T：入渗时间（d）；E：蒸发量（mm）；H：水深（mm）。

9. 观测记录方法

对设置的 9 个田块的早、晚稻生育的全过程，分别进行灌水量、排水量、田间水深、入渗量、降水量、蒸发量等项目的连续观测，除灌水与排水每次需记录水表的起、止时间，灌水前、后水表读数和田间水深外，其他观测项目均规定在每天早晨 8 时（专用记录计算簿从略）。

10. 观测周期与资料整理说明

（1）观测周期　本试验观测从 2013 年 7 月（晚稻）开始至 2017 年 11 月（晚稻）结束，对四季早稻与五季晚稻本田期共计 629d 逐日观测。

（2）资料整理说明　通过 2013 年晚稻与 2014 年早稻观测资料的初步整理分析，发现其中的 1-2 与 1-1 田块，2-2 与 2-1 田块，3-2 与 3-1 田块的主要观测数据十分接近，相互之间的施肥方案和品种相同，为减少计算分析工作量，各年各季只对 1-1、1-3、2-1、2-3、3-1、3-3共 6 田块的观测资料进行整理分析。

（三）主要观测成果

历年早、晚稻各田块生育期 f、E、ω、W 及 $\omega_{生}/\omega_{总}$、$W_{生}/W_{总}$、ω/W、E/W 成果；历年各田块分项耗水量；历年各田块各生育期耗水量。

（四）主要成果计算分析

灌溉模式代码：薄露灌溉：*Ma*，薄浅湿晒：*Mb*，浅灌深蓄：*Mc*（暴雨时短期淹灌，最大水深不超 80mm）。

施肥方案代码：全部化肥（常规化肥）：*Kp*，适量化肥+适量有机肥：*Kn*，减量化肥+增量有机肥：*Ke*。

1. 耗水量分析

（1）各水肥耦合模式耗水量比较　表 3-4 显示 Mb+Ke 的耗水量最小。田块 2-3 代表 Mb+Ke 模式，其早、晚稻多年平均耗水量分别为 385.7mm、533.2mm，是各田块中最小的，较 Mc+Kp（3-1 田块）的早晚稻分别偏小 15.8%与 13.6%；较 M_a+K_p（1-1 田块）的早晚稻分别偏少 3.2%与 6.9%。

表 3-4　历年早、晚稻各水肥耦合模式代表田块耗水量

田块编号	模式	早稻耗水量 *W*（mm）					晚稻耗水量 *W*（mm）					
		2014 年	2015 年	2016 年	2017 年	平均	2013 年	2014 年	2015 年	2016 年	2017 年	平均
1-1	Ma+Kp	405.6	413.1	380.1	393.9	398.2	594.0	547.8	572.1	577.0	558.9	570.0
2-1	Mb+Kp	395.5	386.0	398.3	383.3	390.8	564.8	533.0	544.8	555.8	536.7	547.0
3-1	Mc+Kp	473.7	486.2	418.2	412.3	447.6	685.2	565.2	589.3	610.9	577.8	605.7
1-3	Ma+Ke	405.9	407.8	379.5	388.8	395.5	575.4	522.1	551.7	571.1	551.1	554.3
2-3	Mb+Ke	386.4	383.2	388.3	385.0	385.7	549.6	496.0	537.2	547.9	535.4	533.2
3-3	Mc+Ke	459.1	455.9	424.2	408.4	436.9	666.3	570.4	584.6	603.8	574.5	599.9
6 块田平均		421.0	422.0	398.1	395.3	409.0	605.9	539.1	563.3	577.8	555.7	568.4

注：表中耗水量未含秧田水

表 3-5 看出，年耗水量仍以 M_b+K_e耦合模式为最少，M_c+K_p耦合模式为最多，二者相比较，前者早、晚稻多年平均耗水量为 918.7mm，较后者（M_c+K_p的 3-1 田块）早晚稻多年平均耗水量 1 053.3mm 偏少 134.6mm，节水 12.7%，M_a+K_n模式适中。

表 3-5　不同水肥耦合模式节水试验多年平均指标

水肥耦合模式	代表田块	稻别	本田期降水 *P*（mm）	灌（供）水量 *M*（mm）	排水量 *C*（mm）	棵间蒸发量 *E*（mm）	蒸腾量 $\overline{\omega}$（mm）	入渗量 *f*（mm）	耗水量 $\overline{W}$（mm）	亩平耗水量 $\overline{W}$（m^3/亩）	亩产稻谷 *G*（kg/亩）	（*P*+*M*）-（*W*+*C*）水量平衡状况（mm）
薄浅湿晒	2-1	双季	1 095.4	316.1		225.4	433.1	282.9	942.9	628.6	979.0	
	2-3	双季	1 095.4	329.9		235.0	403.3	282.9	920.9	613.9	961.0	
	平均		1 095.4	323.0	454.2	230.2	418.2	282.9	931.9	621.3	970.0	36.5
薄露	1-1	双季	1 095.4	360.1		231.1	453.2	282.9	972.3	648.2	951.0	
	1-3	双季	1 095.4	375.6		225.7	436.7	282.9	952.8	635.2	931.2	
	平均		1 095.4	367.9	456.8	228.4	445.0	282.9	962.6	641.7	944.2	47.5

（续表）

水肥耦合模式	代表田块	稻别	本田期降水 P（mm）	灌（供）水量 M（mm）	排水量 C（mm）	棵间蒸发量 E（mm）	蒸腾量 $\bar{\omega}$（mm）	入渗量 f（mm）	耗水量 $\bar{W}$（mm）	亩平耗水量 $\bar{W}$（m^3/亩）	亩产稻谷 G（kg/亩）	$(P+M)-(W+C)$ 水量平衡状况（mm）
浅灌深蓄	3-1	双季	1 095.4	346.0		261.8	510.4	282.9	1 072.1	714.7	914.1	
	3-3	双季	1 095.4	358.0		253.5	496.7	282.9	1 052.7	701.8	891.7	
	平均		1 095.4	352.2	381.5	257.7	503.6	282.9	1 062.4	708.3	902.9	25.4

（2）$(P+M)-(W+C)$ 水量平衡状况　从理论上说，降水量+灌水量应等于耗水量+排水量，但由于观测过程中存在一定误差，加之田间还有诸如“漫溢”“洞漏”等的发生，将导致田间水输入与输出不平衡现象。本试验观测结果，代表田块2-1、2-3；1-1、1-3；3-1、3-3 历年中 $(P+M)-(W+C)$ 为 25.4~41.5mm。这种输入水量略大于输出水量是合理的。

（3）不同生育期耗水量占比　早晚稻历年三种灌溉模式耦合不同施肥方案的平均耗水量以孕穗期的 367.6mm 为最大，占总耗水量的 37.6%，分蘖期次之占 21.4%，乳熟期 93.1mm 为最小，仅占总耗水量的 9.5%（表 3-6）。

表 3-6　早、晚稻不同灌溉模式各生育期多年平均耗水量 $\bar{W}_{多}$ 统计

灌溉模式	项目	返青	分蘖	孕穗	抽穗	乳熟	黄熟	全期
薄露（Ma）（mm）	早稻	37.3	87.7	155.7	39.9	40.6	36.8	397.9
	晚稻	68.3	127.8	197.5	49.2	46.9	59.7	549.3
	小计	105.6	215.6	353.2	89.2	87.6	96.6	947.2
薄浅湿晒（Mb）（mm）	早稻	36.3	71.5	146.3	47.0	43.8	44.4	389.3
	晚稻	56.4	102.4	215.6	55.1	50.2	64.2	543.9
	小计	92.7	173.9	361.9	102.1	94.0	108.6	933.2
浅灌深蓄（Mc）（mm）	早稻	39.6	96.9	174.1	45.5	47.1	41.3	444.4
	晚稻	73.0	139.5	213.5	61.2	50.7	68.3	606.3
	小计	112.6	236.4	387.6	106.8	97.8	109.6	1050.8
综合平均（mm）		103.6	208.6	367.6	99.4	93.1	104.9	977.2
平均占比（%）		10.6	21.4	37.6	10.2	9.5	10.7	100

注：本表统计未含 2017 年晚稻

2. 蒸腾量与蒸腾强度特征

（1）蒸腾量 ω 早稻三种灌溉模式与三种施肥方案耦合，其历年平均蒸腾量为 192.3mm，占耗水总量 409.6mm 的 47.2%。晚稻历年平均蒸腾量 264.9mm，占耗水总量 568.3mm 的 46.9%。其中 Me+Kp 模式的历年平均值分别为 216.0mm 与 284.0mm，为各种水肥耦合模式中最大。而 Mb+Ke 模式的早稻 179.0mm，晚稻 246.0mm 为最小。此外，早晚稻蒸腾量均以孕穗期最大，早稻占全生育期的 46.9%，晚稻占 41.96%，返青期占比最小，早稻占 1.5%、晚稻占 9.8%。

（2）蒸腾强度。三种水肥组合模式的多年平均蒸腾强度 $\omega_{0多}$ 分别为早稻 2.24mm/d，晚稻 2.79mm/d，在三种组合模式中，早稻、晚稻均以 M_b+K_e 组合的蒸腾度最小，早稻 2.08mm/d，晚稻 2.61mm/d，以 Mc+Kp 组合为最大，早稻 2.52mm/d，晚稻 3.02mm/d，比 Mb+Ke 组合分别偏大 1.21 倍与 1.24 倍（表 3-7 至表 3-10）。

三种水肥耦合模式早、晚稻历年平均蒸腾量 $\bar{\omega}$ 和蒸腾量强度 $\bar{\omega}_0$，在各生育期的量变存在相应规律，即 $\bar{\omega}$ 占比孕穗期最大，其早稻占 46.8%，晚稻占 36.9%，返青期至孕穗期由小变大，孕穗期至黄熟期由大变小，蒸腾强度则显示抽穗期最大，早稻为 3.24mm/d，高于全生育期 33.1%，是返青期的 11.1 倍；晚稻为 4.34mm/d，高于全生育期 33.2%。是返青期的 2.1 倍。同时显示返青期至抽穗期由小变大，抽穗期至黄熟期由大变小；Mb+Ke < Ma+Kn < Mc+Kp。

3. 双季稻生育期的历时变化

将早晚稻划分为返青、分蘖、孕穗、抽穗、乳熟、黄熟 6 个生育期统计，早稻多年（四年）各生育期平均天数依次为 10.3d、18.3、29.3d、8d、8.8d、10.5d、生育期为 85d。晚稻五年依次为 11.6d、17.4d、29.0d、8d、10.2d、17.4d，全生育期 93.6d（表 3-11）。

4. 田间水深特征

试验田块不同水层深度出现的时间（天数）及其占比，选择 1-3（Ma+Kn）、2-3（Mb+Ke）、3-3（Mc+Kp）三块田为代表，按照 $H \leqslant 0.5$（干露）、$H=0.1 \sim 20.0$mm（薄水）、$H=20.1 \sim 40.00$mm（浅水）、$H>40.0$mm（深水）四种水深状态统计得到：

（1）早晚稻本田期多年日均水深　1-3 田块 9.43mm，2-3 田块 12.3mm，3-3 田块 18.18mm。说明薄露灌溉最浅，薄浅湿晒灌溉次之，浅灌深蓄灌溉最深。

（2）各水层出现天数与占比　干露状态出现 29~37d，占总天数的 30.5%~38.9%，以 Mb 模式田块出现 37d 为最多。薄水出现 27~34d，占总天数的 28.4%~35.8%，以 Mb 模式田块出现 34d 为最多。浅水出现 20~28d，占总天数为 20.9%~29.5%，以 Ma 模式田块出现 28d 为最多。水深大于 40.0mm，主要出现在 Mc 模式田块，为 19d，约占全生育的 20%，Ma 模式田块仅 3d，Mb 模式田块为 0。亦即水深≤0、0.1~20mm、20.1~40mm、>40mm 出现天数占总天数的百分比分别为 34.7%、32.3%、25.3%、7.7%（表 3-12）。

表 3-7 不同水肥组合田块历年早稻蒸腾量 ω 统计

灌溉模式		Ma+Kn 组合 ω（mm）									Mb+Ke 组合 ω（mm）									Mc+Kp 组合 ω（mm）									三种组合平均	备注
田块编号		1-1				1-3				平均	2-1				2-3				平均	3-1				3-3				平均	$\bar{\omega}$	
观测年份		2014	2015	2016	2017	2014	2015	2016	2017	$\bar{\omega}$	2014	2015	2016	2017	2014	2015	2016	2017	$\bar{\omega}$	2014	2015	2016	2017	2014	2015	2016	2017	$\bar{\omega}$	(mm)	
早稻	返青期	2.8	2.8	2.6	2.8	2.8	2.6	2.5	2	2.7	2.7	2.4	2.9	2	2.5	2.4	3	2.4	2.6	3.4	3.1	2.6	2.3	3.2	3.1	3.8	3.8	3.2	3	5年6块田
	分蘖期	26.2	33.6	20.2	26.5	26.1	32.1	22.7	23.3	26.6	25.1	28.6	19.8	23.3	23.7	29	24.1	25.5	24.9	31.9	48.9	20.7	23.3	30	37.9	24.9	27.2	30.6	27.4	
	孕穗期	91.4	90.3	90.3	88.3	91	83.4	77.1	26.8	86.5	87.5	77	88.1	86.8	82.8	78	88.5	82.8	84	111	110	96.3	96.5	105	102	85.5	88.8	99.4	90	
	抽穗期	26.5	27.3	22.9	23.6	26.4	26.4	20	25	24.4	25.4	23.6	25.7	25	24	23.9	24.8	21	24.2	32.3	35.3	25.5	27.1	30.4	31.2	25.6	25.9	29.2	24.8	
	乳熟期	22.8	20.2	26.7	33	22.7	19.3	29	28.7	25.9	21.8	17.2	34.5	28.7	20.7	17.4	33.7	33.5	25.9	27.8	27.1	28.2	38.8	26.1	22.8	38.9	39.5	31.2	30.4	
	黄熟期	28.8	19.1	11.1	7.8	28.7	18.3	13.9	7.6	17.0	32.4	16.3	12.1	7.6	30.7	16.5	12.2	9.9	17.2	35.5	27.1	16.1	11.3	38.8	21.6	15.2	10.4	22	18.7	
	全生育期	199	194	164	182	198	185	165	173	182.9	195	165	183	173	184	167	186	175	179	242	252	199	199	233	218	194	196	216	192.3	

表 3-8 不同水肥组合田块历年晚稻蒸腾量 ω 统计

灌溉模式		Ma+Kn 组合 ω（mm）									Mb+Ke 组合 ω（mm）									Mc+Kp 组合 ω（mm）									三种组合平均	备注
田块编号		1-1				1-3				平均	2-1				2-3				平均	3-1				3-3				平均	$\bar{\omega}$	
观测年份		2014	2015	2016	2017	2014	2015	2016	2017	$\bar{\omega}$	2014	2015	2016	2017	2014	2015	2016	2017	$\bar{\omega}$	2014	2015	2016	2017	2014	2015	2016	2017	$\bar{\omega}$	(mm)	
晚稻	返青期	35.9	30.5	9.7	11.2	34.7	28.5	9.2	10.8	25	35	23.5	11.7	13.1	30.7	25.6	9.7	11.3	24.2	39.3	28.7	30.4	10.8	40.4	31.8	29.1	10.6	23.9	24.4	5年6块田
	分蘖期	56.3	55.9	47.3	45.3	57.8	45.7	43.4	41.3	53.6	65.5	60.9	47.6	46.1	60	50	44.5	44.4	56.5	69.6	53.5	49.2	48	74.2	57.3	45.3	44.7	54.2	52.9	
	孕穗期	98.9	83	116	99.8	92.7	85.2	116	102	110.1	95	88.2	106	88.2	91.7	26.4	110	95.3	103	109	89.5	94.6	100	111	90.2	92.3	96.2	102	104.9	
	抽穗期	40.8	32.1	30	26.9	33.7	32.7	29.3	24	31.4	24.4	22.7	29.4	26.3	24.5	35.4	30.1	26.1	31	39.3	33.9	47.9	39.9	42.3	35.4	46.5	42	41.7	34.7	
	乳熟期	36.4	27.6	28.1	30.9	34.8	20.4	27.6	28.8	33.3	23.5	21.8	27.1	29.2	22	23.3	26.2	30	29.2	30.7	39.2	26.6	31.7	34	22.8	33.4	32	30.9	31.1	
	黄熟期	39.5	33.8	27.3	26	34.8	28.6	27.2	25.9	25.7	29.1	27	27.2	25.9	30.8	25.6	26.1	20.6	30.7	35.8	38.1	31.8	25	40.6	31.9	48.1	26	33.3	29.9	
	全生育期	308	263	259	240	293	241	253	232	264.4	273	253	249	229	260	236	247	228	246	275	334	264	255	342	269	295	252	284	264.9	

表 3-9　代表田块平均蒸腾强度 $\overline{\omega}_0$ 统计

种类	水肥组合模式	田块编号	历年蒸腾量强度 ω_0（mm/d）					
			2013 年	2014 年	2015 年	2016 年	2017 年	$\overline{\omega}_0$
早稻	Mb+Ke	2-1		2.12	1.99	2.15	2.04	2.08
		2-3		2.00	2.01	2.19	2.06	2.07
		平均		2.06	2.00	2.17	2.05	2.08
	Ma+Kn	1-1		2.17	2.33	1.93	2.14	2.14
		1-3		2.15	2.23	1.94	2.08	2.10
		平均		2.16	2.28	1.94	2.11	2.12
	Mc+Kp	3-1		2.64	3.03	2.35	2.35	2.59
		3-3		2.53	2.63	2.28	2.30	2.44
		平均		2.59	2.83	2.32	2.33	2.52
	三种组合平均			2.27	2.39	2.14	2.16	2.24
晚稻	Mb+Ke	2-1	2.96	2.72	2.51	2.75	2.44	2.68
		2-3	2.82	2.33	2.40	2.69	2.42	2.53
		平均	2.89	2.53	2.46	2.72	2.03	2.61
	Ma+Kn	1-1	3.35	2.83	2.73	2.65	2.55	2.82
		1-3	3.19	2.59	2.56	2.63	2.47	2.69
		平均	3.27	2.71	2.65	2.64	2.51	2.76
	Mc+Kp	3-1	3.63	2.84	2.93	2.99	2.72	3.02
		3-3	3.72	2.90	2.86	2.91	2.69	3.02
		平均	3.68	2.87	2.90	2.95	2.71	3.02
	三种组合平均		3.28	2.70	2.67	2.77	2.55	2.79

表 3-10　不同水肥耦合模式各生育期多年平均 $\overline{\omega}$ 与 $\overline{\omega}_0$ 统计

种类	类别	$\overline{\omega}$（mm）					$\overline{\omega}_0$（mm/d）				备注
		Ma+Kn	Mb+Ke	Mc+Kp	三种组合		Ma+Kn	Mb+Ke	Mc+Kp	平均	
					$\overline{\omega}$	ω_p（%）					
早稻	返青期	2.7	2.6	3.2	3.0	1.6	0.26	0.25	0.31	0.27	5 年 6 块田
	分蘖期	26.6	24.9	30.6	27.4	14.2	1.45	1.36	1.67	1.49	
	孕穗期	86.5	84.0	99.4	90.0	46.8	2.95	2.87	3.39	3.07	
	抽穗期	24.4	24.2	29.2	24.8	18.1	3.05	3.03	3.65	3.24	
	乳熟期	25.9	25.9	31.2	30.4	15.8	2.94	2.94	3.55	3.14	
	黄熟期	17	17.2	22.0	18.7	9.7	1.62	1.64	2.10	1.79	
	全生育期	182.9	178.6	215.5	192.3	100	2.15	2.10	2.54	2.26	

（续表）

种类	类别	$\bar{\omega}$ (mm)					$\bar{\omega}_0$ (mm/d)				备注
		Ma+Kn	Mb+Ke	Mc+Kp	三种组合 $\bar{\omega}$	三种组合 ω_p (%)	Ma+Kn	Mb+Ke	Mc+Kp	平均	
晚稻	返青期	25.0	24.2	23.9	24.4	8.6	2.16	2.09	2.06	2.08	5年6块田
	分蘖期	48.0	56.5	54.2	52.9	18.0	2.76	3.75	3.11	3.21	
	孕穗期	110.1	102.9	101.6	104.9	36.9	3.80	3.55	3.51	3.62	
	抽穗期	31.4	31.0	41.7	34.7	12.2	3.93	3.87	5.21	4.34	
	乳熟期	33.3	29.2	30.9	31.1	10.9	3.26	2.86	3.03	3.05	
	黄熟期	25.7	30.7	33.3	29.9	10.5	1.48	1.76	1.91	1.72	
	全生育期	292.7	275.3	284.2	284.1	100	3.13	3.15	3.04	3.11	

表 3-11　早、晚稻各生育期平均历时（天数）统计　（d）

生育期		返青	分蘖	孕穗	抽穗	乳熟	黄熟	全生长期
早稻	2014年	10	19	30	8	8	12	87
	2015年	11	17	29	8	9	9	83
	2016年	10	18	29	8	9	11	85
	2017年	10	19	29	8	9	10	85
	平均	10.3	18.3	29.3	8	8.8	10.5	85
晚稻	2013年	11	17	29	8	9	18	92
	2014年	13	17	29	8	12	17	96
	2015年	11	17	29	8	9	18	92
	2016年	11	18	30	8	10	17	94
	2017年	12	19	29	8	11	17	94
	平均	11.6	17.4	29	8	10.2	17.4	93.6

表 3-12　早、晚稻代表田块不同水深量级多年平均出现天数及占比

项目	1~3田块（Ma+Kn）		2~3田块（Mb+Ke）		3~3田块（Mc+Kp）		备注
	出现天数(d)	占比(%)	出现天数(d)	占比(%)	出现天数(d)	占比(%)	
干露 $H \leqslant 0$（mm）	33	34.3	37	38.9	29	30.5	三年七季早晚稻平均
薄水 H 0.1~20（mm）	31	32.4	34	35.8	27	28.4	
浅水 H 20.1~40（mm）	28	29.5	24	25.3	20	20.9	
深水 H >40（mm）	3	3.3	0	0	19	19.6	
总天数（d）	95	100	95	100	95	100	
日平均水深（mm）	9.43		12.30		18.18		
灌溉模式	薄露灌溉（Ma）		薄浅湿晒（Mb）		浅灌深蓄（Mc）		

5. Mb+Ke 田块历年种植期气象特征及灌排水指标

（1）气象特征　早稻种植期多年日平均气温 24.5℃，多年日平均日照 3.3h，多年日平均风速 1.6m/s；晚稻种植期多年日平均气温 26.5℃，多年日平均日照 6.0h，多年日平均风速 1.7m/s。

种植期多年平均降水量早稻 734.7mm，2016 年最大为 1 006.7mm；晚稻 360.7mm，2014 年最大为 462.9mm。

（2）灌排水指标　Mb 田块（2-1、2-3）早稻年均灌水量 49.6mm，排水量 326.6mm，晚稻年平均灌水量 274.7mm，排水量 51.5mm。显示出早稻灌水量少，排水量多，晚稻相反，灌水量多，排水量少，与降水量早稻期多，晚稻期少相适应（表 3-13）。

表 3-13　Mb+Ke 模式历年早、晚稻种植期降水 *P*、灌水 *M*、排水 *C* 统计

种别	年份	*P*（mm）	*M*（mm）		*C*（mm）		日均气温（℃）	日均日照（h）	日均风速（m/s）
			2-1 田块	2-3 田块	2-1 田块	2-3 田块			
早稻	2014	653.6	45.8	54.2	293.8	283.3	23.3	2.6	1.6
	2015	543.7	50.5	63.4	94.7	183.8	24.8	3.6	1.7
	2016	1006.7	34.8	48.9	477.4	626.5	25.5	3.8	1.5
	平均	734.7	43.7	55.5	288.6	364.5	24.5	3.3	1.6
晚稻	2013	373.2	262	254.2	0	70.8	28.5	7.5	2.1
	2014	462.9	243.8	171.2	48	78.8	25.8	4.9	1.5
	2015	338.7	247.2	289.9	22.7	52.7	25.6	5.6	1.7
	2016	268.1	336.4	382.4	36	102.7	27.4	6.0	1.6
	平均	360.7	272.4	274.4	26.7	76.3	26.5	6.0	1.7

注：2017 年气象资料尚未收齐，故未参加统计

6. Mb+Ke 模式的耗水定额

（1）早稻多年平均为 260.5m^3/亩（表 3-14）。

（2）晚稻多年平均为 360.8m^3/亩（表 3-15）。

表 3-14　Mb 薄浅湿晒灌溉模式早稻耗水量

月	旬	典型年（m^3/亩）		多年平均（m^3/亩）
		2015	2016	
四月	中			
	下	26.9	34.6	30.7
	月计	26.9	34.6	30.7
五月	上	30.6	31.3	30.5
	中	30.8	31.3	31.0
	下	35.8	35.8	35.8
	月计	97.2	98.4	97.8

（续表）

月	旬	典型年（m³/亩）		多年平均（m³/亩）
		2015	2016	
六月	上	34.1	35.9	35.0
	中	37.3	37.9	37.6
	下	33.6	36.2	34.9
	月计	105.0	110.0	107.5
七月	上	26.7	20.9	23.8
	中	0.7	0.6	0.7
	下			
	月计	27.5	21.5	24.5
	年计	256.5	264.5	260.5

表 3-15　Mb 薄浅湿晒灌溉模式晚稻耗水量

月	旬	典型年（m³/亩）		多年平均（m³/亩）
		2015	2016	
七月	中	12.9		6.5
	下	57.7	30.1	43.9
	月计	70.6	30.1	50.4
八月	上	49.1	48.8	48.9
	中	40.2	46.9	43.5
	下	49.2	45.5	47.3
	月计	136.7	141.1	138.9
九月	上	47.1	48.1	47.6
	中	40.6	44.9	42.7
	下	32.1	39.6	35.9
	月计	119.9	132.7	126.2
十月	上	23.7	23.4	23.3
	中	9.8	23.2	16.5
	下	9	10.6	5.3
	月计	33.5	64.1	45.3
	年计	360.7	367.9	360.8

7. 水效分析

水效按总耗水量与工程供水量（灌水量）的单方水产出稻谷指标进行分析计算。

（1）总耗水量单方水产出稻谷　Mb+Ke 模式 1.04kg/m³，Ma+Kn 模式 0.98kg/m³，Mc+Kp 模式 0.85kg/m³，三种模式平均 0.96kg/m³。

（2）工程供水量单方水产出稻谷　Mb+Ke 模式 3.00kg/m³，Ma+Kn 模式 2.57kg/m³，Mc+Kp 模式 2.56kg/m³，三种模式平均 2.71kg/m³。

以上指标说明，无论是总耗水量，或者工程供水量（送水量），其水效指标均以 Mb+Ke 模式最好，工程供水水效 M_b+K_e 模式是其他两种模式的 1.17 倍左右（表 3-16）。

表 3-16　多年平均总耗水量及工程供水量水效指标

水肥耦合模式	田块编号	总耗水量 $\overline{W}_{总}$（m³/亩）	亩产稻量 $\overline{G}$（kg/亩）	工程供水量 $\overline{W}_{供}$（m³/亩）	水效指标		备注
					总耗水量（kg/m³）	工程供水量（kg/m³）	
Mb+Ke	2—1	942.9	979.0	316.1	1.04	3.10	表内指标均为双季稻，即早稻+晚稻多年平均值
	2—3	920.9	961.0	329.9	1.04	2.91	
	平均	931.9	970.0	323.0	1.04	3.00	
Ma+Kn	1—1	972.3	951.0	360.1	0.98	2.64	
	1—3	952.8	931.2	375.6	0.98	2.48	
	平均	962.6	944.2	367.9	0.98	2.57	
Mc+Kp	3—1	1 072.1	914.1	346.0	0.85	2.64	
	3—3	1 052.7	891.7	358.4	0.85	2.49	
	平均	1 062.4	902.9	352.2	0.85	2.56	
三种模式平均		985.6	939.0	347.7	0.96	2.71	

8. 雨水利用效率

选择代表田 1-1（Ma）、2-1（Mb）、3-1（Mc）三季早稻，四季晚稻的试验资料进行计算分析，有关数据列入表 3-13 与表 3-14 中，显示出如下特性。

（1）双季稻三种灌溉模式，三年平均雨水利用量 $\overline{P}_{0多}$ 为 655.8mm，雨水利用率 $\overline{P}_{i多}=59.9\%$，雨耗比 $\overline{P}_{0多}/W=65.8\%$。

（2）无论早稻或晚稻，Mc 灌溉模式的雨水利用量最多，早稻为 422.0mm，晚稻为 304.1mm，双季为 726.1mm，高于 Ma 模式 18.6%，高于 Mb 模式 15.3%。说明 Mc（浅灌深蓄）模式在利用雨水方面具有优势，对工程供水紧缺地区可供选择。

（3）早稻期多年平均降水量 734.7mm，是晚稻期的 360.7mm 的 2.04 倍。早稻平均雨水利用量 374.1mm，比晚稻 281.7mm 多出 24.7%。其主要原因是晚稻期降水量明显偏少所致，说明早稻雨水利用量多于晚稻是合理的（表 3-17、表 3-18）。

表 3-17　早晚稻历年降水量、雨水利用量特征值

稻季	田块及规模	年份	降水量 P (mm)	灌水量 M (mm)	耗水量 W (mm)	雨水利用量 P_o (mm)	雨水利用率 P_i (%)	雨耗比 P_o/W (%)	备注
早稻	2-1 Mb	2014	653.6	45.8	395.5	349.7	53.5	88.4	三块代表田
		2015	543.7	50.5	386.0	335.5	61.7	86.9	
		2016	1 006.7	34.8	398.3	363.6	36.1	91.3	
		平均	734.7	43.7	393.3	349.6	47.6	88.9	
晚稻	2-1 Mb	2013	373.2	262.0	564.8	302.8	81.1	53.6	
		2014	462.9	243.8	533.0	298.2	62.5	55.9	
		2015	338.7	247.2	544.8	297.6	87.9	54.6	
		2016	268.1	336.4	555.8	219.4	81.8	39.5	
		平均	360.7	272.4	549.6	279.5	77.5	50.9	
早稻	1-1 Ma	2014	653.6	37.6	405.6	368.0	56.3	90.7	
		2015	543.7	60.4	413.1	352.7	64.9	85.5	
		2016	1 006.7	48.8	380.1	331.3	32.9	87.2	
		平均	734.7	48.9	399.6	350.7	47.7	87.8	
晚稻	1-1 Ma	2013	373.2	282.3	594.0	311.7	83.5	52.5	
		2014	462.9	261.6	547.8	286.2	61.8	52.2	
		2015	338.7	314.9	572.1	257.2	75.9	45.0	
		2016	268.1	386.1	577.0	190.9	71.2	33.1	
		平均	360.7	311.2	572.7	261.5	72.5	45.7	
早稻	3-1 Mc	2014	653.6	36.1	473.7	437.6	67.0	92.4	
		2015	543.7	47.8	486.2	438.4	80.6	90.2	
		2016	1 006.7	28.2	418.2	390.0	38.7	93.3	
		平均	734.7	37.4	459.4	422.0	62.1	92.0	
晚稻	3-1 Mc	2013	373.2	366.7	685.2	318.5	85.3	46.5	
		2014	462.9	196.2	565.2	369.0	79.7	65.3	
		2015	338.7	283.5	589.3	305.8	90.3	51.9	
		2016	268.1	388.0	618.9	222.9	83.1	36.5	
		平均	360.7	308.6	614.7	304.1	84.3	49.5	

注：2017 年气象资料暂未收齐，故未参与统计

表 3-18　雨水利用量 P_0 与雨水利用率 P_i 以及雨耗比

稻季	灌溉模式	田块编号	雨水利用量 P_o (mm)	雨水利用率 P_i (%)	雨耗比 P_o/W (%)	备注
早稻	Ma	1-1	350.7	47.7	87.8	3 年 3 季
	Mb	2-1	349.6	47.6	88.9	
	Mc	3-1	422.0	57.4	91.9	
		平均	374.1	50.9	89.5	
晚稻	Ma	1-1	261.5	72.5	45.7	4 年 4 季
	Mb	2-1	279.5	77.5	50.9	
	Mc	3-1	304.1	84.3	49.5	
		平均	281.7	78.1	48.7	

（续表）

稻季	灌溉模式	田块编号	雨水利用量 P_o（mm）	雨水利用率 P_i（%）	雨耗比 P_o/W（%）	备注
双季	Ma	1-1	612.2	55.9	63.0	
	Mb	2-1	629.1	57.4	66.7	
	Mc	3-1	726.1	66.3	67.6	
		平均	655.8	59.9	65.8	

9. 肥效分析

肥效采用亩产稻谷与亩施氮肥进行计算。根据不同水肥耦合模式的早稻+晚稻（双季稻）的施肥量，不同水肥耦合模式的双季稻多年平均亩产稻谷，由平均亩产稻谷与亩平施用氮肥求得肥效指标（表 3-19、表 3-20）。

表 3-19　各水肥耦合模式施肥方案

水肥耦合模式	稻别	氮（kg/亩）	磷（kg/亩）	钾（kg/亩）	紫云英（kg/亩）		稻草还田（kg/亩）		总氮（kg/亩）
					原值	折氮	原值	折氮	
Mb+Ke	双季稻	177.0	105.5	210.0	1 000	4.0	500	4.2	185.2
Ma+Kn	双季稻	231.0	143.0	285.0	500	2.0	250	2.1	235.1
Mc+Kp	双季稻	285.0	143.0	285.0	0	0	0	0	285.0
小计	双季稻	693.0	391.5	780.0	1500	6.0	750	6.3	705.3

表 3-20　不同水肥耦合模式多年平均肥效指标

水肥耦合模式	稻别	平均亩产稻谷 $\overline{G}$（kg/亩）	平均亩施总氮 $N_{总}$（kg/亩）	单位氮肥产出 $\overline{G}/N_{总}$（kg）	肥效比 $N_{总}/\overline{G}$（%）	备注
Mb+Ke	双季稻	970.0	185.2	5.24	19.1	$N_{总}$为氮肥+施肥折算氮之和
Ma+Kn	双季稻	944.2	235.1	4.02	24.8	
Mc+Kp	双季稻	902.9	285.0	3.17	31.6	
平均	双季稻	939.0	235.1	4.14	25.0	

三种模式每千克氮肥平均产出稻谷为 4.14kg，其中 M_b+K_e 为 5.24kg，高出均值 1.10kg；比 Mc+Kp 的 3.17kg 高出 2.07kg，比 M_a+K_n 的 4.02kg 高出 1.22kg。肥效比值同样显示，Mb+Ke 的 19.1%，均比 Ma+Kn 的 24.6%及 Mc+Kp 的 31.6%都要小，说明在同等产出条件下，Mb+Ke 的肥料消耗量最少，肥效最高。

10. 各水肥耦合模式优势分析

主要试验成果指标看出，Mb+Ke 耦合模式的耗水量、蒸腾量、蒸腾强度、灌水（工程供水）量、亩平施肥量（折合总氮）等指标均为最小，且平均亩产稻谷最多，其单位耗水量、单位供水量、单位施肥量的稻谷产出量均为最多。说明该模式的水效、肥效最高，相对其他模式具有一定的节水节肥优势。但雨水利用率明显低于 Mc+Kp 模式，田间日均水深略高于 Ma+Kn 模式。以上成果反映了 Mb+Ke 模式具有示范和推广的价值（表 3-21）。

表 3-21　不同水肥耦合模式主要指标统计表（双季稻、多年均值）

水肥耦合模式	代表田块	稻别	耗水量 $\overline{W}$ （mm）	蒸腾量 $\overline{\omega}$ （mm）	蒸腾强度 $\overline{\omega}_0$ （mm/d）	田间日均水深 $H_日$ （mm）	供（灌）水量 $\overline{M}$ （mm）	排水量 $\overline{C}$ （mm）	亩产稻谷 $\overline{G}$ （kg/亩）	耗水产出稻谷 $\overline{G}/\overline{W}$耗 （$kg/m^3$）	供水产出稻谷 $\overline{G}/\overline{W}$供 （$kg/m^3$）	亩施氮肥 $N_总$ （kg/亩）	肥料产出稻谷 G/N （kg/kg）	雨水利用率 P_i （%）
Mb+Ke	2-1 2-3	双季	931. 9	418. 2	2. 35	12. 30	323. 0	454. 2	970. 0	1. 04	3. 00	185. 2	5. 24	62. 6
Ma+Kn	1-1 1-3	双季	962. 6	445. 0	2. 44	9. 43	367. 9	456. 8	944. 2	0. 98	2. 57	235. 1	4. 02	60. 1
Mc+Kp	3-1 3-3	双季	1 062. 4	503. 6	2. 77	18. 18	352. 2	381. 5	902. 9	0. 85	2. 56	285. 0	3. 17	73. 2
平均		双季	985. 6	455. 6	2. 52	13. 30	347. 7	430. 8	939. 0	0. 96	2. 71	235. 1	4. 14	65. 3

（五）主要结论

通过 Ma+Kn、Mb+Ke、Mc+Kp 3 个水肥耦合方案，9 个田块样本连续三年定位试验，主要结论如下。

（1）在相同地理环境和气象条件下，采用 Mb+Ke 模式（薄浅湿晒灌溉+增量有机肥）的单位耗水量最少，早稻+晚稻（双季）多年平均为 621.3m^3/亩，较 Ma+Kn 模式的 641.7m^3/亩节水 3.3%，较 Mc+Kp 模式的 708.3m^3/亩节水 14.0%。现行的灌溉定额节水 10.6%。工程供水量 215.3m^3/亩，也分别偏小 30.0m^3/亩及 19.5m^3/亩。

（2）Mb+Ke 模式的水效最高，单方耗水产出稻谷 1.04kg/m^3，单方供水产出稻谷 3.0kg/m^3，与 Ma+Kn、Mc+Kp 相比，耗水产出高 0.06~0.19kg/m^3；供水产出高 0.43~0.44kg/m^3。

（3）Mb+Ke 模式的肥效最多，亩平施肥（$N_{总}$）185.2kg/亩，相比 Ma+Kn、Mc+Kp 模式分别少 49.9kg/亩、99.8kg/亩。每千克肥料（折合 N）产出稻谷 5.24kg，相比 Ma+Kn、Mc+Kp 模式分别高出 1.22kg、2.07kg，由以上看出 Mb+Ke 模式优势明显，应予推荐。

（4）Mb（薄浅湿晒）灌溉模式田间日平水深 12.3mm，较深 2.87mm，较 Mc 浅 5.88mm。同时，雨水利用率 Mb 较 Mc 偏少 11.1%。

（六）主要建议

（1）先在赫山区定位试验场附近，对 Mb+Ke 水肥耦合模式开展大面积的示范推广，以此验证其可靠性。

（2）根据 Mb+Ke 模式的耗水定额和示范推广情况，依全省各地的气象条件，编制湖南省双季稻主产区分区水资源配置方案。

（3）依据以上双季稻水肥耦合节水节肥技术定位试验推荐方案与效果评价加大示范推广力度。

二、不同区域农业水资源基础数据库与灌溉水决策模型研究

（一）研究概述

通过分析湖南省灌区现有灌溉水源工程构成与特点，分别选取以水库、提水泵站作为骨干水源的两类灌区进行研究，建立灌区基础信息数据库和调度决策支持系统，为相关部门科学决策提供参考依据。

1. 研究背景及意义

水是人类的生命线，是经济社会发展的物质基础，是生态环境的重要要素。水利是经济社会可持续发展极为重要的保证。水资源紧缺已是一个全球性问题。另一方面，我国水资源不但贫乏，而且分布不平衡。因此，实现水资源的可持续利用，促进生态环境的良性发展，发展节水灌溉农业势在必行。多年来，我国在节水农业研究方面取得了很多成果，但农民的整体素质还不高，影响先进灌排技术的推广。因此，需要转变传统的农田灌溉观念。利用高新技术——节水灌溉农业灌溉系统来实时指导农民进行节水灌溉实践，从而推动节水农业的发展，实现我国节水农业的信息化、现代化，促进我国农业

现代化的进程和农村经济的全面振兴。

2. 研究内容及技术路线

在湘中、湘北和湘南地区分布选择三个灌区作为典型进行研究。首先，明确研究对象，通过收集灌区范围内的水文气象资料、社会经济资料、骨干水源工程及配套水源工程，灌区渠系、骨干水库现有运行调度方式、灌区面积及作物种植结构等基础数据，建立社会经济、水文气象、地理信息、水利基础设施和灌溉对象等数据库；在数据库建立的基础上，进行灌区内的产水、需水预测，分别计算骨干水源和基础水利设施的产水量，灌区内人畜需水及灌溉需水量；然后，为达到节水增产的目的，以灌区缺水量最小、弃水量最小和供水保证率最高为目标函数，以骨干水源和基础水利设施有效库容、灌溉渠道过流能力、灌溉需水破坏深度等为约束条件，构建灌溉水资源优化配置模型，并采用非支配排序粒子群算法（NSPSO）进行模型求解计算，得到灌溉节水增产水资源配置原则；根据建立的基础数据库、产需水预测系统和拟定的调度原则，建立灌区决策支持系统，用于指导灌区水资源配置，达到节水增产的目的。农业水资源基础数据库与灌溉决策支持系统研究思路见图 3-15。

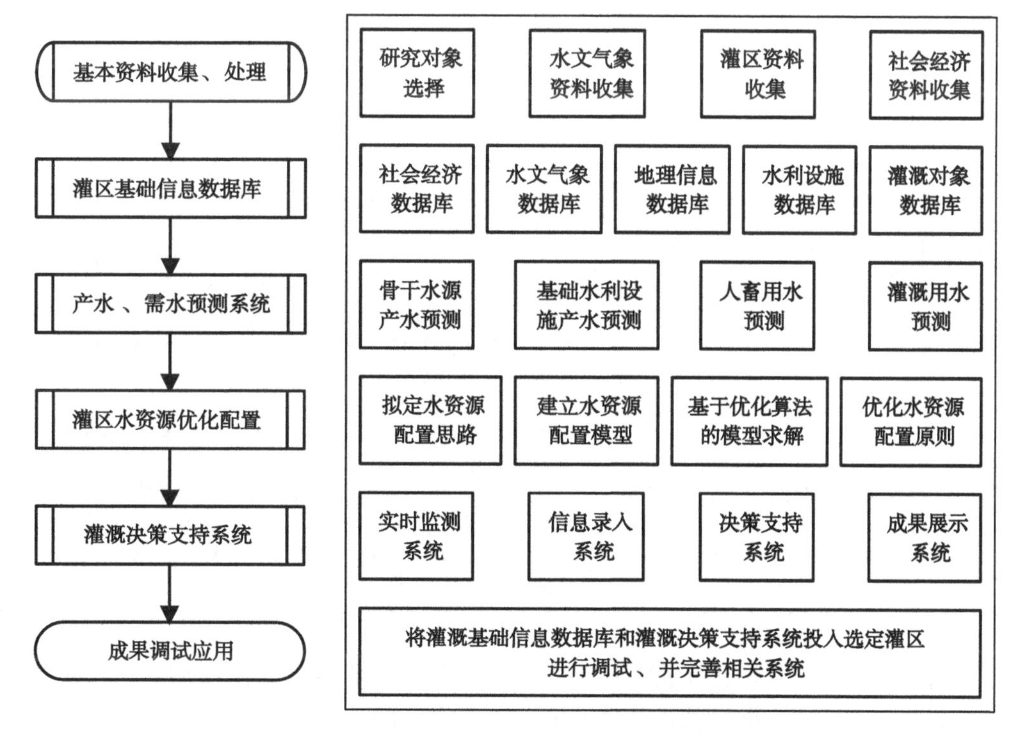

图 3-15　农业水资源基础数据库与灌溉决策支持系统技术思路图

（二）农业水资源基础数据库研究

根据湖南省农科院 2013 年编制的《湖南省灌溉发展规划》，水文气象、地貌形态、水土资源等自然条件的地域差异，决定了湖南省各地经济水平、农业生产布局、灌溉发展方式等呈明显的地域差异性。针对各地特点，按照“归纳相似性、区别差异性、照顾行政区界”总原则，进行合理分区。分区把握的具体原则如下。

（1）地形、地貌等自然地理特征基本一致。

（2）水文气象、水土资源条件、灌区特点等基本一致。

（3）以县级行政单元为分区基本单元，适当照顾地级行政区划、流域水系及大型灌区的完整性。

采用模糊聚类的数学方法对基本单元做模糊聚类分区运算，聚类结果比较理想。综合考虑到地貌、气候带、灌区类型、作物种植条件、流域水系及大型灌区的完整性、地级行政区划管理等影响因素，参考《湖南省节水灌溉分区与规划》等成果，形成分区结果如表3-22所示。

表3-22　湖南省灌溉发展规划分区

区号	名称	范围	
		所辖地区	所辖县级行政区
Ⅰ区	湘北洞庭湖平原及环湖丘陵区	常德、益阳、岳阳、长沙、湘潭	武陵区、鼎城区、安乡、汉寿、澧县、桃源、临澧、津市市、赫山区、资阳区、沅江市、桃江、南县、云溪区、安化、岳阳楼区、君山区、岳阳县、华容、汨罗市、临湘、平江、湘阴、宁乡、望城、浏阳、湘乡市
Ⅱ区	湘南、湘中山丘区	长沙、株洲、湘潭、衡阳、娄底、邵阳永州、郴州	长沙县、岳麓区、株洲县、芦淞区、石峰区、天元区、攸县、茶陵、炎陵、醴陵、雨湖区、岳塘区、荷塘区、韶山市、湘潭县、珠晖区、蒸湘区、雁峰区、石鼓区、南岳区、衡东、衡山、衡南、祁阳、祁东、常宁、耒阳、衡阳县、娄星区、双峰、新化、涟源、冷水江、大祥区、双清区、北塔区、洞口、武冈、隆回、新宁、新邵、邵东、邵阳县、冷水滩区、零陵区、道县、东安、新田、北湖区、苏仙区、永兴、嘉禾、桂阳、安仁、资兴
Ⅲ区	湘东南及湘西北山区	永州、郴州、湘西州、张家界、怀化、邵阳、常德	双牌、江华、江永、蓝山、宁远、桂东、临武、汝城、宜章 永顺、花垣、泸溪、古丈、龙山、保靖、凤凰、吉首、永定区、武陵源区、慈利、桑植、鹤城区、洪江区、洪江市、中方县、会同、靖县、辰溪、麻阳、溆浦、新晃、城步、沅陵、芷江、通道、绥宁、石门

根据分区规划，主要选择典型灌区（湘北平原区—华容县北汉中型灌区、湘中山丘区—涟源八女、桂花小型灌区、湘北丘陵区—益阳市迎丰中型灌区、湘南丘陵区—永州零陵区何仙观灌区）进行实践，通过数据分析处理，并结合课题组研究成果，研究制定分区域、分灌区不同肥力和栽培技术条件下双季稻节水灌溉制度和节水运行管理模式。

1. 湖南双季稻区水资源特征

（1）降水　湖南省属我国南方湿润地区，降水量相对丰沛。因受太阳辐射、季风环流和地理因素的影响，降水表现出明显的季节性和地域性。全省降雨类型多为气旋雨、地形雨和对流雨，部分地区受台风影响。

①降水空间分布特点。因受大气环流和地形因素的影响，全省降水量分布很不均匀。总的趋势是山区大于丘陵，丘陵大于平原，西、南、东三面山地降水量多，中部丘陵和北部洞庭湖平原少。

全省 1956—2000 年同步期系列平均年降水量为 1 450.0 mm，一般为 1 200~2 000mm。根据湖南省水资源综合规划领导小组办公室于 2007 年编制的《湖南省水资源综合规划》，全省境内共有四个高值区、三个低值区。

高值区

a. 澧水上游高值区

该区位于澧水上游、武陵山脉北支，湘、鄂两省交界的山区，以桑植县五道水为中心，多年平均降水量为 1 600~ 2 000mm，最大的八大公山超过 2 200mm。

b. 雪峰山区高值区

该区为雪峰山区，有三个高值中心：一是雪峰山南端，资水和沅江的分水岭洞口至洪江之间；二是雪峰山北端，资水下游两岸的桃源至王家湾；其次是安化熊家山至桃江谈家园，多年平均降水量为 1 600~ 2 000mm，最大的王家湾达到 2 060mm。

c. 南岭山脉高值区

该区位于湘、粤交界的南岭和湘东南湘、赣交界的罗霄山脉，主要有三个高值中心：一是蓝山—江华之间的九嶷山；二是郴州何家；三是桂东—炎陵湘、赣交界的诸广山、万洋山，多年平均降水量为 1 600~ 1 700mm。

d. 湘东北高值区

该区域沿湘、鄂交界的幕阜山至湘、赣交界的九岭山一带和浏阳市境内的连云山，多年平均降水量在 1 600mm 以上，降水量最大的寒婆坳接近 2 300mm。

低值区

a. 洞庭湖低值区

主要是洞庭湖纯湖区范围，多年平均降水量一般为 1 200~ 1 400mm，降水量最小的澧县彭家厂仅 1 100mm。

b. 衡邵丘陵低值区

该低值区地跨衡阳、邵阳、湘潭、永州四个地区，东起衡南、西至隆回，南起祁阳、北到湘潭，多年平均降水量为 1 200~ 1 400mm，最低的衡南县茅洞桥仅 1 141mm。

c. 沅江上、中游山间盆地低值区

沅江上、中游山间盆地也是我省的一个降水低值区，该区南起通道、北到麻阳，多年平均降水量在 1 400mm 以下，少数地区如新晃、通道与贵州省交界处的小范围内，多年平均降水量不足 1 200mm。

②降水年际变化与季节分配。湖南省降水量虽然较丰沛，但一年中的季节变化大，降水分配很不均匀。

a. 降水量月分配

多年平均最大月降水一般出现在 5 月或 6 月。一般多年平均最大月降水量占全年降水量的 13%~20%，降水量特别不均匀的典型年份可达 40%以上。

多年平均最小月降水一般出现在 12 月。最小月降水量仅占全年降水量的 1.6%~4.0%，有些特别不均匀的典型年份最小月降水量为 0。

最大月降水量是最小月降水量的 4~9 倍，极值比最大的站是澧水南坪站，极值比为 12.42。

b. 汛期降水量

湖南省汛期为 4—9 月，这期间为降水量最多的月份。洞庭湖区、湘江、资水和沅江下游地区，汛期降水量占全年降水量的 60%~70%。澧水和沅江上、中游地区，汛期降水量占全年降水量的 70%~80%。

c. 降水量的多年变化

全省年降水量变差系数 Cv 值为 0.10~0.25，大部分地区为 0.15~0.20。大致分布规律是：

湘南和湘东南与广东、江西两省交界处，郴州、汝城、桂东以东地区，变差系数 Cv 值一般在 0.20 以上。

澧水上游及西水支流猛洞河上游，变差系数 Cv 值一般在 0.20 以上。

沅江支流渠水、巫水、溆水，资水中游的赧水、湘江下游涟水北部、沩水中上游地区，变差系数 Cv 值一般在 0.15 以下。

湘江、资水的大部分地区、沅水中下游、澧水中游，洞庭湖环湖区大部分地区变差系数 Cv 值一般为 0.15~0.20。

全省各雨量站最大年降水量一般为 1 500~ 2 500mm，有 56 个站最大年降水量超过 2 500mm；最小年降水量一般为 800~ 1 300mm，有 16 个站最小年降水量低于 800mm。全省各雨量站最小年降水量中的最大值是最小值的 2.8 倍。

最大年降水量与最小年降水量的比值：以湘江流域的江华县大枫坳站为最大（比值为 3.09），其余大多为 1.70~2.50。澧水、湘江、洞庭湖环湖区的大部分站点比值在 2.00 以上，资水和沅江大部分站点比值在 2.00 以下。

（2）蒸发　蒸发（包括水面蒸发与陆地蒸发），是水量平衡要素中一个主要因子，也是影响水资源时空分布规律及其数量的一个重要因素。

①水面蒸发。湖南省 1980—2000 年多年平均水面蒸发量为：736.5mm，变化幅度为：600~900mm。最高值大路铺 900.2mm，最低值南岳 532.8mm。总的趋势是以雪峰山为界东部大于西部。有两个高值中心和四个低值中心。

a. 高值中心

洞庭湖平原水网区，数值为：800~870mm。

湘江流域的中上游，数值为：800~900mm。

b. 低值中心

澧水上游与湖北省交界处，包括龙山、桑植、永顺在内的低值中心，蒸发小于 600mm。

资水中下游、湘江沩水上游。以安化为中心，包括绥宁、武冈、洞口、黔阳、新化、桃江等在内的大范围低值区，蒸发量小于 700mm。在 576~677mm 内。

湘东浏阳河上游山区与江西省交界的地区，小于700mm。

湘东南山地以桂东为中心的低值中心，蒸发小于700mm

全省水面蒸发的高低值区分布，与年降水量的分布基本相似，但其高低值相反。一般是山区小，丘陵、平原大。

②陆面蒸发。

陆地蒸发量：系指流域内水体蒸发、土壤蒸发和植物散发的总和。陆地蒸发量用近似的流域水量平衡法求得。

陆地蒸发等值线的绘制：采用代表站的陆地蒸发量值，并综合网格法的资料勾绘而成。全省陆地蒸发量的分布，有两个高值区和两个低值区。

a. 高值区：

洞庭湖平原，陆地蒸发量大于700mm。

湘南包括衡阳市、永州市、桂阳、安仁在内的大范围地区陆地蒸发量大于700mm。

b. 低值区：

湘西北与湖北、重庆、贵州省交界处陆地蒸发量小于500mm。

湘东南与江西、广东、广西交界处包括桂东、汝城、宜章、临武、江华和资水流域的新化、隆回、新宁陆地蒸发量小于600mm。

全省陆地蒸发总量为1 390亿m^3。省境内湘江衡阳以上至省界为278.8亿m^3，湘江衡阳以下至濠河口为268.2亿m^3，资水冷水江以上至省界为92.2亿m^3，冷水江以下至甘溪港为75.8亿m^3，沅江浦市以上至省界166.9亿m^3，浦市以下至德山为167.3亿m^3，澧水小渡口以上至省界90.7亿m^3，洞庭湖环湖区182.7亿m^3，其他流入外省河流在本省范围的为67.8亿m^3。

③干旱指数。干旱指数一般以各地年蒸发能力与年降水量之比作为区别各地气候干湿程度的指标。湖南省属南方湿润地区，干旱指数均小于1。

干旱指数分布规律基本与水面蒸发分布相似，有四个高值区和四个低值区。

a. 四个高值区

湘水流域上游，以江永、江华、道县等在内的γ为0.57~0.63。湘水流域中、下游，包括衡阳市、衡阳县在内的γ为0.59~0.61。

洞庭湖平原区，γ为0.6~0.64；

澧水下游、石门以北小范围的高值区γ为0.6~0.62。

沅水上游与贵州省交界的新晃、包括芷江、会同、靖州在内的γ为0.59~0.63。

b. 四个低值区

资水、沅水下游，以安化为中心的低值区澧水流域上游与湖北省交界处小于0.4。

南岳高山区γ小于0.4。

湘东北浏阳河上游与江西省交界地区γ小于0.4。

桂东与江西省交界地区γ小于0.4。

全省干旱指数γ的最大值为0.64（岳阳），最小为0.26（南岳），平均为0.51。

2. 基本资料收集（以湘北丘陵区为例）

（1）水库及灌区基本资料　迎丰水库位于益阳市资阳区迎丰桥镇境内，集水面积28km²，校核库容 2 338 万 m³，正常库容 1 788万 m³，死库容 56 万 m³，设计洪水位 65.6m，校核洪水位 66.13m，正常水位 64.0m，死水位 50.54m。该水库建于 20 世纪 50 年代末 60 年代初，是一个以灌溉为主的中型水利工程。迎丰灌区是以迎丰水库为主要水源地的中型灌区，该灌区主要分布在迎丰水库附近 10~15km 范围内的 4 个乡镇，即迎丰桥镇、香铺仑乡、李昌港乡，长春镇，共 39 个村，377 个小组，地理坐标为东经 112°04′至 112°50′，北纬 28°28′至 28°54′，灌区设计灌溉面积 4.29 万亩，设计灌溉保证率为 85%。灌区属丘陵区与洞庭湖冲积平原区的过渡地带，土壤大多为粉黏土与中壤土，土质肥沃，适合水稻、蔬菜等农作物生长。灌区现有山塘、平塘 1351 处，小型河坝 71 处，五座小（Ⅱ）型水库，总有效库容 50.67 万 m³。灌区有南干渠、中干渠、北干渠共三条干渠，总长 34.5km，其中南干渠有 14 条支渠，其中灌溉面积 3 000亩以上支渠 1 条，北干渠有 2 条支渠，中干渠有 6 条支渠，其中灌溉面积 3 000亩以上支渠 1 条，灌区支渠总长 46.52km。水库灌区原配套工程建于 20 世纪 50 年代末 60 年代初期，当时工程建造时只讲速度、数量，不讲质量、效益，渠道、隧洞只是成形，均未衬砌，致使其边坡垮塌严重，渠道水利用系数低，现实际灌溉面积只有 3.36 万亩。2010 年，迎丰灌区完成续建配套与节水改造建设后，对渠道及隧洞全面衬砌和防渗以后，可增加灌溉面积 0.93 万亩，基本达到设计 4.29 万亩的要求，总体布置示意图见图 3-16。

（2）气象资料

①收集了 1971—2013 年日均降雨、风速、日照、水汽压、气温等气象资料。②灌区多年平均气温 16.9℃，多年平均降水量 1 434mm。雨量分布主要集中在春夏季，占全年总降水量的 70%左右，雨量年实际变化较大，最大年降水量 2 205.3mm，最小降水量 1 082.3mm（图 3-16）。

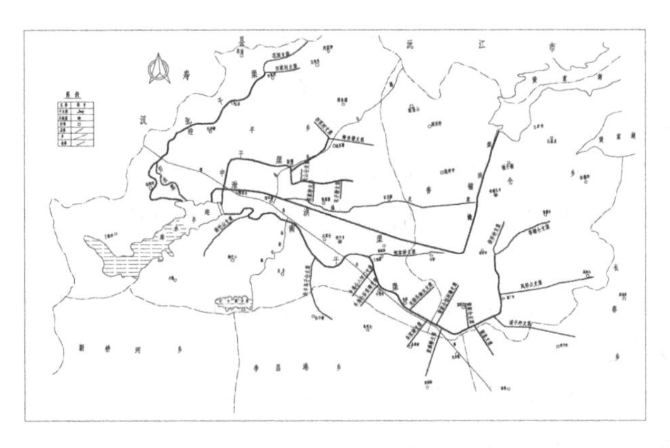

图 3-16　迎丰灌区总体布置示意图

③灌区作物种植结构，灌区内水利设施见表（表 3-23、表 3-24）。

表 3-23　迎丰灌区作物种植结构

灌区名称	早稻	晚稻	烤烟	红薯	大豆	油菜	蔬菜
迎丰灌区	26 730	24 821	4 239	3 297	3 297	7 721	4 290

表 3-24　迎丰灌区基础水利设施

工程名称	规模/座数	集雨面积（km^2）	坝型	坝高（m）	有效库容（万 m^3）	灌溉面积（亩）
冷水冲水库	小Ⅱ型	0.15	土坝	7	10.28	700
铁炉村水库	小Ⅱ型	0.16	土坝	8	10.55	700
龙家塘水库	小Ⅱ型	0.15	土坝	10	9.86	600
渔泊塘水库	小Ⅱ型	0.14	土坝	7	9.52	600
肖家塘水库	小Ⅱ型	0.16	土坝	8.7	10.46	800
山塘	1351				434.3	5 734
河坝	71				35.0	860

3. 灌区产水、需水预测

（1）灌区腾发量计算　采用 1979 年联合国粮农组织推荐的 Paman 公式即能量平衡法计算参考作物腾发量。参数值参照《灌溉排水工程设计规范》、《中国主要农作物需水量等值线图研究》及《湖南省水稻等值线图研究》等。迎丰灌区 1971—2013 年长系列腾发量计算结果见表 3-25。

表 3-25　迎丰灌区 1971—2013 年腾发量及降水量年值

年份	腾发量（mm）	降水量（mm）	年份	腾发量（mm）	降水量（mm）
1971	896	938	1993	767	1 204
1972	911	680	1994	786	1 308
1973	839	1 316	1995	863	1 533
1974	935	907	1996	782	1 121
1975	858	1 110	1997	804	1 087
1976	870	1 009	1998	845	1 588
1977	873	1 124	1999	755	1 427
1978	978	814	2000	831	909
1979	898	687	2001	886	841
1980	832	1 141	2002	821	1 713
1981	928	960	2003	836	993
1982	793	1 111	2004	869	1 002
1983	854	1 042	2005	872	1 023
1984	858	963	2006	907	897
1985	858	763	2007	869	702
1986	858	844	2008	889	724
1987	824	1 206	2009	916	722
1988	845	1 059	2010	895	1 296
1989	771	1 090	2011	956	819
1990	879	980	2012	916	1 381
1991	781	912	2013	1 068	799
1992	879	833	多年平均	864	1 037

（2）作物灌溉定额计算　水稻灌溉定额逐日进行水量平衡计算，即根据年内逐日降水、作物逐日需水、渗漏量等在生育期内逐日进行田间水量平衡计算。旱作物逐旬进行水量平衡，分别计算了红薯、大豆、烤烟、蔬菜、油菜等的灌溉定额。迎丰灌区1971—2013年水稻和旱作物长系列灌溉定额见表3-26。

表3-26　迎丰灌区1971—2013年水稻和旱作物长系列灌溉定额

年份	早稻	晚稻	大豆	红薯	烤烟	蔬菜	油菜	综合灌溉定额
1971	266	318	10	127	80	243	43	401
1972	355	312	73	193	110	257	33	465
1973	204	190	0	0	90	127	77	273
1974	236	423	70	167	150	307	37	462
1975	244	272	20	107	73	247	40	358
1976	180	355	33	77	100	170	27	357
1977	216	314	30	117	107	177	23	360
1978	276	342	53	100	120	303	43	432
1979	268	289	43	97	120	300	107	406
1980	204	284	37	0	107	127	33	323
1981	357	370	77	187	130	273	37	504
1982	293	211	23	43	97	133	43	340
1983	134	327	30	103	107	157	43	317
1984	206	325	0	150	83	250	43	369
1985	291	350	33	133	77	247	33	435
1986	227	348	37	117	93	217	43	394
1987	167	317	23	47	107	107	17	317
1988	283	208	57	73	113	240	77	356
1989	207	242	7	43	73	110	37	298
1990	237	366	33	160	113	217	37	414
1991	223	319	10	40	77	157	37	357
1992	157	390	20	183	93	260	80	389
1993	144	248	37	0	73	63	30	255
1994	247	196	27	3	87	60	10	286
1995	139	354	7	107	70	187	27	330
1996	220	257	43	0	87	107	43	316
1997	246	192	37	33	77	127	17	293
1998	261	253	30	33	120	123	43	346
1999	122	265	0	0	93	70	37	253

（续表）

年份	早稻	晚稻	大豆	红薯	烤烟	蔬菜	油菜	综合灌溉定额
2000	254	234	57	77	77	210	13	335
2001	283	355	27	133	90	207	40	431
2002	118	235	3	0	83	70	40	232
2003	155	325	0	83	87	173	30	323
2004	224	329	37	40	120	220	43	378
2005	265	314	33	40	110	193	43	391
2006	262	354	33	73	113	227	43	418
2007	357	257	90	43	133	287	70	436
2008	325	285	53	60	120	247	23	417
2009	273	342	57	153	87	263	33	425
2010	215	276	30	53	127	147	0	327
2011	280	286	60	90	130	307	40	402
2012	239	319	43	37	110	197	23	374
2013	307	373	67	220	120	400	20	485
平均	237	300	35	82	101	198	39	367

（3）综合灌溉定额　根据作物种植结构（作物种植系数）以及各种作物灌溉定额，求出灌区各片综合灌溉定额。迎丰灌区作物多年平均综合灌溉定额为 367m^3/亩。灌区多年平均需水量 1 574万 m^3。

（4）灌区产水预测

一是水库产水计算：水库地表水产流过程根据其集雨面积及灌区逐旬的径流量进行计算，即：

$$W_i = F \cdot K_{pi}$$

式中：W_i——水库逐时段产水量（万 m^3）；

F——水库的集雨面积（km^2）；

K_{pi}——逐时段产水模数（万 m^3/km^2），灌区多年平均产水模数为 89.1 万 m^3/km^2。

二是水库供水量计算

$$W_{供} = \sum_{i=1}^{t} \min(V_i + W_i, X_i)$$

水库的供水量取蓄水量、产水量之和与用水户需水量的小值，式中，V_i、W_i、X_i分别为 i 时段水库蓄水量、产水量及用水户的需水量；t 为计算时段数。

三是山平塘供水量计算：山平塘可供水量按复蓄系数法求取，考虑 75%干旱年份的复蓄系数为 1，其他年份复蓄系数按照灌溉期 4—10 月降水量值比例求得。灌区内复蓄系数区间为 0.81～2.04。

四是河坝供水量计算：河坝按其控制集雨面积与控灌面积估算可引水量。

4. 湘中山丘区涟源灌区工程

八女水库位于湘江水系涟水支流胡家塘河上游，坝址坐落在涟源市桥头河镇（原渡头塘公社）八女村，距涟源市城区 28km，距大坝 0.8km 处有简易乡村机耕道通过，交通条件较差。

八女水库大坝控制集雨面积 4.04km^2，水库正常蓄水位 162.8m，正常库容 100.8 万 m^3，300 年一遇校核洪水位 163.98m，总库容 152.40 万 m^3，死水位 156.9m，死库容 28.0 万 m^3。枢纽工程由大坝、溢洪道、灌溉输水涵洞等组成。是一座以灌溉为主，结合防洪、养鱼等综合利用的小Ⅰ型水利工程。

桂花灌区位于涟源市桥头河镇西北部，灌区内主要水系为涓水河，灌区取水是由兴建于涓水河畔的桂花泵站抽排至灌溉渠道进行灌溉，泵址坐落在涟源市桥头河镇桂花村，由 6 台型号为 40-6 的水轮泵组成，单台水轮泵设计流量为 0.022m^3/s。设计灌溉面积 3 600亩，有效灌溉面积 3 351亩，灌溉范围涉及 8 个行政村。

（1）灌区设计保证率　灌区位于湖南省中部，降雨年际变化较大，年内分配不均匀，属于水资源不稳定地区；按照《灌溉与排水工程设计规范》（GB 50288—99），此类地区水稻的灌溉设计保证率取值范围在 $P=75\%\sim95\%$，旱作物（主要考虑大豆、玉米）的灌溉设计保证率取值范围 $P=70\%\sim85\%$；经综合考虑，采用的灌溉保证率 $P=85\%$。

（2）灌区需水预测　八女灌区灌溉面积 3 484亩，桂花灌区灌溉面积 3 351亩，都是小型灌区。灌区需水主要是农业灌溉用水，暂不考虑人畜用水。灌溉用水由作物定额和种植面积确定。

一是作物种植结构规划：根据当地的种植习惯，遵循发展优质、高效农业的方针，对灌区作物结构进行优化设计。种植计划确定的具体原则如下：

a. 考虑当地播种习惯，以水稻为主。

b. 大力发展高效优质经济作物，近十年来，经济作物播种面积比较稳定，但所占农作物总播面的比例较小，在设计水平年，从发展高效、优质农业的观点出发，灌区主要经济作物有：有机蔬菜、有机黑豆等。

根据以上原则，确定灌区内作物种植结构（表 3-27）。

表 3-27　涟源灌区作物种植结构

作物种类	八女灌区		桂花灌区	
	播种面积（亩）	系数	播种面积（亩）	系数
早稻	1 350	0.387	1 298	0.387
中稻	995	0.286	957	0.286
晚稻	1 470	0.422	1414	0.422
玉米	540	0.155	519	0.155
豆类	320	0.092	308	0.092
油菜	450	0.129	433	0.129

（续表）

作物种类	八女灌区		桂花灌区	
	播种面积（亩）	系数	播种面积（亩）	系数
蔬菜	159	0.046	153	0.046
合计	5 284	1.517	5 082	1.517
灌溉面积	3 484		3 351	

二是灌溉制度。

a. 水稻灌溉制度：根据《节水灌溉技术规范》（GB/T 50363—2006）和《灌溉与排水设计规范》（GB 50288—99）水稻灌水方式采用“薄、浅、湿、晒”的控制灌溉模式，即薄水插秧、浅水返青、薄湿分蘖、晒田蹲苗、回水攻胎、浅薄扬花、湿润灌浆、落干黄熟；田间水量平衡时，田间适宜水深参照邻近试验站确定其水层上、下限，超则排，少则蓄（灌）。其土壤主要是壤土，参照邻近灌区确定田间渗漏。水稻灌溉制度详见表 3-28。

表 3-28　灌区水稻不同生育期灌溉水层深度

项目 \ 生育阶段		移植—回青	回青—分蘖	分蘖—拔节		拔节—抽穗	抽穗—乳熟	乳熟—腊熟	腊熟—收割	备注
				晒田	拔节					
早稻	起讫日期	28/4~5/5	6/5~26/5	27/5~2/6	3/6~9/6	10/6~27/6	28/6~9/7	10/7~19/7	20/7~28/7	
早稻	天数（d）	8	21	7	7	18	12	10	9	
早稻	渗漏 S（mm/d）	1.8	2.0		1.9	1.9	2.3	2.1	2.1	
早稻	设计水层（mm） 浅灌 晒田	10~ 25~40	10~ 25~45		20~ 30~75	10~ 30~75	10~ 20~50	10~ 20~50	自然 落干	
晚稻	起讫日期	15/7~25/7	26/7~19/8	20/8~25/8	26/8~3/9	4/9~16/9	17/9~2/10	3/10~13/10	13/10~21/10	
晚稻	天数（d）	10	25	5	9	13	16	11	10	
晚稻	渗漏 S（mm/d）	1.5	1.6		1.6	1.8	2.0	1.6	1.6	
晚稻	设计水层（mm） 浅灌 晒田	10~ 30~40	10~ 30~40		20~ 30~75	10~ 30~75	10~ 20~50	10~ 20~50	自然 落干	
中稻	起讫日期	15/5~26/5	27/5~7/6	8/6~14/6	15/6~2/7	3/7~23/7	24/7~2/8	3/8~12/8	13/8~23/8	
中稻	天数（d）	12	12	7	18	21	10	10	11	
中稻	渗漏 S（mm/d）	1.8	2.0		1.9	1.9	2.3	2.1	2.1	
中稻	设计水层（mm） 浅灌 晒田	10~ 30~45	10~ 30~45		20~ 30~75	10~ 30~75	10~ 20~75	10~ 20~75	自然 落干	

b. 旱作物灌溉制度：旱作物的灌水方式及计划湿润深度等参数见旱作物灌溉参数表 3-29。

表 3-29 旱作物灌溉参数

生育阶段 / 作物种类	A：季初				B：发育				C：季中				D：季末				E：收获			
	时段	Kc	H	β	时段	Kc	H	β	时段	Kc	H	β	时段	Kc	H	β	时段	Kc	H	β
玉米	4.1～4.20	0.40	0.40	0.65	4.21～5.10	0.80	0.40	0.70	5.11～6.30	1.15	0.55	0.75	7.1～7.20	1.10	0.70	0.70	7.21～7.31	1.05	0.70	0.70
大豆	4.1～4.20	0.35	0.35	0.55	4.21～5.20	0.75	0.35	0.60	5.21～6.20	1.10	0.40	0.65	6.21～6.30	0.25	0.40	0.60	7.1～7.10	0.45	0.40	0.60
油菜	10.1～10.20	0.35	0.35	0.55	10.21～11.10	0.75	0.45	0.55	11.11～3.20	1.15	0.65	0.60	3.21～4.20	0.70	0.80	0.65	4.21～5.10	0.25	0.80	0.65
蔬菜	全年	1.10	0.45	0.75																

注：Kc：作物需水系数；H：计划湿润层深度（m）；β：适宜含水率。

三是灌溉定额。

a. 参考作物腾发量及降水：灌区水利计算的水文气象等基本资料采用涟源站的成果，计算系列为1962年到2008年共47年。

采用1979年联合国粮农组织推荐的Paman公式即能量平衡法计算参考作物腾发量。参数值参照《灌溉排水工程设计规范》及《中国主要农作物需水量等值线图研究》及《湖南省水稻等值线图研究》等。

涟源站多年平均腾发量为843mm，1962—2008年参考作物腾发量年值及降水量年值见表3-30和表3-31。

表3-30　参考作物腾发量年值

年份	腾发量（mm）	年份	腾发量（mm）	年份	腾发量（mm）
1962	901	1978	908	1994	801
1963	957	1979	831	1995	862
1964	879	1980	800	1996	831
1965	855	1981	873	1997	800
1966	914	1982	787	1998	868
1967	872	1983	860	1999	763
1968	855	1984	836	2000	807
1969	833	1985	871	2001	810
1970	790	1986	874	2002	780
1971	868	1987	813	2003	879
1972	870	1988	851	2004	847
1973	813	1989	757	2005	870
1974	858	1990	867	2006	862
1975	837	1991	831	2007	820
1976	851	1992	853	2008	886
1977	814	1993	780	年均	843

表3-31　降水量年值

年份	年降水量（mm）	年份	年降水量（mm）	年份	年降水量（mm）
1962	1 438	1978	1 126	1994	1 843
1963	1 207	1979	1 246	1995	1 432
1964	1 340	1980	1 435	1996	1 380
1965	1 123	1981	1 588	1997	1 583
1966	1 346	1982	1 463	1998	1 611
1967	1 351	1983	1 185	1999	1 400
1968	1 260	1984	1 460	2000	1 438
1969	1 535	1985	1 215	2001	1 300
1970	1 899	1986	1 252	2002	1 756
1971	1 259	1987	1 384	2003	949
1972	1 517	1988	1 356	2004	1 523
1973	1 385	1989	1 520	2005	1 390
1974	1 136	1990	1 680	2006	1 566
1975	1 537	1991	1 285	2007	1 164
1976	1 184	1992	1 442	2008	1 265
1977	1 387	1993	1 667	平均	1 400

b. 水稻灌溉定额：作物需水量计算

$$E = KC \cdot ET0$$

式中：E——作物需水量（mm）；KC——作物系数。作物系数取自《中国主要农作物需水量等值线图研究》一书，并结合当地灌溉试验站修正，其中早、晚稻采用湖南湘中片值，中稻采用我国南方值（表3-32）。

表3-32　水稻需水系数

稻别＼月份	4	5	6	7	8	9	10
早稻	1.12	1.21	1.36	1.24			
晚稻				1.10	1.15	1.37	1.35
中稻		1.12	1.30	1.34	1.21		

泡田定额：泡田期的灌溉用水量（泡田定额）可用下式计算：

$$M_1 = 6.67h_0 + 0.667\ (S_1 + e_1 t_1 - P_1)$$

式中：M_1——泡田期灌溉用水量（m^3/亩）；h_0——插秧时田面所需的水层深度（mm）；S_1——泡田期的渗漏量（mm）；t_1——泡田期的天数（d）；e_1——t_1时期内水田田面平均蒸发强度（mm）；P_1——t_1时期内的降水量（mm）。

水稻灌溉定额计算

灌溉定额计算采用水量平衡原理分析计算法，计算时段为日，即根据设计代表年的逐日降水、作物逐日需水、渗漏量等在生育期内逐日进行田间水量平衡计算。水量平衡方程式：

$$h_1 + P + m - E - C = h_2$$

式中：h_1——时段初田面水层深度（mm）；h_2——时段末田面水层深度（mm）；P——时段内的降水量（mm）；m——时段内的灌水量（mm）；E——时段内田间耗水量（mm）；C——时段内排水量（mm）。

计算方法：如果时段初（日）的农田水分处于适宜水层上限（H_{max}）经过一个时段的消耗，田面水层降至适宜水层下限（H_{min}），这时如果没有降雨，则需进行灌溉，灌至适宜水层上限（H_{max}）。如时段内降雨较大，时段消耗后的田面水层大于降雨后最大蓄水深度（Hp），则需排水，排至降雨后最大蓄水深度（Hp）。

根据水稻灌溉定额计算方法，计算长系列水稻灌溉定额，早稻、中稻、晚稻多年平均灌溉定额分别为207.9m^3/亩、277.2m^3/亩、321.7m^3/亩。

四是旱作物灌溉定额：旱作物逐旬进行水量平衡，分作物计算了玉米、大豆、油菜、蔬菜等的灌溉定额。灌区各作物灌溉定额汇总见表3-33。

表3-33　各作物灌溉定额汇总

年份	早稻（m^3/亩）	中稻（m^3/亩）	晚稻（m^3/亩）	大豆（m^3/亩）	玉米（m^3/亩）	蔬菜（m^3/亩）	油菜（m^3/亩）
1962	163.7	311.2	296.6	34.7	84.7	176.0	44.9
1963	205.9	413.6	474.2	69.3	116.0	293.3	41.8

（续表）

年份	早稻（m³/亩）	中稻（m³/亩）	晚稻（m³/亩）	大豆（m³/亩）	玉米（m³/亩）	蔬菜（m³/亩）	油菜（m³/亩）
1964	212.2	322.2	401.0	34.7	78.9	264.0	46.9
1965	251.3	368.4	292.1	0.0	88.4	205.3	45.9
1966	233.9	424.6	547.8	34.7	34.7	234.7	45.2
1967	201.9	353.9	244.8	34.7	78.9	146.7	0.0
1968	245.5	260.0	359.9	0.0	44.2	205.3	34.7
1969	138.9	192.5	344.4	0.0	0.0	88.0	45.8
1970	198.2	264.6	244.0	34.7	37.2	117.3	34.7
1971	207.1	346.7	373.3	0.0	123.1	264.0	42.1
1972	240.7	383.5	301.7	69.3	204.4	234.7	0.0
1973	199.5	252.1	292.0	0.0	0.0	205.3	44.3
1974	199.1	304.8	391.6	34.7	38.5	264.0	34.7
1975	147.3	271.2	368.2	34.7	123.1	205.3	45.0
1976	261.0	312.8	301.5	0.0	44.2	176.0	34.7
1977	154.7	275.4	396.8	34.7	78.9	176.0	34.7
1978	208.6	289.9	325.7	34.7	123.1	234.7	37.6
1979	137.8	173.7	291.1	34.7	34.7	176.0	81.5
1980	258.4	208.1	276.2	0.0	44.2	117.3	42.5
1981	226.6	254.1	340.9	35.7	86.7	205.3	47.1
1982	227.5	262.9	209.3	34.7	78.9	117.3	47.3
1983	212.8	340.8	369.2	34.7	123.1	234.7	34.7
1984	147.7	238.4	311.5	0.0	88.4	146.7	44.2
1985	392.4	274.4	338.6	34.7	123.1	205.3	34.7
1986	266.9	277.3	380.9	34.7	34.7	205.3	47.3
1987	152.7	232.9	288.5	0.0	0.0	146.7	34.7
1988	218.3	340.2	318.8	0.0	123.1	234.7	47.3
1989	214.5	244.3	243.4	0.0	34.7	58.7	44.4
1990	183.9	293.3	359.8	0.0	44.2	234.7	34.7
1991	270.8	329.6	396.2	0.0	88.4	264.0	45.1
1992	109.3	405.7	462.5	0.0	44.2	293.3	46.7
1993	191.2	185.0	196.3	34.7	34.7	88.0	34.7
1994	173.2	141.0	75.5	34.7	34.7	29.3	34.7
1995	210.4	258.5	354.1	34.7	78.9	176.0	34.7
1996	282.6	179.3	289.9	0.0	0.0	146.7	47.3
1997	255.9	255.1	223.4	0.0	34.7	58.7	34.7
1998	155.4	283.1	372.9	34.7	34.7	176.0	46.7
1999	167.9	139.4	225.5	0.0	0.0	58.7	47.3
2000	232.7	230.9	218.9	34.7	78.9	88.0	34.7
2001	184.9	226.0	386.8	34.7	78.9	205.3	42.6
2002	127.7	196.3	202.5	34.7	34.7	58.7	36.9
2003	203.1	415.0	438.4	36.9	132.1	352.0	47.3

（续表）

年份	早稻（m^3/亩）	中稻（m^3/亩）	晚稻（m^3/亩）	大豆（m^3/亩）	玉米（m^3/亩）	蔬菜（m^3/亩）	油菜（m^3/亩）
2004	181.2	199.0	269.7	0.0	34.7	117.3	47.3
2005	212.5	271.6	416.3	0.0	88.4	264.0	45.6
2006	197.2	229.2	293.9	34.7	34.7	146.7	47.3
2007	198.9	284.2	297.9	34.7	129.5	234.7	34.7
2008	307.8	312.1	316.9	0.0	88.4	234.7	34.7
平均	207.9	277.2	321.7	21.5	67.3	182.2	40.3

五是综合灌溉定额：根据作物种植计划（作物种植系数）以及作物灌溉定额，求出灌区综合灌溉定额。灌区多年平均综合灌溉定额 321.4m^3/亩，成果见表 3-34。$P=15\%$时综合灌溉定额 258.6m^3/亩，$P=50\%$时综合灌溉定额 328.9m^3/亩，$P=85\%$时综合灌溉定额 377.6m^3/亩。

5. 湘北平原区华容灌区工程

华容县位于湖南省北部边陲，岳阳市西境，北倚长江，南滨洞庭湖，位于东经112°18′31″~113°1′32″，北纬 29°10′18″~29°48′27″。东与岳阳市君山区交界，西与益阳市南县相邻，南连国营北洲子农场，北接湖北省石首市，东北与湖北省监利县隔江相望。境内东西最大横距 68km，南北最大纵距 80km。国土面积 1 612km^2，占全省面积的 0.76%，其中平原 1 028 km^2，占 63.8%；低山丘岗区 328.2km^2，占 20.3%；水面 255.8km^2，占 15.9%。华容县系产粮核心县，是历史上有名的“鱼米之乡”“棉麻之乡”。

灌区以种植水稻为主，盛产油菜、棉花、经果林等经济作物，是华容的农副产品基地之一。根据《灌溉与排水设计规范》（GB 50288—99）的规定，灌溉设计保证率取值范围为 80%~95%。

灌溉保证率：项目区地处洞庭湖腹地，地表水资源和入境水量相对较丰富，作物种植有水稻和经济作物，结合当地水资源、土壤、灌水方式及耕作方式等综合考虑选定灌溉保证率为 90%。

灌溉设计代表年：选定 1963 年为灌溉设计代表年。灌溉定额：结果见表 3-35。

表 3-34　综合灌溉定额年值及频率

综合灌溉定额年值表			综合灌溉定额年值频率表			
序号	年份	灌溉定额（m^3/亩）	序号	频率（%）	年份	灌溉定额（m^3/亩）
1	1962	307.6	1	2.1	1994	153.6
2	1963	441.1	2	4.2	2002	207.0
3	1964	376.9	3	6.3	1999	208.8
4	1965	354.8	4	8.3	1993	226.8
5	1966	468.1	5	10.4	1979	252.9
6	1967	304.7	6	12.5	2004	257.7

（续表）

综合灌溉定额年值表			综合灌溉定额年值频率表			
序号	年份	灌溉定额（m^3/亩）	序号	频率（%）	年份	灌溉定额（m^3/亩）
7	1968	341.9	7	14.6	1987	258.6
8	1969	264.0	8	16.7	1969	264.0
9	1970	274.1	9	18.8	1989	269.4
10	1971	373.4	10	20.8	2000	272.3
11	1972	380.8	11	22.9	1970	274.1
12	1973	287.6	12	25.0	1982	278.4
13	1974	355.1	13	27.1	1997	278.8
14	1975	327.3	14	29.2	1984	282.8
15	1976	337.1	15	31.3	2006	287.2
16	1977	334.0	16	33.3	1973	287.6
17	1978	338.9	17	35.4	1980	293.8
18	1979	252.9	18	37.5	1996	295.8
19	1980	293.8	19	39.6	1967	304.7
20	1981	336.4	20	41.7	1962	307.6
21	1982	278.4	21	43.8	1998	321.0
22	1983	373.0	22	45.8	2007	322.4
23	1984	282.8	23	47.9	1975	327.3
24	1985	409.4	24	50.0	1990	328.9
25	1986	367.4	25	52.1	2001	329.7
26	1987	258.6	26	54.2	1995	332.7
27	1988	352.1	27	56.3	1977	334.0
28	1989	269.4	28	58.3	1981	336.4
29	1990	328.9	29	60.4	1976	337.1
30	1991	397.8	30	62.5	1978	338.9
31	1992	377.6	31	64.6	1968	341.9
32	1993	226.8	32	66.7	1988	352.1
33	1994	153.6	33	68.8	1965	354.8
34	1995	332.7	34	70.8	1974	355.1
35	1996	295.8	35	72.9	2005	367.2
36	1997	278.8	36	75.0	1986	367.4
37	1998	321.0	37	77.1	2008	371.0
38	1999	208.8	38	79.2	1983	373.0
39	2000	272.3	39	81.3	1971	373.4
40	2001	329.7	40	83.3	1964	376.9
41	2002	207.0	41	85.4	1992	377.6
42	2003	428.2	42	87.5	1972	380.8
43	2004	257.7	43	89.6	1991	397.8
44	2005	367.2	44	91.7	1985	409.4
45	2006	287.2	45	93.8	2003	428.2
46	2007	322.4	46	95.8	1963	441.1
47	2008	371.0	47	97.9	1966	468.1
多年平均		321.4				321.4

表 3-35　华容灌区设计代表年各作物灌溉定额（$P=90\%$）

作物种类	净灌溉定额（m^3/亩）							
	4 月	5 月	6 月	7 月	8 月	9 月	10 月	合计
早稻	48.88	42.63	116.66	100.66				308.83
中稻		68.46	148.78	139.97	65.31			422.52
晚稻				29.08	100.12	142.51	47.33	319.04
油菜							60.00	60.00
棉花				90.00	90.00	60.00		240.00
经果林			30	60	60	60	30	240.00
小计	48.88	111.09	295.44	419.71	315.43	262.51	137.33	

作物种植系数：根据项目区内的种植习惯，遵循发展优质、高效农业的方针，作物种植结构以粮食作物为主，种植系数及播种面积见表 3-36。

表 3-36　项目区作物种植面积及系数

作物种类	种植面积及系数	
	播种面积（亩）	种植系数
早稻	6 985	0.45
中稻	2 830	0.18
晚稻	7 761	0.50
油菜	4 656	0.30
棉花	3 105	0.20
经果林	1 051	0.07
合计	26 388	1.70
灌溉面积	15 522	

综合灌溉定额：根据作物种植系数以及各作物灌溉定额，求出项目区设计代表年（$P=90\%$，1963 年）综合净灌溉定额为 457.78m^3/亩，详见表 3-37。

表 3-37　华容灌区设计代表年综合净灌溉定额（$P=90\%$）

月份	净灌溉定额（m^3/亩）						综合净灌溉定额（m^3/亩）
	早稻	中稻	晚稻	油菜	棉花	经果林	
	作物种植系数						
	0.45	0.18	0.50	0.30	0.20	0.07	
4	48.88						21.99
5	42.63	68.46					31.66
6	116.66	148.78				30	81.65
7	100.66	139.97	29.08		90	60	107.42
8		65.31	100.12		90	60	84.03

（续表）

月份	净灌溉定额（m³/亩）						综合净灌溉定额（m³/亩）
	早稻	中稻	晚稻	油菜	棉花	经果林	
	作物种植系数						
	0.45	0.18	0.50	0.30	0.20	0.07	
9			142.51		60	60	87.32
10			47.33	60		30	43.70
合计	308.83	422.52	319.04	60	240	240	457.78

6. 湘南丘陵区零陵区何仙观灌区工程

（1）水稻灌溉制度　水稻灌水方式采用"薄、浅、湿、晒"的控制灌溉模式，即薄水插秧、浅水返青、薄湿分蘖、晒田蹲苗、回水攻胎、浅薄扬花、湿润灌浆、落干黄熟；田间水量平衡时，采用"浅水勤灌"法，田间适宜水深根据邻近灌溉试验站资料确定其水层上、下限，超则排，少则蓄（灌），水稻灌溉制度详见表3-38。

表3-38　何仙观灌区水稻灌溉制度

项目			移植—回青	回青—分蘖	分蘖—拔节		拔节—抽穗	抽穗—乳熟	乳熟—蜡熟	蜡熟—收割	备注
					晒田	拔节					
早稻	起讫日期		28/4~3/5	4/5~24/5	25/5~31/5	1/6~7/6	8/6~20/6	21/6~2/7	3/7~11/7	12/7~22/7	
	天数（d）		6	21	7	7	13	12	9	11	
	渗漏S（mm/d）		2.2	2.7		2.8	3.0	2.9	2.5	2.5	
	设计水层	浅灌	10~	10~		10~	10~	10~	10~	自然	
		晒日	25~40	25~40		40~75	40~75	35~50	30~50	落干	
晚稻	起讫日期		26/7~30/7	31/7~19/8	20/8~24/8	25/8~2/9	3/9~15/9	16/9~1/10	2/10~12/10	13/10~21/10	
	天数（d）		5	20	5	9	13	16	11	9	
	渗漏S（mm/d）		1.9	2.1		2.2	2.4	2.1	1.8	1.8	
	设计水层	浅灌	20~	10~		20~	20~	20~	20~	自然	
		晒日	30~40	30~40		40~75	40~75	40~50	40~50	落干	
中稻	起讫日期		10/5~21/5	22/5~2/6	3/6~9/6	10/6~27/6	28/6~18/7	19/7~28/7	29/7~7/8	8/8~18/8	
	天数（d）		12	12	7	18	21	10	10	11	
	渗漏S（mm/d）		2.2	2.7		2.8	3.0	2.9	2.5	2.5	
	设计水层	浅灌	10~	10~		10~	10~	10~	10~	自然	
		晒日	30~45	30~45		45~75	45~75	40~55	40~55	落干	

（2）旱作物灌溉制度　旱作物的灌水方式及计划湿润深度等参数见表3-39。

表 3-39　何仙观灌区旱作物灌溉制度

生育阶段 作物种类	A：季初				B：发育				C：季中				D：季末				E：收获			
	时段	*Kc*	*H*	β	时段	*Kc*	*H*	β	时段	*Kc*	*H*	β	时段	*Kc*	*H*	β	时段	*Kc*	*H*	β
烤烟（薄荷叶）	3.1～3.20	0.35	0.45	0.80	3.21～4.10	0.75	0.45	0.75	4.11～5.10	1.10	0.45	0.70	5.11～5.31	0.95	0.45	0.70	6.1～6.10	0.80	0.45	0.70
花生	4.1～5.10	0.45	0.35	0.80	5.11～5.31	0.75	0.35	0.75	6.1～7.20	1.00	0.35	0.70	7.21～8.10	0.80	0.35	0.70	8.11～8.20	0.60	0.35	0.70
油菜	10.1～10.20	0.35	0.35	0.55	10.21～11.10	0.75	0.45	0.55	11.11～3.20	1.15	0.65	0.60	3.21～4.20	0.70	0.80	0.65	4.21～5.10	0.25	0.80	0.65
茶叶	10.10～12.10	0.35	0.35	0.5	12.11～3.20	0.7	0.45	0.55	3.21～7.31	1	0.5	0.60	8.1～9.20	0.5	0.35	0.45	9.21～10.9	—	—	—
山仓子	11.10～1.31	0.2	0.35	0.45	2.1～3.10	0.7	0.45	0.55	3.11～6.10	1	0.50	0.60	6.11～8.20	0.5	0.35	0.45	8.21～11.9	—	—	—
杂粮	4.1～5.20	0.45	0.35	0.80	5.21～6.10	0.75	0.40	0.75	6.11～9.20	1.15	0.50	0.75	9.21～10.20	0.90	0.50	0.70	10.21～10.31	0.75	0.50	0.70
蔬菜	全年	1.10	0.45	0.75																
苗圃、花卉	全年	1.10	0.35	0.70																
柑橘	3.11～11.10	0.85	0.50	0.70																

注：*Kc*：作物需水系数；*H*：计划湿润层深度（m）；β：适宜含水率。

（3）参考作物腾发量及降雨　灌区水利计算的气象基本资料采用永州市气象站的实测资料，计算系列为1980年到2010年共31年。

作物腾发量采用1979年联合国粮农组织推荐的Paman公式即能量平衡法计算。参数值参照《灌溉排水工程设计规范》及《中国主要农作物需水量等值线图研究》及《湖南省水稻等值线图研究》等。

经计算统计，灌区内多年平均降水量为1 448mm，$P=85\%$为1 183mm，多年平均腾发量973mm，$P=85\%$为1 001mm，长系列的降雨及腾发量见表3-40。

表3-40　何仙观灌区长系列降雨及腾发量

年份	降水量（mm）	腾发量（mm）	年份	降水量（mm）	腾发量（mm）
1980	1 693	947	1996	1 198	923
1981	1 617	954	1997	1 560	843
1982	1 664	841	1998	1 599	1053
1983	1 698	948	1999	1 551	915
1984	1 213	942	2000	1 362	933
1985	1 372	991	2001	1 294	910
1986	1 127	961	2002	1 999	862
1987	1 468	936	2003	1 090	928
1988	1 320	962	2004	1 564	938
1989	1 363	908	2005	1 412	933
1990	1 363	959	2006	1 551	942
1991	1 398	913	2007	992	1037
1992	1 430	993	2008	1 399	1012
1993	1 733	816	2009	1 209	1001
1994	2 025	827	2010	1 448	932
1995	1 183	976	多年平均	1 448	937

（4）水稻作物系数　作物系数取自《中国主要农作物需水量等值线图研究》一书，其中早、晚稻采用湖南湘南片值，中稻采用我国南方值（表3-41）。

表3-41　何仙观灌区水稻作物系数

稻别	4月	5月	6月	7月	8月	9月	10月
早稻	1.00	1.32	1.40	1.20			
晚稻				1.07	1.30	1.57	1.31
中稻	1.07	1.22	1.30	1.34	1.21		

（5）水稻灌溉定额　根据水稻灌定额计算方法，考虑泡田定额，何仙观灌区早稻、中稻、晚稻多年平均灌溉定额分别为232m^3/亩、295m^3/亩298m^3/亩。长系列水稻定额见表3-42。

表 3-42 何仙观灌区水稻长系列灌溉定额表（早稻）

年份	4月(m³/亩)	5月（m³/亩）			6月（m³/亩）			7月（m³/亩）		合计（m³/亩）
	下	上	中	下	上	中	下	上	中	
1980	15	0	12	21	54	61	56	49	0	268
1981	62	42	11	0	17	45	37	43	0	257
1982	34	0	33	20	16	0	18	30	15	167
1983	45	0	21	11	52	18	38	48	0	233
1984	56	12	12	0	66	18	18	50	17	248
1985	84	21	34	11	44	22	52	29	0	297
1986	80	10	46	20	21	20	20	16	0	234
1987	67	10	0	12	46	40	33	33	17	258
1988	54	35	11	0	83	41	16	54	0	295
1989	71	23	0	0	45	42	20	29	0	228
1990	67	42	31	0	43	42	35	30	0	290
1991	73	0	30	23	54	0	71	45	0	297
1992	84	10	9	0	70	22	0	0	0	196
1993	89	0	0	9	40	42	17	0	0	197
1994	11	25	31	0	43	0	18	40	0	169
1995	65	27	19	10	54	0	36	12	15	238
1996	95	0	0	13	71	39	0	44	16	278
1997	86	22	21	0	44	0	35	14	0	224
1998	38	23	0	0	18	21	0	50	17	168
1999	12	22	20	0	40	65	20	33	0	212
2000	58	23	21	23	48	20	38	48	0	277
2001	54	0	13	19	16	19	51	30	15	217
2002	58	11	11	12	72	0	15	16	0	195
2003	82	11	0	0	28	0	0	46	12	179
2004	78	0	0	25	40	18	18	16	0	195
2005	95	12	19	0	0	0	17	33	0	176
2006	70	12	34	13	22	0	36	29	0	216
2007	63	33	12	11	28	0	51	47	0	246
2008	60	10	24	9	51	0	54	26	0	234
2009	72	36	23	0	26	43	55	13	0	269
2010	59	25	32	14	28	20	37	0	10	223
多年平均	62	16	17	9	41	21	29	31	4	232

表 3-43 何仙观灌区水稻长系列灌溉定额表（晚稻）

年份	7月(m³/亩)	8月（m³/亩）			9月（m³/亩）			10月（m³/亩）		合计（m³/亩）
	下	上	中	下	上	中	下	上	中	
1980	61	13	0	45	44	46	44	29	13	296
1981	40	29	51	63	46	42	38	0	0	309
1982	70	14	0	60	0	0	28	26	13	211
1983	81	34	30	54	16	13	42	13	0	284

（续表）

年份	7月(m³/亩)	8月（m³/亩）			9月（m³/亩）			10月（m³/亩）		合计（m³/亩）
	下	上	中	下	上	中	下	上	中	
1984	80	44	13	28	65	13	47	0	0	290
1985	75	49	30	0	50	41	0	48	0	293
1986	77	41	29	63	32	43	61	27	0	374
1987	57	43	13	64	29	13	28	0	0	246
1988	64	33	31	18	0	44	28	25	14	257
1989	46	56	48	55	29	27	56	29	0	347
1990	82	30	45	68	49	45	14	28	0	360
1991	77	12	0	30	28	53	36	29	13	279
1992	85	52	49	58	28	44	38	41	0	396
1993	61	28	12	41	31	16	26	25	0	241
1994	28	14	0	41	60	12	28	0	0	184
1995	66	13	14	60	69	38	25	0	13	298
1996	57	45	0	60	43	45	32	13	12	307
1997	67	26	39	55	12	28	0	14	0	242
1998	63	70	50	39	46	47	42	29	0	384
1999	74	28	0	18	32	27	30	26	13	250
2000	79	41	30	56	25	39	44	15	0	329
2001	82	30	26	34	42	61	41	14	0	329
2002	23	0	13	50	59	13	14	14	14	199
2003	85	51	25	62	30	44	44	27	12	380
2004	65	29	15	26	27	46	28	41	0	276
2005	64	30	27	56	16	56	31	41	0	323
2006	55	0	31	49	14	27	44	28	0	247
2007	83	51	42	50	14	26	42	29	0	336
2008	77	29	45	35	0	47	42	28	0	303
2009	50	29	46	61	48	45	44	29	13	365
2010	50	37	35	32	40	38	35	25	9	301
多年平均	65	32	26	46	33	35	34	22	5	298

（6）旱作物灌溉定额　按旱作物的灌溉制度和生育期内降水、渗漏资料分作物计算了烤烟（薄荷叶）、花生、油菜、蔬菜、柑橘、油茶、山仓子、杂粮、苗圃花卉等作物的灌溉定额长系列旱作物灌溉定额见表3-44。

表 3-44　何仙观灌区旱作物长系列灌溉定额

年份	烤烟（薄荷叶）	花生（m^3/亩）	油菜（m^3/亩）	蔬菜（m^3/亩）	柑橘（m^3/亩）	油茶（m^3/亩）	山仓子（m^3/亩）	杂粮（m^3/亩）	苗圃、花卉（m^3/亩）
1980	92	81	6	135	33	6	0	249	74
1981	48	24	30	129	66	11	8	153	71
1982	211	36	0	60	48	5	7	69	33
1983	196	60	30	114	48	7	10	150	63
1984	349	105	39	186	114	17	26	174	102
1985	113	99	15	183	99	17	18	30	101
1986	36	45	15	168	75	10	8	69	92
1987	367	54	36	114	21	0	0	249	63
1988	125	57	84	186	51	15	16	150	102
1989	146	42	54	186	90	16	0	96	102
1990	109	78	0	201	153	22	20	153	111
1991	48	81	33	120	66	10	14	72	66
1992	75	78	69	258	150	30	18	123	142
1993	39	0	0	36	12	0	0	195	20
1994	288	0	39	33	0	0	0	171	18
1995	33	54	39	180	78	10	15	147	99
1996	228	27	75	144	90	11	10	111	79
1997	107	21	33	75	48	6	0	93	41
1998	276	117	66	291	171	33	22	138	160
1999	48	0	60	57	6	5	0	213	31
2000	130	96	24	165	90	15	15	111	91
2001	244	63	24	153	57	14	20	231	84
2002	33	0	0	30	0	0	0	42	17
2003	254	114	60	297	201	36	32	27	163
2004	38	0	60	72	84	10	0	138	40
2005	39	30	33	141	108	14	8	120	78
2006	65	0	36	63	15	0	0	78	35
2007	338	102	96	267	153	24	20	237	147
2008	42	81	21	159	105	16	11	27	87
2009	349	24	39	219	111	19	9	174	120
2010	39	45	30	139	81	12	7	150	76
多年平均	145	52	37	147	78	12	10	134	81

（7）综合灌溉定额　根据作物种植计划（作物种植系数）以及各种作物灌溉定额，何仙观灌区现状年水利设施控灌面积内（未含园地、林地）综合灌溉定额多年平均为428m^3/亩，按灌溉定额排频 $P=85\%$年份为503m^3/亩；何仙观灌区设计水平年综合灌溉定额多年平均为328m^3/亩，按灌溉定额排频 $P=85\%$年份为386m^3/亩。

7. 双季稻节水灌溉制度

根据典型调查，并结合课题组有关试验，在传统栽培和垄作梯式栽培下，分蘖期水分胁迫对水稻分蘖数、叶面积、根系及产量都有较大的影响，影响程度与水分胁迫水平一致；轻度胁迫可以促进水稻根系的生长，中度、中度胁迫则抑制根系生长。早稻在雨水充足的前提下淹水灌溉施高氮可获得高产，晚稻以间歇灌溉施中氮为宜。初步总结出分区域不同肥力和栽培技术条件下双季稻节水灌溉制度见表 3-45，我省双季稻节水灌溉定额（控灌）典型区域差异不大，湘北、湘南的灌溉定额较大，湘中的灌溉定额较小，这与湖南省水资源特征分布规律基本一致，以湿润年为例，早稻的灌溉定额为 164~195m³/亩，晚稻灌溉定额为 246m³/亩左右，当采取增量有机肥+分蘖期轻度控水（不超过常规灌溉的 70%）的措施后，节水效果约为 12%左右，产量提高 15%左右；当采取增量有机肥+分蘖期轻度控水（不超过常规灌溉的 70%）+垄作栽培的措施后，节水效果约为 18%左右，产量提高 20%左右。由于开展试验的时间不长，同时受资金以及人力资源等约束，未能累积大量数据进行分析，特别是结合智能化的监测数据进行反馈分析，期待在今后的工作中继续加以完善。

表 3-45　分区域不同肥力和栽培技术条件双季稻节水灌溉制度

区域	典型灌区	栽培技术	肥力条件	节水措施	早稻净灌溉定额（节水灌溉）(m³/亩)			晚稻净灌溉定额（节水灌溉）(m³/亩)			产量	节水效果
					干旱年	中等年	湿润年	干旱年	中等年	湿润年		
湘北丘陵区	迎丰灌区	传统栽培	常规		293	237	180	355	300	248		对照
		传统栽培	增量有机肥	分蘖期轻度控水	258	209	158	312	264	218		12%
		垄作栽培	早稻施中氮+晚稻施高氮	分蘖期轻度控水	240	194	148	291	246	203	提高15%~20%	18%
湘北平原区	北汊灌区	传统栽培	常规		309			319				对照
		传统栽培	增量有机肥	分蘖期轻度控水	269			278				13%
		垄作栽培	早稻施中氮+晚稻施高氮	分蘖期轻度控水	250			258			提高15%~20%	19%
湘中山丘区	八女、桂花灌区	传统栽培	常规		258	208	164	397	322	245		对照
		传统栽培	增量有机肥	分蘖期轻度控水	230	185	146	353	287	218		11%
		垄作栽培	早稻施中氮+晚稻施高氮	分蘖期轻度控水	214	173	136	330	267	203	提高15%~20%	17%

（续表）

区域	典型灌区	栽培技术	肥力条件	节水措施	早稻净灌溉定额（节水灌溉）（m^3/亩）			晚稻净灌溉定额（节水灌溉）（m^3/亩）			产量	节水效果
					干旱年	中等年	湿润年	干旱年	中等年	湿润年		
湘南丘陵区	何仙观灌区	传统栽培	常规		290	234	195	374	301	247		对照
		传统栽培	增量有机肥	分蘖期轻度控水	255	206	172	329	265	217		12%
		垄作栽培	早稻施中氮+晚稻施高氮	分蘖期轻度控水	238	192	160	307	247	203	提高15%~20%	18%

8. 系统结构设计

灌区水资源基础数据库系统采用 c#进行开发研制。软件的数据库采用 SQL　Server 2012 设计。

（1）系统总体结构设计　通过对灌区基本情况的调查了解及灌区存在问题的分析，针对灌区水资源管理与灌溉决策系统的要求，主要进行了包括灌区基本情况数据库管理、水资源供需平衡分析、监测信息管理系统（任务三）、水资源优化配置、灌溉模式优选等模块内容的研究。系统总体结构见图 3-17。

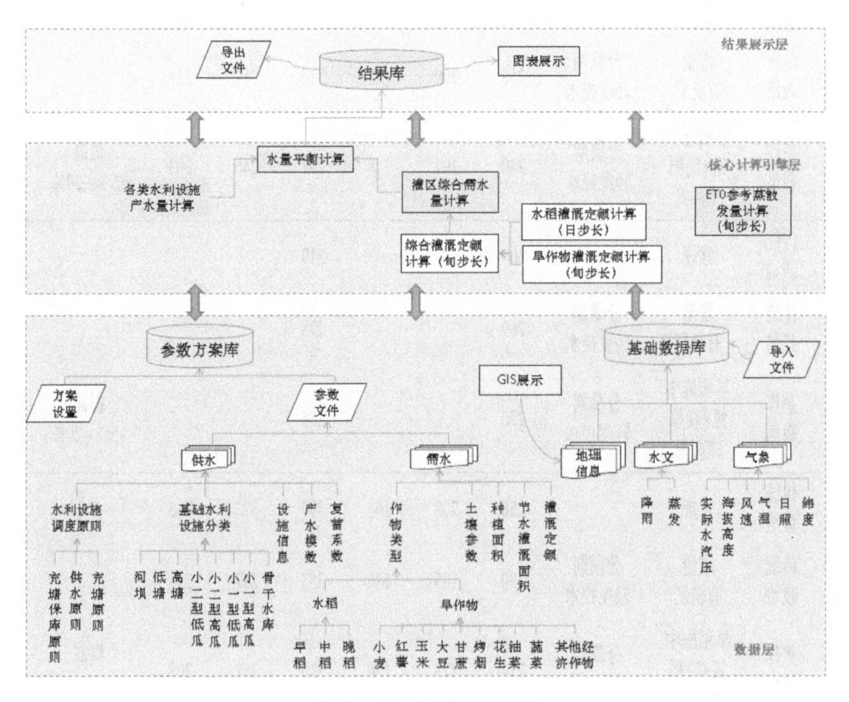

图 3-17　系统框架图

(2) 主要模块内容体系

一是灌区数据库管理：水资源数据库系统的管理对象是整个系统所涉及的数据，具有涉及面广、结构不一、类型复杂、数据量大等特征，本模块可划分为三大部分：①基本资料数据库，存放灌区各类基础性数据，包括灌区面积、作物种植情况、灌区社会经济等基本资料；②文本数据库，存放文本形式的数据，主要包括运行模型计算后以文本形式保存的计算成果；③图形数据库，主要存放系统的各类图形资料，并按用户要求将计算成果以相应的图形信息方式输出。

二是水资源分析计算：以所收集的基本资料和系统提供的基本信息为依据，在对灌区水资源现状供需状况分析、计算的基础上，利用相关资料对水资源状况演变进行预测，并利用预测结构进行近期和远期的水资源供需平衡分析，为灌溉决策提供基本依据和基础数据。

三是监测信息管理（任务三）：在益阳赫山实验田建设了现地数据监测站，搭建了观测控制信息平台，组成了双季稻水肥耦合节水灌溉技术智能化管理系统。该系统已正常、稳定运行近两年，可监测田间各类数据，并可根据现场数据以及灌溉模型，做出灌溉决策，控制渠道灌溉水量、田间水位以及田间进排水量。

四是灌溉水资源优化配置：该模块主要功能是实现灌区的水资源优化配置模型计算，模型计算采用基于 NSPSO 的模型求解算法，进行灌区分区多层次多种水资源优化配置与方案实施的理论与措施研究，给出可实施的最优灌溉制度、配水指标和配水方案。

(三) 水资源优化配置模型

采用系统优化方法进行水资源的配置，并应用于灌溉系统始于 20 世纪 50 年代中期，首先是美国，到 20 世纪 50 年代末 60 年代初，前苏联，日本等国也相继开展水资源系统分析研究。我国着手此类研究始于 60 年代初，在我国灌溉系统中得到广泛应用和研究则在 80 年代初。三十多年来，研究的广度已覆盖灌溉及水利水电工程各领域，提出了诸多优化技术，取得了大量的理论和应用成果。模型从渠首到田间一般共有三个层次协调模型，即水量在地区间的最优分配模型、水量在同一个地区不同作物间的最优分配模型和水量在同一种作物不同生育阶段内的最优分配模型。

根据项目节水增产的总体思路，拟定灌区水资源配置思路，构建灌区水资源优化配置模型，着重水量在地区间的最优分配模型。依据灌区特点，建立了以缺水量最小、弃水量最小和灌溉保证率最高作为目标函数的适应我省水资源特征的长藤结瓜灌区系统多目标水资源优化配置模型。

模型简要介绍如下：

目标函数：为达到丰产、节水目的，分别选择下面弃水量、缺水量、灌溉供水保证率作为模型目标函数。

(1) 为达到节约利用水资源，提高水资源利用率的目的，选取灌区水利设施弃水量最小作为目标函数。

$$\min_{X_1\cdots X_n,\ Y} F_1(X_1\cdots X_n,\ Y) = \sum_{i=1}^{m} NSW_i$$

式中：NSW_i ——时段 i 的缺水量；

（2）为达到粮食丰产的目标，在考虑渠系节水改造与续建配套等措施下，选取灌区缺水量最小和灌溉供水保证率最高作为目标函数。

$$\min_{X_1\cdots X_n,\ Y} F_2(X_1\cdots X_n,\ Y) = \sum_{i=1}^{m} NEW_i$$

$$\max_{X_1\cdots X_n,\ Y} F_{3,\ i}(X_1\cdots X_n,\ Y) = IRRP_i \quad i = 1\cdots n$$

式中：NSW_i ——时段 i 的缺水量；

$IRRP_i$ ——用水户 i 的供水保证率；

约束条件：根据灌区特点和水资源配置思路，制定了模型的约束条件。

（1）水量平衡约束条件。

（2）调度原则可行域约束条件。

（3）限制供水不能超过允许破坏深度。

（4）水利设施蓄水不超过其蓄水能力的上、下限。

（5）骨干水库调度原则。

（6）基础水利设施调度原则。

（7）骨干水库供水流量不能超过渠道加大流量。

1. 基于 NSPSO 的模型求解算法

NSPSO 算法的基本原理为：先在可行域内初步确定一组决策变量，再根据该组决策变量确定的调度规则指导灌区水资源配置，逐时段进行模拟，并将最终的统计指标反馈给 NSPSO 算法，作为该组决策变量的适应度值，据此对该组变量进行更新、迭代，直到满足要求为止。NSPSO 算法是将基于粒子疏密度与非支配关系的比较分级与选择、变异等遗传操作融入到基本 PSO 算法中，从而具备了多目标优化功能。基本 PSO 算法的粒子位置更新公式如下：

$$V_i^{t+1} = wV_i^t + c_1(P_i - X_i) + c_2(G - X_i)$$

$$X_i^{t+1} = X_i^t + V_i^{t+1}$$

式中：V——速度矢量；X——位移矢量；w——惯性权重；c_1、c_2——学习因子；P——个体极值；G——全局极值。

基于 NSPSO 的模型求解方法见研究方案中 NSPSO 算法流程图 3-18。

2. 模型计算结果（以迎丰灌区为例）

根据模型优化计算，得到迎丰水库灌区逐旬优化调度原则见下表。表中数据为调度原则对应的库容与基础水利设施兴利库容的比值。迎丰灌区骨干水库与基础水利设施的联合调度原则如下。

（1）骨干水库　当骨干水库本时段库容位于充塘调度线以上时，满足灌区灌溉用水和基础水利设施充塘的需要；当骨干水库本时段库容位于供水调度线以上时，骨干水库满足灌溉用水要求，不对基础水利设施进行充塘；当骨干水库本时段库容位于灌溉供水调度线以下时，骨干水库只负责灌溉需水的70%（即保证灌溉不超过破坏深度），不对基础水利设施进行充塘。

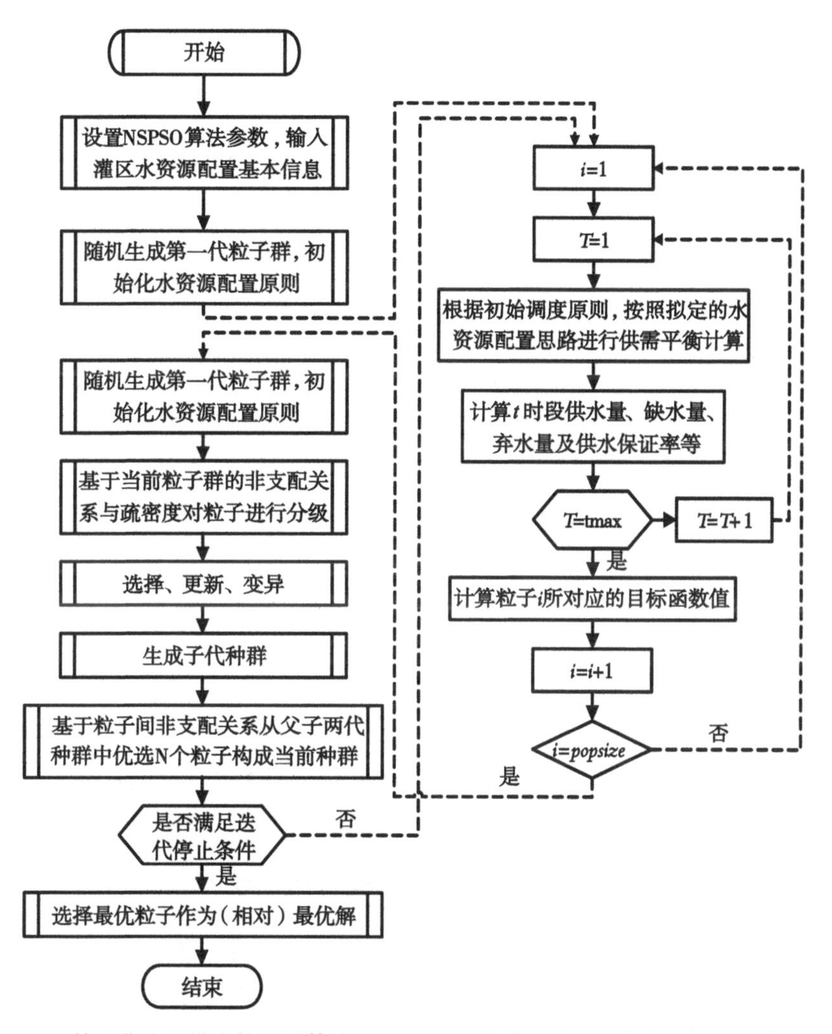

图3-18　基于非支配排序粒子群算法（NSPSO）的灌区水资源优化配置原则算法流程

（2）基础水利设施（高瓜）　当基础水利设施库容位于保库调度线以上时，基础水利设施可供水至调度线；当基础水利设施库容位于保库调度线以上时，不进行灌溉供水，预留库容满足后期灌溉用水要求。

（3）基础水利设施（低瓜）　当基础水利设施库容位于保库调度线以上时，可供水至调度线；当水库库容位于调度线以下时，基础水利设施不供水，需骨干水库对其充水，充水量根据骨干水库调度原则确定，如骨干水库可以进行冲水，择冲水至调度线对应的库容（表3-46）。

表 3-46　迎丰水库灌区节水增产优化调度原则

时段（旬）	骨干水库充塘线	骨干水库供水线	基础水利设施保库线	时段（旬）	骨干水库充塘线	骨干水库供水线	基础水利设施保库线
1	1	0	0	19	1	1	0
2	1	0	0	20	1	0. 5	0
3	1	0	0	21	1	0. 6	0. 05
4	1	0	0	22	0. 75	0. 5	0. 9
5	1	0	0	23	0	0	0
6	1	0	0	24	0. 5	0. 5	0
7	1	0	0	25	1	0. 15	0. 05
8	1	0	0	26	0	0	0
9	1	0	0	27	1	0. 3	0. 3
10	1	0	0	28	0. 55	0. 05	0. 5
11	1	0	0	29	1	0	0
12	1	0. 7	0. 05	30	1	0	0
13	0	0	0. 8	31	1	0	0
14	0	0	0. 7	32	1	0	0
15	1	0	0	33	1	0	0
16	1	0. 6	0. 8	34	1	0	0
17	1	0. 6	0. 5	35	1	0	0
18	0. 5	0. 5	0. 8	36	1	0	0

按照上述调度原则进行迎丰水库灌区调度计算，得到灌区水资源配置结果见表 3-47。

表 3-47　迎丰灌区水资源配置结果

项目	单位	优化后配置结果	优化前配置结果
灌溉面积	万亩	4. 29	4. 29
灌区多年平均需水量	万 m^3	1 574	1 574
计算系列		1971—2013	1971—2013
破坏年数	年	4	7
灌溉保证率	%	88. 6	81. 8
多年平均缺水量	万 m^3	26	36
多年平均弃水量	万 m^3	486	541
超过破坏深度年份	年	0	7
最大破坏深度	%	30	83

从表 3-47 中可以看出，经过 1971—2013 年长系列水资源配置计算，采用优化后的

调度原则进行计算，优势在于：

（1）丰产效果　①在1971—2013年长系列中水量平衡计算过程中，采用优化后的调度原则可以使灌溉受破坏的年份从7年减少到4年，灌溉保证率从81.8%提高至88.6%，灌区多年平均缺水量减少10万m^3，使得灌区在以后的实际运行中，能够更好地满足灌区的用水需求，为灌溉丰产提供有效的水资源保障作用；②在特枯年份灌溉需水得不到满足时，采用优化后的调度原则进行灌区水量分析，可将农作物的破坏深度均控制在30%以内，不至于在特枯年份对农作物产量造成毁灭性的打击。

（2）节水效果　①采用“薄、浅、湿、晒”的控制灌溉模式，即薄水插秧、浅水返青、薄湿分蘖、晒田蹲苗、回水攻胎、浅薄扬花、湿润灌浆、落干黄熟；田间水量平衡时，采用“浅水勤灌”法，充分利用灌溉期的降水补充作物需水。②采用优化后的调度原则进行灌区水量平衡计算，灌区骨干和基础水利设施的多年平均弃水量从541万m^3减少至486万m^3，减少了55万m^3。

（四）程序集成

课题编制的湖南省农业水资源基础数据库和灌溉决策支持系统见下图。该系统为湖南省水利水电勘测设计研究总院和上海滨水科技公司联合开发，包含基础信息查询、数据库维护和管理、供水边界计算、需水边界计算、方案模拟、结果展示和结果输出等模块（图3-19至图3-24）。

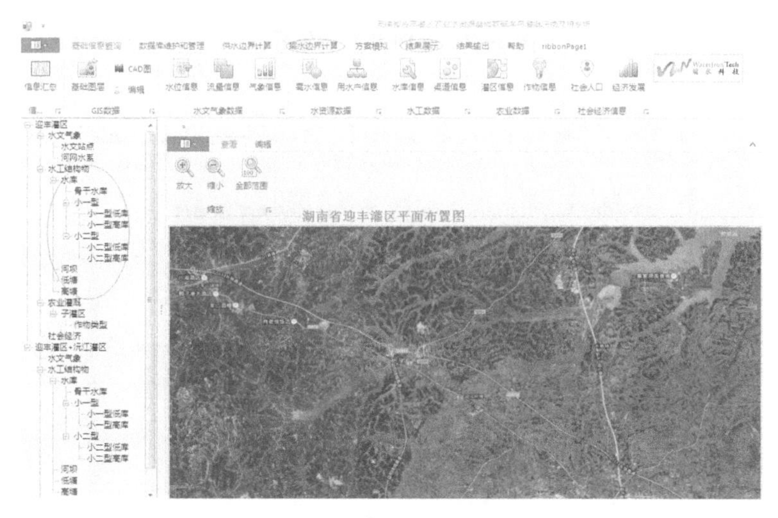

图3-19　程序调用灌区GIS

（五）研究结论

面对日益严峻的水资源短缺形势，如何解决水资源尤其是农用水资源短缺问题已引起了国际社会的广泛关注。解决水资源短缺的传统方式往往是借助于工程与技术手段，然而，随着新建工程的难度不断加大，依靠工程技术手段解决水资源短缺的问题遇到了挑战，而事实上农业灌溉管理不善也是导致水资源短缺的重要原因。于是，改善农业水资源管理模式逐渐被提上了议事日程。

本研究以灌区水资源系统理论为依据，以湖南双季稻节水灌溉管理模式为研究对象，以节水节肥为目的，运用比较分析的研究方法和实证分析相结合的方法，分析了影响节水灌溉管理模式的因素，初步制定了分区域不同肥力和栽培技术条件下双季稻节水灌溉制度及运行管理模式，建立了不同区域农业水资源基础数据库与灌溉水决策模型，研制了系统功能强大、容错性强、集灌区基本信息咨询、监测信息管理、优化计算和灌溉模式优选于一体的可视化灌区现代化管理与决策系统，并做了有针对性的实证研究。重要的研究结论包括：

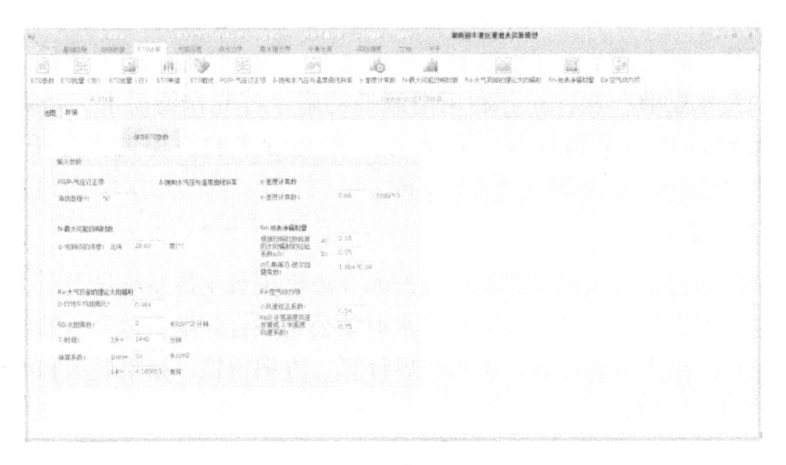

图 3-20　ET0 参数设置界面

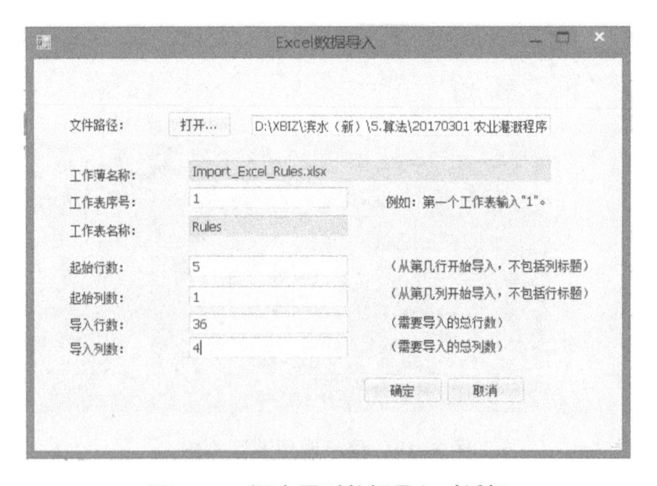

图 3-21　调度原则数据导入对话框

（1）初步总结出分区域不同肥力和栽培技术条件下双季稻节水灌溉制度及运行管理模式。湖南省双季稻节水灌溉定额（控灌）典型区域差异不大，湘北、湘南的灌溉定额较大，湘中的灌溉定额较小，这与湖南省水资源特征分布规律基本一致，以湿润年为例，早稻的灌溉定额为 164~195m^3/亩，晚稻灌溉定额为 246m^3/亩左右，当采取增量有机肥+分蘖期轻度控水（不超过常规灌溉的 70%）的措施后，节水效果约为 12%左右，产量提高 15%左右；当采取增量有机肥+分蘖期轻度控水（不超过常规灌溉的70%）+垄作栽培的措施后，节水效果约为 18%左右，产量提高 20%左右。但由于开展试验的时间不长，同时受资金以及人力资源等约束，未能累积大量数据进行分析，特别是结合智能化的监测数据进行反馈分析，期待在今后的工作中继续加以完善。

（2）研制了系统功能强大、容错性强、集灌区基本信息咨询、监测信息管理、优化计算和灌溉模式优选于一体的可视化灌区现代化管理与决策系统，系统具有较强的实用性和可操作性，在迎丰灌区的应用取得了满意的效果。

水库灌区设计水平年净需水汇总表

表 4.3.6-18　　单位：万 m³

年份	灌溉需水	排频		
		频率（%）	年份	需水量
1973	10761	2	1997	8083
1974	16425	5	1994	8194
1975	11433	7	2002	9328
1976	12034	9	1993	10126
1977	12240	12	2001	10445
1978	15829	14	1973	10761
1979	14294	16	1982	11125
1980	15383	19	2006	11153
1981	12942	21	1999	11226
1982	11125	23	1995	11229
1983	15110	26	1975	11433
1984	13730	28	1976	12034
1985	13347	30	1977	12240
1986	14415	33	1987	12266
1987	12266	35	2014	12763
1988	16254	37	1981	12942
1989	15522	40	2008	13065
1990	14983	42	2013	13068
1991	15969	44	2012	13068
1992	13632	47	1985	13347
1993	10126	49	2010	13462
1994	8194	51	1992	13632

图 3-22　灌区需水预测结果展示

图 3-23　灌区模拟方案展示

研究成果不但对解决水稻丰产节水节肥、提高灌水效率、实现水稻增产具有显著效果，而且对灌区水资源利用与管理的实际问题、提高整体管理水平具有现实意义，为未来实现灌区自动化管理奠定了重要基础，为各级管理部门在灌区的管理决策中提供重要的理论与技术支持。同时，简洁实用的系统软件为类似灌区的水资源现代化管理提供了新的平台。

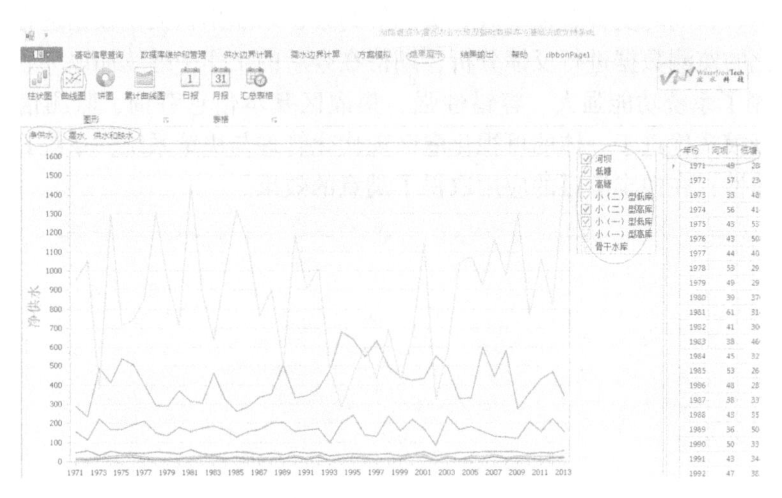

图 3-24　灌区需水、供水、缺水图形展示

三、灌区灌水渠道减漏保水技术与利用智能化管理系统研究

主要包括两方面：一是灌区渠道内的减漏保水技术研究；二是利用灌区智能化管理系统进行减漏节水研究。针对灌溉水在渠道输送与源终溢口、涵洞、闸门等分流过程中，既造成暗渗、明漏，还产生蒸发等形成的水损，使渠道水利用系数目前仅维持在 0.45~0.55，水损量达到50%以上。利用现有基础，研究渠道减漏保水技术。

（一）灌水渠道减漏保水技术

1. 灌溉用水特征

根据《2016 年湖南水资源公报》，目前湖南省农业年用水量为 195 亿 m^3，占全省总用水量的 59%左右，全省灌溉水利用系数约为 0.505，远低于欧洲和以色列 0.7~0.8 的水平。

2. 灌排骨干设施状况

根据我院 2010 年编制的《湖南省灌溉发展规划》，全省灌排骨干设施状况分大型灌区、中型灌区分述如下。

（1）大型灌区　湖南省 23 处大型灌区，共有渠首工程 78 处。有 1.0m^3/s 的以上骨干渠道 462 条总长 12 097.67km，其中防渗 2 948.03km；排水沟道 4 491.96条 4 492km；0.2m^3/s 以上的渠系建筑物 43 696处，其中 5.0m^3/s 以上的渠系建筑物 2 543处。

自 1998 年启动大型灌区续建配套与节水改造以来，经过 10 余年的建设，累计完成投资 12.87 亿元，使大型灌区灌排骨干工程状况有了较大改善。至 2010 年年底，湖南省大型灌区渠首工程基本完好；骨干渠道配套率 97.2%，完好率 49.2%，其中防渗衬砌率 24.37%；渠系建筑物配套率 88.4%，完好率 48.9%；排水沟道配套率 43.5%、完好率 27.4%（表 3-48）。

表 3-48　部分大型灌区田间工程配套状况统计

灌区名称	田间渠道					渠系建筑物（座）			
	总长（km）	完好长度（km）		完好率（%）	配套率（%）	总数量（处）	完好数量（处）	完好率（%）	配套率（%）
		长度	其中衬砌						
合计	53 188	16 709	6 625	31	63	178 833	61 195	34	61
韶　山	6 142	2 006	1 035	33	56	11 557	3 085	27	55
铁　山	11 009	2 202	281	20	45	46 577	10 712	23	48
欧阳海	5 363	356	122	7	65	15 200	2 020	13	45
大　圳	2 789	1 534	995	55	28	26 833	13 417	50	22
酒埠江	6 897	1 678	926	24	66	19 740	5 922	30	70
澧阳平原	5 396	2 401	1201	44	75	6 893	1 585	23	70
青山垅	978	136	535	14	56	3 986	2 145	54	65
黄　石	1 685	504	490	30	52	1 935	287	15	46
黄　材	2 144	797	55	37	68	10 836	8 895	82	80
青山泵	3 202	1 120	272	35	75	7 925	1 745	22	70
双　牌	3 602	2 521	80	70	72	11 300	7 119	63	68
官　庄	2 041	911	600	45	70	11 277	3 431	30	77
桃花江	1 940	543	33	28	85	4 774	832	17	78

（2）中型灌区　湖南省 5 万~30 万亩中型灌区 160 处，共有渠首工程 303 处。有 1.0m^3/s 的以上骨干渠道 1 462条总长 47 870.74km，其中防渗渠道 9 569.92km；排水沟道 4 750条 10 630.40km；0.2m^3/s 以上的渠系建筑物 24 051处，其中 2.0m^3/s 以上的渠系建筑物 826 处。

1 万~5 万亩中型灌区 481 处，共有渠首工程 852 处。有 1.0m^3/s 的以上骨干渠道 1 281条总长 32 784.51km；其中防渗渠道长度 6 321.1km；排水沟道 4 216条 7 447.65km。0.2m^3/s 以上的渠系建筑物 16 196处，其中 2.0m^3/s 以上的渠系建筑物 190 处。

自 1997 年启动农业综合开发重点中型灌区骨干工程节水改造项目以来，至 2010 年，湖南省共实施 5 万亩以上中型灌区骨干工程节水改造项目 17 项，累计完成投资 4.44 亿元。

3. 田间工程配套状况

田间工程配套设施包括山塘、河（堰）、小型泵站、机井等基础水源工程、田间支、斗、农渠（沟）等灌排设施及机耕路、林带等配套设施。其中基础水源工程与灌排渠（沟）设施是灌区骨干保证率的关键设施。湖南省农田田间灌排工程设施普遍存在水源工程病险现象多、灌排渠沟配套率低、渠沟淤塞、输水不畅、渗漏严重，灌排最后一公里问题普遍，严重制约灌溉效率和效益。经对湖南省建设年代较早、已运行多年、建设管理条件都相对较好的 13 处大型灌区田间配套设施状况调查，灌区田间固定渠道平均完好率仅 31%，防渗衬砌率仅 12.5%，渠系建筑物完好率仅 34%。

4. 渠道防渗在节水农业中的重要性和作用

根据前述分析可知，湖南省 80%以上的渠道没有采取防渗措施，仍然是土渠输水，水的渗漏损失很大。与土渠相比，浆砌石防渗可减少渗漏损失 50%~60%；混凝土防渗可减少渗漏损失 60%~70%；塑料薄膜防渗可减少渗漏损失 70%~80%。如果全省现有灌溉面积中有 60%的农田实现了衬砌渠道或管道输水，使灌溉水利用系数由现状的 0.505 提高到 0.6 以上，则全省可节约灌溉用水约 20 亿 m^3，由此可见，渠道防渗的节水潜力巨大，渠道防渗是诸多农田灌溉节水措施中经济合理、技术可行的主要节水措施之一，也是我国目前应用最广泛的节水工程技术措施，渠道防渗的作用不仅可以显著提高渠系水利用系数，减少渠道渗漏，较多地节约灌溉用水，而且可以提高渠道输水安全保证率，提高渠道抗冲击能力，提高输水、输沙能力，渠道防渗还具有调控地下水位、防止土壤次生盐碱化，以及减少渠道管理养护费用和减少渠道与渠建筑物尺寸等多种效益。

针对灌溉水在渠道输送与源终溢口、涵洞、闸门等分流过程中，既造成暗渗、明漏，还产生蒸发等形成水损，导致目前渠道水利用系数仅维持在 0.45~0.55，水损量达到 50%以上。本次研究利用现有基础，结合编制的《华容县中央财政农田水利项目县建设 2017 年度实施方案》，以禹山镇作为典型区域，研究渠道减漏保水技术。

5. 渠系改造工程

项目区计划实施建设面积 4.12 万亩，部分灌排沟渠经多年运行，渠道渗水漏水现象严重，并导致部分渠段渠堤内崩外垮，严重影响到渠道的安全运行。由于年久失修，管理缺失，各渠道相应建筑物破坏严重，部分渠段需新增渠系建筑物以满足灌溉要求。

根据项目区地质条件，现有灌渠断面现状，结合以往项目施工经验等综合条件，考虑到现浇混凝土渠道省工省料，且整体性能好，施工方便，工期较短，所有灌溉渠道均采用梯形渠道，C20 现浇砼三面衬砌。

6. 低压管道灌溉技术

低压管道灌溉工程是以管道输水进行地面灌溉的工程，具有节水节能、省工省地、增产增收、对土壤和地形适应性强等优点。

7. 滴灌技术

滴灌是按照作物需水要求，通过管道系统与安装在毛管上的灌水器，将水和作物需要的水分和养分一滴一滴，均匀而又缓慢地滴入作物根区土壤中的灌水方法，具有节水、节肥、省工，保持土壤结构，改善品质、增产增效等优点。

8. 渠道减漏保水技术效果分析

通过渠系混凝土防渗、低压管道灌溉工程以及滴灌工程等综合渠道减漏保水技术在典型区域的实施，区内灌溉水利用系数大大提高，节水效果明显。当地农田水利基础设施条件和农业生产条件得到明显改善，提高了农作物灌溉保证率和水资源利用率，有利于调动农户的生产积极性，有利于新品种、新技术的推广应用，项目区农作物布局日趋合理，农作物产量、品质将提高，经济效益、社会效益和生态效益均十分显著。

20 世纪 70 年代初期以来，我国在渠道防渗技术及其工程应用方面已有长足的发展，无论是在防渗新材料的研制与开发还是渠道防渗衬砌结构形式方面，以及防渗施工新技术方面均取得了一定的进展。随着我国大中型灌区节水改造任务的开展以及小型农田水利工程建设，必将大规模地采用渠道防渗工程手段，以提高水资源的利用率。因此，渠道防渗在我国节水农业方面起着核心和重要作用。

（二）利用灌区智能化管理系统进行减漏节水研究

1. 研究思路

以往灌区所使用的灌溉模式在干支渠基本是粗放式供水，在渠道末端到田间则是漫灌方式，这种管理模式一方面缺乏对田间需水量、用水量进行精准预测和计量，从而导致无法准确地进行按需供水，造成了灌溉用水的浪费；另一方面缺少高效、智能、准确的灌溉控制方式，大多数灌区闸门控制都由人工操作，水量的多少、闸门的开启都是依据经验，尤其在需要进行控制闸门或关闸的时候，往往需要管理人员赶至现场进行操作，管理极不方便。因此，进行渠道减漏保水智能化技术研究具有现实的意义。利用现代成熟的自动化与信息技术开展灌区渠道闸门自动化控制与渠系末端田间需水预测和末端用水精确控制，是灌区渠道减漏保水智能化技术的一种有效的手段。它可以充分发掘水源工程的水资源利用，提高水源工程监控、水资源优化调度和水行政管理的整体科技水平，以保证精准供水以及实时控制，可在确保粮食增产发育的前提下，配合减漏保水工程措施，有效地实现灌区减漏保水、提高水资源利用系数的目的。

综上所述，本次智能化管理系统研究分为：在灌区渠系开展闸门自动化控制系统研究与建设；在渠系末端开展双季稻水肥耦合节水灌溉智能化管理系统研究与建设，对田间进行需水量智能预测与用水精确灌溉控制技术研究。

2. 研究方案

（1）渠系闸门自动化控制系统　利用铁山灌区农业水价改革信息化项目，进行渠系闸门自动化控制系统研究。

工作内容（图 3-25）：① 开展渠道灌溉流量、闸门开度、渠道水位的监测系统建设；② 研究和建立渠道灌溉流量控制系统、闸门开度控制系统；③ 建设铁山灌区闸门自动化控制平台。

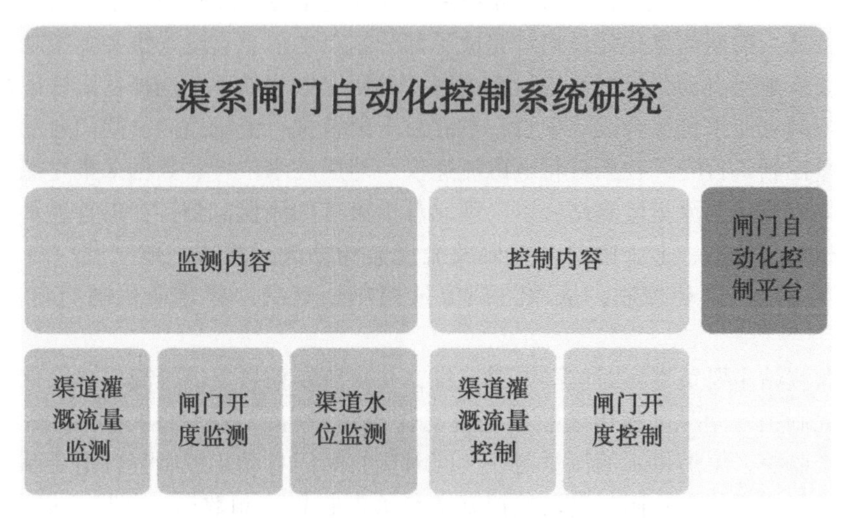

图 3-25　渠系闸门自动化控制系统研究方案图

（2）双季稻水肥耦合节水灌溉智能化管理系统研究　在益阳赫山区试验田上，进行农田双季稻水肥耦合节水灌溉智能化管理系统研究。工作内容（图3-26）：

① 建立田间进水流量、水位观测和阀门控制、田间出水流量观测和阀门控制等；② 开展田间水位观测、田间进水渠水位观测、蒸发量观测、墒情观测、气象温度和雨量观测等；③ 建立观测控制信息平台；④ 建立农田节水灌溉模型及数据信息分析库；⑤ 开发手机远程操作控制 APP。

3. 研究方法

（1）渠系闸门自动化控制系统　铁山灌区位于湖南省北部岳阳市新墙河中下游，是一个具有农业灌溉、城镇供水、防洪、拦砂、发电、水产养殖等综合利用功能的湘北地区最大的自流引水灌溉工程（图3-27）。灌区骨干水源为新墙河上游的铁山水库，总库容6.35亿m^3，正常库容5.46亿m^3，兴利库容3.86亿m^3。灌区涉及岳阳市境内的5个县（市、区）46个乡镇501个行政村，总人口116万人。灌区设计灌溉面积85.41万亩，有效灌溉面积61.4万亩。灌区工程于1977年动工兴建，1982年水库关闸蓄水，1986年南灌区基本建成受益，北灌区于1979年动工，目前北总干已完工，3条分干已基本完工。铁山灌区现有南总干渠和北总干渠2条总干，渠首设计取水流量分别为27.5m^3/s和19.5m^3/s，总长分别为31.96km和55km。其中南总干有4条分干，长69.65km；支渠44条，长413.6km，斗渠条；南总干及分干有渡槽17处，长3.8km，隧洞16座，长2.0km，倒虹吸6座，长1.8km，埋管1处，分水闸4处，节制闸6处，泄洪闸10处，分水管234处，渠下涵178处，其他小型建筑物1 762处；北总干及分干已建渡槽30处，长5.3km，隧洞58座，长12.2km，倒虹吸3座，长0.6km，埋管5处，分水闸6处，节制闸18处，泄洪闸20处，分水管98处，渠下涵150处，其他小型建筑物1164处。城市供水工程有：一水厂供水管道全长14.5km，设计日供水量16.5万t；二水厂供水箱涵全长3.6km，设计流量4.63m^3/s，日供水40万t；岳化供水管道，长16.8km，设计日供水量2.5万t。铁山灌区管理局下设渠道管理所个，已建成运行的量测水设备处，前期信息化建设初步完成了部分站点的信息自动采集和上报功能。

根据渠系闸门自动化控制系统研究内容，其研究方法如下：选择岳阳铁山灌区，利用我院承担的农业水价综合改革项目，在北总干渠首进行流量监测、闸门自动化控制以及供水流量控制。首先，在渠首将电磁流速仪、超声波水位计、数据采集终端、遥测终端机进行集成，建立流量监测站，以实现北总干渠首的流量监测；在渠首进水闸将PLC闸门控制柜、闸位器、上下限位开关以及流量监测站进行集成，建立闸门自动化控制站，以实现闸门的自动控制，从而达到流量控制。其次，部署渠系闸门自动化控制平台。

流量监测站主要负责实时监测渠道流量，并将流量信息反馈给闸门自动化控制站即PLC闸门控制柜，同时远程传输数据至自动化控制平台；闸门自动化控制站主要实现闸门的开度监控，渠道供水的流量监控，同时接收闸门自动化控制平台指令制动控制闸门启闭以实现流量控制；闸门自动化控制平台负责收集监测数据，并将数据进行存储、处理与分析，将数据匹配灌区供水调度模型，发出流量控制命令至闸门自动化站。同时将数据在显示界面进行显示。

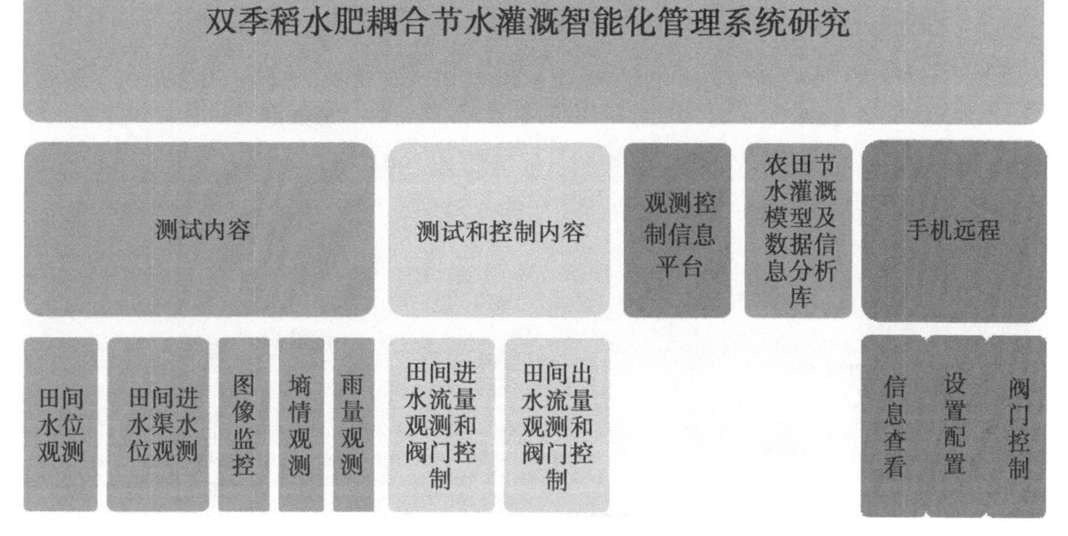

图 3-26　水肥耦合节水灌溉智能化管理系统研究方案图

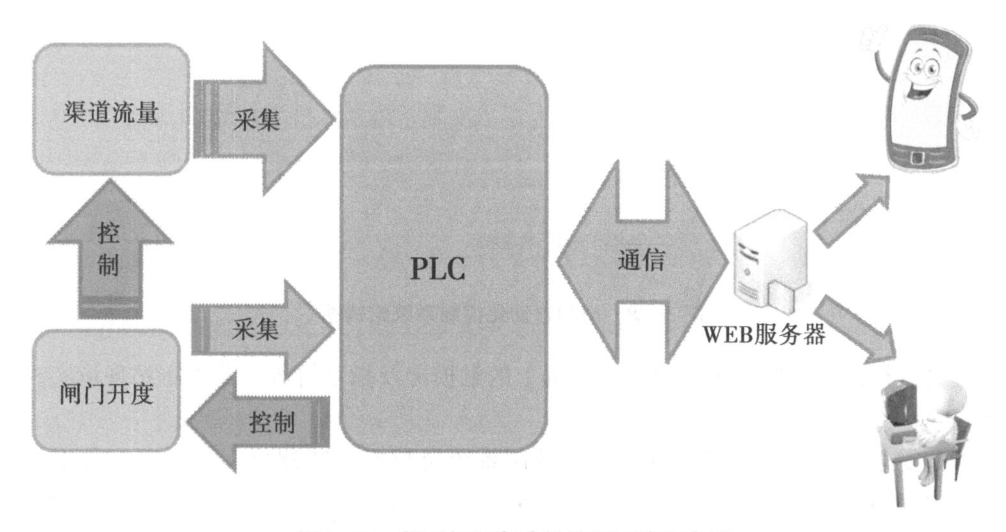

图 3-27　渠系闸门自动化控制系统示意图

利用收集可发送短信至闸门自动化控制站，可查询当前渠道水位、流量及闸门开度；同时可以利用手机 APP 实时控制闸门启停（图 3-28）。

系统具有如下功能：

一是数据采集与处理：现地控制单元应能自动采集被控对象的各类实时数据，应能实时采集所辖智能设备的数据，接收来自主控级的命令信息和数据，并在事故或者故障情况时自动采集事故或者故障发生时刻的相关数据。

按数据处理要求对采集到的数据进行处理。

二是控制与调节：闸门遥控执行屏接受中心、分中心监控系统、现地监控站上位机的控制命令并启动 PLC 程序执行自动控制流程，实现本站闸门设备的自动控制，也可通过闸门遥控执行屏上的触摸屏发令，启动各设备的自动控制。

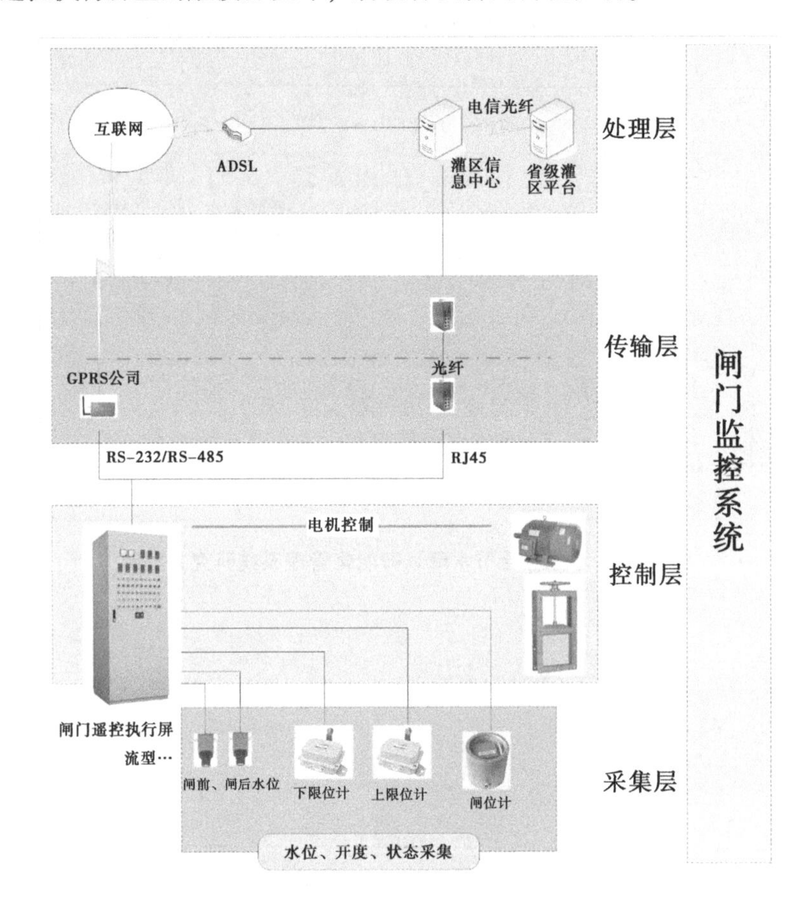

图 3-28　闸门自动化控制系统结构图

三是运行监视：通过闸门遥控执行屏上的触摸屏及指示灯等，监视本站现场实时运行状态。

四是安全保护：通过闸门现地 PLC 控制系统及智能传感器可实现以下多种安全防护，以保证闸门的运行安全：闸门启闭告警，在闸门启闭机现场以声音的形式提醒在现场的工作人员，以免发生事故；相序保护，防止闸门启闭机电机因所用三相电出现相序颠倒引起的事故；电机过载保护，使闸门启闭机电避免由于工作电流过大而被烧毁的事故；限位保护，保证闸门启闭机在启闭高度范围内运行，避免其超出工作范围后所发生的事故；过力矩保护，主要针对闸门启闭机在上升或是下降过程中有可能发生的受阻现象而设置，监测闸门在上升和下降的力矩信息，保证闸门在正常的起闭力范围内运行，避免因为受力过大而对闸门硬件设备带来的损害。

过电压保护，主要是指系统对电机三相供电电压进行实时监测，一旦某一相电压超出正常工作范围，系统将自动切断电机三相电源，以保证电机运行的安全。

五是报警及事件处理：在触摸屏上可以实时显示、查询本闸门遥控执行屏发生的各类报警事件，在闸门遥控执行屏上设置蜂鸣器，当发生事故或故障时触发蜂鸣报警声音，可以通过声音提醒现场运行人员。

六是人机接口：闸门遥控执行屏上配置触摸屏、开关按钮、指示灯，可以实现现场的人机交互。在紧急情况下或者运行需要时，可以独立于上位机实现本站的监视与控制，保证工程运行安全。

七是数据通信：现地闸门遥控执行屏包括以下数据通信：

各现地监控站具有通过网络与信息分中心、信息中心应用系统进行数据通信的功能，向信息分中心、信息中心应用系统上送闸门状态等实时数据及各类变位、故障及事故信息，接收并执行信息分中心、信息中心应用系统下达的各类控制指令。

与现场闸位计、水位计等仪表或设备通信。

八是历史数据存储与查询：现地触摸屏可以存储少量的报警及过程数据，并提供查询接口。

上位机能在画面中以曲线方式显示水位、流量等实时趋势，能够根据采集到的实时数据自动进行延伸，形象地描述该模拟量当前的数据变化状况。

九是时钟同步：现地闸门遥控执行屏接受信息中心或信息分中心监控系统下发的对时命令，并同步至 PLC、触摸屏等现地设备。

十是系统自诊断：现地闸门遥控执行屏能对 PLC 各模件状态进行诊断，当有故障时会自动报警并闭锁相应控制输出。

十一是闸门开度计算：为提高输水效率，现地可配置工控机专门用于根据调度下发流量自动算闸门开度的运算，同时也要减少闸门电机频繁开关，该运算公式需根据水力学公式和实际测量数据变化等情况进行计算与试验得出，并转化为程序，从而实现根据下发流量要求自动计算闸门开度的功能。

（2）双季稻水肥耦合节水灌溉技术智能化管理系统　根据双季稻水肥耦合节水灌溉技术智能化管理系统研究内容，其研究方法如下：在益阳赫山区的标准实验田进行雨量、水位、进出口水量以及现场图像监测，根据作物实际用水和作物生长用水模型预测用水量，并进行放水水量、田间水位控制（图 3-29）。首先，在实验田中将雨量筒、投入式水位计、智能水表、土壤墒情传感器、图片摄像机以及遥测终端机进行集成，建立现地数据监测站以实现田间水位、雨量、进出水量、土壤含水量、图像监测，进水口、出水口闸门控制以及田间水位控制的功能。其次，部署观测控制信息平台，设置数据接收软件、搭建农田节水灌溉模型及数据信息分析库、建立数据显示和控制界面。

现地数据监测站主要负责监测每天的降水量、田间水位、田间含水量、灌溉或排水时的起止读数、现场图片信息，并将监测到的数据无线传输至观测控制信息平台。同时根据田间水位情况以及信息平台的指令，控制灌溉进水口或者排水口闸门的开、关，以确保田间水位以及含水量符合灌溉模型中田间水位以及含水量的要求。观测控制信息平台负责收集监测站点的数据，并将数据进行存储、处理与分析，将数据匹配灌溉水决策模型，做出开断闸门、开关进出口阀门等决策，控制渠道闸门和田间阀门的动作。同时，将数据在显示界面进行显示，包括各类监测量、渠道闸门开断情况以及田间进出水口开断情况。

利用手机可发送短信至现地监测站，一可查询当前田间水位、累计雨量、进出水阀

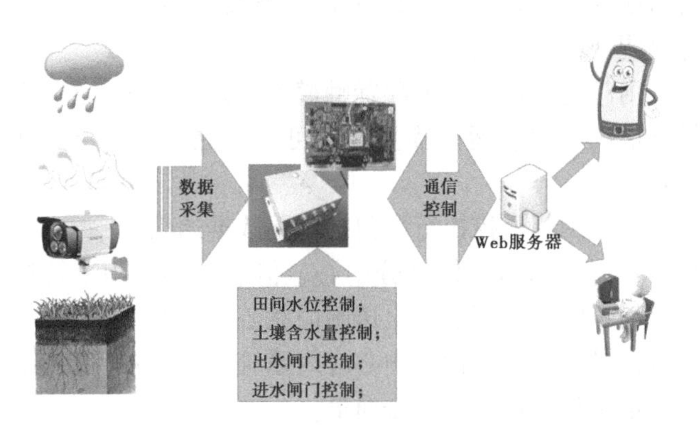

图 3-29　水肥耦合节水灌溉智能化管理系统示意图

门状态、进出水量等信息；二可控制进、出口阀门开启或关闭；三可人工设置田间水位标准（图 3-30）。

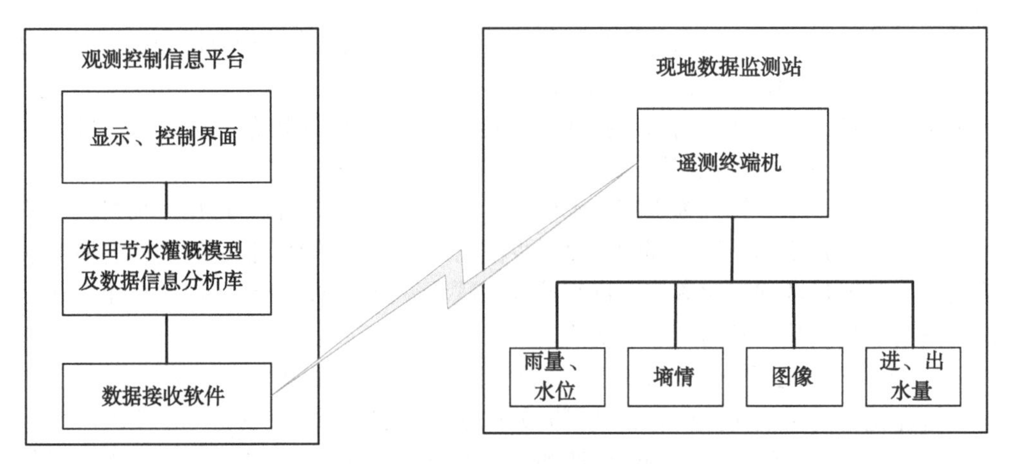

图 3-30　水肥耦合节水灌溉技术智能化管理系统结构图

系统功能：监测每天的降水量、田间水位、田间含水量、灌溉或排水时的田间进、出水量、现场视频信息，并将监测到的数据传输至观测控制信息平台；渠道进水阀、田间进水阀、田间排水阀自动控制；田间每日灌溉计划制定；根据每日灌溉计划，开启或关闭渠道进水阀、田间进水阀、田间排水阀，自动进行灌溉；平台界面层设计科学、美观、易用、易维护；可提供丰富的数据分析，实时显示试验田的灌溉情况、气象参数，可结合 GIS 等工具多采用图形界面，能够自动生成各类数据图表。

通过对监测数据的长期跟踪和分析，制订更加合理灌溉计划，实现精准灌溉，真正达到节水的目的，大力提升农业节水灌溉的科学管理水平。

4. 研究过程

（1）闸门自动化控制系统　根据预期计划，选择岳阳市铁山灌区北总干渠渠首作为实验对象（图 3-31）。建立流量监测站、闸门自动化控制站（图 3-32）。

同时搭建观测控制信息平台（图 3-33），设置数据接收软件、搭建配水调度模型及数

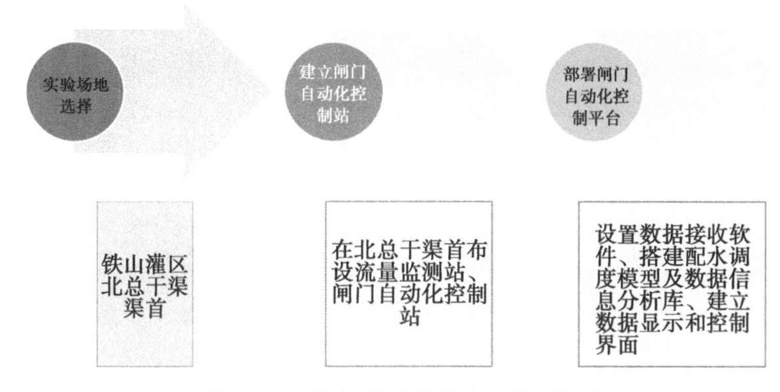

图 3-31　闸门自动化控制系统过程图

图 3-32　总干渠渠首流量监测及闸门自动化控制站

据信息分析库、建立数据显示和控制界面。系统于 2017 年 8 月完成建设，目前运行正常。

图 3-33　观测控制信息平台

（2）双季稻水肥耦合节水灌溉技术智能化管理系统　根据预期计划，选择益阳市赫山区实验田 1-1 作为实验对象（图 3-34）。

图 3-34　用水计量智能管理系统

建立现地数据监测站，集成遥测终端机、雨量筒、投入式水位计、智能水表、图像摄像机、土壤墒情传感器（图 3-35）。

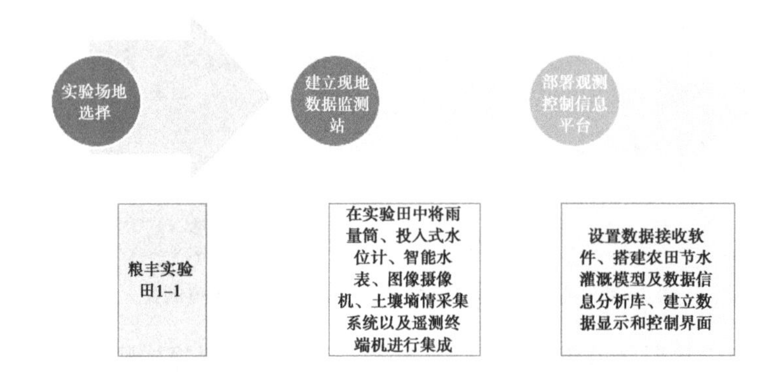

图 3-35　水肥耦合节水灌溉技术智能化管理系统构建

同时搭建观测控制信息平台，设置数据接收软件、搭建农田节水灌溉模型及数据信息分析库、建立数据显示和控制界面（图 3-36）。

系统于 2016 年 3 月搭建完成，运行至今将近两年，系统运行基本正常（图 3-37）。

5. 研究结果

（1）闸门自动化控制系统　流量监控如图所示，系统已实现对北总干渠流量的实时监控（图 3-38）。

闸门控制界面如图 3-39 所示，已实现闸门的自动化控制，并通过闸门的控制实现流量的控制。

（2）双季稻水肥耦合节水灌溉技术智能化管理系统　图像监控如图 3-40 所示。通

图 3-36　水肥耦合节水灌溉技术智能化管理系统田间图

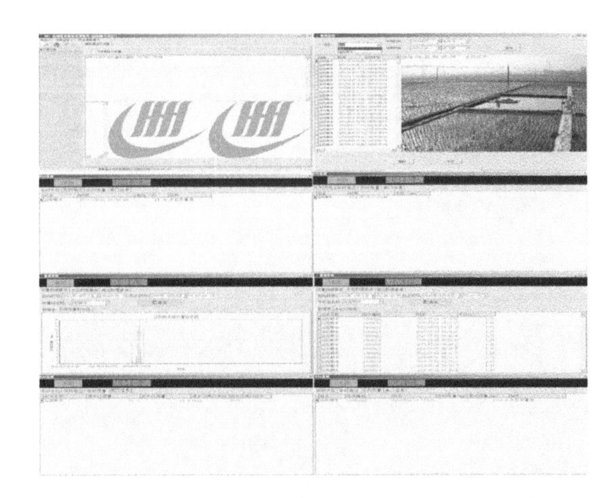

图 3-37　水肥耦合节水灌溉技术智能化管理系统界面

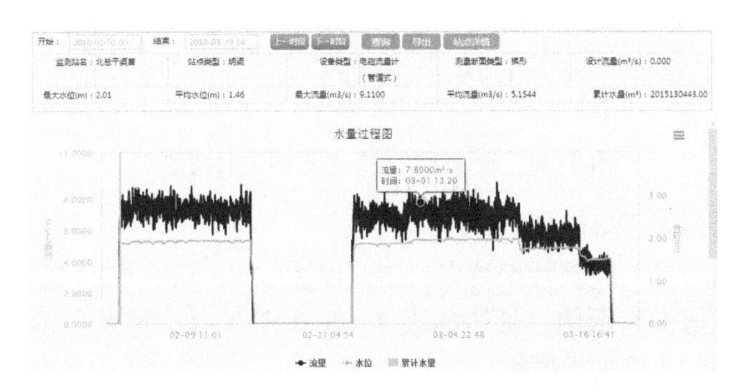

图 3-38　北总干渠流量实时监控图

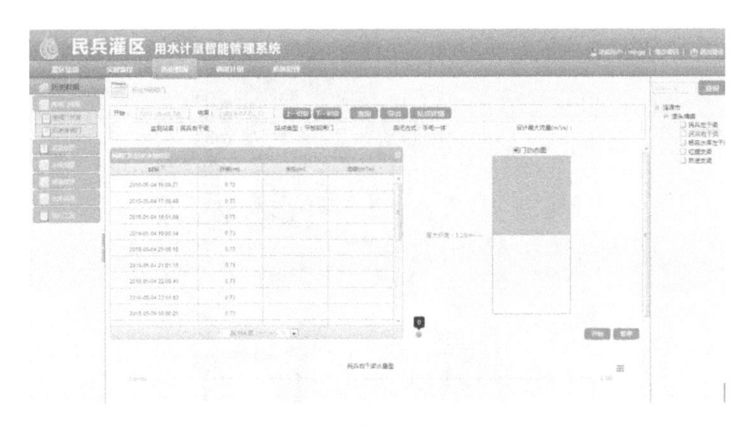

图 3-39　闸门控制界面

过图像监控，可观察每天田间作物生长情况，实时监控田间环境。

图 3-40　智能化管理系统田间实时监控图

各类监测数据如图 3-41 所示。

由于观测时间较长，观测数据较多，因此以 2017 年 4 月 18 日至 2017 年 7 月 11 日早稻全生育期的数据作为示例，具体如表 3-49 和图 3-42 所示。田面高程设为 0mm，早稻于 2017 年 4 月 18 日进行插秧。

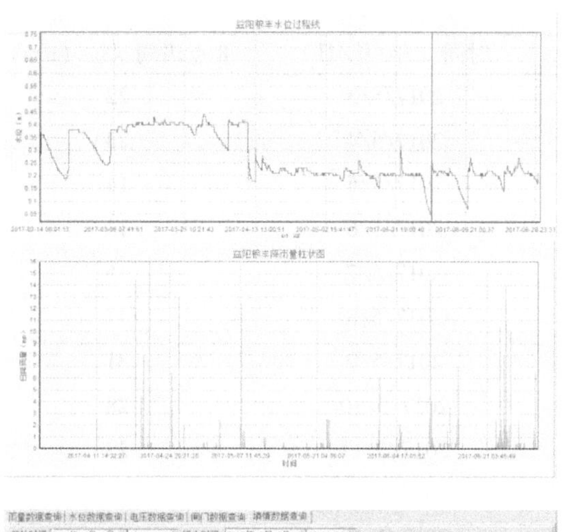

图 3-41　实时监测数据

表 3-49　田间水位及日降雨实时监测数据

序号	时间（年/月/日）	8 点田间水位（mm）	日降雨（mm）
1	2017/4/18	27	14.5
2	2017/4/19	22	18
3	2017/4/20	43	17
4	2017/4/21	43	1
5	2017/4/22	30	
6	2017/4/23	20	
7	2017/4/24	10	20
8	2017/4/25	45	
9	2017/4/26	40	14.5
10	2017/4/27	40	2
11	2017/4/28	36	
12	2017/4/29	21	
13	2017/4/30	24	2
14	2017/5/1	18	3.5
15	2017/5/2	19	1

（续表）

序号	时间（年/月/日）	8点田间水位（mm）	日降雨（mm）
16	2017/5/3	22	3.5
17	2017/5/4	23	
18	2017/5/5	14	
19	2017/5/6	13	
20	2017/5/7	-5	34.5
21	2017/5/8	47	
22	2017/5/9	31	
23	2017/5/10	28	
24	2017/5/11	23	7
25	2017/5/12	46	
26	2017/5/13	28	
27	2017/5/14	19	0.5
28	2017/5/15	14	0.5
29	2017/5/16	0	
30	2017/5/17	18	
31	2017/5/18	24	
32	2017/5/19	19	0.5
33	2017/5/20	19	2.5
34	2017/5/21	25	3
35	2017/5/22	19	
36	2017/5/23	84	128.5
37	2017/5/24	23	
38	2017/5/25	23	
39	2017/5/26	23	
40	2017/5/27	23	
41	2017/5/28	19	
42	2017/5/29	-2	
43	2017/5/30	-83	0.5
44	2017/5/31	-142	4.5
45	2017/6/1	16	19
46	2017/6/2	7	
47	2017/6/3	20	
48	2017/6/4	14	13.5
49	2017/6/5	15	18
50	2017/6/6	9	
51	2017/6/7	-3	

（续表）

序号	时间（年/月/日）	8 点田间水位（mm）	日降雨（mm）
52	2017/6/8	-51	0. 5
53	2017/6/9	-83	
54	2017/6/10	-117	104
55	2017/6/11	71	0. 5
56	2017/6/12	12	1. 5
57	2017/6/13	7	3. 5
58	2017/6/14	9	6. 5
59	2017/6/15	11	13
60	2017/6/16	24	0. 5
61	2017/6/17	21	
62	2017/6/18	8	
63	2017/6/19	-2	
64	2017/6/20	-50	1
65	2017/6/21	11	
66	2017/6/22	14	27
67	2017/6/23	32	68. 5
68	2017/6/24	75	28. 5
69	2017/6/25	37	10
70	2017/6/26	13	8. 5
71	2017/6/27	15	1
72	2017/6/28	7	
73	2017/6/29	-14	33. 5
74	2017/6/30	25	96
75	2017/7/1	26	7. 5
76	2017/7/2	12	
77	2017/7/3	1	
78	2017/7/4	8	
79	2017/7/5	8	
80	2017/7/6	-5	
81	2017/7/7	-77	
82	2017/7/8	-131	
83	2017/7/9	-169	2
84	2017/7/10	-158	
85	2017/7/11	-157	

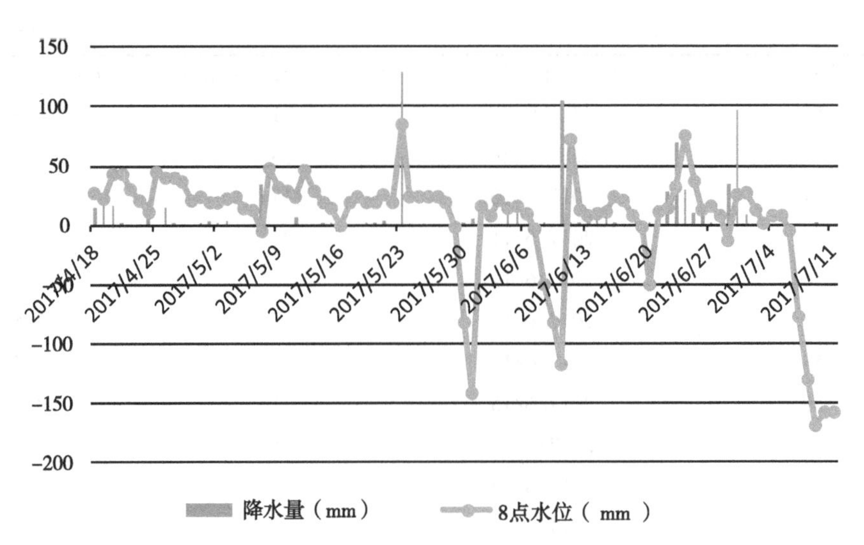

图 3-42　田间水位及降雨实时监测数据统计

6. 使用的关键装置

具体如表 3-50 所示。

表 3-50　水肥耦合节水灌溉智能化管理系统设备装置

序号	项目名称	规格型号	单位	数量	备注
1	遥测终端机（RTU）	（1）可同时采集水位、雨量、流量等信息于一体； （2）支持太阳能供电，宽电压设计，具有电压过流保护和雷击浪涌吸收能力； （3）可通过手机发送指令，直接显示即时水位流量等信息； （4）固定数据存储； （5）提供 GPRS/GSM 组网模式； （6）提供支持远程采集、配置指令； （7）自动运行、自动检测，24h 值守； （8）支持双地址数据发送。	台	2	
2	压力式水位计	（1）量程：0~ 10 000mm； （2）精度：±0. 3mm； （3）分辨率：0. 1mm； （4）环境温度：：-25~70℃； （5）液体温度：-25~150℃； （6）过程接口：3/4″NPT； （7）电源：DC 24V； （8）输出信号：4~20mA，二线制/四线制； （9）温度测量：-25~70℃； （10）温度误差：±0. 5℃； （11）防爆等级：Exia Ⅱ BT4； （12）通讯：RS-485，RS-232，Modbus，Hart 等协议。	个	4	

（续表）

序号	项目名称	规格型号	单位	数量	备注
3	智能水表	公称直径：DN15，25mm Q3/Q1：80 压力损失等级：ΔP63 水压等级：MAP10 工作电压：36V 温度等级：T30（冷水）；T30/90（热水） 环境相对湿度：≤93% 绝缘耐压强度：4 000V 静态电流：<35μA 阀门响应时间：<12s 阀门工作电流：≤50mA 射频频率：470～510MHz 数据通讯方式：射频无线电 发射功率：≤50MW 传输距离：1 500m（开阔地区开阔地直线无障碍通讯距离） 防护等级：IP68	个	2	
4	无线射频模块	射频频率：470～510MHz 数据通讯方式：射频无线电 发射功率：≤50mW 传输距离：1 500m（开阔地区开阔地直线无障碍通讯距离）	个	1	
5	雨量计	（1）雨量传感器采用翻斗式雨量计，其主要技术参数如下： （2）承雨口口径 Φ200+0.6mm； （3）分辨率：0.5mm； （4）雨强测量 0～4mm/min（允许通过最大雨强 8mm/min）； （5）测量精度：≤±4%（在 0.01～4mm/min 雨强）； （6）工作环境：温度-10～+50℃，湿度<95%（40℃）； （7）平均无故障工作时间≥ 16 000h。	套	1	
6	土壤墒情传感器	土壤墒情传感器主要技术参数： （1）单位:%（m^3/m^3） （2）量程：0～100% （3）探针材料：不锈钢 （4）密封材料：环氧树脂 （5）测量精度：±3% （6）工作温度范围：-40～85℃ （7）工作电压：5～18V （8）测量主频：100MHz （9）输出信号：Ⅰ：0～1.8V DC；Ⅱ：485，232，Modbus；Ⅲ：4～20mA	个	6	

（续表）

序号	项目名称	规格型号	单位	数量	备注
7	高清图像摄像机	200万（1 080P），≥23倍变焦，红外夜视150m，485通信协议	台	1	
8	超声波水位计	10m量程，12V，485接口	台	1	
9	电磁流速仪	支持12DV供电；支持232或485通讯；流速测量：（0.05～10）m/s；测量精度：1.0级	台	1	
10	数据接收终端	支持12DV供电；支持232或485通讯；显示瞬时流量、累计流量、流速、水位等采集数据；现场对明渠参数进行设置；数据存储	台	1	
11	闸门遥控执行屏（电力）	含PLC编程控制器；带485接口协议，可与上位机（RTU）通信并提供悬挂位置，实现指令开启/关闭闸门、指定闸门开度，返回闸门状态等信息。机柜带有上升、下降、停止等操作按钮，基本信号指示灯、状态灯，柜内接线端子可多预留点用于外接其他设备。控制主对象为螺杆闸门启闭机；触摸显示屏	台	1	
12	闸位计	采用光电绝对值式或机械式编码器；测量误差：±1cm；	个	1	
13	上限位计	响应速度快；性能稳定	个	1	
14	下限位计	响应速度快；性能稳定	个	1	

（三）研究结论

1. 铁山灌区北干渠首闸门自动化控制站、流量监测站，搭建了闸门自动化控制平台，组成了闸门自动化控制系统。该系统已正常、稳定运行6个月，可实时监控北干渠渠首流量，并可根据平台的配水指令自动调整闸门开度，实现北干渠首流量控制，达到精准供水的目标。避免了粗放式供水带来的水量浪费以及操作不及时带来的水量损失，是有效的节水减漏措施。

2. 益阳赫山实验田现地数据监测站，搭建了观测控制信息平台，组成了双季稻水肥耦合节水灌溉技术智能化管理系统。该系统已正常、稳定运行近两年，可监测田间各类数据，并可根据现场数据以及灌溉模型，做出灌溉决策，控制渠道灌溉水量、田间水位以及田间进排水量，实现精准灌溉。通过该系统可有效避免渠系末端的水量损失，提高田间灌溉管理水平。

3. 推广价值

（1）闸门自动化控制系统能够实时了解灌区渠系水资源分配状况，对水资源进行及时有效的调度，减少因为水资源短缺而造成损失，提高田间灌溉的保证率，从而提高地区的经济效益，提高管理水平，增加社会效益。

建设闸门自动化控制系统，充分发掘水源工程的水资源利用，提高水源工程监控、水资源优化调度和水行政管理的整体科技水平，促进水利管理业务的现代化，使水源工程管理工作走上自动化、科学化的轨道，大大增强管理调度能力，为供水指挥决策提供科学、高效、可靠的技术支持。

结合湖南省正在开展的灌区续建配套与节水改造工程、农业综合水价改革项目，该系统有较大的推广价值。

（2）双季稻水肥耦合节水灌溉技术智能化管理系统可有效地利用水资源、提高产量，还能够提高自动化生产效率，降低人力成本和管理成本，显著提高效益。但因为成本较高，可利用于经济价值较高的作物上。

第四章　湘北提引灌区节水节肥丰产技术研究

第一节　双季稻增苗节肥丰产栽培技术研究

一、研究意义

湘北提引区为洞庭湖平原区，降水量偏少，以提水灌溉为主，稻田主要为河湖冲积物发育的紫潮泥与河沙泥，土壤肥力较高，但地势较低。近年来，因内湖面积减小、调蓄能力降低、长江中游水位下切，注入洞庭湖水量降低，农田灌溉水源减少，常出现冬旱、春旱和夏秋连旱，影响双季稻正常生长。冬季绿肥种植面积急剧下降，有机肥施用量减少，化肥施用量显著增加，群众习惯施肥重氮、轻磷钾，导致养分不平衡，肥料利用率低，土壤肥力下降。

针对早稻移栽后常出现 5 月低温，导致僵苗不发，影响早稻生长发育，而传统措施为增施氮肥，促进禾苗早发、快发，往往导致无效分蘖多、成穗少、贪青晚熟、结实率低，产量低而不稳，由于过量施用氮肥，不仅利用效率低，而且导致面源污染。重点研究早稻减氮增苗、提高成穗与结实率的增苗节肥丰产栽培技术，为促进早稻平衡增产提供科技支撑。

二、研究内容

氮肥、基本苗是影响有效穗的两个关键因素，能否将抛秧与施氮量和抛秧密度相结合，既确保早稻抛秧高产，又能为晚稻生产提供充足的空间，这一问题还尚不清楚。为减少氮肥过度施加所带来的生态危害，阐明早稻抛秧的适宜氮、密组合，本研究以常规稻为材料，以“增苗”为措施，以“节氮增产”为目标，探寻增产前提下“增苗节氮”的最佳组合，旨在为减少环境污染、制定早稻抛秧高产栽培技术提供科学依据。

三、材料与方法

（一）试验材料

赫山基地供试材料早稻为湘早籼 45 号、株两优 819；晚稻为湘晚籼 17 号、湘晚籼 12 号。华容基地早稻为湘早籼 45；晚稻为岳优 9113。

（二）试验设计

赫山基地试验设施肥与密度两因素，氮肥为主区，密度为副区。早稻氮肥（N）设［N1：0kg/亩；N2（节氮）：8.5kg/亩；N3（常氮）：11kg/亩］三个水平，密度（M）

设1个常密（M1：2.1万蔸/亩）和3个增密（M2：2.6万蔸/亩、M3：3.1万蔸/亩、M4：3.6万蔸/亩）水平，试验共12个处理，每蔸6~8苗。小区面积为20m²，设3次重复，采用随机排列，共36个小区。N：P_2O_5：K_2O=1：0.5：1，分3次施入，基肥、追肥和穗肥的配比早稻为6：3：1，追肥于耕田前施加，追肥于移栽后7d施加，穗肥于孕穗二期至三期施加。灌水、病虫害防治等管理措施同一般丰产田；晚稻氮肥（N）设［N1：0kg/亩；N2（节氮）：9kg/亩；N3（常氮）：12kg/亩］三个水平，苗数（M）设1个常苗（M1：2万蔸/亩）和3个增苗（M2：2.4万蔸/亩、M3：2.8万蔸/亩、M4：3.2万蔸/亩）水平，试验共12个处理，分别为N1M1、N1M2、N1M3、N1M4、N2M1、N2M2、N2M3、N2M4、N3M1、N3M2、N3M3、N3M4。每蔸5~6苗。小区面积为20m²，设3次重复，采用随机排列，共36个小区。N：P_2O_5：K_2O=1：0.5：1，分3次施入，基肥、追肥和穗肥的配比早稻为5：3：2。每个小区之间采用完全阻渗处理，即在各小区之间起20cm*15cm的垅，用塑料薄膜（0.06mm）覆盖并扎入土表以下30、40cm以防止氮肥渗漏。

华容基地设施肥与密度两因素，氮肥为主区，密度为副区，面积为20m²，3次重复，主区随机排列。早稻施氮量设0kg/亩、7kg/亩、10kg/亩、13kg/亩4个水平；移栽密度设1.7万蔸/亩、2.0万蔸/亩、2.3万蔸/亩3个水平，每蔸6~8苗。晚稻施氮量设0kg/亩、9kg/亩、12kg/亩、15kg/亩4个水平，移栽密度设1.5万蔸/亩、1.75万蔸/亩、2万兜/亩3个水平；每蔸2~3苗。试验共36个小区，各小区起埂隔离，埂上覆膜，实行单独排灌。N：P_2O_5：K_2O=1：0.5：1，其中P肥为底肥一次性施入，K肥按基、蘖肥各50%分2次施入，N肥按质量比为基肥：分蘖肥：穗肥=5：3：2分3次施入。水分管理采用间歇灌溉节水模式，即返青期保持20~60mm水层，分蘖末期晒田，水稻黄熟期自然落干，其余时期采用薄水层（10~20mm）与无水层相间的灌水方式。

（三）检测项目

1. 干物重

从水稻移栽至成熟，于分蘖盛期、孕穗期、齐穗期、成熟期每小区随机选取代表性稻株6株，将茎鞘、叶、穗分开，在105℃下杀青30min，75℃烘干48h至恒重后称量，计算地上部干物质积累量。

2. 产量

在成熟期，每个小区分别从中心区选择5m作为测产小区，单打单晒，风干后称取干重，然后以14%的含水量计算稻谷产量。在测产取样的同时，取正方形测产区的对角线12蔸，考察水稻产量构成因子（有效穗数、每穗总粒数、每穗实粒数、结实率、千粒重），计算理论产量。

3. 叶面积指数（L）

在分蘖盛期、孕穗期、齐穗期、成熟期直接测量叶片的长、宽，再乘以系数（0.75）。

4. 叶绿素含量（SPAD）

采用SPAD502对各生育时期定点10穴的倒数第一片完全叶的基部、中部、尖部进行测量取平均值；

5. 光合参数光合速率、气孔导度及蒸腾速率的测量

在齐穗期、成熟期采用美国 LI-COR 公司生产的 LI.00 便携式光合作用测定仪对剑叶进行测定，测定时间为晴天 9：00—11：30，重复 3 次：测定时设定系统内气流速度为 500m/s，温度为 30℃，光照强度齐穗期、成熟期分别设置为 1 000μmol/（m^2·s）、800μmol/（m^2·s）。

6. 病虫害调查

（四）数据处理

运用 DPS、SPSS 和 Excel 实用数据分析软件对试验数据进行分析处理。

四、结果与分析

（一）赫山基地增苗节肥技术研究

自 2013 年到 2017 年试验选择情况如表 4-1 所示。

由五年早晚稻试验数据可知，除了 2013 年预实验筛选氮肥和密度较窄所得结果偏小，但是后面几年数据很好地做了补充。从各处理的产量顺序来看，早稻从各处理的产量顺序来看，低肥+较高苗数（8.5kg /亩 N 肥+19.5 万苗/亩）的产量最高；低肥+低苗数（即 8.5kg /亩 N 肥+13.2 万苗/亩）的产量最低；晚稻以低肥+较高苗数（9kg /亩 N 肥+14.3 万苗/亩）的产量最高，低肥+低苗数（即 9kg /亩 N 肥+2.0 万蔸/亩）的产量最低。

表 4-1　增苗节氮早晚稻情况

	年份	氮肥（kg/亩）	密度（万蔸/亩）	品种	试验最优选择（kg/亩+万蔸/亩）
早稻	2013	7、9、11	1.8、2.1、2.4	湘早籼 45 号	9+2.4
	2014	0、8.5、11	2.1、2.6、3.1、3.6	株两优 819	8.5+3.1
	2015	0、8.5、11	2.4、2.8、3.2、3.6	株两优 819	8.5+3.2
	2016	0、8.5、11	2.1、2.6、3.1、3.6	株两优 819	8.5+3.2
	2017	0、8.5、11	2.1、2.6、3.1、3.6	株两优 819	8.5+3.2
晚稻	2013	8、11、14	1.7、2.0、2.3	湘晚籼 17 号	11+2.4
	2014	0、9、12	2、2.4、2.8、3.2	湘晚籼 12 号	9+2.8
	2015	0、9、12	2、2.4、2.8、3.2	湘晚籼 12 号	9+2.8
	2016	0、9、12	2、2.4、2.8、3.2	湘晚籼 12 号	9+2.8
	2017	0、9、12	2、2.4、2.8、3.2	湘晚籼 12 号	9+2.8

以 2014 年为例，从增苗方面分析表明，在不施肥水平下，产量伴随抛栽苗数的增加而增加；在节肥水平（早稻 8.5kg/亩，晚稻 9kg/亩）下，产量伴随抛栽苗数的增加而先增加后降低，早稻在苗数 19.5 万，晚稻在苗数为 14.3 万苗/亩时产量最大，在常规施肥水平（12kg/亩）下，产量伴随抛栽苗数的增加而先增加后降低，在苗数为 12.2 万苗/亩时产量最大。表明当施氮量降低 3kg/亩时，只要增加苗数 2.1 万苗/亩便能实现稳产甚至增产，适当增加大田基本苗有利于高产群体的构建，为最终的

丰产打下基础。

从节肥角度来看，过多增加肥量用量不仅不能提高产量，反而存在减产风险。12kg/亩 N 肥处理下产量最高拐点的抛栽苗数为 12.2 万苗/亩，而 9kg/亩 N 肥处理下的拐点为 14.3kg/亩，随着施氮量的降低，对应产量最高拐点的抛栽苗数相应增加，表明在节肥 25%，抛栽苗数增加 17.2%时有利于构建高产群体。

由此可见，在适当减少氮肥用量的情况下，只要相应的增加大田基本苗数便能实现增产，从而提高氮肥利用率。

从各个时期的干物质积累过程来看，随施氮量增加，生物产量和生育前、中、后期干物质生产量随之增加；随着密度增加，生物产量和生育前期的干物质生产量随之增加。同一密度时，前、中、后期的干物质生产量和生物产量随施氮量的增加而增加，不同氮肥水平间差异极显著。同一氮肥水平，生物产量随栽插密度的增加而增加，不同密度间差异显著；生育前期氮肥、密度及氮肥与密度互作对干物质生产量均达极显著性影响，随施氮量、密度的增加而增加；施氮量、密度对生育中、后期的干物质生产均达显著性影响，干物质积累量随施氮量、密度的增加而增加；氮肥、密度对生物产量均达极显著性影响，但氮肥与密度互作影响不显著；氮肥、密度及氮肥与密度互作对经济系数均达极显著性影响，经济系数随施氮量、密度的增加而降低，产量最高时经济系数为 49.40%（表 4-2）。

表 4-2 增苗节氮对不同生育阶段干物质生产及经济系数的影响

处理	分蘖盛期 (t/hm^2)	前期 (t/hm^2)	中期 (t/hm^2)	后期 (t/hm^2)	生物产量 (t/hm^2)	产量 (t/hm^2)	经济系数 (%)
N1-M1	1.36cdCD	2.10hH	4.26fG	3.93gE	11.65gG	7.68fE	65.91aA
N1-M2	1.30dDE	2.41fF	4.53eFG	4.19fE	12.65fF	7.95eD	62.83bB
N1-M3	1.25eE	2.69cC	4.69eF	4.58eD	13.62eE	8.05deCD	59.13cC
N2-M1	1.44bB	2.17gG	5.99dE	5.50dC	15.10dD	8.34cB	55.23dD
N2-M2	1.40bcBC	2.49eE	6.17cdDE	5.98cB	16.27cC	8.44bB	51.87eE
N2-M3	1.31dDE	2.84bB	6.60bBC	6.33abA	17.51bB	8.65aA	49.40gG
N3-M1	1.58aA	2.48eE	6.35cCD	5.97cB	16.37cC	8.32cB	50.81fF
N3-M2	1.42bBC	2.62dD	6.71bB	6.26bAB	17.25bB	8.15dC	47.27hH
N3-M3	1.35cdCD	2.98aA	7.03aA	6.52aA	18.32aA	7.95eD	43.39iI
N	*	**	**	**	**	**	**
M	*	**	**	**	**	**	**
N'×M	*	**	ns	ns	ns	*	**

注：同列中小写字母表示 1% 和 5% 水平差异显著，“ * ”表示差异达 5% 显著水平，“ ** ”表示差异达 1% 极显著水平

从产量构成来看，早稻各个处理的有效穗、每穗总粒数及结实率差异明显，结果表明，施氮量越高，每穗总粒数相应增多，然而结实率相应下降；千粒重为 23.54～27.75g，无肥条件下的千粒重最大；各处理间有效穗的差异较大，表现为伴随基本苗数的增多而增多，伴随施氮量的增多而增多，最高可达 31.3 万穗/亩。同一氮肥水平下，

有效穗与产量呈开口向下单峰曲线关系，节氮条件下（8.5kg/亩）的有效穗拐点为27.6万/亩，常氮条件下（11kg/亩）的有效穗拐点为28.3万/亩，表明高产群体的有效穗应处于适当范围内，而并非越多越好；对于晚稻各个处理的每穗总粒数和结实率的差异明显，试验结果表明，氮肥施用越多，每穗总粒数相应增多，然而结实率相应下降；千粒重为23.84~25.57g，节肥条件（9kg N/亩）下的千粒重最大；有效穗的差异较大，表现为伴随基本苗数的增多而增多，伴随施氮量的增多而增多，最高可达33.6万穗/亩。试验表明，合理的增苗节氮能在不显著降低每穗粒数、结实率和千粒重这3个重要产量构成因子的前提下，促进个体与群体之间的协调生长，从而适当提高有效穗数，大幅提高产量（表4-3、表4-4）。

表4-3　增苗节肥对株两优819产量的影响

处理	基本苗（万/亩）	总颖花数（万/亩）	有效穗（万穗/亩）	每穗粒数（粒/穗）	结实率	千粒重（g）	理论产量（kg/亩）	实际产量（kg/亩）	产量排名
N1M1	13.2	893.2	12.1	73.5	0.889	27.75	220.3	212.5	12
N1M2	16.4	946.3	13.1	72.5	0.883	27.63	230.8	234.2	11
N1M3	19.5	1 133.2	16.6	68.3	0.858	27.08	263.2	251.6	10
N1M4	22.7	1 192.3	18.6	64.3	0.847	26.80	270.8	263.6	9
N2M1	13.2	2 629.7	23.8	110.3	0.720	24.31	460.5	445.6	8
N2M2	16.4	2 391.4	25.3	94.7	0.848	24.34	493.6	473.4	6
N2M3	19.5	2 562.0	27.6	93.0	0.868	24.27	539.7	520.2	1
N2M4	22.7	2 543.5	30.2	84.1	0.807	24.28	498.6	488.9	3
N3M1	13.2	2 862.7	25.8	111.1	0.712	23.54	479.8	484.9	4
N3M2	16.4	2 762.1	28.3	97.6	0.766	23.81	503.7	497.4	2
N3M3	19.5	2 694.1	29.8	90.4	0.771	23.50	488.4	474.5	5
N3M4	22.7	2 641.6	31.3	84.4	0.733	23.89	462.6	450.5	7

表4-4　增苗节肥对湘晚籼12号产量的影响

处理	基本苗（万/亩）	总颖花数（万/亩）	有效穗（万穗/亩）	每穗粒数（粒/穗）	结实率	千粒重（g）	理论产量（kg/亩）	实际产量（kg/亩）	产量排名
N1M1	10.2	1 209.2	20.6	58.7	0.833	24.64	248.3	235.0	12
N1M2	12.2	1 315.3	23.3	56.5	0.868	24.31	277.5	255.0	11
N1M3	14.3	1 393.2	25.2	55.3	0.821	24.73	282.8	281.3	10
N1M4	16.3	1 403.8	26.2	53.5	0.845	24.85	294.9	285.3	9
N2M1	10.2	2 025.0	27.0	75.0	0.800	25.32	409.9	400.0	8
N2M2	12.2	2 091.2	28.8	72.6	0.813	25.57	434.6	425.4	4
N2M3	14.3	2 215.5	30.9	71.7	0.815	25.15	454.2	463.4	1
N2M4	16.3	2 211.4	32.3	68.4	0.830	25.11	460.6	444.2	2
N3M1	10.2	2 151.7	27.8	77.4	0.796	24.71	423.4	409.7	7
N3M2	12.2	2 208.2	29.8	74.2	0.831	24.81	455.5	434.4	3
N3M3	14.3	2 267.1	31.4	72.2	0.815	24.54	453.3	420.0	5
N3M4	16.3	2 392.3	33.6	71.2	0.770	23.84	439.4	415.4	6

在生育期方面，从氮肥水平来看，早稻始穗期、成熟期均随着施氮量的增加而后延，全生育期随着施氮量的增加而增加，常规施氮处理的全生育期分别比节氮处理、氮空白处理长 3d、5d，表明通过减少氮肥用量能有效缩短早稻生育期，有助于提前收割。从抛栽苗数水平来说，同一氮肥水平下不同抛栽苗数之间的全生育期差异不大，均在一天左右。晚稻始穗期、成熟期均随着施氮量的增加而后延，全生育期随着施氮量的增加而增加，常规施氮处理的全生育期分别比节氮处理、氮空白处理长 2d、6.7d，表明通过减少氮肥用量能有效缩短晚稻生育期，有助于提前收割。从抛栽苗数水平来说，同一氮肥水平下不同抛栽苗数之间的全生育期差异不大，也均在一天左右。因此氮肥是影响早晚稻的主要因子，通过减少施氮量是缓解双季稻生产季节矛盾的最直接途径之一（表 4-5、表 4-6）。

表 4-5　增苗节肥对株两优 819 生育期的影响

处理	播种日期（月/日）	始穗期（月/日）	齐穗期（月/日）	成熟期（月/日）	全生育期（d）
N1M1	3/23	6/11	6/14	7/15	115
N1M2	3/23	6/10	6/13	7/15	115
N1M3	3/23	6/10	6/13	7/15	115
N1M4	3/23	6/11	6/14	7/15	115
N2M1	3/23	6/12	6/16	7/18	118
N2M2	3/23	6/13	6/17	7/18	118
N2M3	3/23	6/13	6/17	7/17	117
N2M4	3/23	6/13	6/16	7/18	118
N3M1	3/23	6/15	6/19	7/20	120
N3M2	3/23	6/14	6/18	7/20	120
N3M3	3/23	6/15	6/19	7/20	120
N3M4	3/23	6/15	6/19	7/19	119

表 4-6　增苗节肥对湘晚籼 12 号生育期的影响

处理	播种日期（月/日）	始穗期（月/日）	齐穗期（月/日）	成熟期（月/日）	全生育期（d）
N1M1	6/15	9/19	9/25	10/25	132
N1M2	6/15	9/19	9/24	10/25	132
N1M3	6/15	9/19	9/24	10/25	132
N1M4	6/15	9/19	9/24	10/24	131
平均值					131.8
N2M1	6/15	9/21	9/25	10/30	137
N2M2	6/15	9/20	9/25	10/30	137
N2M3	6/15	9/20	9/25	29/00	136
N2M4	6/15	9/19	9/24	29/00	136

（续表）

处理	播种日期（月/日）	始穗期（月/日）	齐穗期（月/日）	成熟期（月/日）	全生育期（d）
平均值					136.5
N3M1	6/15	9/22	9/27	11/1	139
N3M2	6/15	9/21	9/26	11/1	139
N3M3	6/15	9/21	9/26	10/31	138
N3M4	6/15	9/20	9/25	10/31	138
平均值					138.5

通过对各个时期的叶面积指数的测量，从而了解群体光合的具体特性，有利于了解产量来源和水稻动态的生长过程。具体见表4-7。变化趋势见图4-1、图4-2。

表4-7　早稻各时期叶面积指数记录

处理	生育期	N1	N2	N3
M1	分蘖盛期	3.66	5.09	5.73
	孕穗期	4.87	7.88	7.80
	齐穗期	2.61	10.19	6.74
	成熟期	2.28	3.40	5.24
M2	分蘖盛期	2.88	6.12	7.62
	孕穗期	3.53	5.63	7.67
	齐穗期	2.61	7.03	10.00
	成熟期	2.47	5.99	5.47
M3	分蘖盛期	3.86	8.67	6.69
	孕穗期	4.55	8.74	11.18
	齐穗期	3.29	10.64	10.79
	成熟期	2.31	8.74	9.03
M4	分蘖盛期	3.18	7.71	4.67
	孕穗期	3.75	10.72	10.99
	齐穗期	4.56	11.35	12.97
	成熟期	4.21	8.77	10.37

N1：0 kg/亩、N2（节氮）：8.5kg/亩、N3（常氮）：11kg/亩］三个水平，密度（M）设1个常密（M1：2.1万蔸/亩）和3个增密（M2：2.6万蔸/亩、M3：3.1万蔸/亩、M4：3.6万蔸/亩）水平。叶面积指数（leaf area index）又叫叶面积系数，是指单位土地面积上植物叶片总面积占土地面积的倍数，即：叶面积指数=叶片总面积/土地面积，所以叶面积指数没有单位。N1：0kg/亩、N2（节氮）：8.5 kg/亩、N3（常氮）：11kg/亩］三个水平，密度（M）设1个常密（M1：2.1万蔸/亩）和3个增密（M2：2.6万蔸/亩、M3：3.1万蔸/亩、M4：3.6万蔸/亩）水平。叶面积指数（leaf area index）又叫叶面积系数，是指单位土地面积上植物叶片总面积占土地面积的倍数，即：叶面积指数=叶片总面积/土地面积，所以叶面积指数没有单位。

从叶面积指数水平来看，早稻各处理均体现先增加后减小的趋势，并且都在孕穗期和齐穗期达到最大。其最大值和氮肥水平也有显著的关联性，无肥处理下最大只能达到4.87，而常规施肥情况下可以达到12.97，节肥条件下也能达到11.35，这说明氮肥的添加对水稻冠层的光合有显著的关系，但是过量添加造成的影响也不会更大，节约氮肥的条件下也可以带来产量的提升；对于晚稻和早稻情况相同，各处理均体现先增加后减小的趋势，并且都在孕穗期和齐穗期达到最大。但是其最大值和氮肥水平在此没有显著关联性，可能是由于晚稻光热条件较好，对无肥条件影响不大但是与氮肥不同施加量关联性不显著。在9kg/亩的情况下，其叶面积指数甚至高于11kg/亩，其光合特性与品种也有很大的关联性。

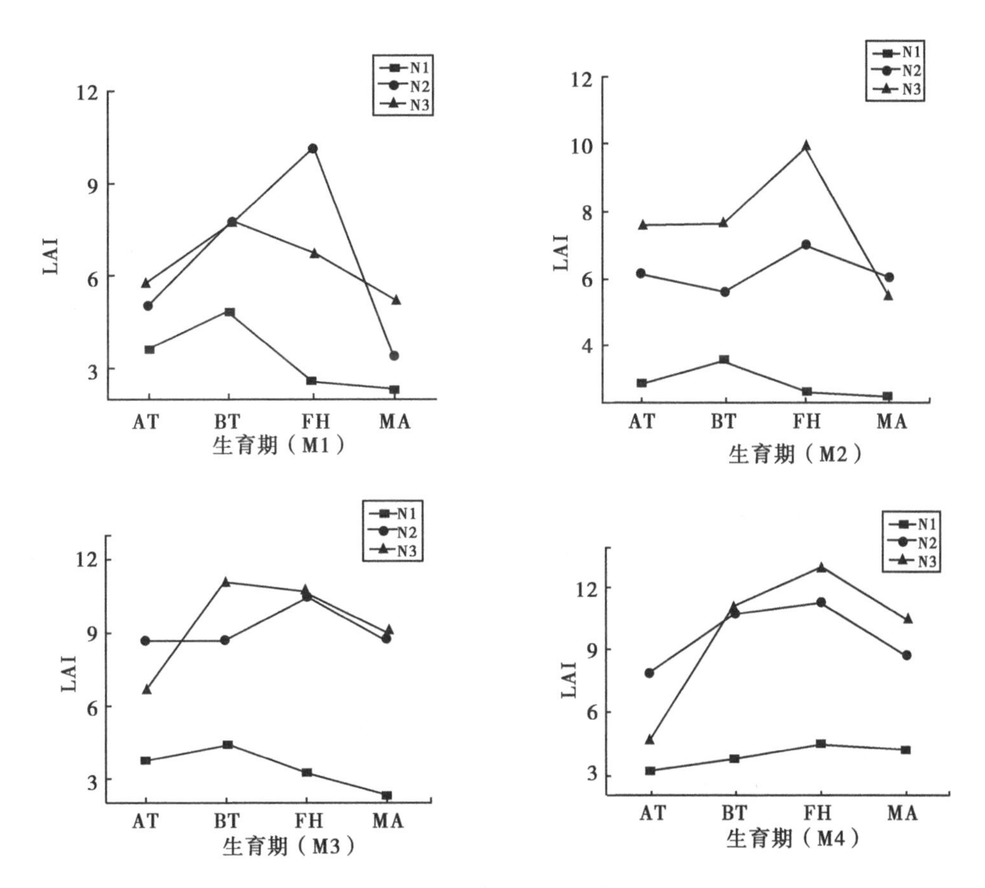

图4-1　早稻各处理条件下不同时期叶面积指数变化图

（二）华容基地增苗节肥丰产栽培技术研究

1. 增苗节氮对早稻产量及其构成的影响

从2015年早稻各处理实际产量表现看，表现为N10M2.3产量最高，N13M2.0次之，N10M2.0第三，N7M2.3第四，其中减氮增苗处理（N7M2.3）的产量仅分别比N10M2.3、N13M2.0、N10M2.0减少3.2%、1.4%、0.2%，但N7M2.3比N10M2.3、N13M2.0节氮30.0%、46.2%，节氮效果显著，这与2014年晚稻结果基本一致；从产

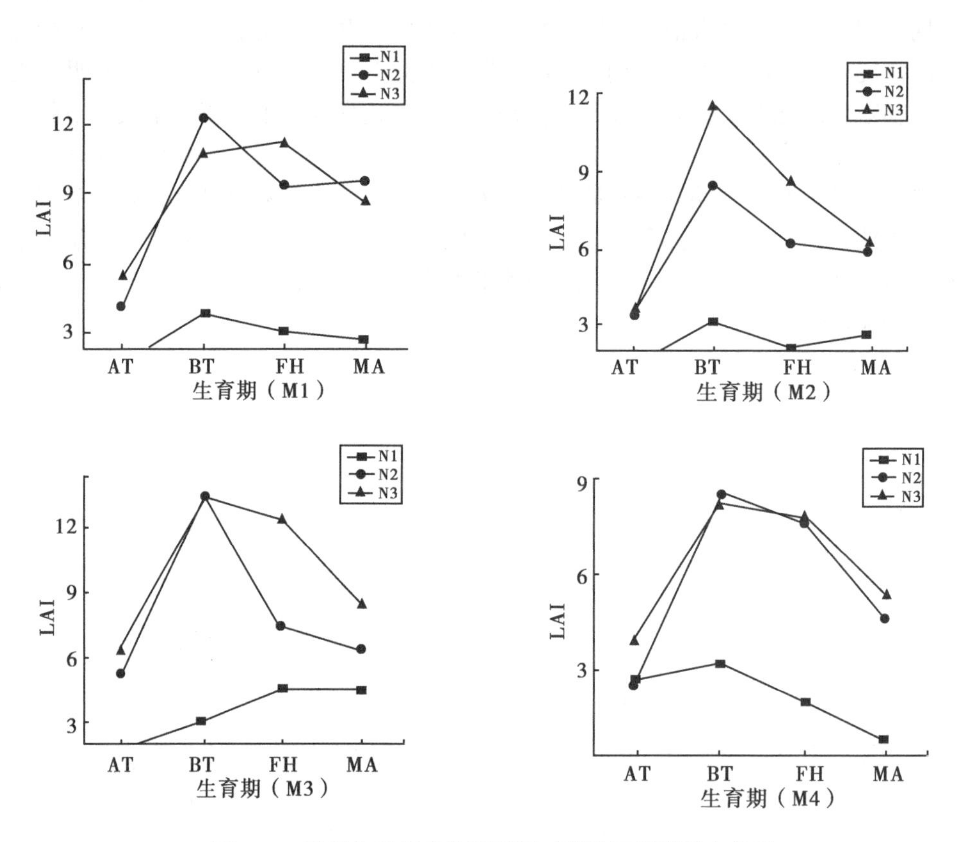

图 4-2 晚稻各处理条件下不同时期叶面积指数变化图

量构成来看，常氮及节氮条件下，有效穗越多，产量越高，表明通过增加密度以增加有效穗来实现高产是贯彻氮肥零增长政策的重要途径之一；高氮条件下，有效穗及每穗粒数均高于常氮及节氮，但由于结实率及千粒重低而导致产量偏低（表 4-8）。

表 4-8 2015 年增苗节氮对早稻产量及其构成的影响

处理	亩有效穗（万穗/亩）	穗总粒数（粒/穗）	结实率（%）	千粒重（g）	理论产量（kg/亩）	实际产量（kg/亩）	排序
N0M1.7	19.5	82.2	93.1	25.73	384.8	366.5d	12
N0M2.0	21.1	80.3	91.8	26.67	414.7	387.8d	11
N0M2.3	22.1	78.0	90.1	25.80	400.8	398.2d	10
N7M1.7	22.7	96.3	89.1	25.13	490.0	478.9c	9
N7M2.0	24.4	92.9	87.4	25.13	498.0	502.2b	6
N7M2.3	25.1	89.7	87.2	26.27	515.6	517.1a	4
N10M1.7	23.5	103.4	81.1	25.36	500.0	492.3bc	8
N10M2.0	25.3	99.8	82.5	25.73	535.7	518.2a	3
N10M2.3	27.6	96.2	82.1	25.63	557.9	534.5a	1

（续表）

处理	亩有效穗（万穗/亩）	穗总粒数（粒/穗）	结实率（%）	千粒重（g）	理论产量（kg/亩）	实际产量（kg/亩）	排序
N13M1. 7	24. 5	107. 3	81. 7	24. 13	517. 6	512. 2ab	5
N13M2. 0	27. 1	104. 2	80. 2	23. 98	543. 5	524. 5a	2
N13M2. 3	27. 4	98. 8	77. 9	23. 87	503. 6	501. 1b	7

2. 增苗节氮对晚稻产量及产量构成的影响

晚稻产量以中氮中密（N3M2）产量最高，为 525. 6kg/亩，高氮中密（N4M2）产量次之，为 513. 4kg/亩，N3M2 较 N1M1、N1M2、N1M3、N2M1、N2M2、N2M3、N3M1、N3M3、N4M1、N4M2、N4M3 分别增产 56. 6%、53. 6%、35. 5%、25. 5%、15. 1%、7. 0%、8. 0%、7. 7%、3. 5%、2. 4%、5. 8%，表现出在低氮水平下，产量随着密度的增加而增加，而在中氮、高氮水平下，产量随着密度的增加而先增加后降低，N3M2 的产量最高，有效穗及结实率是其高产的主要因子，表明在此试验方案基础上，还可以进一步降低中氮水平的施氮量，增加栽植密度，达到减氮、增苗、高产的目的（表 4-9）。

表 4-9　增苗节氮下晚稻产量及产量构成

处理	有效穗（万穗/亩）	每穗粒数（粒/穗）	结实率（%）	千粒重（g）	理论产量（kg/亩）	实际产量（kg/亩）
N1M1	19. 5	94. 0	72. 1	26. 8	353. 8	335. 6
N1M2	20. 2	92. 0	74. 1	26. 6	365. 8	342. 2
N1M3	21. 6	91. 6	75. 9	26. 7	401. 3	387. 8
N2M1	21. 9	102. 2	73. 2	26. 6	435. 1	418. 9
N2M2	23. 7	101. 8	73. 5	26. 7	473. 4	456. 7
N2M3	25. 5	101. 3	74. 2	26. 9	515. 6	491. 1
N3M1	24. 0	108. 1	72. 5	26. 7	503. 5	486. 7
N3M2	25. 3	106. 3	74. 2	26. 7	532. 3	525. 6
N3M3	26. 1	102. 8	71. 2	26. 6	508. 6	487. 8
N4M1	25. 4	114. 0	68. 5	26. 5	524. 8	507. 8
N4M2	26. 5	113. 1	67. 3	26. 6	536. 7	513. 4
N4M3	27. 1	106. 7	66. 5	26. 7	514. 9	496. 7

3. 增苗节氮对早稻植株 N、P、K、Cd 含量的影响

茎叶中的含氮量伴随施氮量的增加而增加，N4 较 N1、N2、N3 分别增加 24. 9%、8. 9%、2. 2%，茎叶中氮含量在不施氮、中氮水平下，伴随密度的增加而降低，而在高氮水平下，伴随密度的增加而增加；稻谷中的氮含量在不施氮、低氮水平下伴随密度的增加而增加，而在高氮水平下则伴随密度的增加而降低，表明在不施氮、中氮水平下，增加栽植密度有利于茎叶中的氮素往稻谷进行运转，而在高氮条件下，增加密度则抑制

了氮素由茎叶往稻谷运转，这也是高氮条件下，增加密度反而减产的重要原因之一。茎叶中的磷含量在不施肥条件下，伴随密度的增加而降低，而在施氮条件下伴随密度的增加而先增加后降低，稻谷中磷含量在氮含量在不施氮水平下最高，而在各施氮水平下并明显差异。高氮条件下茎叶中的钾含量最低，较 N1、N2、N3 分别降低了 18.4%、7.7%、23.6%，稻谷中钾含量以不施氮最高，中氮及高氮间无差异，表明高氮条件下不易于钾素的吸收与积累。稻谷中的镉含量均高密条件下最低，表明增加密度能有效降低稻谷中的镉含量（表 4-10）。

表 4-10　增苗节氮下早稻植株 N、P、K、Cd 含量

处理	茎 叶				谷			
	N（%）	P（%）	K（%）	Cd（mg/kg）	N（%）	P（%）	K（%）	Cd（mg/kg）
N1M1	0.81	0.19	2.52	0.125	1.07	0.35	0.33	0.037
N1M2	0.71	0.18	2.65	0.373	1.17	0.33	0.34	0.035
N1M3	0.73	0.16	2.80	0.172	1.19	0.37	0.36	0.021
平均值	0.75	0.18	2.66	0.223	1.14	0.35	0.34	0.031
N2M1	0.92	0.18	2.06	0.248	1.03	0.3	0.28	0.034
N2M2	0.88	0.19	2.25	0.105	1.08	0.310	0.31	0.023
N2M3	0.78	0.12	2.73	0.377	1.16	0.30	0.32	0.005
平均值	0.86	0.16	2.35	0.243	1.09	0.30	0.30	0.021
N3M1	1.06	0.12	2.74	0.347	0.94	0.30	0.31	0.037
N3M2	0.94	0.17	2.83	0.219	1.04	0.32	0.32	0.020
N3M3	0.75	0.15	2.94	0.305	1.14	0.29	0.33	0.019
平均值	0.92	0.15	2.84	0.290	1.04	0.30	0.32	0.025
N4M1	0.86	0.15	2.25	0.176	1.15	0.31	0.33	0.064
N4M2	0.96	0.19	2.23	0.149	1.05	0.30	0.33	0.035
N4M3	0.99	0.17	2.02	0.199	1.05	0.30	0.31	0.011
平均值	0.94	0.17	2.17	0.175	1.08	0.30	0.32	0.037

4. 增苗节氮下早稻土壤农化指标

pH 值随着施氮量的增加而降低，N1 较 N2、N3、N4 分别增加 1.2%、2.6%、4.1%，栽植密度对 pH 值的影响未表现出一定规律；全氮、碱解氮均随着施氮量的增加而增加，N4 的全氮较 N1、N2、N3 分别增加 16.4%、9.1%、3.5%，碱解氮分别增加 13.2%、10.1%、1.8%，N3 至 N4 的全氮、碱解氮仅分别增加 3.5%、1.8%，表明高氮条件下，并不能显著提高土壤的全氮及碱解氮，氮肥浪费严重；有效磷、速效钾均伴随施氮量的增加而降低，N1 的有效磷较 N2、N3、N4 分别增加 2.7%、14.5%、50.8%，速效钾分别增加 32.3%、42.3%、48.7%，表明高施氮量会显著降低土壤的有效磷、速效钾含量；全碳、有效碳及阳离子交换量伴随施氮量的增加均呈增加趋势；总镉及有效镉与施氮量未表现出一定关系，栽植密度对各项农化指标均未表现出一定效应（表 4-11）。

表 4-11　增苗节氮下早稻土壤农化指标

处理	pH 值	碱解 N (mg/kg)	有效 P (mg/kg)	速效 K (mg/kg)	全 N (g/kg)	全 C (g/kg)	活性 C (g/kg)	阳离子交换量（cmol (+)/kg)	总 Cd (mg/kg)	有效 Cd (mg/kg)
N1M1	5.53	226.9	2.25	88.5	2.26	23.6	17.0	11.9	0.319	0.148
N1M2	5.52	211.7	1.88	94.5	2.31	24.4	17.1	12.1	0.328	0.137
N1M3	5.32	218.5	1.58	84.5	2.21	24.6	17.3	12.2	0.364	0.131
平均值	5.46	219.0	1.90	89.2	2.26	24.2	17.1	12.1	0.337	0.139
N2M1	5.43	231.5	1.58	74.5	2.46	25.1	17.4	12.7	0.377	0.141
N2M2	5.32	227.6	1.81	65.3	2.4	24.2	17.1	12.1	0.262	0.142
N2M3	5.42	216.5	2.15	62.5	2.38	25.4	17.3	12.1	0.226	0.134
平均值	5.39	225.2	1.85	67.4	2.41	24.9	17.3	12.3	0.288	0.139
N3M1	5.26	211.7	1.9	67.8	2.58	24.7	17.6	12.7	0.220	0.145
N3M2	5.32	255.3	1.52	61.5	2.54	25.3	17.7	12.7	0.220	0.143
N3M3	5.37	263.3	1.56	58.7	2.49	25.0	17.8	12.5	0.214	0.142
平均值	5.32	243.4	1.66	62.7	2.54	25.0	17.7	12.6	0.218	0.143
N4M1	5.23	269.4	1.14	59.0	2.69	24.9	18.3	12.5	0.236	0.146
N4M2	5.31	221.6	1.29	59.5	2.64	25.1	18.2	12.6	0.226	0.14
N4M3	5.19	252.7	1.34	61.5	2.56	25.0	16.9	12.5	0.211	0.133
平均值	5.24	247.9	1.26	60.0	2.63	25.0	17.8	12.5	0.224	0.140

（三）结论

赫山基地早稻以低氮+较高苗数（8.5kg/亩 N 肥+3.2 万穴/亩）的产量最高，为 516.9kg/亩，晚稻以低肥+较高苗数（9kg /亩 N 肥+14.3 万苗/亩）的产量最高，为 456.5.4kg/亩。华容基地早稻以 N10M2.3 产量最高，N13M2.0 次之，N10M2.0 第三，N7M2.3 第四，其中减氮增苗处理（N7M2.3）的产量仅分别比 N10M2.3、N13M2.0、N10M2.0 减少 3.2%、1.4%、0.2%，但 N7M2.3 比 N10M2.3、N13M2.0 节氮 30.0%、46.2%，节氮效果显著。晚稻以中氮中密（N12M1.75）产量最高，为 525.6kg/亩，高氮中密（N15M1.75）产量次之，为 513.4kg/亩。说明无论是早稻，还是晚稻，通过适当增加基本苗，减少氮肥施用量，能够达到当季及周年丰产的效果。

第二节　双季稻田定量灌溉节水技术研究

一、研究意义

水稻是重要的粮食作物，为了保障我国的粮食安全，必须保证水稻的高产。但是水稻耗水量过大，国家需要采用节水灌溉技术，提高水资源的利用率，缓解用水压力。同时，节水灌溉技术有利于提高我国的水稻产量，提升水稻的品质，保障我国的粮食安全。随着科技水平的不断发展，节水灌溉技术不断更新，通过掌握其发展趋势，从而改进相关的灌溉技术，促进水稻种植业的平稳快速发展。

二、研究内容

针对早稻种植期内雨量分布不均，晚稻种植期内降水量偏少，因干旱导致结实率低、籽粒不饱满等问题，重点研究早、晚稻不同生育期的需水特性，量化不同生育时期的灌水量（深度），采取湿润灌溉与干湿交替等定量节水措施，研究提出适于平原区提引灌溉节水技术。

三、材料与方法

（一）试验材料

供试材料早稻为“湘早籼45号”“株两优819”“中早39”。晚稻为“湘晚籼17号”“五丰优T025”。

（二）试验区概况

田间试验于2013—2017年在湖南省益阳市赫山区笔架山乡中塘试验基地(28°29′N，112°30′E进行，该地属亚热带大陆性季风湿润气候，年平均气温16.5℃，年平均光照1 560h，年平均降水量1 465mm。试验田前茬作物为早稻，当茬作物为晚稻，晚稻品种为“湘晚籼12号”。土壤肥力均匀，试验区土壤碱解氮、有效磷、速效钾、有机质及pH值分别为165.2mg/kg、6.57mg/kg、66.2mg/kg、33.7g/kg和5.63。

（三）试验设计

本试验设4个处理：①长期灌溉（CK）：全期田间保持3~5cm水层，收割前1周断水；②湿润灌溉（节水灌溉）：移栽和抽穗期田间保持3~5cm水层，其余时期土壤持水量维持在60%以上；③间歇灌溉（节水灌溉）：移栽和抽穗期田间保持3~5cm水层，抽穗期后干湿交替，收割前1周断水；④非充分灌溉（节水灌溉）：移栽至分蘖盛期田间保持3~5cm水层，孕穗二期至三期灌水3~5cm水层，其余各时期均不灌水。

早稻于3月下旬播种，试验设三次重复，采用随机排列，小区面积为66.7m^2（常规稻及杂交稻各占一半）。N：P_2O_5：K_2O=1：0.5：1，基肥、追肥和穗肥的配比早稻为6：3：1，追肥于耕田前施加，追肥于移栽后7d施加，穗肥于孕穗二期至三期施加。晚稻移栽密度湘晚籼17号为16.5cm×20cm，五丰优T025为20cm×20cm，苗数为湘晚籼17号每蔸5~6苗，五丰优T025每蔸3~5苗，小区面积为66.7m^2，两个品种平分，设3次重复，采用随机排列，共12个小区。N：P_2O_5：K_2O=1：0.5：1，分3次施入，基肥、追肥和穗肥的配比早稻为5：3：2，追肥于耕田前施加，追肥于移栽后7d施加，穗肥于孕穗二期至三期施加。灌水、病虫害防治等管理措施同一般丰产田。

（四）检测项目

1. 干物重

从水稻移栽至成熟，于分蘖盛期、孕穗期、齐穗期、成熟期每小区随机选取代表性稻株6株，将茎鞘、叶、穗分开，在105℃下杀青30min，75℃烘干48h至恒重后称量，计算地上部干物质积累量。

2. 产量

在成熟期，每个小区分别从中心区选择5m作为测产小区，单打单晒，风干后称取干重，然后以14%的含水量计算稻谷产量。在测产取样的同时，取正方形测产区的对角线 12 蔸，考察水稻产量构成因子（有效穗数、每穗总粒数、每穗实粒数、结实率、千粒重），计算理论产量。

3. 叶面积指数（L）

在分蘖盛期、孕穗期、齐穗期、成熟期直接测量叶片的长、宽，再乘以系数（0.75）。

（五）数据处理

运用 DPS、SPSS 和 Excel 实用数据分析软件对试验数据进行分析处理。

四、结果与分析

（一）产量及生长性状

从 2013 年到 2017 年五年的早晚稻试验产量结果，可以证实干湿交替这种节水灌溉方式在产量贡献上的优势，与长期淹水灌溉来比，既能达到很高的产量，也不至于因长期淹水而带来倒伏的风险。值得一提的是，产量方面，湘晚籼 17 号 2014 年平均产量达到 443.5kg/亩，比 2013 年提高了 11.8%，这可能与乳熟灌浆期气温回升，光照增强，促使了小分蘖成穗，且未发生倒伏有关。五丰优 T025 各处理间平均产量达到了 558.3kg/亩，较湘晚籼 17 号提高了 25.9%。两个品种均表现为非充分灌溉的产量最高，长期灌溉（节水灌溉）产量最低，各处理间产量均表现为非充分灌溉>间歇灌溉>湿润灌溉>长期灌溉，五丰优 T025 非充分灌溉分别比间歇灌溉、湿润灌溉、长期灌溉增加了 0.64%、2.4%、2.7%；湘晚籼 17 号非充分灌溉分别比间歇灌溉、湿润灌溉、长期灌溉（CK）增加了 0.2%、5.4%、6.0%，间歇灌溉、湿润灌溉也分别比长期灌溉（CK）增加 5.1%、0.5%，这与 2013 年的结果（间歇灌溉>湿润灌溉>长期灌溉>非充分灌溉）完全不同，2013 年由于孕穗至抽穗扬花期受到持续高温和干旱胁迫，抽穗期前的降水量为 119.9mm，而抽穗后的降水量达到了 156.6mm，非充分灌溉的幼穗分化受到抑制，导致每穗粒数及结实率明显降低，且生育后期的大量降雨导致严重倒伏，致使产量仅为 332.2kg/亩，而 2014 年从移栽期至乳熟灌浆期均有一定降雨，而基本满足了非充分灌溉的生长及生理需水，且不通过人工灌水，能够提前晒田，从而减少了无效分蘖，提高了有效穗，从乳熟灌浆期至成熟期日平均气温在 21℃以上，降水量仅为 2.5mm，这有利于晚稻的充分灌浆及小分蘖成穗，因此 2014 年非充分灌溉基本达到了 2013 年间歇灌溉的处理效果，从而表明不同年份间不同气候条件下灌溉方式对产量的影响存在明显差异。除此一年异常，早晚稻种植情况均表明两个品种各处理产量表现均为间歇灌溉>湿润灌溉>长期灌溉>非充分灌溉（表 4-12）。

表 4-12　定量节水灌溉早晚稻产量表现情况

年份		品种名称	灌溉方式	试验结果（产量）
早稻	2013	湘早籼 45 号	长期、湿润、间歇、非充分	长期>间歇>湿润>非充分

（续表）

	年份	品种名称		灌溉方式	试验结果（产量）
	2014	湘早籼 45 号	株两优 819	长期、湿润、间歇、非充分	湘早籼 45 号：间歇>长期>湿润>非充分；株两优 819：湿润>间歇>长期>非充分
早稻	2015	中早 39	株两优 819	长期、湿润、间歇、非充分	中早 39：间歇>长期>湿润>非充分；株两优 819：湿润>间歇>长期>非充分
	2016	中早 39	株两优 819	长期、湿润、间歇、非充分	间歇>湿润>长期>非充分
	2017	中早 39	株两优 819	长期、湿润、间歇、非充分	间歇>湿润>长期>非充分
	2013	湘晚籼 17 号		长期、湿润、间歇、非充分	间歇>湿润>长期>非充分
	2014	湘晚籼 17 号	五丰优 T025	长期、湿润、间歇、非充分	非充分>间歇>湿润>长期
晚稻	2015	湘晚籼 17 号	五丰优 T025	长期、湿润、间歇、非充分	间歇>长期>湿润>非充分
	2016	湘晚籼 17 号	五丰优 T025	长期、湿润、间歇、非充分	间歇>湿润>长期>非充分
	2017				

具体以 2016 年试验情况为例进行说明。

（1）早稻方面

①产量　从灌溉方式来看，中早 39 以及株两优 819 各处理间产量均表现为间歇灌溉>湿润灌溉>长期灌溉>非充分灌溉，其中中早 39 间歇灌溉（节水灌溉）处理较其他三种灌溉方式增产 3. 19%~9. 37%；株两优 819 间歇灌溉（节水灌溉）处理较其他三种灌溉方式增产 3. 85%~12. 34%表明节水灌溉（间歇灌溉）有利于早稻形成稳产高产。从品种来看，中早 39 平均产量显著高于株两优 819，中早 39 平均亩产达 470. 81kg，高出株两优 819 达 30. 56kg，中早 39 属于超级稻品种，结实率高，千粒重值大，极具增产潜力，因此其产量表现优于株两优 819.

②产量构成因子　产量构成方面，高结实率以及较高的千粒重是中早 39 产量高于株两优 819 的主要原因，中早 39 平均结实率为 80. 46%，远高于株两优 819 的 73. 45%，中早 39 平均千粒重 24. 64，显著高于株两优 819 的 22. 83。从灌溉方式来看，两个品种各处理产量表现均为间歇灌溉>湿润灌溉>长期灌溉>非充分灌溉，这是由于间歇灌溉有效穗数高于其他处理，同时，其每穗总粒数、结实率、千粒重等产量构成因素均处于较高水平，所以间歇灌溉处理产量高于另外三个处理。非充分灌溉处理由于亏水灌溉，其有效穗数以及每穗粒数显著少于其他三个处理，因此，虽然其结实率和千粒重高于另三

个处理，但其产量仍表现最低（表 4-13）。

表 4-13　不同灌溉模式下早稻产量及产量构成

品种名称	处理	有效穗（万穗/亩）	每穗总粒数（粒/穗）	结实率（%）	千粒重（g）	理论产量（kg/亩）	实际产量（kg/亩）	产量排名
中早39	间歇灌溉	28.14	84.98	83.12	24.67	489.67	493.25	1
	湿润灌溉	27.56	89.71	79.26	24.35	475.63	478.68	2
	非充分灌溉	25.34	79.95	85.98	25.86	445.32	451.32	4
	长期灌溉	26.35	100.31	73.45	23.68	456.89	460.31	3
株两优819	间歇灌溉	31.24	82.21	78.16	22.98	460.32	462.58	1
	湿润灌溉	30.04	93.92	69.35	22.77	443.26	451.22	2
	非充分灌溉	26.85	80.17	81.71	23.51	409.76	411.8	4
	长期灌溉	28.95	107.25	64.58	22.09	438.96	436.31	3

③群体干物质积累　从表 4-13 可以看出，两个品种水稻群体干物质积累主要集中在中后期，拔节至成熟期干物质积累约占群体干物质总积累量的 80%。播种至拔节期，不同灌溉方式间群体干物质积累量差异较小，中早 39 非充分灌溉最低，为 3.38t/hm^2，株两优 819 长期灌溉最高为 3.78t/hm^2。在拔节至抽穗期，群体干物质积累均表现为间歇灌溉>湿润灌溉>长期灌溉>非充分灌溉，中早 39 间歇灌溉较另 3 种处理高出 3.81%~19.7%，株两优 819 间歇灌溉较另 3 种处理高出 5.88%~18.5%；在抽穗成熟期，群体干物质积累同样表现为间歇灌溉>湿润灌溉>长期灌溉>非充分灌溉，中早 39 间歇灌溉较另 3 种处理高出 6.69%~15.7%，株两优 819 间歇灌溉较另 3 种处理高出 1.31%~13.73%。间歇灌溉在拔节至成熟期期间，其干物质积累量均高于其他处理，因此，这是间歇灌溉产量表现最高的一个重要原因（表 4-14）。

表 4-14　不同灌溉方式下群体干物质积累量

品种名称	灌溉方式	播种—拔节（t/hm^2）	比例（%）	拔节—抽穗（t/hm^2）	比例（%）	抽穗—成熟（t/hm^2）	比例（%）
中早 39	间歇	3.58	20.13	7.35	41.34	6.85	38.53
	湿润	3.56	20.87	7.08	41.50	6.42	37.63
	非充分	3.38	21.91	6.14	39.76	5.92	38.33
	长期	3.67	22.48	6.53	39.98	6.13	37.53
株两优 819	间歇	3.54	19.58	7.56	41.87	6.96	38.55
	湿润	3.57	20.31	7.14	40.61	6.87	39.08
	非充分	3.42	21.47	6.38	40.08	6.12	38.45
	长期	3.78	22.63	6.57	39.31	6.36	38.06

④叶面积指数　从表 4-15 可以看出，在拔节期以前，各灌溉方式间叶面积指数差异极小，叶面积指数为 4.13~4.28。在齐穗期，不同处理下叶面积指数均表现为间歇灌

溉>湿润灌溉>长期灌溉>非充分灌溉，中早 39 间歇灌溉较另 3 种处理高出 2.26%～6.93%，株两优 819 间歇灌溉较另 3 种处理高出 2.3%～7.54%；在成熟期，叶面积指数同样表现为间歇灌溉>湿润灌溉>长期灌溉>非充分灌溉，中早 39 间歇灌溉较另 3 种处理高出 2.68%～14.6%，株两优 819 间歇灌溉较另 3 种处理高出 4.26%～12.58%。两个品种间叶面积指数拔节期之前基本无差异，在齐穗期和成熟期均表现为株两优 819 略高于中早 39，这可能是因为株两优 819 属于杂交稻，分蘖能力足，根系活力强，从而使得株两优 819 在生长中后期保持较高的叶面积指数。

表 4-15　不同灌溉模式下叶面积指数

品种名称	处理	拔节期	齐穗期	成熟期
中早 39	间歇	4.21	7.25	3.45
	湿润	4.19	7.09	3.36
	非充分	4.16	6.78	3.01
	长期	4.28	6.95	3.15
株两优 819	间歇	4.16	7.56	3.67
	湿润	4.20	7.39	3.52
	非充分	4.13	7.03	3.26
	长期	4.25	7.26	3.41

（2）晚稻方面

从产量来看，湘晚籼 17 号以及五丰优 T025 各处理间产量均表现为间歇灌溉>湿润灌溉>长期灌溉>非充分灌溉，其中湘晚籼 17 号间歇灌溉（节水灌溉）处理较其他三种灌溉方式增产 3.64%～11.61%；五丰优 T025 间歇灌溉（节水灌溉）处理较其他三种灌溉方式增产 2.82%～6.79%，表明节水灌溉（间歇灌溉）有利于，晚稻形成稳产高产。

从产量构成方面，较多的有效穗数、高结实率以及较多的每穗粒数是五丰优 T025 产量高于湘晚籼 17 号的主要原因，五丰优 T025 有效穗数、每穗粒数以及结实率较湘晚籼 17 号分别高出 7.78%、18.43%以及 8.96%；湘晚籼 17 号平均千粒重比五丰优 T025 高出 19.11%。从灌溉方式来看，两个品种各处理产量表现均为间歇灌溉>湿润灌溉>长期灌溉>非充分灌溉，这是由于间歇灌溉有效穗数高于其他处理，同时，其每穗总粒数、结实率、千粒重等产量构成因素均处于较高水平，所以间歇灌溉处理产量高于另外三个处理。非充分灌溉处理由于亏水灌溉，其有效穗数以及每穗粒数显著少于其他三个处理，因此，虽然其结实率和千粒重高于另三个处理，但其产量仍表现最低。

从群体干物质积累可以看出，两个品种水稻群体干物质积累与早稻基本一致，即拔节至成熟期干物质积累约占群体干物质总积累量的 80%。播种至拔节期，同一品种不同灌溉方式间群体干物质积累量差异较小，湘晚籼 17 号非充分灌溉最低，为 3.45t/hm^2，五丰优 T025 长期灌溉最高为 4.21t/hm^2。在拔节至抽穗期，群体干物质积累均表现为间歇灌溉>湿润灌溉>长期灌溉>非充分灌溉，湘晚籼 17 号间歇灌溉较另 3

种处理高出 2. 38%~11. 28%，五丰优 T025 间歇灌溉较另 3 种处理高出 5. 33%~9. 68%；在抽穗成熟期，群体干物质积累同样表现为间歇灌溉>湿润灌溉>长期灌溉>非充分灌溉，湘晚籼 17 号间歇灌溉较另 3 种处理高出 2. 84%~11. 21%，五丰优 T025 间歇灌溉较另 3 种处理高出 2. 52%~6. 1%。

早晚稻群体干物质积累规律基本一致，干物质积累主要集中在中后期，因此提高水稻产量的关键在于协调好中后期的源库流关系。各处理间同样表现为间歇灌溉>湿润灌溉>长期灌溉>非充分灌溉，表明间歇灌溉有利于中后期群体干物质积累，形成较高的生物量，从而为水稻高产创造良好条件。

表 4-16　不同灌溉模式下群体干物质积累量

品种名称	灌溉方式	播种—拔节（t/hm^2）	比例（%）	拔节—抽穗（t/hm^2）	比例（%）	抽穗—成熟（t/hm^2）	比例（%）
湘晚籼 17 号	间歇	3. 60	19. 82	7. 30	40. 25	7. 24	39. 93
	湿润	3. 51	19. 85	7. 13	40. 33	7. 04	39. 82
	非充分	3. 45	19. 39	6. 56	40. 47	6. 51	40. 14
	长期	3. 63	22. 06	7. 08	40. 25	6. 63	37. 69
五丰优 T025	间歇	4. 19	21. 83	7. 71	40. 13	7. 31	38. 04
	湿润	4. 18	22. 42	7. 32	39. 30	7. 13	38. 28
	非充分	4. 16	23. 01	7. 03	38. 88	6. 89	38. 11
	长期	4. 21	23. 58	7. 15	38. 36	7. 09	38. 06

从叶面积指数可以看出，在拔节期以前，同一品种各灌溉方式间叶面积指数差异极小，湘晚籼 17 号叶面积指数为 4. 21~4. 41，五丰优 T025 叶面积指数为 4. 65~4. 81。在齐穗期，不同处理下叶面积指数均表现为间歇灌溉>湿润灌溉>长期灌溉>非充分灌溉，湘晚籼 17 号间歇灌溉较另 3 种处理高出 1. 8%~5. 9%，五丰优 T025 间歇灌溉较另 3 种处理高出 2. 3%~7. 54%；在成熟期，叶面积指数同样表现为间歇灌溉>湿润灌溉>长期灌溉>非充分灌溉，湘晚籼 17 号间歇灌溉较另 3 种处理高出 2. 68%~14. 6%，五丰优 T025 间歇灌溉较另 3 种处理高出 3. 86%~10. 38%。

表 4-17　不同灌溉模式下叶面积指数

品种名称	处理	拔节期	齐穗期	成熟期
湘晚籼 17 号	间歇	4. 28	7. 36	3. 67
	湿润	4. 34	7. 23	3. 62
	非充分	4. 21	6. 95	3. 44
	长期	4. 41	7. 11	3. 85

（续表）

品种名称	处理	拔节期	齐穗期	成熟期
五丰优 T025	间歇	4.72	8.08	3.86
	湿润	4.74	7.78	3.91
	非充分	4.65	7.32	3.72
	长期	4.81	7.56	4.23

（二）水分利用率

2014 年水分利用率分析，从品种来看，杂交稻（五丰优 T025）的水分利用率明显高于常规稻（湘晚籼 17 号），其平均值高出 25.4%，2014 年湘晚籼 17 号的水分利用率明显高于 2013 年。从灌溉方式来看，除长期灌溉外 2014 年湘晚籼 17 号的水分利用率均明显高于 2013 年，平均水分利用率较 2013 年提高了 116.4%，两个品种的水分利用率均表现为非充分灌溉>间歇灌溉>湿润灌溉>长期灌溉，非充分灌溉处理下的杂交稻分别较其他三种灌溉方式增加 95.3%、105.0%、202.0%；常规稻分别为 96.5%、98.6%、192.7%（表 4-18）。

表 4-18　不同灌溉模式下晚稻群体的水分利用率

处理	产量		耗水量	水分利用率		
	湘晚籼 17 号	五丰优 T025		湘晚籼 17 号		五丰优 T025
				2013 年	2014 年	
间歇灌溉	455.2	562.5	196.5	0.90	2.32	2.86
湿润灌溉	432.5	553.1	195.3	1.31	2.21	2.83
非充分灌溉	456.2	566.1	100.7	1.17	4.53	5.62
长期灌溉	430.2	551.4	287.6	1.50	1.50	1.92

五、结论

1. 除 2014 年降雨偏多异常，早晚稻种植情况均表明两个品种各处理产量表现均为间歇灌溉>湿润灌溉>长期灌溉>非充分灌溉。

2. 2014 年，受降雨偏多影响，水分利用率“湘早籼 45 号”仅为 0.58～0.75kg/m^3，“株两优 819”仅为 0.64～0.88kg/m^3，表明早稻生长过程中的水资源浪费严重。晚稻受乳熟灌浆期气温持续回升，光照增强影响，湘晚籼 17 号、五丰优 T025 两个品种水分利用率及产量均较高，与长期灌溉比较，在维持产量基本稳定，节约灌水量 89.3m^3/亩、90.2m^3/亩、153.2m^3/亩情况下，通过间歇灌溉、湿润灌溉、非充分灌溉，“湘晚籼 17 号”水分利用率分别提高 54.67%、47.33%、202.00%；“五丰优 T025”水分利用率分别提高 48.96%、47.40%、192.71%。

第三节 双季稻增苗节肥与节水灌溉“双节”丰产栽培技术研究

一、研究目的

在研究双季稻增苗节肥丰产效果的基础上，通过进一步研究不同种植密度、施氮量与灌溉方式对水稻产量的影响，为实现双季稻节水节肥“双节”丰产栽培提供技术支撑。

二、研究方案

试验于2013年在南县三仙湖镇利群村双季稻田进行，早稻供试品种为湘早籼45号(常规稻)，3月24日播种，4月21日抛栽，抛栽后于田间进行捡匀，7月12日收获。晚稻供试品种为岳优9113，6月20日播种，7月15日抛栽，抛栽后于田间进行捡匀，10月20日收获。试验共设9个处理（A代表密度和施N量、B代表灌溉方式）：

A1B1：1.5万蔸，N 14.0 + 1.5万蔸，N 15.0；分蘖—幼穗分化浅水灌溉，分蘖末期落水晒田5d，孕穗—抽穗灌深水5cm，抽穗后湿润灌溉；

A1B2：1.5万蔸，N 14.0 + 1.5万蔸，N 15.0；分蘖—幼穗分化湿润灌溉（不灌溉），孕穗—齐穗期灌水（5cm），齐穗后干湿灌溉；

A1B3：1.5万蔸，N 14.0 + 1.5万蔸，N 15.0；分蘖—齐穗灌水5cm（不脱水），齐穗后不灌溉，利用自然降水（对照）；

A2B1：1.7万蔸，N 11.0 + 1.7万蔸，N 12.0；分蘖—幼穗分化浅水灌溉，分蘖末期落水晒田5d，孕穗—抽穗灌深水5cm，抽穗后湿润灌溉；

A2B2：1.7万蔸，N 11.0 + 1.7万蔸，N 12.0；分蘖—幼穗分化湿润灌溉（不灌溉），孕穗—齐穗期灌水（5cm），齐穗后干湿灌溉；

A2B3：1.7万蔸，N 11.0 + 1.7万蔸，N 12.0；分蘖—齐穗灌水5cm（不脱水），齐穗后不灌溉，利用自然降水（对照）；

A3B1：2.0万蔸，N 8.0 +2.0万蔸，N 9.0；分蘖—幼穗分化浅水灌溉，分蘖末期落水晒田5d，孕穗—抽穗灌深水5cm，抽穗后湿润灌溉；

A3B2：2.0万蔸，N 8.0 +2.0万蔸，N 9.0；分蘖—幼穗分化湿润灌溉（不灌溉），孕穗—齐穗期灌水（5cm），齐穗后干湿灌溉；

A3B3：2.0万蔸，N 8.0 +2.0万蔸，N 9.0；分蘖—齐穗灌水5cm（不脱水），齐穗后不灌溉，利用自然降水（对照）。

三、测定指标与方法

（一）作物地上部指标

记录各生育期时间，叶绿素用SPAD仪测定，干物重在105℃下杀青半小时后在75℃下烘干24h，称重测定。

（二）产量及构成因素调查

在收获前一天每小区采用“梅花”式取15蔸样，在室内进行考种，主要调查有效穗、千粒重、总粒数、实粒数、空瘪粒数；每小区取1m²测定实际产量。

（三）植株样品的采集与分析

主要生育时期田间取样测定叶绿素含量、光合速率，测定干物质重量、植株N、P、K含量。

四、研究结果与分析

叶绿素（SPAD）含量：早稻主要生育期，各处理叶片SPAD值呈抛物线的变化趋势，于齐穗期达到最高值，但各处理叶片SPAD值均无显著性差异，分蘖期和孕穗期，其大小顺序为A1B2>A3B2>A2B2>A1B1>A3B1>A1B3>A2B1>A2B3>A3B3。齐穗期和成熟期，其大小顺序为A3B1>A1B1>A3B2>A2B1>A1B2>A1B3>A3B3>A2B2>A2B3。

晚稻主要生育期，各处理叶片SPAD值也呈抛物线的变化趋势，于齐穗期达到最高值，各处理水稻叶片SPAD值均无显著性差异，其大小顺序为A1B1>A1B2>A1B3>A2B1>A2B2>A3B1>A3B2>A2B3>A3B3；齐穗期和成熟期，其大小顺序为A1B1>A2B1>A3B1>A1B2>A2B2>A3B2>A1B3>A2B3>A3B3（图4-3）。

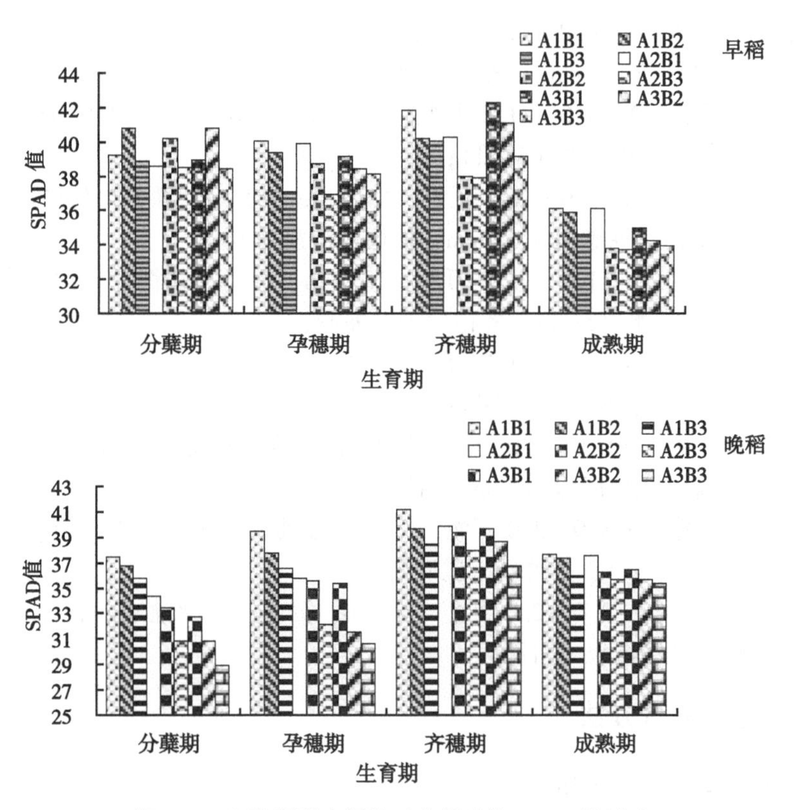

图4-3 双季稻肥水调控对水稻叶片SPAD的影响

叶面积：各处理早稻的叶面积呈抛物线变化趋势，均于齐穗期达到最大值，之后呈下降变化趋势。在早稻各生育期，各处理水稻的叶面积和 LAI 均表现为：A1B1>A2B1>A3B1>A1B2>A2B2>A1B3>A3B2>A2B3>A3B3。在分蘖期、孕穗期、齐穗期，均以 A1B1 处理叶面积为最高，均显著高于其他处理；成熟期，各处理间水稻叶面积无明显差异。

各处理晚稻的叶面积变化趋势与早稻相似，在分蘖期和孕穗期，均以 A1B1 处理叶面积为最高，均显著高于其他处理；齐穗期和成熟期，各处理间水稻叶面积无明显差异（图 4-4）。

叶面积指数：各处理早稻的叶面积指数（LAI）均呈抛物线变化趋势，均于齐穗期达到最大值，之后呈下降变化趋势。在早稻分蘖期、孕穗期、齐穗期，各处理水稻的 LAI 无显著性差异；成熟期，A2B1 处理水稻的 LAI 为最高，明显高于其他处理。各处理晚稻的 LAI 变化趋势与早稻相似。在同一抛栽密度和施氮量相同的条件下，各处理 LAI 变化呈：B1>B2>B3（图 4-5）。

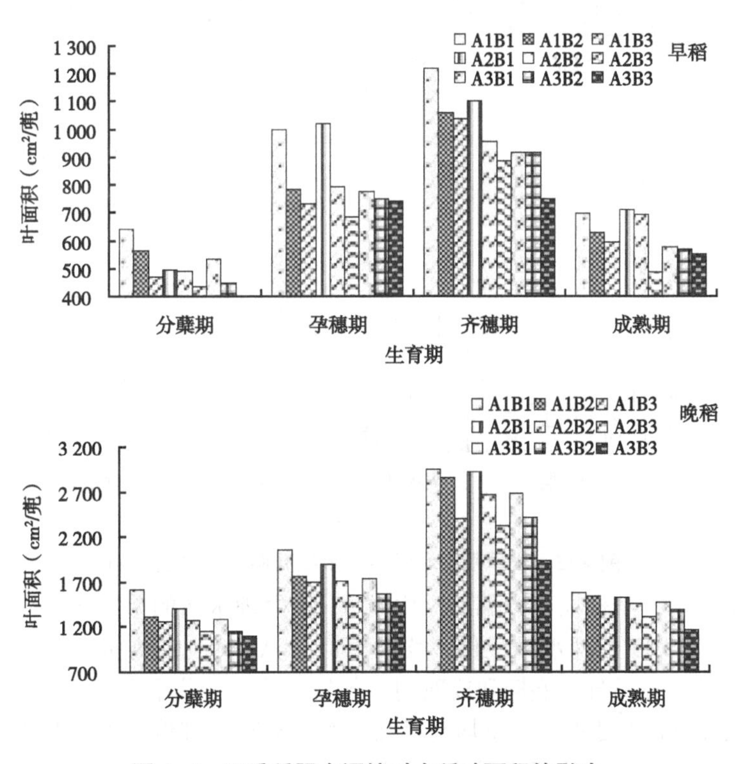

图 4-4　双季稻肥水调控对水稻叶面积的影响

干物质生产特征：不同肥水调控方式对水稻主要生育期单穴干物重具有一定的影响。早稻主要生育期均以 A1B1 处理水稻的单穴根系，A2B1 和 A3B1 处理水稻次之，A3B3 处理水稻最低。分蘖期、孕穗期和齐穗期，各处理间植株根系干重无显著差异；成熟期，A1B1 处理为最高。处理植株的茎干重均无显著差异，在同一抛栽密度和施氮量相同的条件下，各处理茎干重变化呈：B1>B2>B3。各处理间植株叶干重均以 A1B1 处理为最高。在同一抛栽密度和施氮量相同的条件下，各处理叶干重变化呈：B1>B2>B3。在同一灌溉方式下，分蘖盛期，各处理叶干重变化表现为 A1>A3>A2；孕穗期、齐穗期和成熟期，各处理叶干重变化表现为 A1>A2>A3。齐穗期和成熟期，处理植株的穗干重均无显著差异，在同一抛栽密度和施氮量相同的条件下，各处理穗干重变化如下：B1>B2>B3。在同一灌溉方式下，分蘖盛期，各处理穗干重变化表现为 A2>A1>A3。

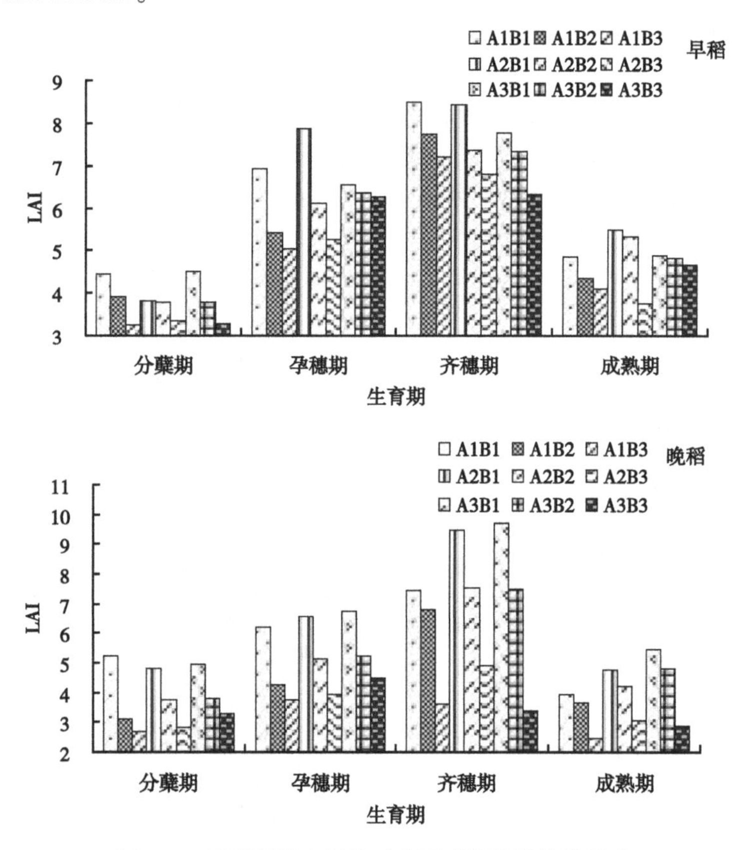

图 4-5 双季稻肥水调控对水稻叶面积指数的影响

晚稻分蘖盛期、孕穗期和齐穗期，均以 A1B1 处理水稻的单穴根系，A1B2 和 A1B3 处理水稻次之，A3B3 处理水稻最低，均显著高于 A3B3；成熟期，各处理间植株根系干重无显著差异。晚稻分蘖盛期和成熟期，各处理植株的茎干重均无显著差异；孕穗期和齐穗期，均以 A1B1 处理茎干重均高最高，均明显高于其他处理。在同一抛栽密度和施氮量相同的条件下，各处理茎干重变化呈：B1>B2>B3。在同一灌溉方式下，各处理茎干重变化表现为 A1>A2>A3。在晚稻主要生育期，各处理间植株叶干重均以 A1B1 处理为最高。在同一抛栽密度和施氮量相同的条件下，各处理叶干重变化呈：B1>B2>B3。在同一灌溉方式下，各处理叶干重变化表现为 A1>A2>A3。齐穗期和成熟期，A1B1 处理植株的穗干重均为最高，均明显高于其他处理。在同一抛栽密度和施氮量相同的条件下，各处理穗干重变化为：B1>B2>B3。在同一灌溉方式下，各处理穗干重变化表现为 A1>A2>A3（表 4-19）。

表 4-19　不同肥水调控对水稻生物学特性的影响

项目	处理	早稻				晚稻			
		分蘖盛期	孕穗期	齐穗期	成熟期	分蘖盛期	孕穗期	齐穗期	成熟期
	A1B1	1.02a	2.43a	3.04a	2.94a	5.05a	5.77a	6.54a	3.75a
	A1B2	0.98a	2.05a	2.61a	2.03ab	3.62ab	4.48ab	5.9ab	3.62a
	A1B3	0.9a	1.87a	2.4a	1.78b	3.24ab	3.4b	5.56abc	3.57a
	A2B1	0.87a	2.06a	2.74a	2.37ab	2.9ab	4.04ab	5.53abc	3.33a
	A2B2	0.86a	1.99a	2.57a	2.01ab	2.86ab	3.31b	4.99abc	2.97a
	A2B3	0.81a	1.45a	1.95a	1.68b	2.53ab	3.05b	3.88bc	2.92a
	A3B1	0.82a	1.89a	2.66a	1.92b	2.54ab	3.53b	5.32abc	3.14a
	A3B2	0.78a	1.72a	2.54a	1.79b	2.22ab	3.26b	4.43abc	2.94a
	A3B3	0.57a	1.07a	2.14a	1.64b	1.86b	2.72b	3.22c	2.83a
茎干重（g/蔸）	A1B1	2.62a	11.63a	9.17a	8.11a	6.50a	14.73a	21.22a	15.33a
	A1B2	2.55a	10.04a	8.26a	7.63a	4.95a	13.82ab	19.22ab	13.41a
	A1B3	2.31a	9.39a	6.7a	7.01a	4.81a	10.34abc	19.02ab	13.16a
	A2B1	2.44a	13.06a	11.34a	8.97a	5.4a	14.13ab	19.72ab	13.89a
	A2B2	2.24a	10.04a	9.82a	8.66a	4.8a	12.19abc	19.16ab	12.65a
	A2B3	1.82a	9.07a	8.99a	6.16a	4.59a	9.67abc	17.31abc	11.26a
	A3B1	2.19a	13.87a	10.01a	7.37a	5.29a	13.53abc	19.37ab	13.62a
	A3B2	1.97a	9.09a	8.42a	7.11a	4.26a	9.21bc	15.45bc	12.45a
	A3B3	1.68a	8.52a	7.78a	6.7a	3.87a	8.38c	12.66c	11.21a
叶干重（g/蔸）	A1B1	2.08a	4.74a	5.91a	3.64a	6.38a	9.04a	10.75a	5.77a
	A1B2	1.83ab	4.12ab	5.2ab	3.58ab	5.16ab	8.37ab	10.42ab	5.61ab
	A1B3	1.53b	3.9ab	4.45ab	3.54ab	4.94ab	7.29ab	8.75bcd	4.99ab
	A2B1	1.61b	4.3ab	5.81a	3.21ab	5.51ab	8.27ab	10.64ab	5.58ab
	A2B2	1.60b	3.72ab	4.5ab	3.03ab	4.98ab	7.86ab	9.74abc	5.32ab
	A2B3	1.41b	3.45ab	3.88b	2.5b	4.51ab	6.98bc	8.48cd	4.78ab
	A3B1	1.73b	3.57ab	4.26ab	2.95ab	5.07ab	7.21ab	9.79abc	5.37ab
	A3B2	1.45b	3.02b	4.2ab	2.91ab	4.55ab	6.68bc	8.82bcd	5.1ab
	A3B3	1.26b	2.92b	4.15ab	2.83ab	4.3b	6.19b	7.05d	4.26b
穗干重（g/蔸）	A1B1	—	—	5.12a	21.29a	—	—	10.63a	25.42a
	A1B2	—	—	4.84a	19.67a	—	—	9.89ab	21.14ab
	A1B3	—	—	3.9a	17.2a	—	—	7.92bc	17.81b
	A2B1	—	—	6.23a	22.8a	—	—	9.52ab	22.48ab
	A2B2	—	—	5.49a	21.48a	—	—	8.24abc	20.64ab
	A2B3	—	—	4.52a	17.33a	—	—	7.3bc	17.42b
	A3B1	—	—	5.48a	20.74a	—	—	8.88abc	21.08ab
	A3B2	—	—	3.93a	19.21a	—	—	7.33bc	18.84ab
	A3B3	—	—	3.32a	16.4a	—	—	6.72c	15.89b

注：同列不同小写字母表示差异达显著水平，下同

产量及构成因素：各处理早稻的结实率和千粒重均无显著性差异。A3B1 处理的有效穗数为最高，明显高于其他处理；每穗粒数以 A1B1 处理为最高，显著高于其他处理；A2B1 处理的早稻产量为最高，达 430.22kg/亩，与 A1B3 处理差异达显著水平，但与其他处理无明显差异。各处理晚稻的每穗粒数和千粒重均无显著性差异。A3B1 处理的有效穗数为最高，明显高于其他处理；结实率以 A2B2 处理为最高，显著高于其他处理；A3B1 处理的早稻产量为最高，达 464.65kg/亩，与 A3B2、A1B1 处理无明显差异，但与其他处理差异达显著水平。在同一抛栽密度和施氮量相同的条件下，各处理早稻和晚稻产量变化均呈：B1>B2>B3。在同一灌溉方式下，各处理早稻和晚稻产量变化分别表现为 A2>A3>A1、A3>A2>A1，这说明可通过增加水稻抛栽密度、减少施氮量，也可取得较高的水稻产量（表 4-20）。

表 4-20　双季稻肥水调控对水稻产量及构成因素的影响

	处理	项目				
		有效穗（万穗/亩）	每穗粒数（粒/穗）	结实率（%）	千粒重（g）	实际产量（kg/亩）
早稻	A1B1	34.31b	86.49a	91.89a	22.75a	395.75ab
	A1B2	30.93b	67.69abc	86.41a	26.50a	394.64ab
	A1B3	33.28b	50.48c	87.46a	22.26a	372.41b
	A2B1	32.33b	58.01bc	92.98a	24.36a	430.22a
	A2B2	35.26ab	57.37bc	92.77a	25.36a	416.88ab
	A2B3	31.64b	64.64abc	90.19a	24.97a	400.2ab
	A3B1	35.68a	64.12abc	92.49a	25.87a	409.09ab
	A3B2	31.26b	80.6ab	92.32a	24.23a	405.76ab
	A3B3	35.48ab	60.57abc	91.0a	22.63a	389.08ab
晚稻	A1B1	28.57b	94.24a	78.77ab	22.94a	424.63ab
	A1B2	30.08ab	80.24a	71.45abc	24.69a	409.06b
	A1B3	31.42ab	90.98a	70.32bc	22.67a	404.62b
	A2B1	32.8ab	88.31a	66.29b	24.59a	447.97b
	A2B2	31.68ab	77.5a	82.74a	23.76a	420.18b
	A2B3	29.13ab	74.66a	70.31bc	22.69a	413.51b
	A3B1	33.11a	91.49a	77.70abc	24.61a	464.65a
	A3B2	30.30ab	79.93a	67.72bc	24.49a	447.97ab
	A3B3	30.77ab	76.24a	67.83bc	23.90a	419.07b

五、结论

通过对水稻不同抛栽密度、施氮量和灌溉方式的试验研究结果表明，在抛栽密度较低和施氮量较高的条件下，有利于促进水稻植株的生长发育，增加地下和地上部位干物质积累，有利于增加水稻植株的叶面积和叶面积指数。但从水稻产量及构成因素结果表明，在同一灌溉方式下，不同抛栽密度和施氮量处理早稻和晚稻产量变化均表现为抛栽密度高、施氮量低处理产量高于抛栽密度低、施氮量高处理，这说明通过增苗减氮，能达到双季稻丰产的目的。同时，在不同灌溉方式中，以分蘖—幼穗分化浅水灌溉、分蘖末期落水晒田 5d、孕穗—抽穗灌深水 5cm、抽穗后湿润灌溉方式为最佳，分蘖—齐穗灌水 5cm（不脱水）、齐穗后不灌溉、利用自然降水灌溉方式为最差，这进一步说明在增苗节肥的基础上，通过采用节水灌溉，能实现双季稻增苗节水节肥丰产栽培。

第四节　双季稻田不同节水栽培技术研究

一、研究目的

根据双季稻田不同耕作方式，结合稻草还田技术，通过设置不同节水栽培措施，控制灌水次数及灌水量，研究筛选适于双季稻田不同节水丰产栽培技术。

二、研究方案

试验于 2013—2015 年在华容县三封寺镇复兴村进行，设 4 个处理：T1，早稻起垄、晚稻免耕垄作栽培：厢宽 2m，沟宽 25~30cm，沟深 20~25cm，抛栽后保持垄面有水，活蔸开始分蘖后保持沟里有水，湿润灌溉；T2，早稻旋耕平作、晚稻免耕稻草覆盖栽培：采用早稻草全量还田，湿润灌溉；T3，早稻旋耕平作、晚稻免耕稻草不覆盖栽培：采用早稻草不还田，湿润灌溉；T4，早、晚稻均旋耕平作稻草不覆盖栽培（对照）：按常规方式栽培，保持水层常规灌溉。

各处理从早稻开始设置 4 个大区，各处理之间用田埂隔开，田埂上覆膜，每处理 10m 宽、20m 长，面积约 200m^2。因试验处理灌溉方式不一样，在试验田的两头设置灌排水沟。在早稻收获时均采用留低桩的收割方式，早稻收割后继续按原有大区进行晚稻试验，适当加固各处理之间的田埂。免耕处理的早稻收获后按 200ml/亩对水 50kg 用量喷施“克无踪”除草剂进行除草，喷药 1d 后即可抛栽晚稻，其他栽培措施按常规方式进行。

三、测定指标与方法

（一）作物地上部指标

记录各生育期时间，干物重在 105℃下杀青 0.5h 后在 75℃下烘干 24 h，称重测定。

（二）产量及构成因素调查

在收获前一天每小区采用“梅花”式取 15 蔸样，在室内进行考种，主要调查有效穗、千粒重、总粒数、实粒数、空瘪粒数；每小区取 1m^{2}测定实际产量。

（三）植株样品的采集与分析

主要生育时期田间取样测定叶绿素含量、光合速率，测定干物质重量、植株 N、P、K 含量。

四、研究结果与分析

(一) 不同节水措施的水稻产量

从2013—2015年3年5季的平均产量比较，与旋耕稻草不还田+常规灌溉（T4）比较，起垄+湿润灌溉（T1）平均产量最高为508.5kg/亩，增产8.5%，免耕稻草覆盖还田+湿润灌溉（T2）第二为498.21kg/亩，增产6.3%，免耕稻草不还田+湿润灌溉（T3）第三为484.58kg/亩，增产3.39%（表4-21）。

表4-21 2013—2015年不同节水措施的水稻产量

处理	2013年晚稻	2014年早稻	2014年晚稻	2015年早稻	2015年晚稻	5季平均(kg/亩)	增幅(%)
T1	447.70	505.58	496.94	566.70	525.60	508.50	8.50
T2	413.40	487.80	515.04	543.40	531.40	498.21	6.30
T3	408.20	487.80	466.29	540.00	520.60	484.58	3.39
T4	386.50	476.52	461.91	506.70	511.80	468.69	0.00

(二) 不同节水措施的土壤含水量

2013年各处理均于8月上旬分蘖盛期开始控水晒田，8月中旬拔节期统一进行了一次复水灌溉，然后起垄+湿润灌溉、免耕覆盖稻草+湿润灌溉、免耕不覆盖稻草+湿润灌溉3个处理依靠自然降水实现干湿交替至成熟期，而旋耕+常规浅水灌溉（CK）处理分别在孕穗期和灌浆期进行了一次补灌。通过对不同栽培措施土壤含水量测定显示，从分蘖末期至成熟期，旋耕+常规浅水灌溉（CK）处理土壤含水量（%）均显著高于起垄+湿润灌溉、免耕覆盖稻草+湿润灌溉、免耕不覆盖稻草+湿润灌溉3个处理，而起垄、免耕覆盖稻草、免耕不覆盖稻草3个湿润灌溉处理之间，土壤含水量均无显著差异（图4-6）。

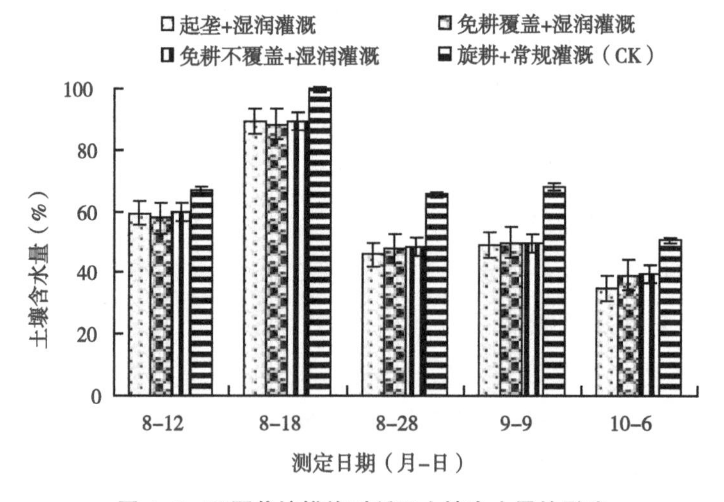

图4-6 不同栽培措施对稻田土壤含水量的影响

（三）不同节水植株干物质积累

不同节水栽培措施对晚稻植株干物质积累具有一定的影响。根系干重以起垄+湿润灌溉处理最高，为1.12g/株，比旋耕+常规灌溉（CK）处理高27.27%，大小排序为：起垄+湿润灌溉栽培>免耕不覆盖稻草+湿润灌溉栽培>免耕覆盖稻草+湿润灌溉栽培>旋耕+常规灌溉栽培（CK），其中3个湿润灌溉栽培根系干重显著高于对照常规灌溉栽培；茎叶干重以起垄+湿润灌溉处理最高，为2.59g/株，比旋耕+常规灌溉（CK）处理高8.82%，大小排序为：起垄+湿润灌溉栽培>免耕不覆盖稻草+湿润灌溉栽培>免耕覆盖稻草+湿润灌溉栽培>旋耕+常规灌溉栽培（CK），但不同节水栽培措施之间茎叶干重差异不显著；籽粒干重以起垄+湿润灌溉处理最高，为2.08g/株，比旋耕+常规灌溉（CK）处理高20.93%，大小排序为：起垄+湿润灌溉栽培>免耕不覆盖稻草+湿润灌溉栽培>免耕覆盖稻草+湿润灌溉栽培>旋耕+常规灌溉栽培（CK），其中3个湿润灌溉栽培籽粒干重显著高于对照常规灌溉栽培；根冠比以起垄+湿润灌溉处理最高，为0.24，比旋耕+常规灌溉（CK）处理高14.29%，达显著差异，免耕覆盖稻草+湿润灌溉栽培、免耕不覆盖稻草+湿润灌溉栽培的根冠比均为0.23，比旋耕+常规灌溉（CK）处理高9.52%，但差异不显著（表4-22）。

表4-22　不同节水栽培措施晚稻植株干物质积累和根冠比

处理	根系干重（g/株）	茎叶干重（g/株）	籽粒干重（g/株）	根冠比
T1	1.12a	2.59a	2.08a	0.24a
T2	1.05a	2.55a	1.98a	0.23ab
T3	1.06a	2.57a	1.99a	0.23ab
T4	0.88b	2.38a	1.72b	0.21b

注：同列中的不同小写字母代表差异显著（$P<0.05$）

（四）不同节水措施的生产效益

从2014年不同节水栽培措施的生产效益分析，T1处理早稻采用起垄栽培，整地成本120元/亩，与其他处理采用旋耕栽培80元/亩比较，每亩增加整地成本40元，晚稻T1、T2、T3处理采用免耕栽培，与T4采用旋耕栽培80元/亩比较，每亩节约整地成本80元；T1、T2、T3处理早晚稻均采用湿润灌溉栽培，灌溉成本40元/亩，与T4采用常规灌溉栽培成本70元/亩比较，每亩节约灌溉成本30元，因此，与T4比较，T1、T2、T3节本增效分别为70元/亩、110元/亩、110元/亩。根据各处理全年稻谷产量计算稻谷产值，与T4比较，T1、T2、T3增产增效分别为166.63、167.46、40.71元/亩，全年节本增效与增产增效合计分别为236.63元/亩、277.46元/亩、150.71元/亩（表4-23）。

表4-23　不同节水措施水稻全年生产效益

处理	整地费用（元/亩）	灌溉费用（元/亩）	节本增效（元/亩）	稻谷产值（元/亩）	增产增效（元/亩）	增收效益（元/亩）
T1	120.00	40.00	70.00	2 606.55	166.63	236.63

（续表）

处理	整地费用（元/亩）	灌溉费用（元/亩）	节本增效（元/亩）	稻谷产值（元/亩）	增产增效（元/亩）	增收效益（元/亩）
T2	80.00	40.00	110.00	2 607.38	167.46	277.46
T3	80.00	40.00	110.00	2 480.63	40.71	150.71
T4	160.00	70.00	0.00	2 439.92	0.00	0.00

注：每季成本起垄整地按 120 元/亩，旋耕整地按 80 元/亩，湿润灌溉按 20 元/亩，常规灌溉按 35 元，稻谷价格按 2.6 元/kg 计算

（五）不同节水措施的稻米品质

对不同节水措施的早稻米质分析表明，T1、T2、T3、T4 各处理的糙米率、精米率差异均不显著，其中糙米率依次为 82.59%、82.67%、82.34%、82.41%，精米率依次为 72.65%、72.51%、72.29%、70.26%。整精米率以 T1 最高为 56.94%，其次是 T2 为 56.78%，与 T4 比较，分别提高 6.87%、6.57%，其差异均达显著，T3 为 54.27%，与 T4 比较差异不显著。

对不同节水措施的晚稻米质分析表明，T1、T2、T3、T4 各处理的糙米率、精米率差异均不显著，其中糙米率依次为 80.27%、80.93%、80.73%、80.47%，精米率依次为 72.57%、72.23%、71.78%、70.13%。整精米率以 T1 最高为 59.64%，其次是 T2 为 59.25%，与 T4 比较，分别提高 7.02%、6.32%，其差异均达显著，T3 为 56.36%，与 T4 比较差异不显著（表 4-24）。

由此可见，无论是早稻还是晚稻，不同节水措施对水稻糙米率和精米率没有显著影响，主要通过整精米率影响稻米品质；通过采用湿润灌溉等适当节水栽培措施，不仅不会降低稻米品质，同时，通过结合采用起垄栽培、免耕栽培及稻草还田等技术，还能适当提高整精米率，改善稻米品质。

表 4-24　不同节水措施的早、晚稻米质

类别	处理	糙米率（%）	精米率（%）	整精米率（%）
早稻	T1	82.59	72.65	56.94
	T2	82.67	72.51	56.78
	T3	82.34	72.29	54.27
	T4	82.41	70.26	53.28
晚稻	T1	80.27	72.57	59.64
	T2	80.93	72.23	59.25
	T3	80.73	71.78	56.36
	T4	80.47	70.13	55.73

（六）不同节水栽培下早稻植株 N、P、K、Cd 含量

2015 年试验取样测定，早稻茎叶中的氮含量以处理 T4 最高，较处理 T1、T2、T3

分别增加 6.6%、11.0%、2.5%，稻谷中的氮含量以处理 T1 最高，较处理 T2、T3、T4 分别增加 8.3%、5.4%、4.4%，表明垅栽能够促进氮素由茎叶往稻谷中转运；茎叶及稻谷中的磷含量在各处理间无明显差异；处理 T2 茎叶、稻谷中的钾含量均最高，茎叶中的钾含量较 T1 T3、T4 分别增加 6.9%、12.6%、15.7%，稻谷中的钾含量分别增加 12.9%、20.6%、25.0%，表明稻草还田能够有效补充稻田钾素，促进早稻植株对钾的吸收；处理 T2 茎叶、稻谷中的镉含量均最高，茎叶中的镉含量较 T1、T3、T4 分别增加 5.0%、9.0%、10.2%，稻谷中的镉含量分别增加 29.7%、23.6%、79.5%，处理 T4 稻谷中的镉含量仅为 0.073mg/kg，表明稻草还田能够增加水稻植株对镉的吸收积累，而淹水灌溉能有效降低水稻籽粒对镉的积累（表 4-25）。

表 4-25　不同节水栽培下早稻植株 N、P、K、Cd 含量

处理	茎叶				稻谷			
	N（%）	P（%）	K（%）	Cd（mg/kg）	N（%）	P（%）	K（%）	Cd（mg/kg）
T1	0.76	0.15	2.75	0.565	1.18	0.31	0.31	0.101
T2	0.73	0.15	2.94	0.593	1.09	0.29	0.35	0.131
T3	0.79	0.16	2.61	0.544	1.12	0.31	0.29	0.106
T4	0.81	0.15	2.54	0.538	1.13	0.30	0.28	0.073

五、研究结论

1. 起垄+湿润灌溉栽培、免耕覆盖+湿润灌溉、免耕不覆盖+湿润灌溉栽培由于稻田土壤采用干湿交替，改善了土壤通气状况，促进了根系生长，与旋耕+常规灌溉栽培比较，其产量得到了相应提高，3 年 5 季平均产量以起垄+湿润灌溉栽培的增产效果最显著，比对照旋耕+常规灌溉栽培增产 8.5%。说明通过起垄湿润灌溉栽培或免耕湿润灌溉栽培，只要适当控制好稻田土壤水分含量，实施节水灌溉，能够实现水稻节水节肥增产增收。

2. 与常规灌溉比较，通过采用免耕及湿润灌溉等节本措施，可实现全年节本增效 70~110 元/亩，加上增产增收 40.71~167.46 元/亩，全年节本增效与增产增效合计可增收 150.71~277.46 元/亩。采用湿润灌溉等适当节水栽培措施，不仅不会降低稻米品质，同时，综合集成起垄栽培、免耕栽培及稻草还田等技术的应用，还能适当提高整精米率，改善稻米品质，实现水稻节水节肥丰产与提质增收。

3. 起垄栽培能够促进氮素由茎叶往稻谷中转运，稻草还田能够有效补充稻田钾素，促进早稻植株对钾的吸收，但稻草还田也增加了水稻植株对镉的吸收积累，而淹水灌溉能有效降低水稻籽粒对镉的积累。

第五节　双季稻节水节肥丰产栽培集成技术研究

一、研究目的

在前期研究基础上，通过综合增苗节氮、缓控释肥、深耕、秸秆还田、湿润灌溉等双季稻田不同节水节肥栽培方法，研究形成适于双季稻田节水节肥丰产栽培综合集成技术。

二、研究方案

试验始于2015年，在华容县三封寺镇复兴村进行，设5个处理：处理1，常规栽培（常规施肥+常规密度+旋耕+秸秆不还田+常规灌溉）；处理2，增苗节氮+旋耕+秸秆不还田+湿润灌溉；处理3，缓控释肥+旋耕+秸秆不还田+湿润灌溉；处理4，深耕+常规施肥+常规密度+秸秆还田+湿润灌溉；处理5，增苗节氮+缓控释肥+深耕+秸秆还田+湿润灌溉。

常规施肥（早稻N 10kg/亩，P_2O_5 5.0kg/亩、K_2O 6.0kg/亩；晚稻N 12kg/亩，$P_2O_5$3.0kg/亩、K_2O 8.0kg/亩），常规密度（早稻M 2万蔸/亩+晚稻M 1.75万蔸/亩），增苗节氮（早稻M 2.3万蔸/亩、N 7kg/亩+晚稻M 2.0万蔸/亩、N 9kg/亩），缓控释肥（减N 20%的硫包膜尿素），深耕（耕翻深度20cm），旋耕（耕翻深度12cm），秸秆还田（冬季紫云英、早稻、晚稻秸秆全量还田），湿润灌溉采用返青期保持20~60mm水层，分蘖末期晒田，水稻黄熟期自然落干，其余时期采用薄水层（10~20mm）与无水层相间的灌水方式。为便于机械操作，试验按大区设计，每处理10m宽、20m长，面积约200m^2，各处理之间用田埂隔开，田埂上覆膜。因试验处理灌溉方式不一样，在试验田的两头需设置灌排水沟。早稻收割后适当加固各处理之间的田埂。

三、测定指标与方法

（一）作物地上部指标

记录各生育期时间，干物重在105℃下杀青0.5h后在75℃下烘干24h，称重测定。

（二）产量及构成因素调查

在收获前一天每小区采用“梅花”式取15蔸样，在室内进行考种，主要调查有效穗、千粒重、总粒数、实粒数、空瘪粒数；每小区取1m^{2}测定实际产量。

（三）植株样品的采集与分析

水稻收获期取样测定地上部分秸秆和稻米干物质重量、植株N、P、K、Cd含量。

（四）土壤样品的采集与分析

早稻与晚稻收获后分小区取田间土样，分析测定土壤pH值、有机质、全氮、碱解氮、速效磷、速效钾、CEC。

（五）田间实地测定

晚稻收获后耕层厚度、土壤容重、土壤孔隙度、土壤紧实度。

四、主要进展

（一）早晚稻产量及周年产量

2017 年测定各处理早稻产量、晚稻产量及周年水稻产量排序均为：处理 5（增苗节氮+缓控释肥+深耕+秸秆还田）> 处理 4（深耕+常肥+常密+秸秆还田）> 处理 3（缓控释肥+旋耕+不还田）> 处理 2（增苗节氮+旋耕+不还田）> 处理 1（常肥+常密+旋耕+不还田）。与处理 1 比较，处理 2、处理 3、处理 4、处理 5 早稻产量分别增产 9.08%、13.99%、15.84%、18.65%，晚稻产量分别增产 3.57%、4.96%、7.71%、16.24%，周年产量分别增产 6.56%、9.84%、12.11%、17.54%。结果表明，采用增苗节氮、结合深耕、秸秆还田、施用缓控释肥等水肥调控措施，能有效提高双季稻周年产量（表 4-26）。

表 4-26　节水节肥集成技术试验早、晚稻产量及周年产量

处理	早稻（kg/亩）	晚稻（kg/亩）	周年产量（kg/亩）	排序
处理 1	476.7	403.4	880.1	5
处理 2	520.0	417.8	937.8	4
处理 3	543.4	423.4	966.7	3
处理 4	552.2	434.5	986.7	2
处理 5	565.6	468.9	1034.5	1

（二）土壤养分含量

从增苗节氮和缓控释肥来看，0~10cm 耕作层增苗节氮处理 2 比缓控释肥处理 3 碱解氮、有效磷、速效钾、阳离子交换量分别高 6.0%、11.1%、10.9%、0.8%，全氮两个处理含量相等，20~25cm 犁地层缓控释肥处理 3 比增苗节氮处理 2 全氮、碱解氮、速效钾、阳离子交换量分别高 3.8%、0.5%、1.2%、1.7%，有效磷处理 2 和处理 3 含量相等。表明增苗节氮能提高耕作层养分含量，而缓控释肥能增加犁地层养分含量。处理 5 是除了处理 1 之外，土壤养分含量较高的处理，0~10cm 耕作层全氮、碱解氮、有效磷、阳离子交换量最高。结果表明，常规栽培处理 1 土壤养分含量较高，但是增苗节氮+缓控释肥+深耕+秸秆还田处理土壤养分含量也较高，对保障粮食安全具有重要意义（表 4-27）。

表 4-27　土壤养分含量及阳离子交换量

处理		pH 值（水）	全氮（N）（g/kg）	碱解氮（N）（mg/kg）	有效磷（P）（mg/kg）	速效钾（K）（mg/kg）	阳离子交换量［cmol（+）/kg］
处理 1	（0~10cm）	5.33	2.69	248	12.1	84	11.5
	（20~25cm）	5.80	2.30	184	10.0	74	10.9

（续表）

处理		pH 值（水）	全氮（N）(g/kg)	碱解氮（N）(mg/kg)	有效磷（P）(mg/kg)	速效钾（K）(mg/kg)	阳离子交换量[cmol（+）/kg]
处理 2	（0~10cm）	5.29	2.55	230	11.0	91	12.2
	（20~25cm）	5.87	2.39	205	10.2	84	11.6
处理 3	（0~10cm）	5.58	2.55	217	9.9	82	12.1
	（20~25cm）	5.85	2.48	206	10.2	85	11.8
处理 4	（0~10cm）	5.52	2.72	219	9.8	71	11.4
	（20~25cm）	5.90	2.27	191	8.8	69	12.0
处理 5	（0~10cm）	5.41	2.74	244	12.3	89	12.8
	（20~25cm）	5.65	2.56	213	9.4	80	11.9

（三）土壤有机碳及活性有机碳

从增苗节氮和缓控释肥来看，0~10cm 耕作层缓控释肥处理 3 比增苗节氮处理 2 有机碳高 2.7%，20~25cm 犁地层缓控释肥处理 3 比增苗节氮处理 2 有机碳高 2.5%。0~10cm 耕作层缓控释肥处理 3 比增苗节氮处理 2 活性有机碳低 6.8%，20~25cm 犁地层缓控释肥处理 3 比增苗节氮处理 2 有机碳低 1.2%。表明缓控释肥能增加土壤有机碳含量，增苗节氮能提高土壤活性有机碳含量。

0~10cm 耕作层、20~25cm 犁地层有机碳含量处理 5 最高，分别比最低的处理 2、处理 1 高 4.0%、11.9%。0~10cm 耕作层、20~25cm 犁地层活性有机碳含量处理 5 也是最高，分别比最低的处理 3、处理 1 高 10.2%、12.5%. 结果表明，处理 5 增苗节氮+缓控释肥+深耕+秸秆还田处理土壤有机碳和活性有机碳含量最高，对改善土壤结构，提高土壤持续生产力具有重要意义（表 4-28）。

表 4-28　土壤有机碳及活性有机碳

处理	有机碳（C）(g/kg)		活性有机碳（C）(g/kg)	
	0~10cm	20~25cm	0~10cm	20~25cm
处理 1	23.0	19.2	19.3	16.0
处理 2	22.2	20.0	18.9	17.3
处理 3	22.8	20.5	17.6	17.1
处理 4	22.5	19.6	18.9	16.7
处理 5	23.1	21.5	19.4	18.0

（四）土壤活性还原性物质

从增苗节氮和缓控释肥来看，0~10cm 耕作层增苗节氮处理 2 比缓控释肥处理 3 活性还原性物质高 2.7%，20~25cm 犁地层增苗节氮处理 2 比缓控释肥处理 3 活性还原性物质高 4.3%。0~10cm 耕作层、20~25cm 犁地层活性还原性物质处理 5 最低，分别比最高的处理 2、处理 4 低 19.5%、41.6%。结果表明：从增苗节氮和缓控释肥来看缓控释肥可以降低土壤活性还原性物质，综合看，处理 5 增苗节氮+缓控释肥+深耕+秸秆还田可以有效减少土壤活性还原性物质，为植物合理生长提供良好的生长环境（表4-29）。

表4-29　土壤活性还原性物质（cmol/kg）

处理	土层	
	0~10cm	20~25cm
处理1	0.36	0.45
处理2	0.41	0.49
处理3	0.34	0.47
处理4	0.40	0.77
处理5	0.33	0.45

（五）土壤容重

各处理对土壤容重影响不大，耕作层各处理容重都处在水稻土1~1.3g/cm^{3}的合理区间值之内。处理1、处理2、处理3、处理4、处理5各处理耕作层容重大小分别为：1.09g/cm^3、1.10g/cm^3、1.05g/cm^3、1.05g/cm^3、1.05g/cm^3，犁地层容重大小分别为：1.57g/cm^3、1.60g/cm^3、1.58g/cm^3、1.42g/cm^3、1.54g/cm^3，与处理1对照比较，采用增苗节氮、缓控释肥、深耕和秸秆还田等措施各处理土壤容重略有下降。

表4-30　土壤容重

处理	耕作层（g/cm^3）	犁地层（g/cm^3）
处理1	1.09	1.57
处理2	1.10	1.60
处理3	1.05	1.58
处理4	1.05	1.42
处理5	1.05	1.54

（六）土壤硬度和耕层厚度

不同处理对耕层土壤硬度有一定影响。与处理1对照比较，处理2、处理3、处理4、处理5耕作层土壤硬度分别降低了40.4%、35.8%、33.8%、51.0%，犁地层土壤硬度分别降低了15.3%、2.8%、19.4%、27.8%，说明通过深耕结合秸秆还田、施用缓控释肥可降低耕作层和犁地层土壤硬度，有利于合理土壤耕层结构的形成。处理4和处理5深耕处理均增加了一定耕作层厚度，起到了扩库增容作用（表4-31）。

表4-31　土壤硬度和耕层厚度

处理	耕作层		犁底层	
	硬度（kg/cm^2）	厚度（cm）	硬度（kg/cm^2）	厚度（cm）
处理1	3.02	16.0	7.2	10.8
处理2	1.80	15.8	6.4	10.0
处理3	1.94	15.8	7.0	9.6

（续表）

处理	耕作层		犁底层	
	硬度（kg/cm^2）	厚度（cm）	硬度（kg/cm^2）	厚度（cm）
处理 4	2.00	17.2	5.8	7.1
处理 5	1.48	17.5	5.2	6.2

（七）植株全氮含量

不同处理对植株茎叶和稻谷全氮含量的影响，与处理 1 比较，处理 2、处理 3、处理 4、处理 5 茎叶全氮含量分别降低了 8.3%、17.4%、19.3%、21.1%，而稻谷全氮含量分别提高了 12.0%、16.0%、21.0%、27.0%，说明通过深耕结合秸秆还田、施用缓控释肥降低了茎叶中氮素含量，促进了氮素养分从茎叶向籽粒稻谷中转移，有利于水稻高产（表 4-32）。

表 4-32　植株全氮含量

处理	茎叶（%）	稻谷（%）
处理 1	1.09	1.00
处理 2	1.00	1.12
处理 3	0.90	1.16
处理 4	0.88	1.21
处理 5	0.86	1.27

五、主要结论

1. 采用增苗节氮、结合深耕、秸秆还田、施用缓控释肥等水肥调控措施，能有效提高双季稻周年产量，提高土壤碳、氮等养分含量，可以有效减少土壤活性还原性物质，为植物合理生长提供良好的生长环境。

2. 通过深耕结合秸秆还田、施用缓控释肥能适当增加耕作层深度，降低犁底层厚度，降低土壤容重和硬度，有效解决当前稻田耕作层普遍变浅的问题，有利于合理土壤耕层结构的形成。

第六节　双季稻田深耕与秸秆还田扩库增容技术研究

一、主要研究内容

试验从 2015 年早稻季开始，共设 5 个处理，分别为：A，冬闲免耕、早稻旋耕、晚稻旋耕抛栽，稻草不还田；B，冬闲旋耕、早稻旋耕、晚稻免耕抛栽，稻草覆盖还田；C，冬闲深耕、早稻旋耕、晚稻免耕抛栽，稻草不还田；D，冬闲深耕、早稻旋耕、晚稻免耕抛栽，稻草覆盖还田；E，冬季免耕（0cm）紫云英、早稻深耕、晚稻免耕抛栽，秸秆覆盖还田。旋耕深度为 8cm，深耕深度为 16cm，免耕处理的早稻收获后按 200mL/亩对水 50kg 用量喷施“克无踪”除草剂进行除草，喷药 1d 后抛栽晚稻，其他栽培措施按常规方式进行。

二、研究进展

（一）不同耕作方式与秸秆还田下早、晚稻产量及周年产量

2016 年早稻生长期间因湘北地区低温阴雨天气偏多，导致早稻生育期推迟，产量普遍偏低，2017 年晚稻生长后期也遇上了连续阴雨寡照天气，影响了晚稻灌浆成熟致产量普遍偏低。综合 2 年产量结果显示，平均周年产量以 E（紫云英—深—免/还田）最高为 989.2kg/亩，各处理产量排序为：E（紫云英—深—免/还田）> D（深—旋—免/还田）> B（旋-旋—免/还田）> C（深—旋—免/不还田）> A（免—旋—旋/不还田）。与对照 A（免—旋—旋/不还田）处理比较，E（紫云英—深—免/还田）、D（深—旋—免/还田）、B（旋—旋—免/还田）、C（深—旋—免/不还田）处理 2 年平均周年产量分别增产 8.56%、7.08%、5.17%、2.8%。结果表明，采用冬季深耕，或冬季种植紫云英结合秸秆还田能有效提高双季稻周年产量表（4-33）。

表 4-33　不同耕作方式与秸秆还田下早、晚稻产量及周年产量

处理	2016 年（kg/亩）			2017 年（kg/亩）			2 年平均周年产量（kg/亩）
	早稻	晚稻	周年产量	早稻	晚稻	周年产量	
A（免—旋—旋/不还田）	384.5	517.8	902.3	526.7	393.4	920.1	911.2
B（旋—旋—免/还田）	392.2	558.9	951.2	545.3	420.0	965.3	958.3
C（深—旋—免/不还田）	385.6	540	925.6	540.0	405.6	945.6	935.6
D（深—旋—免/还田）	391.1	582.3	973.4	553.4	424.5	977.9	975.7
E（紫云英—深—免/还田）	397.8	594.5	992.3	560.4	425.6	986.0	989.2

（二）不同耕作方式与秸秆还田下土壤理化特性

从稻草还田来看，稻草还田比稻草不还田的全氮、有效磷要高，C（深—旋—免/不还田）与 D（深—旋—免/还田）比较，0~10cm 耕作层 D 处理全氮、有效磷分别比 C 处理高 2.3%、15.7%，20~25cm 犁地层 D 处理和 C 处理全氮含量相等，有效磷 D 处理比 C 处理高 18.9%。从冬闲旋耕和深耕方式比较，0~10cm 耕作层，D 处理比 B（旋—旋—免/还田）处理全氮、碱解氮、有效磷、速效钾阳离子交换量分别高 13.2%、6.1%、38.8%、8.2%、9.3%，20~25cm 犁地层，D 处理比 B 处理全氮、碱解氮、有效磷、速效钾阳离子交换量分别高 16.9%、20.9%、29.9%、19.1%、1.8%。结果表明：深耕能增加土壤养分含量。从不同耕深与秸秆还田综合效应比较，D 处理、C 处理土壤养分含量高于其他处理。表明深耕能显著增加土壤养分含量，提高水稻产量（表 4-34）。

表 4-34　不同耕作方式与秸秆还田土壤养分含量及阳离子交换量

处理	pH 值（水）	全氮（N）（g/kg）	碱解氮（N）（mg/kg）	有效磷（P）（mg/kg）	速效钾（K）（mg/kg）	阳离子交换量 [cmol（+）/kg]
A（免—旋—旋/不还田 0~10cm）	5.29	2.48	230	6.3	83	11.3
A（免—旋—旋/不还田 20~25cm）	5.61	2.30	230	5.2	98	11.5
B（旋—旋—免/还田 0~10cm）	5.49	2.34	211	8.5	98	10.8
B（旋—旋—免/还田 20~25cm）	5.86	2.12	191	9.7	89	10.9
C（深—旋—免/不还田 0~10cm）	5.42	2.59	233	10.2	130	11.3
C（深—旋—免/不还田 20~25cm）	5.60	2.48	231	10.6	100	11.1
D（深—旋—免/还田 0~10cm）	5.42	2.65	224	11.8	106	11.8
D（深—旋—免/还田 20~25cm）	5.58	2.48	231	12.6	106	11.1
E（紫云英—深—免/还田 0~10cm）	5.32	2.62	233	9.5	84	11.8
E（紫云英—深—免/还田 20~25cm）	5.69	2.32	199	9.2	87	10.4

（三）不同耕作方式与秸秆还田下土壤有机碳及活性有机碳

从稻草还田来看，稻草还田比稻草不还田的有机碳、活性有机碳要高，C 处理与 D 处理比较，0~10cm 耕作层有机碳、活性有机碳 D 处理分别比 C 处理高 0.5%、1.1%，20~25cm 犁地层有机碳、活性有机碳 D 处理分别比 C 处理高 3.9%、2.9%，表明秸秆还田能提高耕作层和犁地层有机碳和活性有机碳含量，从而增加水稻产量。

从冬闲旋耕和深耕方式比较，0~10cm 耕作层有机碳、活性有机碳 D 处理分别比 B 处理高 8.3%、6.9%，20~25cm 耕作层有机碳、活性有机碳 D 处理分别比 B 处理高 15.1%、14.6%，表明通过深耕能显著增加耕作层和犁地层土壤有机碳和活性有机碳含量，改善土壤结构，使早稻增产。

从不同耕深与秸秆还田综合效应比较，D 处理、C 处理土壤有机碳、活性有机碳含量高于其他处理。表明深耕和秸秆还田能显著增加土壤碳素养分含量（表 4-35）。

表 4-35　不同耕作方式与秸秆还田土壤有机碳及活性有机碳

处理	有机碳（C）（g/kg）		活性有机碳（C）（g/kg）	
	0~10cm	20~25cm	0~10cm	20~25cm
A（免—旋—旋/不还田）	21.2	20.6	18.1	17.7
B（旋—旋—免/还田）	20.4	18.6	17.3	15.7
C（深—旋—免/不还田）	22.0	20.6	18.3	17.5
D（深—旋—免/还田）	22.1	21.4	18.5	18.0
E（紫云英—深—免/还田）	21.9	19.4	18.6	15.9

（四）不同耕作方式与秸秆还田下土壤活性还原性物质

从稻草还田来看，稻草还田比稻草不还田的土壤活性还原物质要低，0~10cm 耕作层土壤活性还原物质 D 处理比 C 处理低 8.3%，20~25cm 犁地层土壤活性还原物质 D 处理比 C 处理低 63.1%，表明秸秆还田能显著降低耕作层和犁地层活性还原性物质，降低对植物的毒害，从而增加产量。

从冬闲旋耕和深耕方式比较，0~10cm 耕作层土壤活性还原物质 D 处理比 B 处理低 5.7%，20~25cm 犁地层活性还原物质，D 处理比 B 处理低 5.0%，表明通过深耕能降低耕作层和犁地层土壤活性还原物质，使水稻增产。

从不同耕作与秸秆还田综合效应比较，D 处理、B 处理、E 处理土壤活性还原物质含量低于其他处理。表明深耕和冬种紫云英秸秆还田能显著降低土壤活性还原性物质，提高水稻产量（表 4-36）。

表 4-36　不同耕作方式与秸秆还田下土壤活性还原性物质

处理	活性还原物质（cmol/kg）	
	0~10cm	20~25cm
A（免—旋—旋/不还田）	0.52	0.68
B（旋—旋—免/还田）	0.35	0.40
C（深—旋—免/不还田）	0.36	1.03
D（深—旋—免/还田）	0.33	0.38
E（紫云英—深—免/还田）	0.35	0.49

（五）不同耕作方式与秸秆还田下耕层硬度与厚度

从稻草还田看，稻草还田比稻草不还田的土壤硬度要低，0~10cm 耕作层土壤硬度 D 处理比 C 处理低 18.4%，20~25cm 犁地层土壤活性还原物质 D 处理比 C 处理低 20.3%，表明秸秆还田能显著降低耕作层和犁地层土壤硬度，改善土壤通气状况，有利于水田合理耕层构建。

从不同耕作方式比较，0~10cm 耕作层土壤硬度 D 处理比 B 处理低 1.1%，20~25cm 犁地层土壤硬度，D 处理比 B 处理低 3.3%，表明通过深耕能降低耕作层和犁地层土壤硬度，有利于构建合理耕层。

从不同耕作与秸秆还田综合效应比较，B、D、E 处理土壤硬度低于其他处理，表明深耕和冬种紫云英秸秆还田能降低土壤硬度，促进合理耕层构建。

从不同耕层厚度指标结果看，通过深耕显著增加了耕作层厚度，降低了犁底层厚度。与 A（免—旋—旋/不还田）处理比较，C、D、E 处理耕作层厚度分别增加了 21.6%、19.1%、30.3%，与 B（旋—旋—免/还田）处理比较，C、D、E 处理耕作层厚度分别增加了 12.6%、10.3%、20.6%。说明采用深耕措施能有效扩大土壤库容量（表 4-37）。

表 4-37　不同耕作方式与秸秆还田下耕层硬度与厚度

处理	耕作层		犁底层	
	硬度（kg/cm^2）	厚度（cm）	硬度（kg/cm^2）	厚度（cm）
A（免—旋—旋/不还田）	1.88	16.2	13.2	11.2
B（旋—旋—免/还田）	1.80	17.50	12.2	10
C（深—旋—免/不还田）	2.18	19.70	14.8	7.6
D（深—旋—免/还田）	1.78	19.30	11.8	8.1
E（紫云英—深—免/还田）	1.74	21.10	11.6	6.2

（六）不同耕作方式与秸秆还田土壤容重

从稻草还田看，稻草还田比稻草不还田的土壤容重要低，0~10cm 耕作层土壤容重 D 处理比 C 处理低 7.1%，20~25cm 犁地层土壤容重 D 处理比 C 处理低 4.2%；从不同耕作方式看，深耕有降低土壤容重趋势，0~10cm 耕作层土壤容重 D 处理比 B 处理低 11.5%，20~25cm 犁地层土壤容重 D 处理比 B 处理低 0.6%；从不同耕作与秸秆还田综合效应分析，2 个深耕的 C 和 D 处理耕作层土壤容重值分别为 0.99 和 0.92g/cm^3，已经偏离了 1~1.3g/cm^3的合理区间值，冬种紫云英后早稻深耕还田的 E 处理耕作层和犁地层土壤容重均有所提高，其耕作层容重值为 1.09g/cm^3，在合理区间值内，说明单一深耕有可能过度降低土壤容重，而通过深耕结合冬种紫云英秸秆还田能保持合理土壤容重，更有利于构建合理土壤耕层（表 4-38）。

表 4-38　不同耕作方式与秸秆还田下耕层土壤容重

处理	耕作层（g/cm^3）	犁地层（g/cm^3）
A（免—旋—旋/不还田）	1.04	1.60
B（旋—旋—免/还田）	1.04	1.59
C（深—旋—免/不还田）	0.99	1.65
D（深—旋—免/还田）	0.92	1.58
E（紫云英—深—免/还田）	1.09	1.74

（七）不同耕作方式与秸秆还田下植株干物质重及根系形态指标

不同耕作方式与秸秆还田下植株干物质重，从稻草还田看，稻草还田比稻草不还田的植株干物质重要高，与C处理比较，D处理早稻齐穗期单株根干重提高了38.2%、茎叶干重提高了30.3%，晚稻齐穗期单株根干重提高了29.2%、茎叶干重提高了11.6%。从不同耕作方式看，深耕提高了植株干物质重，与B处理比较，D处理早稻齐穗期单株根干重提高了30.6%、茎叶干重提高了13.2%，晚稻齐穗期单株根干重提高了5.4%、茎叶干重提高了27.8%。从不同耕作与秸秆还田综合效应比较，B、D、E处理植株干物质重相对较高，说明深耕和冬种紫云英秸秆还田改善了土壤结构，促进了水稻生长及产量提升（表4-39）。

表4-39　不同耕作方式与秸秆还田下植株干物质重

处理	早稻齐穗期（6/20）（g/株）		晚稻齐穗期（9/30）（g/株）	
	根	茎叶	根	茎叶
A（免—旋—旋/不还田）	3.20	24.30	5.90	34.35
B（旋—旋—免/还田）	3.60	32.50	8.40	44.45
C（深—旋—免/不还田）	3.40	28.25	6.85	50.90
D（深—旋—免/还田）	4.70	36.80	8.85	56.80
E（紫云英—深—免/还田）	5.75	38.35	10.85	62.95

不同耕作方式与秸秆还田下植株根系形态指标，从稻草还田看，稻草还田D处理的根长、表面积、体积、平均直径、根尖数等各项指标均高于稻草不还田C处理，早稻季分别提高了5.9%、6.5%、24.6%、5.1%、6.6%，晚稻季分别提高了2.2%、0.9%、3.1%、0.0%、0.9%。从不同耕作方式看，深耕均提高了植株根系各形态指标，与B处理比较，D处理早稻季分别提高了21.3%、21.9%、39.9%、10.7%、0.8%，晚稻季分别提高了15.0%、0.3%、3.5%、41.0%、10.0%。从不同耕作与秸秆还田综合效应比较，B、D、E处理植株根系各形态指标相对较高，说明深耕和冬种紫云英秸秆还田促进了水稻根系生长（表4-40）。

表4-40　不同耕作方式与秸秆还田下植株根系形态指标

处理		长度（cm）	表面积（cm^2）	体积（cm^3）	平均直径（mm）	根尖数
早稻	A（免—旋—旋/不还田）	246.29	107.06	4.74	0.50	12.40
	B（旋—旋—免/还田）	308.56	112.93	4.99	0.56	13.78
	C（深—旋—免/不还田）	353.41	129.35	5.36	0.59	13.03
	D（深—旋—免/还田）	374.19	137.71	6.68	0.62	13.89
	E（紫云英—深—免/还田）	377.96	150.88	7.74	0.65	14.29

（续表）

	处理	长度（cm）	表面积（cm^2）	体积（cm^3）	平均直径（mm）	根尖数
晚稻	A（免—旋—旋/不还田）	319.31	175.59	6.08	0.39	9.66
	B（旋—旋—免/还田）	319.14	178.87	6.22	0.47	9.85
	C（深—旋—免/不还田）	359.04	177.85	6.25	0.55	10.73
	D（深—旋—免/还田）	366.99	179.41	6.44	0.55	10.83
	E（紫云英—深—免/还田）	375.27	189.40	6.65	0.58	15.74

（八）不同耕作方式与秸秆还田下早稻植株全氮含量

从稻草还田看，稻草还田比稻草不还田的植株全氮含量要高，与C处理比较，D处理早稻植株茎叶全氮提高了2.1%、稻谷全氮提高了11.4%。从不同耕作方式看，深耕提高了植株茎叶全氮含量，与B处理比较，D处理早稻植株茎叶全氮提高了2.1%、稻谷全氮提高了21.0%。从不同耕作与秸秆还田综合效应比较，B、C、D、E处理植株茎叶和稻谷全氮含量相对较高，说明深耕和冬种紫云英秸秆还田促进了水稻对氮素养分的吸收（表4-41）。

表4-41　不同耕作方式与秸秆还田下早稻植株全氮含量

处理	茎叶（%）	稻谷（%）
A（免—旋—旋/不还田）	0.90	1.06
B（旋—旋—免/还田）	0.97	1.05
C（深—旋—免/不还田）	0.97	1.14
D（深—旋—免/还田）	0.99	1.27
E（紫云英—深—免/还田）	1.15	1.24

三、结论

1. 采用冬季深耕或冬季种植紫云英结合秸秆还田能有效提高双季稻周年产量，提高土壤碳、氮、磷等养分含量，降低土壤活性还原性物质含量。

2. 采用深耕或冬季种植紫云英结合秸秆还田能降低耕作层和犁地层土壤硬度，改善土壤通气状况；增加了耕作层厚度，有效扩大土壤库容量，促进了水稻根系生长及对氮素养分的吸收，从而实现了水稻产量提升。

第五章　湘中库塘灌区节水节肥丰产技术研究

第一节　双季稻不同栽植密度与施肥互作效应研究

一、研究目标

在节水灌溉的模式下，通过研究不同氮肥水平与不同移植密度及其互作对水稻产量和氮素利用率的影响，并分析不同组合模式下水稻生理特性、产量以及氮素利用效率的差异，构建最优的栽植密度与施肥组合，旨在为双季稻丰产节肥栽培提供理论依据和技术途径。

二、研究内容

试验分别在湖南省醴陵市泗汾镇枧上村和宁乡县回龙铺镇天鹅村进行。醴陵试验采用裂区设计，以施氮量为主区，移栽密度为副区。主区面积 $60m^2$，副区面积 $20m^2$。主区、裂区均随机排列，3 次重复。早稻试验施氮量设 0kg/亩、8kg/亩、12kg/亩 3 个水平，按基肥：蘖肥：穗肥=4：4：2 施用。栽插密度设 1.5 万蔸/亩、2.0 万蔸/亩、2.5 万蔸/亩 3 个水平，每蔸插 2 苗。试验品种为株两优 2008 和陆两优 996，供试肥料有尿素（N 46.2%）、过磷酸钙（P_2O_5 12%）、氯化钾（K_2O 60%）。土壤为潮沙泥，前作为绿肥，肥力中等，有机质含量 35.3g/kg，碱解氮 177.1mg/kg，有效磷 83.6mg/kg，速效钾 135.6mg/kg，pH 值为 6.0。株两优 2008 和陆两优 996 于 3 月 24 日播种，地膜覆盖保温湿润育秧。大田于 4 月 20 日平整后分区作埂覆膜，各处理氮按试验设计要求施用，磷、钾肥施用量保持一致。磷肥作基肥一次性施下，钾肥按基肥：追肥=5：5 施用。4 月 24 日按设计栽插密度划行移栽，移栽叶龄 3.83 叶。水分管理采用间歇湿润灌溉，移栽后浅水勤灌，苗数达到计划穗数的 80%落水晒田 7~10d，再灌浅水施肥到抽穗期，抽穗后干干湿湿壮籽，成熟前 7d 断水。其他栽培措施按高产栽培要求进行，各处理相互保持一致。

晚稻试验施氮量设 0.0kg/亩、9.0kg/亩、13.5kg/亩 3 个水平，按基肥：蘖肥：穗肥=4：4：2 施用。移栽密度设 1.25 万蔸/亩，1.50 万蔸/亩，1.875 万蔸/亩 3 个水平，每蔸插 1 粒谷苗。供试品种为天优华占和丰源优 299，供试肥料有尿素（N 46.2%）、过磷酸钙（P_2O_5 12%）、氯化钾（K_2O 60%）。土壤为潮沙泥，前作为陵两优 211，肥力中等，有机质含量 35.8g/kg，碱解氮 175.4mg/kg，有效磷 82.1mg/kg，速效钾 136.7mg/kg，pH 值为 6.0。天优华占于 6 月 17 日播种，丰源优 299 于 6 月 21 日播种，湿润育秧。大田于 7 月 12 日平整后分区作埂覆膜，各处理氮按试验设计要求施用，磷、钾肥施用量保持一致。磷肥作基肥一次性施下，钾肥按基肥：追肥=5：5 施用。7 月 14 日按设计密度划行移栽。水分管理采用间歇湿润灌溉，移栽后浅水勤灌，苗数达到计划穗数的 80%落水晒田 7～10d，再灌浅水施肥到抽穗期，抽穗后干干湿湿壮籽，成熟前 7d 断水。其他栽培措施按高产栽培要求进行，各处理相互保持一致。

宁乡试验设施肥与密度两因素，氮肥为主区，密度为副区，面积为 30m^2，3 次重复，主区随机排列。早稻供试品种为常规稻“湘早籼 45”，施氮量设 7kg/亩、9kg/亩、11kg/亩 3 个水平，移栽密度设 1.7 万蔸/亩、2.0 万蔸/亩、2.3 万蔸/亩 3 个水平，每蔸 6～8 苗；晚稻供试品种为杂交稻“丰源优 299”，施氮量设 9kg/亩、12kg/亩、15kg/亩 3 个水平，移栽密度：设 1.5 万蔸/亩、1.75 万蔸/亩、2 万兜/亩 3 个水平；每蔸 2～3 苗。每个试验 27 个小区，各小区起埂隔离，埂上覆膜，实行单独排灌。N：P_2O_5：K_2O=1：0.5：1，其中 P 肥为底肥一次性施入，K 肥按基、蘖肥各 50%分 2 次施入，N 肥按质量比为基肥：分蘖肥：穗肥=5：3：2 分 3 次施入。水分管理采用间歇灌溉节水模式，即返青期保持 20～60mm 水层，分蘖末期晒田，水稻黄熟期自然落干，其余时期采用薄水层（10～20mm）与无水层相间的灌水方式。

三、测定指标与方法

移栽后各裂区定点 10 蔸，每 3 d 调查一次分蘖动态；记载主要生育期；采用“频谱分析仪”每 5d 测定 1 次生长发育光谱数据；在齐穗期—成熟期，用 SPAD 每 4d 一次叶绿素调查，方法：每小区随机调查最上部叶片 10～15 片，调查时，取叶片上部 1/3 处，然后计算其平均值，作为小区的 SPAD 值。收获前一天每处理选择 3 个具典型代表性的位置，每个位置采用“梅花”式取 15 蔸样，在室内进行考种，每小区取 1m^{2}测定实际产量。

四、研究进展

（一）醴陵早稻试验

1. 对生育期的影响

在同一施氮量处理，不同栽插密度株两优 2008 和陆两优 996 的生育期没有变化，施氮区的全生育期比不施氮区长 1d（表 5-1）。

表 5-1　不同处理对早稻生育期的影响

品种名称	处理		播种期（月/日）	移栽期（月/日）	始穗期（月/日）	齐穗期（月/日）	成熟期（月/日）	全生育期（d）
	因素	水平						
株两优 2008	0.0	37.5×10^4	3/24	4/24	6/16	6/20	7/12	110
		30.0×10^4	3/24	4/24	6/16	6/20	7/12	110
		22.5×10^4	3/24	4/24	6/16	6/20	7/12	110
	120.0	37.5×10^4	3/24	4/24	6/16	6/20	7/13	111
		30.0×10^4	3/24	4/24	6/16	6/20	7/13	111
		22.5×10^4	3/24	4/24	6/16	6/20	7/13	111
	180.0	37.5×10^4	3/24	4/24	6/16	6/20	7/13	111
		30.0×10^4	3/24	4/24	6/16	6/20	7/13	111
		22.5×10^4	3/24	4/24	6/16	6/20	7/13	111

（续表）

品种名称	处理		播种期（月/日）	移栽期（月/日）	始穗期（月/日）	齐穗期（月/日）	成熟期（月/日）	全生育期（d）
	因素	水平						
陆两优996	0.0	37.5×10^4	3/24	4/23	6/17	6/22	7/14	111
		30.0×10^4	3/24	4/23	6/17	6/22	7/14	111
		22.5×10^4	3/24	4/23	6/17	6/22	7/14	111
	120.0	37.5×10^4	3/24	4/23	6/18	6/23	7/15	112
		30.0×10^4	3/24	4/23	6/18	6/23	7/15	112
		22.5×10^4	3/24	4/23	6/18	6/23	7/15	112
	180.0	37.5×10^4	3/24	4/23	6/18	6/23	7/15	112
		30.0×10^4	3/24	4/23	6/18	6/23	7/15	112
		22.5×10^4	3/24	4/23	6/18	6/23	7/15	112

2. 对分蘖消长的影响

随着施氮量增加，单位面积总茎蘖数增加更快，施氮量越大，越有利于水稻分蘖。说明增加施氮量对提高水稻分蘖发生率有显著效果。随着移栽密度增加，单位面积茎蘖数总数也随之增加，并且自始至终维持这个结果。说明在同一施氮量条件下，保证栽插密度有利于足穗形成（图5-1）。

3. 有效穗

有效穗数随施氮量和栽插密度增加而递增。两个供试品种施氮量以180.0kg/hm^{2}处理有效穗最多，与120kg/hm^{2}处理差异不显著，但与0.0kg/hm^{2}处理差异极显著。移栽密度以37.5×10^4蔸/hm^{2}处理有效穗最多，株两优2008插37.5×10^4蔸/hm^{2}与30.0×10^4蔸/hm^{2}处理差异不显著，但与22.5×10^4蔸/hm^{2}处理差异极显著，陆两优996移栽密度处理间差异极显著。

4. 穗平总粒数

穗平总粒数随栽插密度增加而递减，两个供试品种插30.0×10^4蔸/hm^{2}处理与插22.5×10^4蔸/hm^{2}处理差异不显著，但二者与插37.5×10^4蔸/hm^{2}处理差异显著。表明适当稀植，对促进个体健壮生长和大穗形成有利。随着施氮量增加穗平总粒数呈递增趋势，施氮180.0kg/hm^{2}处理与施氮120.0kg/hm^{2}处理差异不显著，但与施氮0.0kg/hm^{2}处理差异显著。

5. 结实率

结实率随着施氮量增加呈下降趋势，以施氮0.0kg/hm^{2}处理最高，与120.0kg/hm^{2}处理和180.0kg/hm^{2}处理差异显著。不同移栽密度处理对结实率影响较小，各处理间差异不显著（表5-2）。

6. 千粒重

不同施氮量和栽插密度，千粒重变化不大，均未达到显著水平。

表 5-2 不同施氮量和移栽密度对早稻经济性状的影响

品种名称	处理		有效穗（万穗/hm^2）	总粒数（粒/穗）	实粒数（粒/穗）	结实率（%）	千粒重（g）
	因素	水平					
株两优2008	施氮量（kg/hm^2）	0.0	179.10 bB	94.9 bA	84.46 aA	89.35 aA	28.20 aA
		120.0	291.15 aA	106.71 abA	90.29 aA	84.77 bA	28.11 aA
		180.0	305.55 aA	114.18 aA	94.72 aA	82.97 bA	28.09 aA
	密度（蔸/hm^2）	37.5×10^4	289.65 aA	100.51 bA	83.63 bB	83.51aA	28.17 aA
		30.0×10^4	266.70 aA	106.27 aA	91.87 aA	86.58 aA	28.20 aA
		22.5×10^4	219.30 bB	108.60 aA	93.97 aA	87.00 aA	28.03 aA
陆两优 996	施氮量（kg/hm^2）	0	165.30 bB	116.60 bA	96.60 abA	82.90 aA	28.20 aA
		120	264.75 aA	129.60 aA	100.90 aA	78.00 bB	28.11 aA
		180	297.00 aA	128.40 aA	93.60 bA	73.00 bB	28.09 aA
	密度（蔸/hm^2）	37.5×10^4	268.05 aA	111.90 bA	85.50 bB	76.30 aA	28.17 aA
		30.0×10^4	242.70 bB	129.60 aA	101.80 aA	79.10 aA	28.20 aA
		22.5×10^4	216.30 cC	133.10 aA	103.80 aA	78.40aA	28.03 aA

注：不同小写或大写字母者表示差异达到 0.05 或 0.01 显著水平

7. 产量

经方差分析和 LSR 测验，施氮量与栽插密度对产量影响差异显著，但二者间互作差异不显著，施氮量和栽插密度对产量的效应彼此独立。施氮量以 180.0kg/hm^2处理产量最高，比 120.0kg/hm^2处理和 0.0kg/hm^2处理增产极显著。栽插密度以 30.0×10^4蔸/hm^2处理产量最高，比 22.5×10^4蔸/hm^2处理和 37.5×10^4蔸/hm^2处理增产显著（表 5-3）。

表 5-3 不同施氮量和栽插密度对早稻产量的影响

品种名称	处理		亩产量（kg/亩）	品种名称	处理		亩产量（kg/亩）
	因素	水平			因素	水平	
株两优2008	施氮量（kg/hm^2）	0.0	257.8 cC	陆两优996	施氮量（kg/hm^2）	0.0	273.7 cB
		120.0	479.3 bB			120.0	435.9 bA
		180.0	516.3 aA			180.0	474.1 aA
	密度（蔸/hm^2）	37.5×10^4	429.3 bB		密度（蔸/hm^2）	37.5×10^4	395.2 bAB
		30.0×10^4	448.5 aA			30.0×10^4	412.6 aA
		22.5×10^4	375.6 cC			22.5×10^4	375.9 cB

注：不同小写或大写字母者表示差异达到 0.05 或 0.01 显著水平

（二）醴陵晚稻试验

1. 对生育期的影响

同一施氮量处理，不同栽插密度天优华占和丰源优 299 的生育期没有变化，施氮区的全生育期比不施氮区长 1d（表 5-4）。

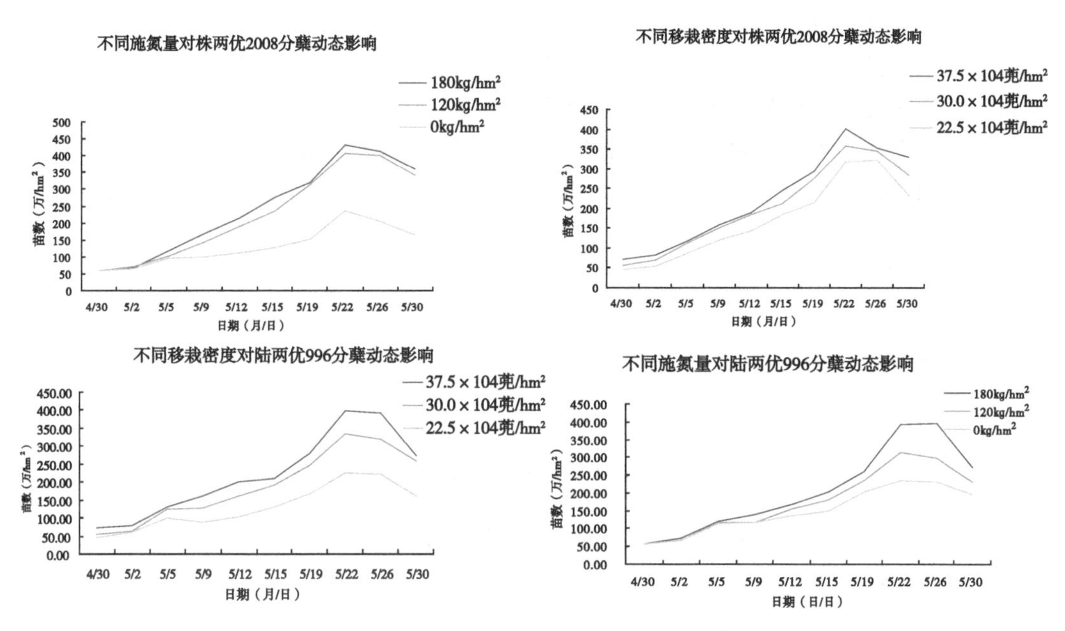

图 5-1　不同施氮量和栽插密度对早稻分蘖动态影响

表 5-4　不同处理对晚稻生育期的影响

品种名称	处理		播种期（月/日）	移栽期（月/日）	始穗期（月/日）	齐穗期（月/日）	成熟期（月/日）	全生育期（d）
	施氮量（kg/亩）	密度（万/亩）						
天优华占	0.0	1.25	6/17	7/14	9/3	9/9	10/16	121
		1.50	6/17	7/14	9/3	9/9	10/16	121
		1.875	6/17	7/14	9/3	9/9	10/16	121
	9.0	1.25	6/17	7/14	9/6	9/11	10/17	122
		1.50	6/17	7/14	9/6	9/11	10/17	122
		1.875	6/17	7/14	9/6	9/11	10/17	122
	13.5	1.25	6/17	7/14	9/6	9/11	10/17	122
		1.50	6/17	7/14	9/6	9/11	10/17	122
		1.875	6/17	7/14	9/6	9/11	10/17	122
丰源优299	0.0	1.25	6/21	7/14	8/31	9/3	10/12	113
		1.50	6/21	7/14	8/31	9/3	10/12	113
		1.875	6/21	7/14	8/31	9/3	10/12	113
	9.0	1.25	6/21	7/14	8/31	9/3	10/13	114
		1.50	6/21	7/14	8/31	9/3	10/13	114
		1.875	6/21	7/14	8/31	9/3	10/13	114
	13.55	1.25	6/21	7/14	9/1	9/4	10/13	114
		1.50	6/21	7/14	9/1	9/4	10/13	114
		1.875	6/21	7/14	9/1	9/4	10/13	114

2. 分蘖消长的影响

随着施氮量增加，单位面积总茎蘖数增加，施氮量越大，越有利于水稻分蘖。说明增加施氮量对提高水稻分蘖发生率有显著效果。

从图 5-2 可以看出，随着移栽密度增加，单位面积茎蘖数总数也随之增加，并且自始至终维持这个结果。说明在同一施氮量条件下，保证栽插密度有利于足穗形成。

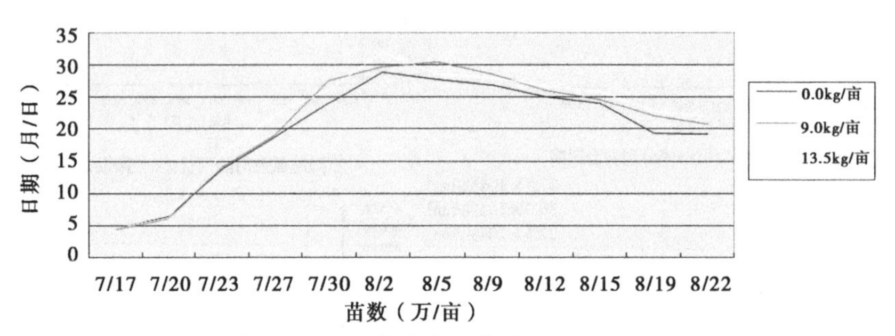

（a）不同施氮量对天优华占分蘖动态的影响

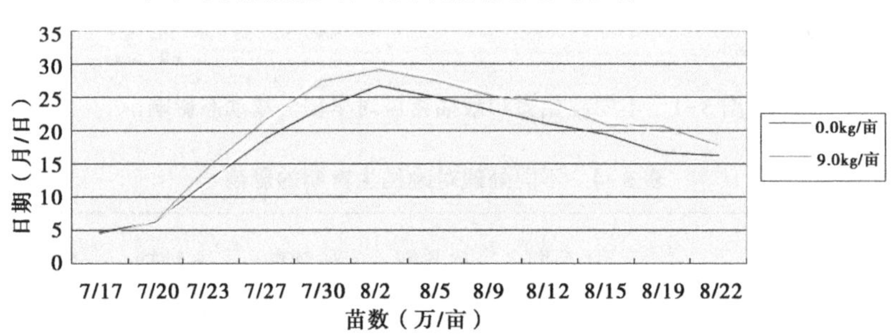

（b）不同施氮量对丰源优299分蘖动态的影响

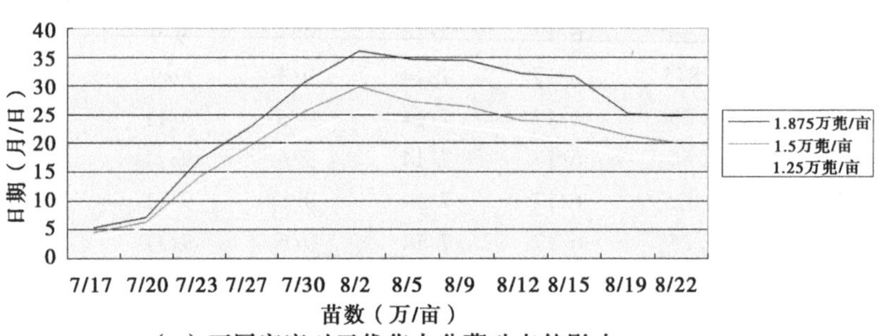

（c）不同密度对天优华占分蘖动态的影响

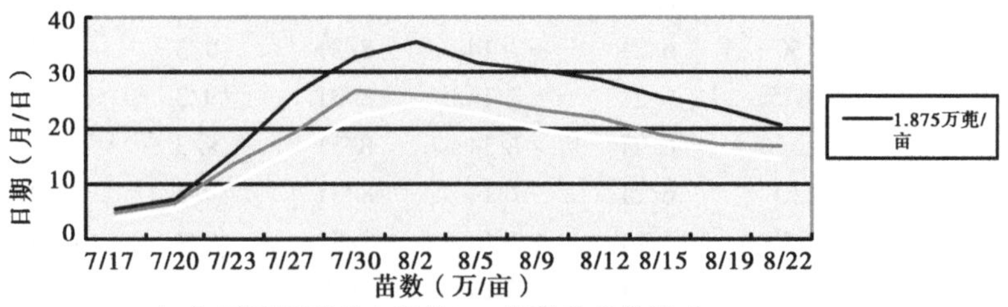

（d）不同密度对丰源优299分蘖动态的影响

图 5-2　不同施氮量和栽插密度对晚稻分蘖动态影响

3. 有效穗

有效穗数随施氮量和栽插密度增加而递增。两个供试品种施氮量以 13.5kg/亩处理有效穗最多，天优华占施氮 13.5kg/亩与 0.0kg/亩和 9.0kg/亩处理差异极显著；丰源优 299 施氮 13.5kg/亩与 9.0kg/亩处理差异不显著，但与 0.0kg/亩处理差异极显著。移栽密度以 1.875 万蔸/亩处理有效穗最多，天优华占和丰源优 299 各处理间差异极显著。

4. 穗平总粒数

穗平总粒数随栽插密度增加而递减，天优华占各处理间差异显著，丰源优 299 插 1.5 万蔸/亩和插 1.875 万蔸/亩处理间差异不显著，但二者与插 1.25 万蔸/亩处理差异显著。表明适当稀植，对促进个体健壮生长和大穗形成有利。施氮量对穗平总粒数影响趋势不明显，天优华占以施氮 13.5kg/亩最多，与施氮 0.0kg/亩处理差异不显著，但与施氮 9.0kg/亩处理差异显著；丰源优 299 以施氮 9.0kg/亩最多，与施氮 0.0kg/亩和 13.5kg/亩处理差异显著。

5. 结实率

结实率随着施氮量增加呈下降趋势，以施氮 0.0kg/亩处理最高，与 9.0kg/亩 13.5kg/亩处理差异不显著。随着移栽密度增加，结实率呈下降趋势，但各处理间差异不显著。

6. 千粒重

不同施氮量和栽插密度，千粒重变化不大，均未达到显著水平（表 5-5）。

表 5-5　不同施氮量和移栽密度对晚稻经济性状的影响

品种名称	处理		有效穗（万穗/hm^2）	总粒数（粒/穗）	实粒数（粒/穗）	结实率（%）	千粒重（g）
	因素	水平					
天优华占	施氮量（kg/hm^2）	0.0	13.00 cC	153.4 aA	131.3 aA	85.7 aA	26.0 aA
		9.0	18.63bB	148.8 bA	123.3 bB	82.9 aA	26.1 aA
		13.5	20.00 aA	155.3 aA	132.1 aA	85.0 aA	26.1 aA
	密度（蔸/hm^2）	1.250	14.75 cC	158.1 aA	136.5 aA	86.5aA	26.0 aA
		1.500	17.17 bB	152.8 bA	128.8 bB	84.4 aA	26.1 aA
		1.875	19.71 Aa	146.7cB	121.5 cC	82.8 bA	26.1 aA
丰源优 299	施氮量（kg/hm^2）	0.0	10.41 bB	154.9 bA	134.8 bA	87.1 aA	29.4 aA
		9.0	13.82 aA	161.8 aA	139.9 aA	86.5 aA	29.3 aA
		13.5	14.54 aA	146.0 cB	114.1 cC	77.1 bB	29.4 aA
	密度（蔸/hm^2）	1.250	10.43 cC	160.0 aA	137.7 aA	86.3 aA	29.4aA
		1.500	12.79 bB	151.8 bA	128.0 bB	83.9 aA	29.5 aA
		1.875	15.55 aA	151.0 bA	123.1 cB	81.1bA	29.3 aA

注：不同小写或大写字母者表示差异达到 0.05 或 0.01 显著水平

7. 产量

经方差分析和 LSR 测验，施氮量与栽插密度对产量影响差异显著，二者间互作差异不显著，施氮量和栽插密度对产量的效应彼此独立。天优华占以施氮 13.5kg/亩处理产量最高，与 0.0kg/亩和 9.0kg/亩处理增产极显著；丰源优 299 以施氮 9.0kg/亩处理产量最高，与0.0kg/亩和13.5kg/亩处理增产极显著。栽插密度以1.875万蔸/亩处理产量最高，与1.25万蔸/亩和1.5万蔸/亩处理增产显著（表5-6）。

表5-6 不同施氮量和栽插密度对晚稻产量的影响

品种名称	处理		亩产量（kg/亩）	品种名称	处理		亩产量（kg/亩）
	因素	水平			因素	水平	
天优华占	施氮量（kg/hm^2）	0.0	391.5 cC	丰源优299	施氮量（kg/hm^2）	0.0	367.4 cC
		9.0	530.4 bB			9.0	501.9 aA
		13.5.0	610.0 aA			13.5.0	421.1 bB
	密度（蔸/hm^2）	1.25	467.4 cC		密度（蔸/hm^2）	1.25	377.1 cC
		1.500	516.7 bB			1.500	423.4 bB
		1.875	547.8 aA			1.875	490.0 aA

注：不同小写或大写字母者表示差异达到0.05或0.01显著水平

（三）宁乡点2014年试验

1. 早稻

从表5-7看出，早稻产量以N9M2.0的产量最高，达335.8kg/亩，N7M1.7最低，为303.8kg/亩。在低N（N7）水平下，随着基本苗增加水稻产量呈增加趋势。在中N（N9）、高N（N11）水平下，以N9M2.0产量最高，各处理之间只有N9M2.0和N9M1.7之间差异显著，在此基础上增加种植密度和增加N肥用量，产量反而呈现降低趋势。说明早稻以N9M2.0处理互作效应最好，在N9M2.0的基础上增加种植密度和增加N肥用量，会造成不合理的群体结构，降低产量。在低N条件下，可以通过增加基本苗提高产量（表5-7）。

表5-7 早稻不同栽植密度与施肥量对产量的影响

处理	有效穗（万穗/亩）	总粒数（粒/穗）	实粒数（粒/穗）	千粒重（g）	产量（kg/亩）
N7M1.7	22.21	109.8	81.1	23.4	303.8 Cd
N7M2.0	24.45	98.4	81.2	23.5	314.8 BCbcd
N7M2.3	24.53	100.2	83.5	23.3	327.0 ABabc
N9M1.7	22.52	112.7	83.3	23.5	307.6 BCd
N9M2.0	24.52	101.2	85.1	23.5	335.8 Aa
N9M2.3	24.65	112.9	91.1	23.2	312.3 BCcd
N11M1.7	23.23	101.3	82.2	24	311.6 BCd
N11M2.0	24.71	110.3	91.1	23.8	327.1 ABab
N11M2.3	24.79	103.4	86.7	23.5	316.6 ABCbcd

2. 晚稻

晚稻产量结果表明，在中N水平下，以N12M1.75产量最为450.9kg/亩，增加或减少栽插基本苗，产量都有所降低，但差异不显著；在低N水平下，产量随着栽插基本苗的增加而增加；在高N水平下，产量随着栽插基本苗的增加而降低，每亩栽插1.5

蔸施 15kgN，与每亩栽插 1.75 蔸施 12kgN 的产量差异不显著。综上所述，在低 N 水平下，可以通过增加栽插基本苗的方法，提高产量，达到节肥的效果；在中、高 N 水平下，应控制栽插苗数，形成合理的群体结构，才能实现高产（表 5-8）。

表 5-8　晚稻不同栽植密度与施肥对产量的影响

处理	产量（kg/亩）
N9M1.5	383.1Bc
N9M1.75	398.8ABbc
N9M2.0	403.4ABbc
N12M1.5	429.7ABab
N12M1.75	450.9Aa
N12M2.0	414.4ABabc
N15M1.5	433.9ABab
N15M1.75	380.8Bc
N15M2.0	374.9Bc

（四）宁乡点 2015 年试验

不同施氮量和栽插密度对水稻产量均有显著影响，早稻产量以 N9M2.3 产量最高，为 489.6kg/亩、晚稻产量以 N12M2.0 产量最高，为 566.9kg/亩，表现出在早稻 N9M2.3+ 晚稻 N12M2.0 水平下，产量随着栽植密度的增加而增加，在早稻 N11、晚稻 N15M 水平下，则表现为先增加后降低的趋势，周年产量以早稻 N9M2.3 + 晚稻 N12M2.0 最高，分别比 N7M1.7 + N9M1.5、N7M2.0 + N9M1.75、N7M2.3 + N9M2.0、N9M1.7+N12M1.5、N9M2.0+N12M1.75、N11M1.7+N15M1.5、N11M2.0+N15M1.75、N11M2.3 + N15M2.0 增加 14.5%、10.4%、17.1%、8.5%、5.2%、6.1%、7.2%、12.1%。有效穗及结实率是 N9M2.3 获得高产的主要因子。说明在湘中灌区本试验条件下早稻以每亩施氮 9kg 栽插 2.3 万蔸的互作效最好，晚稻以每亩施氮 12kg 栽插 2.0 万蔸的互作效最好。在一定范围内，可以通过增加栽插基本苗减少用 N 量，达到节肥的效果（表 5-9）。

表 5-9　氮肥与栽插密度互作下早、晚稻产量及周年产量

处理	早稻（kg/亩）	晚稻（kg/亩）	周年产量（kg/亩）
N1M1	424.5	498.4	922.9
N1M2	444.5	512.4	956.9
N1M3	459.3	526.9	986.2
N2M1	439.5	534.5	974.0
N2M2	458.9	545.1	1 004.0
N2M3	489.6	566.9	1 056.5

（续表）

处理	早稻（kg/亩）	晚稻（kg/亩）	周年产量（kg/亩）
N3M1	452.3	543.6	995.9
N3M2	463.8	521.3	985.1
N3M3	438.8	503.7	942.5

表 5-10　氮肥与密度互作下早、晚稻产量构成

季别	处理	有效穗（万穗/亩）	每穗粒数（粒）	结实率（%）	千粒重（g）	理论产量（kg/亩）	实际产量（kg/亩）
早稻	N1M1	22.1	96.9	82.5	24.8	438.1	424.5
	N1M2	23.5	95.1	83.0	24.6	456.3	444.5
	N1M3	24.6	92.9	82.9	25.0	473.6	459.3
	N2M1	22.8	98.4	81.5	24.7	451.6	439.5
	N2M2	24.3	96.9	82.2	24.5	474.2	458.9
	N2M3	25.7	95.5	82.5	24.9	504.2	489.6
	N3M1	23.8	104.8	76.6	24.7	471.9	452.3
	N3M2	25.1	102.7	73.6	24.5	464.8	463.8
	N3M3	26.2	99.5	70.4	24.6	451.5	438.8
晚稻	N1M1	22.8	100.1	82.9	27.3	516.5	498.4
	N1M2	23.4	98.6	83.2	27.1	520.2	512.4
	N1M3	24.8	96.4	82.5	27.2	536.5	526.9
	N2M1	23.6	103.8	82.9	26.9	546.3	534.5
	N2M2	24.2	101.9	82.8	26.8	547.2	545.1
	N2M3	25.9	100.1	83.0	26.7	574.5	566.9
	N3M1	24.6	110.7	76.6	26.4	550.7	543.6
	N3M2	25.4	105.5	73.6	26.8	528.6	521.3
	N3M3	26.5	103.7	70.4	26.7	516.5	503.7

五、研究结论

（一）醴陵早稻试验结果

不同施氮量和栽插密度对早稻的产量均有显著影响，在本试验条件下以施氮 180.0kg/hm^2，适当密植（30.0×10^{4}蔸/hm^2）有利于高产。水稻产量由有效穗数、穗平总粒数、结实率和千粒重 4 个因素构成。且在水稻生育进程中先后形成，其间存在着相互制约和相互补偿关系。在本试验条件下，有效穗数随施氮量增加而增加；施氮区与不施氮区相比，穗平总粒数增加显著；结实率随施氮量增加而降低。综上所述，有效穗数和穗平总粒数依施氮量的不同变异幅度大，是影响早稻增产的关键因素。移栽密度对结实率和千粒重影响较小，对有效穗数和穗平总粒数影响较大。合理密植能提高光能利用率，协调群体和个体的生长，优化群体经济性状，实现高产。

（二）醴陵晚稻试验结果

不同施氮量和栽插密度对晚稻的产量均有显著影响，在本试验条件下，天优华占以施氮 13.5kg/亩，插 1.875 万蔸/亩最佳，丰源优 299 以施氮 9.0kg/亩，插 1.875 万蔸/亩最佳。水稻产量由有效穗数、穗平总粒数、结实率和千粒重 4 个因素构成。且在水稻生育进程中先后形成，其间存在着相互制约和相互补偿关系。在本试验条件下，有效穗数随施氮量增加而增加；穗平总粒数变化趋势不明显；结实率随施氮量增加而降低。综上所述，有效穗数依施氮量的不同变异幅度大，是影响晚稻增产的关键因素。移栽密度对结实率和千粒重影响较小，对有效穗数和穗平总粒数影响较大。合理密植能提高光能利用率，协调群体和个体的生长，优化群体经济性状，实现高产。

（三）宁乡点试验结果

不同施氮量和栽插密度对水稻产量均有显著影响，在本试验条件下早稻以每亩施氮 9kg 栽插 2 万蔸的互作效最好，晚稻以每亩施氮 12kg 栽插 1.75 万~2.0 万蔸的互作效最好。在一定范围内，可以通过增加栽插基本苗减少用 N 量，达到节肥的效果。

第二节　双季稻全程机械化与稻草还田融合丰产技术研究

一、研究目标

为了解决农村劳动力缺乏困境，及由于长期施用化肥造成土壤有机质下降、养分不平衡的现状，探索双季稻全程机械化与稻草还田融合的技术可行性，实现生产轻简与稻田培肥的双重目标。

二、研究方案

（一）试验地点

本试验安排在湖南省醴陵市泗汾镇农场居委会某农户的责任田中进行。试验田面积 3.0 亩，土壤为潮沙泥，肥力中等，有机质含量 33.9g/kg，碱解氮 163.5mg/kg，有效磷 78.5mg/kg，速效钾 101.2mg/kg，pH 值为 6.0。

（二）供试品种

早稻：中早 39；晚稻：H 优 518。

（三）试验方法

在 2013 年早稻时机耕后机插前将田一分为二，中间作埂并踩膜隔开，一边作处理区一边作对照区。试验设两个处理，不设重复，处理区稻草切碎还田，对照区稻草不还田。晚稻中间埂保留并加固、再踩膜，机耕分开进行，处理区仍为处理区，对照区仍为对照区，其余按当地栽培习惯进行。2014 年中间埂保留并加固、再踩膜，机耕分开进行，处理区仍为处理区，对照区仍为对照区，重复 2013 年试验。2015 年将小区再一分为二，其中一半亩施纯氮早稻：10.0kg、晚稻：12.5kg，另一半亩减施 20%纯氮，即早稻：8.0kg，晚稻：10.0kg。2016 年和 2017 年按 2015 年试验设计重复进行。调查取样均采用对角线三点取样法，数据等同于重复。

（四）调查测定项目

（1）对角线三点取样考察分蘖动态、经济性状和实测产量；（2）成熟期取土样和植株样化验 PH、OM、全 N、全 P、全 K，速效 N，速效 P，速效 K 等养分含量；（3）记载主要生育期及试验田基本情况。

（五）田间管理

早稻采用地膜覆盖保温软盘旱育秧，3 月 25 日播种。大田用种量 6.0kg/亩，4 月 26 日机插，株行距 10cm×25cm。晚稻采用软盘旱育秧。6 月 27 日播种，大田用种量 3.5kg/亩，7 月 22 日机插，株行距 12cm×25cm。施肥按试验设计要求进行，其他田间管理按当地高产栽培习惯进行。

三、研究结果

（一）对生育期的影响

早晚两季各 4 个处理对生育期影响无明显差异。说明稻草还田培肥后，对水稻生育期影响无明显差异（表 5-11）。

表 5-11　全程机械化与稻草还田融合不同处理对生育期的影响

处理		播种期（月/日）	移栽期（月/日）	秧龄（d）	始穗期（月/日）	齐穗期（月/日）	成熟期（月/日）	全生育期（d）
早稻	稻草还田+亩施纯氮 10.0kg	3/24	4/23	30	6/16	6/20	7/17	115
	稻草还田+亩施纯氮 8.0kg	3/24	4/23	30	6/16	6/20	7/17	115
	稻草不还田+亩施纯氮 10.0kg	3/24	4/23	30	6/16	6/20	7/17	115
	稻草不还田+亩施纯氮 8.0kg	3/24	4/23	30	6/16	6/20	7/17	115
晚稻	稻草还田+亩施纯氮 12.5kg	6/27	7/21	24	9/12	9/17	10/20	115
	稻草还田+亩施纯氮 10.0kg	6/27	7/21	24	9/12	9/17	10/20	115
	稻草不还田+亩施纯氮 12.5kg	6/27	7/21	24	9/12	9/17	10/20	115
	稻草不还田+亩施纯氮 10.0kg	6/27	7/21	24	9/12	9/17	10/20	115

（二）对分蘖成穗的影响

早季分蘖率以稻草还田+亩施纯氮 10.0kg 最高，其次是稻草还田+亩施纯氮 8.0kg；

成穗率以稻草还田+亩施纯氮 8.0kg 最高，其次是稻草还田+亩施纯氮 10.0kg。晚季分蘖率以稻草不还田+亩施纯氮 12.5kg 最高，其次是稻草还田+亩施纯氮 12.5kg；成穗率以稻草不还田+亩施纯氮 10.0kg 最高，其次是稻草还田+亩施纯氮 12.5kg。说明分蘖率受施氮量和稻草还田两因素影响，其中施氮量的作用效果更明显，而对成穗率的影响趋势不明显（表 5-12）。

表 5-12　全程机械化与稻草还田融合不同处理对分蘖成穗的影响

处理		基本苗（万/亩）	最高苗（万/亩）	分蘖率（%）	有效穗（万穗/亩）	成穗率（%）
早稻	稻草还田+亩施纯氮 10.0kg	4.56	27.69	507	21.87	79.0
	稻草还田+亩施纯氮 8.0kg	4.48	26.22	485	20.99	80.1
	稻草不还田+亩施纯氮 10.0kg	4.89	29.21	497	20.63	70.6
	稻草不还田+亩施纯氮 8.0kg	4.71	25.6	444	20.25	79.1
晚稻	稻草还田+亩施纯氮 12.5kg	4.21	33.72	701	23.19	68.8
	稻草还田+亩施纯氮 10.0kg	4.36	30.92	609	22.63	73.2
	稻草不还田+亩施纯氮 12.5kg	4.19	32.86	684	22.34	68.0
	稻草不还田+亩施纯氮 10.0kg	4.56	31.91	600	22.14	69.4

（三）对经济性状的影响

早季有效穗以稻草还田+亩施纯氮 10.0kg 最多，其次是稻草还田+亩施纯氮 8.0kg；晚季有效穗较以稻草还田+亩施纯氮 12.5kg 最多，其次是稻草还田+亩施纯氮 10.0kg。说明有效穗随稻草还田和施氮量增加二者综合效应而增加。早晚两季各 4 个处理对穗平总粒数和结实率的影响趋势不明显（表 5-13）。

表 5-13　全程机械化与稻草还田融合不同处理对经济性状的影响

处理		有效穗（万穗/亩）	总粒数（粒/穗）	实粒数（粒/穗）	结实率（%）	千粒重（g）
早稻	稻草还田+亩施纯氮 10.0kg	21.87	126.9	109.4	86.2	26.7
	稻草还田+亩施纯氮 8.0kg	20.99	131.2	115.2	87.8	26.9
	稻草不还田+亩施纯氮 10.0kg	20.63	129.2	112.4	87.0	26.8
	稻草不还田+亩施纯氮 8.0kg	20.25	131.5	115.6	87.9	27.0
晚稻	稻草还田+亩施纯氮 12.5kg	23.19	112.5	96.7	86.0	27.0
	稻草还田+亩施纯氮 10.0kg	22.63	119.8	104.6	87.3	26.9
	稻草不还田+亩施纯氮 12.5kg	22.34	110.2	97.9	88.8	26.9
	稻草不还田+亩施纯氮 10.0kg	22.14	113.2	100.4	88.7	26.8

（四）对产量的影响

从不同施氮水平比较，无论早稻还是晚稻，不同施氮量对产量影响不大，从秸秆还田与否比较，无论正常施氮还是节氮栽培，稻草还田均比不还田产量要高，说明稻草还田与节氮栽培技术相融合能取得较理想产量，本试验以节氮 20%即早稻稻草还田+亩施纯氮 8.0kg、晚稻稻草还田+亩施纯氮 10.0kg 搭配的节本增效效果最佳（表 5-14）。

表 5-14　全程机械化与稻草还田融合各处理产量比较

处理		测产面积 (m^2)	小区产量（kg）				折亩产 (kg)
			Ⅰ	Ⅱ	Ⅲ	平均	
早稻	稻草还田+亩施纯氮 10.0kg	30	24.1	23.6	23.6	23.8	528.2
	稻草还田+亩施纯氮 8.0kg	30	22.8	24.0	23.9	23.6	523.7
	稻草不还田+亩施纯氮 10.0kg	30	24.0	23.4	23.0	23.5	521.5
	稻草不还田+亩施纯氮 8.0kg	30	22.8	23.0	23.7	23.2	514.8
晚稻	稻草还田+亩施纯氮 12.5kg	30	24.5	23.9	24.6	24.3	540.8
	稻草还田+亩施纯氮 10.0kg	30	24.9	23.7	23.5	24.0	534.1
	稻草不还田+亩施纯氮 12.5kg	30	22.6	24.2	23.6	23.5	521.5
	稻草不还田+亩施纯氮 10.0kg	30	24.0	23.9	23.4	23.8	528.2

（五）全程机械化与稻草还田融合早稻植株 N、P、K、Cd 含量

全程机械作业下秸秆还田对水稻植株茎叶和糙米的 N、P、K 养分含量及镉含量均有显著影响。亩施纯氮 10.0kg 条件下，稻草还田与不还田比较，茎叶和糙米的 N、P、K、Cd 含量分别提高了 40.6%、38.3%、7.3%、48.7%和 3.7%、3.2%、12.1%、26.8%；亩施纯氮 8.0kg 条件下，稻草还田与不还田比较，茎叶和糙米的 N、P、K、Cd 含量分别提高了 13.5%、34.3%、-19.1%、28.3%和 5.7%、3.0%、9.4%、21.7%。亩施纯氮 10.0kg 和亩施纯氮 8.0kg 比较，无论是稻草还田还是不还田，茎叶和糙米的 N、P、K、Cd 含量均无显著差异。说明稻草还田能增加水稻植株茎叶和糙米养分含量，但同时也增加了植株镉含量，适当减少氮肥施用量对水稻养分吸收影响不大（表 5-15）。

表 5-15　全程机械化与稻草还田融合早稻植株 N、P、K 含量

处理	茎叶				糙米			
	N (%)	P (%)	K (%)	Cd (mg/kg)	N (%)	P (%)	K (%)	Cd (mg/kg)
稻草还田+亩施纯氮 10.0kg	0.65	0.11	2.19	2.50	1.12	0.32	0.37	0.52
稻草还田+亩施纯氮 8.0kg	0.62	0.10	2.33	2.15	1.11	0.34	0.35	0.45
稻草不还田+亩施纯氮 10.0kg	0.46	0.08	2.04	1.68	1.08	0.31	0.33	0.41
稻草不还田+亩施纯氮 8.0kg	0.55	0.08	2.88	1.68	1.05	0.33	0.32	0.37

（六）全程机械化与稻草还田融合土壤理化特性

全程机械作业下秸秆还田与不还田的土壤 pH 值均为 4.56~4.94，差异不大。亩施纯氮 10.0kg 条件下，稻草还田与不还田比较，土壤碱解氮、有效磷、速效钾、全氮含量和阳离子交换量分别提高了 6.6%、-10.0%、5.4%、7.7%和 2.9%；亩施纯氮 8.0kg 条件下，稻草还田与不还田比较，土壤碱解氮、有效磷、速效钾、全氮含量和阳离子交换量分别提高了 4.3%、-18.7%、10.5%、7.0%和 2.2%。稻草还田条件下，亩施 10.0kg 纯氮与亩施 8.0kg 纯氮比较，土壤碱解氮、有效磷、速效钾、全氮含量和阳离子交换量分别提高了 10.1%、48.5%、-1.1%、8.1%和 2.5%；稻草不还田条件下，亩施 10.0kg 纯氮与亩施 8.0kg 纯氮比较，土壤碱解氮、有效磷、速效钾、全氮含量和阳离子交换量分别提高了 7.6%、34.1%、3.6%、7.3%和 1.9%。说明全程机械作业下秸秆还田能提高土壤碱解氮、速效钾、全氮含量和阳离子交换量，而降低了土壤有效磷含量。减少施氮量主要降低了土壤碱解氮、有效磷和全氮含量，而速效钾和阳离子交换量变化不大（表 5-16）。

表 5-16　全程机械化与稻草还田融合土壤理化特性

处理	pH 值（水）	碱解氮（N）（mg/kg）	有效磷（P）（mg/kg）	速效钾（K）（mg/kg）	全氮（N）（g/kg）	阳离子交换量 [cmol（+）/kg]
稻草还田+亩施纯氮 10.0kg	4.56	245.60	5.48	64.40	2.55	13.06
稻草还田+亩施纯氮 8.0kg	4.78	223.10	3.69	65.15	2.36	12.74
稻草不还田+亩施纯氮 10.0kg	4.58	230.32	6.09	61.10	2.37	12.69
稻草不还田+亩施纯氮 8.0kg	4.94	213.98	4.54	58.98	2.21	12.46

（七）全程机械化与稻草还田融合土壤镉含量

亩施纯氮 10.0kg 条件下，稻草还田与不还田比较，土壤总镉和有效镉含量分别提高了 18.6%和 3.8%；亩施纯氮 8.0kg 条件下，稻草还田与不还田比较，土壤总镉和有效镉含量分别提高了 8.3%和 1.8%。稻草还田条件下，亩施 10.0kg 纯氮与亩施 8.0kg 纯氮比较，土壤总镉和有效镉含量分别提高了 5.1%和 3.0%；稻草不还田条件下，亩施 10.0kg 纯氮与亩施 8.0kg 纯氮比较，土壤总镉和有效镉含量分别提高了-4.0%和 1.0%。说明全程机械作业下秸秆还田显著增加了土壤总镉含量，而有效镉含量差异不大，减少氮肥施用量对土壤总镉和有效镉含量均无显著影响。因此，在镉污染稻田通过秸秆还田构建合理耕层时，应适当控制秸秆还田量以减少农田污染（表 5-17）。

表 5-17　全程机械化与稻草还田融合土壤镉含量

处理	总镉（Cd）（mg/kg）	有效镉（Cd）（mg/kg）
稻草还田+亩施纯氮 10.0kg	0.41	0.29
稻草还田+亩施纯氮 8.0kg	0.39	0.28
稻草不还田+亩施纯氮 10.0kg	0.35	0.28
稻草不还田+亩施纯氮 8.0kg	0.36	0.27

（八）全程机械化与稻草还田融合土壤耕层结构

全程机械作业下稻草还田常规施氮、稻草还田节氮、稻草不还田常规施氮、稻草不还田节氮各处理耕作层厚度分别为 14.1cm、14.3cm、14.3cm、14.2cm，犁底层厚度分别为 9.8cm、9.7cm、9.5cm、9.7cm，各处理耕作层和犁底层厚度均无显著差异（图 5-3）。

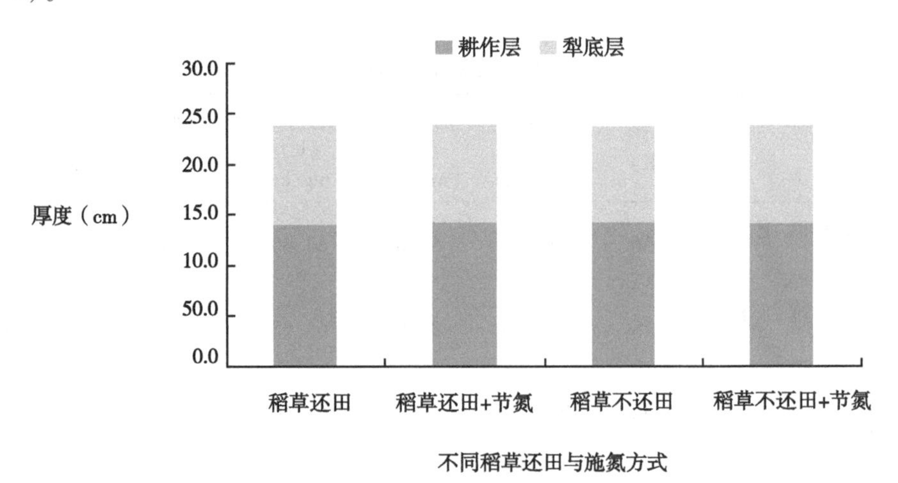

图 5-3　全程机械化与稻草还田融合土壤耕层结构

四、研究结论

全程机械作业下以节氮 20%即早稻稻草还田+亩施纯氮 8.0kg、晚稻稻草还田+亩施纯氮 10.0kg 搭配的稻草还田与节氮栽培技术相融合的节本增效效果最佳。稻草还田能增加水稻植株茎叶和糙米养分含量，但同时也增加了植株镉含量，适当减少氮肥施用量对水稻养分吸收影响不大。秸秆还田能提高土壤碱解氮、速效钾、全氮含量和阳离子交换量，减少施氮量主要降低了土壤碱解氮、有效磷和全氮含量，而速效钾和阳离子交换量变化不大。秸秆还田显著增加了土壤总镉含量，减少氮肥施用量对土壤总镉和有效镉含量均无显著影响。因此，在镉污染稻田通过秸秆还田构建合理耕层时，应适当控制秸秆还田量以减少农田污染。

第三节　双季晚稻不同灌溉模式节水丰产效果研究

一、研究目标

针对湘中稻田以山冲垄田为主，灌溉水源以山塘和水库储水为主，灌溉能力受蓄水能力制约，7—8月降水偏少，以晚稻插秧至孕穗期的季节性干旱为主，研究此期的最佳节水灌溉模式，提高山塘和水库水源的灌溉效能，对实现晚稻安全高效生产意义重大。

二、研究方案

试验设6个灌溉模式处理，处理一：返青至齐穗期全程不灌；处理二：返青至齐穗期灌一次水；处理三：返青至齐穗期灌二次水；处理四：返青至齐穗期灌三次水；处理五：返青至齐穗期采用常规灌溉；处理六：返青至齐穗期全程淹灌。随机区组试验设计，小区面积30m^2，3次重复，小区间作埂并覆膜隔开，单独排灌。供试品种为H优518，土壤为潮沙泥，前作为陆两优996，肥力中等，有机质含量35.3g/kg，碱解氮170.3mg/kg，有效磷79.5mg/kg，速效钾101.4mg/kg，pH值为6.0。H优518于6月25日播种，湿润育秧。大田于7月19日平整后分区作埂覆膜，7月20日划行移栽，株行距20×20cm。亩施纯氮12kg，按基肥：蘖肥：穗肥=4：4：2施用，其中，基肥在插秧前1d施用，分蘖肥在插秧后4d施用，穗肥在晒田复水后施用；磷肥（P_2O_5：6.0kg/亩）全部作基肥；钾肥（K_2O：12.0kg/亩）按照基肥：追肥=5：5施用，追肥于晒田复水后施用。其他栽培措施按农户高产栽培习惯进行，各处理相互保持一致。

三、研究结果

（一）对生育期的影响

不同处理对分蘖高峰的影响较明显，处理一的分蘖高峰较处理二、处理三、处理四、处理五和处理六分别早3d、6d、6d、6d和9d。各处理对齐穗期、成熟期和全生育期影响不明显（表5-18）。

表5-18　不同灌溉模式处理间生育期的比较

处理	播种期（月/日）	移栽期（月/日）	分蘖始期（月/日）	分蘖高峰期（月/日）	齐穗期（月/日）	成熟期（月/日）	全生育期（d）
处理一	6/25	7/20	7/25	8/8	9/15	10/15	112
处理二	6/25	7/20	7/25	8/11	9/15	10/15	112
处理三	6/25	7/20	7/25	8/14	9/15	10/15	112
处理四	6/25	7/20	7/25	8/14	9/15	10/15	112
处理五	6/25	7/20	7/25	8/14	9/15	10/15	112
处理六	6/25	7/20	7/25	8/17	9/15	10/15	112

（二）对分蘖消长的影响

返青至分蘖期，最高茎蘖数以处理四最高，35.99 万/亩；其次是处理六和处理三，分别为 32.75 万/亩和 32.65 万/亩；处理一最低，24.49 万亩。分蘖率以处理四最高，较处理五和处理六高 110%和 120%；处理一最低，较处理四低 357%；处理二和处理三居中，分别较处理四低 157%和 125%。说明返青至齐穗期灌三次水，有利于水稻群体茎蘖数增加（表 5-19）。

成穗率则相反，随灌溉次数增加呈下降趋势，成穗率以处理一最高，处理六最低。说明合理灌溉有利于禾苗早生快发，促使群体与个体生长协调，为高产奠定基础。

表 5-19　不同处灌溉模式理对分蘖的影响

处理	基本苗（万/亩）	最高苗（万/亩）	分蘖率（%）	有效穗（万穗/亩）	成穗率（%）
处理一	5.52	24.49	344	17.76	72.5
处理二	5.41	28.89	434	19.57	67.7
处理三	5.77	32.65	466	20.62	63.2
处理四	5.21	35.99	591	21.00	58.3
处理五	5.49	31.88	481	20.54	64.4
处理六	5.74	32.75	471	18.78	57.3

（三）对经济性状的影响

2014 年有效穗以处理四最高 21.00 万/亩，与处理二、处理三和处理四差异不显著（与 8 月中旬降水过多是否有关，有待进一步验证），与处理六差异显著，与处理一差异极显著。说明返青至齐穗期灌三次水有利水稻足穗。穗平总粒数以处理五最高，122.3 粒/穗，与处理三、处理四和处理六差异不显著，与处理一和处理二差异显著。说明返青至齐穗期采用习惯灌溉方式，有利于水稻大穗形成。不同处理对结实率影响差异不显著。不同处理间千粒重变化不大，均未达到显著水平（表 5-20）。

表 5-20　不同灌溉模式处理对经济性状的影响（2014 年）

处理	有效穗（万穗/亩）	总粒数（粒/穗）	实粒数（粒/穗）	结实率（%）	千粒重（g）	实际产量（kg/亩）
处理一	17.76 cB	109.0 cA	92.8 dC	85.2 aA	26.1 aA	377.0 cC
处理二	19.57 abAB	110.0 bcA	98.4 cdBC	89.5 aA	26.2 aA	418.6 bcC
处理三	20.62 abA	121.0 aA	107.0 abAB	88.5 aA	26.1 aA	490.2 aAB
处理四	21.00 aA	118.4 abA	105.7 abAB	89.5 aA	26.0 aA	502.8 aAB
处理五	20.54 abA	122.3 aA	110.5 aA	90.5 aA	26.1 aA	497.0 aA
处理六	18.78 bcAB	113.3 abcA	102.1 bcABC	90.1 aA	26.0 aA	429.2 bBC

注：不同小写或大写字母者表示差异达到 0.05 或 0.01 显著水平

2015 年有效穗以处理三最高 21.54 万/亩，与处理二、处理三和处理四差异不显著（与 8 月中旬降水过多是否有关，有待进一步验证），与处理六差异显著，与处理一差异极显著。说明返青至齐穗期灌三次水有利水稻足穗。穗平总粒数：穗平总粒数以处理五最高，122.3 粒/穗，与处理三、处理四和处理六差异不显著，与处理一和处理六差异显著。说明返青至齐穗期采用习惯灌溉方式，有利于水稻大穗形成。结实率：不同处理对结实率影响差异不显著。千粒重：不同处理间千粒重变化不大，均未达到显著水平（表 5-21）。

表 5-21　不同灌溉模式处理对经济性状的影响（2015 年）

处理	有效穗（万穗/亩）	总粒数（粒/穗）	实粒数（粒/穗）	结实率（%）	千粒重（g）	实际产量（kg/亩）
处理一	19.67 cB	132.0 cA	119.8 dC	90.8 aA	26.1 aA	525.3 aA
处理二	20.71 abAB	130.0 bcA	118.5 cdBC	91.2 aA	26.2 aA	528.6 aA
处理三	21.54 abA	134.0 aA	120.0 abAB	89.6 aA	26.1 aA	537.0 aA
处理四	21.22 aA	138.1 abA	126.7.7 abAB	91.7 aA	26.0 aA	542.9 aA
处理五	21.54 abA	132.0 aA	120.5.5 aA	91.3 aA	26.1 aA	537.1 aA
处理六	19.87 bcAB	129.8 abcA	119.8 bcABC	92.3 aA	26.0 aA	523.6 aA

注：不同小写或大写字母者表示差异达到 0.05 或 0.01 显著水平

（四）产量

2014 年和 2015 年单产均以处理四最高，分别为 502.8kg/亩和 542.9kg/亩，与处理三和处理四差异不显著，与其他各处理间差异极显著。说明在本试验条件下，返青至齐穗期以灌三次水群体单产最高。

四、研究结论

在水稻返青至齐穗期不同灌溉模式下，返青至齐穗期以灌三次水群体单产最高，可达 542.9kg/亩。对水稻最高茎蘖数、有效穗、穗平总粒数影响较大，对生育期、结实率和千粒重影响较小。

第四节　双季稻节水节肥综合技术研究

一、研究目标

为提高节水节肥单项技术的增产效应，充分发挥各项技术的综合增产作用，通过研究不同节水节肥技术配套组装对水稻产量的影响，提出适于湘中库塘灌区双季稻丰产节水节肥技术集成模式。重点研究缓控释节 N 施肥与不同灌溉方式对水稻的增产与节水节肥效应。

二、研究方案

试验于 2014—2015 年在宁乡县回龙铺镇天鹅村进行，供试品种早稻为常规稻“湘早籼 45”，晚稻为杂交稻“丰源优 299”，设：（1）常规施肥+常规灌溉；（2）缓控释节 N 施肥+常规灌溉；（3）缓控释节 N 施肥+湿润灌溉；（4）常规施肥+湿润灌溉；（5）缓控释节 N 施肥+湿润灌溉+稻草覆盖。共 5 个处理。常规施肥：早稻 N 10kg/亩，P_2O_5 5.0kg/亩、K_2O 6.0kg/亩；晚稻 N 12kg/亩，P_2O_5 3.0kg/亩、K_2O 8.0kg/亩。常规施肥氮肥为尿素，按基肥 70%N，移栽后 5~7d 施 30%N，缓控释氮肥按定量做基肥一次性施入。磷肥用过磷酸钙，钾肥用氯化钾，各处理磷钾用量一致，磷肥做基肥一次性施入，钾肥按基肥 50%、移栽后 5~7d 施 50%。各处理基肥部分均于插秧前一天施入，基肥施入后，立即用铁齿耙耖入 5cm 深的土层内。其他管理与大田相同。

三、研究进展

早、晚稻均以缓控+湿润+稻草覆盖产量最高，分别为 466.7kg/亩、491.4kg/亩，早稻较常规+常灌、缓控+常灌、缓控+湿润、常规+湿润分别增产 16.4%、13.1%、6.2%、8.8%，晚稻分别增产 13.3%、9.3%、4.8%、8.3%，周年产量以缓控+湿润+稻草覆盖产量最高，为 958.1kg/亩，较常规+常灌、缓控+常灌、缓控+湿润、常规+湿润分别增产 11.6%、8.2%、4.3%、7.3%，表明综合集成施用缓控释节 N 肥、实行湿润灌溉和稻草覆盖等节水保水技术可以显著提高水稻产量，达到既节约资源又提高粮食产量的效果。有效穗及结实率是缓控+湿润+稻草覆盖产量最高的主要原因（表 5-22、表 5-23）。

表 5-22　节水节肥综合技术早、晚稻产量及周年产量

处理	早稻（kg/亩）	晚稻（kg/亩）	周年产量（kg/亩）
常规+常灌	400.8	433.5	834.3
缓控+常灌	412.7	449.6	862.3
缓控+湿润	439.5	468.7	908.2
常规+湿润	429.1	453.6	882.7
缓控+湿润+稻草覆盖	466.7	491.4	958.1

表 5-23　节水节肥综合技术早、晚稻产量构成

季别	处理	有效穗（万穗/亩）	每穗粒数（粒）	结实率（%）	千粒重（g）	理论产量（kg/亩）
早稻	常规+常灌	22.2	95.8	78.4	24.8	413.5
	缓控+常灌	22.7	95.4	80.3	24.6	427.8
	缓控+湿润	23.1	96.2	81.1	25.0	450.6
	常规+湿润	23.4	95.1	80.9	24.7	444.7
	缓控+湿润+稻草覆盖	24.7	96.5	82.2	24.5	480.0

（续表）

季别	处理	有效穗（万穗/亩）	每穗粒数（粒）	结实率（%）	千粒重（g）	理论产量（kg/亩）
晚稻	常规+常灌	22.4	95.3	78.4	26.3	440.2
	缓控+常灌	22.7	97.2	77.9	26.5	455.5
	缓控+湿润	23.1	98.7	80.4	26.3	482.1
	常规+湿润	23.4	96.8	79.5	26.4	475.4
	缓控+湿润+稻草覆盖	24.3	99.1	80.9	26.5	516.3

四、研究结论

综合集成施用缓控释节N肥、实行湿润灌溉和稻草覆盖等节水保水技术全年可以增产11.6%，显著提高水稻产量，达到既节约资源又提高粮食产量的效果。

第五节　适用全程机械化生产的超级稻品种筛选及特性研究

一、研究目标

筛选适应湘东地区水稻机插栽培的“丰抗优”品种，探索机耕、机插、机防和机收为主的全程机械化生产条件对超级杂交稻农艺性状和经济性状的影响，为大面积推广超级稻全程机械化生产技术，及其超高产技术体系制定提供理论依据。

二、研究方案

试验于2013—2014年在湖南省醴陵市泗汾镇枧上村进行。超级杂交稻机插品种筛选研究，早稻参试品种10个，分别是湘早籼24号、湘早籼45号、中嘉早17、株两优2008、陆两优996、陵两优104、株两优819、株两优211、陵两优268、中早39。试验在同一丘田进行大区对比，不设重复，小区面积0.15亩，长方形，品种间留有走道，四周设有保护行。移栽密度12cm×25cm，田间管理措施一致，栽培技术按机插高产栽培要求进行。田间管理用300倍强氯精溶液浸种，在保温条件下种谷破胸后于3月21日播种，播种量常规稻按每盘120g芽谷、杂交稻按每盘80g芽谷。秧田期不采取任何控苗措施，4月13日采用碧浪牌高速插秧机机插，株行距12cm×25cm，亩插2.22万穴，缺蔸率超过5%时人工补蔸。大田基肥亩施40%红四方牌（20∶8∶12）复混肥25kg，移栽后7d亩施尿素12.5kg，氯化钾7.5kg促蘖。晒田复水后亩补施尿素2.5kg、氯化钾3.0kg壮秆促大穗。其他田间管理措施按高产栽培要求进行，各处理相互保持一致。

晚稻参试品种10个，分别是湘晚籼12号、湘晚籼17号、H优159、丰源优299、岳优 9113、H 优 518、盛泰优 9712、五优 308、深优 9586、天优华占。试验采用在同一丘田进行对比试验，不设重复，小区面积 0.6 亩，长方形，品种间留有走道，四周设有保护行。移栽密度 14cm×25cm，田间管理措施一致，栽培技术按机插高产栽培要求进行。田间管理采用软盘旱育秧，湘晚籼 12 号、湘晚籼 17 号、丰源优 299 和天优华占于 6 月 18 日播种，其余品种于 6 月 26 日播种。扎根树芽后亩叶面喷施 15%多效唑 150 克促壮促蘖，7 月 21 日采用久保田高速插秧机机插，亩插 1.9 万穴，缺蔸率超过 5%时人工补蔸。大田基肥亩施 40%红四方牌（20∶8∶12）复混肥 25kg，移栽后 7d 亩施尿素 12.5kg，氯化钾 7.5kg 促蘖。晒田复水后亩补施尿素 2.5kg、氯化钾 3.0kg 壮秆促大穗。其他田间管理措施按高产栽培要求进行，各处理相互保持一致。

适用全程机械化生产的超级稻品种特性研究，试验基点土壤为潮沙泥，肥力中等，有机质含量 35.1g/kg，碱解氮 164.9mg/kg，有效磷 79.5mg/kg，速效钾 103.7mg/kg，pH 值为 6.0。早稻：陵两优 268、陆两优 996；晚稻：H 优 518、丰源优 299。在全程机械化生产条件下，调查测定不同丘块不同品种的农艺性状和经济性状，以同品种抛栽田作对照分析其对水稻农艺性状和经济性状的影响，根据性状差异性制定相应栽培措施，实现水稻机械化栽培农机与农艺的有机融合。

三、研究进展

（一）适用全程机械化生产的超级稻品种特性研究

1. 秧苗素质

从表 5-24 可知，同一品种的秧苗素质盘育机插秧比盘育抛秧差，原因是机插秧播种密度大，个体生长空间较盘育抛秧小，从而抑制了个体的正常生长。

表 5-24　不同栽培方式秧苗素质的比较

栽培方式			苗高（cm）	绿叶数（片/蔸）	总根数（条/蔸）	白根数（条/蔸）	茎基宽（cm）	秧苗带蘖率（%）
早稻	陵两优 268	盘育机插秧	10.1	1.7	7.8	6.0	0.15	0.0
		盘育抛秧	14.5	2.1	11.2	5.8	0.18	0.0
	陆两优 996	盘育机插秧	12.3	2.0	8.3	6.7	0.14	0.0
		盘育抛秧	13.5	2.5	10.5	6.3	0.16	0.0
晚稻	H 优 518	盘育机插秧	15.9	3.6	16.3	13.0	0.30	0.0
		盘育抛秧	24.1	4.5	25.2	14.0	0.90	15.8
	丰源优 299	盘育机插秧	18.6	4.7	19.6	14.3	0.62	5.1
		盘育抛秧	27.4	8.8	23.2	15.1	1.20	19.5

2. 生育期

从表 5-25 可知，同一品种盘育秧机插栽培较盘育秧抛栽的齐穗期推迟，全生育期延长。原因是秧苗素质差，加上植伤影响，禾苗个体有一个恢复健壮生长的过程。

表 5-25　不同栽培方式生育期的比较

栽培方式			播种期（月/日）	移栽期（月/日）	秧龄（d）	始穗期（月/日）	齐穗期（月/日）	成熟期（月/日）	全生育期（d）
早稻	陵两优268	盘育秧机插栽培	3/21	4/17	27	6/22	6/26	7/19	120
		盘育秧抛栽	3/24	4/19	26	6/17	6/20	7/17	115
	陆两优996	盘育秧机插栽培	3/20	4/14	25	6/14	6/18	7/13	115
		盘育秧抛栽	3/24	4/20	27	6/11	6/15	7/13	111
晚稻	H优518	盘育秧机插栽培	6/25	7/15	20	9/8	9/12	10/22	119
		盘育秧抛栽	6/30	7/15	15	9/16	9/10	10/22	114
	丰源优299	盘育秧机插栽培	6/21	7/19	28	9/14	9/18	10/20	121
		盘育秧抛栽	6/21	7/16	25	9/1	9/5	10/15	116

3. 分蘖动态

从表 5-26 可知，同一品种盘育秧机插栽培与盘育秧抛栽比较，对分蘖动态的影响趋势不明显。但据有关田间调查统计分析，盘育秧机插栽培的分蘖始期和分蘖高峰推迟，后发苗较盘育秧抛栽多。

表 5-26　不同栽培方式分蘖动态的比较

栽培方式			基本苗（万/亩）	最高苗（万/亩）	分蘖率（%）	有效穗（万穗/亩）	成穗率（%）
早稻	陵两优 268	盘育秧机插栽培	5.76	24.32	322	18.53	76.2
		盘育秧抛栽	5.77	28.27	390	20.09	71.1
	陆两优 996	盘育秧机插栽培	4.23	24.62	482	19.76	80.3
		盘育秧抛栽	5.45	25.13	361	19.47	77.5
晚稻	H 优 518	盘育秧机插栽培	4.71	35.61	656	24.57	69.0
		盘育秧抛栽	6.15	43.58	609	23.15	53.1
	丰源优 299	盘育秧机插栽培	3.95	25.34	542	17.34	68.4
		盘育秧抛栽	5.37	28.75	435	19.96	69.4

4. 经济性状

盘育秧机插栽培与盘育秧抛栽比较，对有效穗、结实率和千粒重的影响趋势不明显，但株高和穗平总粒数呈下降趋势。4 个被调查品种其 H 优 518 亩产较盘育秧抛栽增产，其他 3 个品种减产，但增减幅度不大（表 5-27）。

表 5-27　不同栽培方式经济性状的比较

栽培方式			有效穗（万穗/亩）	总粒数（粒/穗）	实粒数（粒/穗）	结实率（%）	千粒重（g）	理论产量（kg/亩）	实际产量（kg/亩）	盘育机插栽培与盘育抛栽培比较（±）
早稻	陵两优268	盘育秧机插栽培	18.53	126.0	108.6	86.2	26.0	523.2	512.4	-24
		盘育秧抛栽	20.09	132.4	112.7	85.1	26.0	588.7	536.0	
	陆两优996	盘育秧机插栽培	19.76	119.4	103.3	86.5	27.3	557.2	525.7	-14
		盘育秧抛栽	19.47	125.6	108.4	86.3	27.2	574.1	539.8	
晚稻	H优518	盘育秧机插栽培	24.57	97.4	87.4	89.7	26.6	571.2	546.7	12
		盘育秧抛栽	23.15	100.5	91.6	91.1	26.7	566.2	534.5	
	丰源优299	盘育秧机插栽培	17.34	116.4	107.4	92.3	29.0	540.1	503.0	-56
		盘育秧抛栽	19.96	126.6	113.2	89.4	29.1	657.5	558.5	

5. 经济效益

4个被调查品种中H优518盘育秧机插栽培的亩净利润略高于盘育秧抛栽，其他3个品种略低。同一品种两种栽培模式的产投比无明显差异。说明两种栽培模式的经济效益相当，但推广盘育秧机插栽培可降低劳动强度，节省用工成本，有助于水稻生产集约化和规模化发展（表5-28）。

表 5-28　不同栽培方式生产效益比较

栽培方式			产量（kg/亩）	产值（元/亩）	成本（元/亩）				净利润（元/亩）	产投比
					物化成本	人工成本	机械成本	合计		
早稻	陵两优268	盘育机插	512.4	1 352.74	290.5	270	310	870.5	482.2	1.55
		盘育抛栽	536.0	1 415.04	294.5	360	260	914.5	500.5	1.55
	陆两优996	盘育机插	525.7	1 387.85	284.5	270	310	864.5	523.3	1.61
		盘育抛栽	539.8	1 425.07	269.5	360	260	889.5	535.6	1.60
晚稻	H优518	盘育机插	546.7	1 476.09	294.5	270	310	874.5	601.6	1.69
		盘育抛栽	534.5	1 443.15	254.5	360	260	874.5	568.7	1.65
	丰源优299	盘育机插	503.0	1 358.10	252.5	270	310	832.5	525.6	1.63
		盘育抛栽	558.5	1 507.95	213.5	360	260	833.5	674.5	1.81

（二）超级杂交稻机插品种筛选研究

1. 早稻机插品种筛选

（1）生育期　参试品种全生育期110~118d，平均114.1d。株两优819和株两优211全生育期最短，为110d；陆两优996和陵两优268全生育期最长，为118d。从生育期来看，所有参试品种可在醴陵地区作机插早稻种植。

（2）产量　产量幅度 405.5～471.8kg/亩，平均 443.2kg。陆两优 996 产量最高，471.8kg/亩，其次是株两优 211，470.8kg/亩。湘早籼 24 号产量最低，405.5kg/亩。

（3）日产量　参试品种日产量 3.58～4.28kg，平均 3.89kg。株两优 211 日产量最高，4.28kg，其次是陆两优 996，4.00kg。株两优 2008 日产量最低，3.58kg。

（4）抗性　所有参试品种田间未发生倒伏现象，未发现稻瘟病。中嘉早 17 和中早 39 苗期抗寒性中等，湘早籼 24 号和株两优 819 田间纹枯病中等；其余品种田间纹枯病轻（表 5-29、表 5-30）。

2. 晚稻机插品种筛选

（1）生育期　参试品种全生育期 111～126d，平均 116.8d。盛泰优 9712 全生育期最短，为 111d；湘晚籼 12 号全生育期最长，为 126d。从生育期来看，湘晚籼 12 号、深优 9586 和 d 优华占未在安全齐穗期（9 月 15 日）前齐穗，在湘东地区不宜作双季晚稻机插栽培，其余品种在 9 月 15 日前齐穗，可在湘东地区作双季晚稻机插栽培。

（2）产量　参试品种产量 450.3～513.9kg/亩，平均 483.8kg。岳优 9113 产量最高，513.9kg/亩；其次是天优华占，502.5kg/亩。湘晚籼 17 号产量最低，450.3kg/亩。

（3）日产量　参试品种日产量 3.78～4.51kg，平均 4.15kg。岳优 9113 日产量最高，4.51kg；其次是 H 优 518，4.40kg。湘晚籼 17 号日产量最低，3.78kg。

（4）抗性　所有参试品种田间未发生倒伏现象和稻瘟病。五优 308 抽穗期抗寒性中等。盛泰优 9712 田间纹枯病中等，其余品种田间纹枯病轻（表 5-31、表 5-32）。

四、研究结论

1. 盘育秧机插栽培与盘育秧抛栽比较，秧苗素质下降，分蘖始期和分蘖高峰期推迟，但从单产和亩净利润来看，产量差异变化不大，两种栽培模式的产投比基本一致。说明该区域双季稻机插栽培技术已成熟，适应水稻集约化和规模化生产发展，可有效解决目前农业劳动力缺乏现状。实践操作中，应抓好机插品种选育，及早晚品种的选择与搭配，确保安全齐穗；其次是抓好壮秧培育和合理密植，通过分健个体足群体来实现丰产稳产。

2. 所有早稻参试品种可在湘东丘陵地区作双季早稻机插栽培，且农艺性状和经济性状表现较好，但陵两优 104、陵两优 268 和陆两优 996 全生育期偏长，晚稻品种选择搭配受限制。晚稻参试品种中湘晚籼 12 号、深优 9586 和天优华占全生育偏长，在 9 月 15 日前未安全齐穗期，不宜在湘东地区作双季晚稻机插栽培；湘晚籼 17 号、H 优 159、丰源优 299、岳优 9113、H 优 518、盛泰优 9712 和五优 308 全生育期适中，在 9 月 15 日前安全齐穗，可在湘东地区作双季晚稻机插栽培。

表 5-29　早稻参试品种的生育特性及主要农艺性状（1）

序号	品种名称	播种期（月/日）	移栽期（月/日）	始穗期（月/日）	齐穗期（月/日）	成熟期（月/日）	播种至齐穗（d）	全生育期（d）	整齐度	杂株率（%）	熟期株色	耐寒性	倒伏性	落粒性	纹枯病	稻瘟病	螟虫	稻飞虱
1	湘早籼 24 号	3/21	4/13	6/13	6/18	7/13	88	113	整齐	0.0	好	强	直	易	中	无	无	无
2	湘早籼 45 号	3/21	4/13	6/12	6/17	7/12	87	112	整齐	0.0	好	强	直	难	轻	无	无	无
3	中嘉早 17	3/21	4/13	6/12	6/16	7/12	86	112	中等	0.0	好	中	直	难	轻	无	无	无
4	株两优 2008	3/21	4/13	6/14	6/18	7/17	88	117	整齐	1.2	中等	强	直	中	轻	无	无	无
5	陆两优 996	3/21	4/13	6/15	6/19	7/18	89	118	中等	1.6	好	强	直	中	轻	无	无	无
6	陵两优 104	3/21	4/13	6/15	6/19	7/16	89	116	整齐	0.0	好	强	直	难	轻	无	无	无
7	株两优 819	3/21	4/13	6/12	6/16	7/10	86	110	整齐	0.0	中等	强	直	难	中	无	无	无
8	株两优 211	3/21	4/13	6/12	6/16	7/10	86	110	整齐	0.0	好	强	直	难	轻	无	无	无
9	陵两优 268	3/21	4/13	6/16	6/21	7/18	91	118	整齐	0.0	好	强	直	难	轻	无	无	无
10	中早 39	3/21	4/13	6/13	6/18	7/15	88	115	整齐	0.0	中等	中	直	中	轻	无	无	无

表 5-30　早稻参试品种的生育特性及主要农艺性状（2）

序号	品种名称	基本苗（万/亩）	最高苗（万/亩）	分蘖率（%）	有效穗	成穗率（%）	株高（cm）	穗长（cm）	总粒数（粒/穗）	实粒数（粒/穗）	结实率（%）	千粒重（g）	理论产量（kg/亩）	实际产量（kg/亩）	名次	日产量（kg）
1	湘早籼 24 号	6.75	27.31	305	19.47	71.3	72.1	17.2	114.5	97.7	85.3	24.3	462.2	405.5	10	3.59
2	湘早籼 45 号	7.08	27.27	285	19.26	70.6	81.4	20.0	115.5	94.8	82.1	27.1	494.8	432.8	8	3.86
3	中嘉早 17	6.92	27.63	299	19.54	70.7	82.6	19.3	124.6	99.6	79.9	26.4	513.8	451.7	4	4.03
4	株两优 2008	5.94	22.75	283	16.81	73.9	90.2	20.3	125.6	99.8	79.3	28.6	479.8	419.3	9	3.58
5	陆两优 996	6.12	26.84	339	18.63	69.4	97.5	20.9	122.5	100.7	82.2	28.5	534.7	471.8	1	4.00
6	陵两优 104	7.02	27.19	287	19.71	72.5	86.1	19.7	116.5	94.2	80.9	28.3	525.4	460.3	3	3.97
7	株两优 819	5.94	25.98	337	19.73	75.9	82.9	20.4	114.8	92.5	80.6	26.9	490.9	433.8	7	3.94
8	株两优 211	6.58	28.33	331	19.69	69.5	80.1	19.7	128.1	98.8	77.1	27.5	535.0	470.8	2	4.28
9	陵两优 268	6.21	25.45	310	18.13	71.2	86.3	20.9	121.9	100.5	82.4	27.8	506.5	443.6	5	3.76
10	中早 39	7.29	25.71	253	17.92	69.7	82.5	18.6	132.4	104.4	78.9	27.2	508.9	442.7	6	3.85

表 5-31　晚稻参试品种的生育特性及主要农艺性状

序号	品种名称	播种期（月/日）	移栽期（月/日）	始穗期（月/日）	齐穗期（月/日）	成熟期（月/日）	播种至齐穗（d）	全生育期（d）	整齐度	杂株率（%）	熟期株色	耐寒性	倒伏性	落粒性	纹枯病	稻瘟病	螟虫	稻飞虱
1	湘晚籼 12 号	6/18	7/21	9/14	9/18	10/22	92	126	整齐	0.0	好	强	直	易	轻	无	无	无
2	湘晚籼 17 号	6/18	7/21	9/10	9/14	10/15	88	119	中等	0.0	好	强	直	难	轻	无	无	无
3	H 优 159	6/26	7/21	9/9	9/13	10/17	79	113	中等	0.0	好	强	直	难	轻	无	无	无
4	丰源优 299	6/18	7/21	9/9	9/13	10/15	87	119	整齐	0.0	好	强	直	难	轻	无	无	无
5	岳优 9113	6/26	7/21	9/11	9/15	10/18	81	114	中等	0.0	好	强	直	中	轻	无	无	无
6	H 优 518	6/26	7/21	9/8	9/13	10/16	79	112	整齐	0.0	好	强	直	难	轻	无	无	无
7	盛泰优 9712	6/26	7/21	9/8	9/12	10/15	78	111	整齐	0.0	中等	强	直	难	中	无	无	无
8	五优 308	6/26	7/21	9/11	9/15	10/19	81	115	整齐	0.0	好	一般	直	难	轻	无	无	无
9	深优 9586	6/26	7/21	9/13	9/18	10/20	84	116	整齐	0.0	好	强	直	难	轻	无	无	无
10	天优华占	6/18	7/21	9/14	9/18	10/19	92	123	整齐	0.0	好	强	直	难	轻	无	无	无

表 5-32　晚稻参试品种的主要经济性状

序号	品种名称	基本苗（万/亩）	最高苗（万/亩）	分蘖率（%）	有效穗	成穗率（%）	株高（cm）	穗长（cm）	总粒数（粒/穗）	实粒数（粒/穗）	结实率（%）	千粒重（g）	理论产量（kg/亩）	实际产量（kg/亩）	名次	日产量（kg）
1	湘晚籼 12 号	4.86	35.92	639	21.87	60.9	100.4	23.3	108.5	90.8	83.7	26.3	522.3	478.6	7	3.80
2	湘晚籼 17 号	4.75	27.44	478	19.85	72.3	105.5	22.5	117.7	91.8	78.0	26.8	488.4	450.3	10	3.78
3	H 优 159	5.32	31.31	489	20.58	65.7	99.1	23.5	104.4	85.4	81.8	28.2	495.6	463.7	9	4.10
4	丰源优 299	3.92	24.32	520	18.18	74.8	103.3	22.3	128.5	97.6	76.0	30.1	534.1	490.4	4	4.12
5	岳优 9113	4.76	36.67	670	22.46	61.2	93.3	22.8	113.4	93.4	82.4	26.8	562.2	513.9	1	4.51
6	H 优 518	5.93	39.48	566	23.43	59.3	97.7	22.7	97.6	83.6	85.7	27.3	534.7	492.9	3	4.40
7	盛泰优 9712	5.68	36.96	551	21.48	58.1	94.2	22.6	112.9	92.7	82.1	26.5	527.7	483.5	6	4.36
8	五优 308	5.45	33.44	514	19.38	58.0	95.7	20.9	136.4	105.5	77.3	25.4	519.3	474.8	8	4.13
9	深优 9586	4.37	23.85	446	17.85	74.8	99.2	22.5	143.1	116.2	81.2	25.7	533.1	487.1	5	4.20
10	天优华占	4.99	29.07	483	19.38	66.7	96.3	20.7	142.5	109.8	77.1	25.2	536.2	502.5	2	4.09

第六节 双季稻湿润灌溉节水效应研究

一、研究目标

针对早稻种植期内雨量分布不均，晚稻种植期内降水量偏少，因干旱导致结实率低、籽粒不饱满等问题，重点研究早、晚稻不同生育期的需水特性，量化不同生育时期的灌水量（深度），采取湿润灌溉与干湿交替等定量节水措施，研究提出适于湘中库塘灌区双季稻节水灌溉丰产技术。

二、研究方案

试验于2013—2014年在宁乡县回龙铺镇天鹅村进行，2013年试验将一丘大田分为二块，用田埂隔开，一边为当地常规灌溉方式，即CK；另一边为湿润灌溉，即分蘖期灌水2~3cm、晒田后灌水至3~4cm，抽穗期灌水5cm，灌浆期每次灌水2~3cm，让其自然落干后再灌水，成熟期保持土壤湿润。除灌水不同外，其他措施与管理完全相同。早稻品种为陵两优942，晚稻品种为丰源299。2014年试验设3个处理：处理1，常规灌溉；处理2，间歇灌溉；处理3，湿润灌溉，分蘖期灌水2~3cm、晒田后灌水至3~4cm，抽穗期灌水5cm，灌浆期每次灌水2~3cm，让其自然落干后再灌水，成熟期保持土壤湿润。除灌水不同外，其他措施与管理完全相同。早稻品种为陵两优942，晚稻品种为丰源299。

三、测定指标与方法

收获前一天每处理选择3个具典型代表性的位置，每个位置采用“梅花”式取15蔸样，在室内进行考种，每小区取1m^{2}测定实际产量，全生育期按灌水深度测定灌水量，降水量由试验区所在气象部门提供。

四、研究进展

（一）2013年湿润灌溉节水效应

1. 水稻经济性状

成熟后取样品进行水稻经济性状考察，早稻湿润灌溉区比常规灌溉区有效穗增加1.3万/亩，穗粒数、实粒数、结实率、千粒重分别增加0.5粒、0.6粒、0.2%和0.2g，理论产量增加34.9kg/亩，增产率7.42%。晚稻湿润灌溉区比常规灌溉区有效穗增加1.6万/亩，穗粒数、实粒数、结实率、千粒重比常规灌溉处理区分别增加4.4粒、3.7粒，-0.2%和-0.3g，理论产量增加56.9kg/亩，增产率10.0%。说明采取湿润灌溉能改善水稻经济性状，为高产打下良好的基础（表5-33）。

表 5-33　2013 年节水试验水稻经济性状

季别	处理	有效穗（万穗/亩）	穗粒数（粒/穗）	实粒数（粒/穗）	结实率（%）	千粒重（g）	理论产量（kg/亩）
早稻	湿润灌溉	23.7	98.6	83.3	84.5	25.6	505.4
	常规灌溉	22.4	98.1	82.7	84.3	25.4	470.5
晚稻	湿润灌溉	26.3	95.7	84.2	88.0	28.3	625.1
	常规灌溉	24.7	91.3	80.5	88.2	28.6	568.2

2. 水稻产量

在水稻成熟时对每处理进行五点取样，每点 1m^{2}的水稻收获脱粒，计算产量，其结果见表 5-34。湿润灌溉区早稻产量为 474.5kg/亩，晚稻产量为 513.6kg/亩，湿润灌溉区比常规灌溉区早稻增产 20.6kg/亩，晚稻增产 46.7kg/亩，全年增产 67.3kg/亩，增产率为 7.3%。湿润灌溉由于改善了土壤通气性，促进了水稻生长发育，能显著提高产量。

表 5-34　2013 年节水试验水稻产量

处理	早稻（kg/亩）	晚稻（kg/亩）	全年（kg/亩）
湿润灌溉	474.5	513.6	988.1
常规灌溉	453.9	466.9	920.8
湿润/常规	+20.6	+46.7	+67.3

3. 湿润灌溉节水效果

根据记载，今年早稻生长期间共降水 37d，降水总量为 347.5mm。主要集中在分蘖初期。由于降水集中，多余降水产生了溢出，试验仍进行了灌水，常规灌溉区灌水 5 次，灌水总量为 215.5m^3/亩，湿润灌溉区灌水 4 次，灌水总量为 145.4m^3/亩，比常规灌处理区减少 1 次，节水 70.1m^3/亩。晚稻常规灌溉区灌水 10 次，灌水总量为 375m^3/亩，湿润灌溉区灌水 9 次，灌水总量为 338m^3/亩，比常规灌区减少 1 次，节水 37m^3/亩。两季共节水 107.1m^3/亩。实行湿润灌溉不仅提高了水稻产量，而且能节约灌溉用水（表 5-35）。

表 5-35　2013 年节水试验灌溉次数及灌溉水量

处理	早稻		晚稻		全年	
	灌溉次数（次）	灌溉水量（m^3/亩）	灌溉次数（次）	灌溉水量（m^3/亩）	灌溉次数（次）	灌溉水量（m^3/亩）
湿润灌溉	4	145.4	9	338	13	483.4
常规灌溉	5	215.5	10	375	15	590.5
湿润/常规	-1	-70.1	-1	-37	-2	-107.1

（二）2014 年湿润灌溉节水效应

1. 水稻经济性状

早稻成熟后取样进行水稻经济性状考察，结果显示，早稻湿润灌溉、间歇灌溉比常规灌溉有效穗分别增加 0.8 万/667m^{2}和 0.3 万/667m^2，每穗实粒数分别增加 1.0 粒和 1.2 粒，千粒重分别增加 0.1g 和 0.2g，理论产量增加 24.3kg/667m^{2}和 16.5kg/667m^2。说明采取湿润灌溉和间歇灌溉能改善水稻经济性状，为高产打下良好的基础（表 5-36）。

表 5-36　2014 年节水试验水稻经济性状

处理	有效穗（万穗/亩）	穗粒数（粒/穗）	实粒数（粒）	结实率（%）	千粒重（g）	理论产量（kg/亩）
常规灌溉	22.9	97.5	81.2	83.3	24.3	451.9
间歇灌溉	23.2	95.7	82.4	86.1	24.5	468.4
湿润灌溉	23.7	96.3	82.2	85.4	24.4	475.3

2. 水稻产量

在水稻成熟时对每处理进行五点取样，每点 1m^{2}的水稻收获脱粒，计算产量，总体趋势为湿润灌溉和间歇灌溉比常规灌溉增产。湿润灌溉和间歇灌溉全年水稻产量分别为 814.4kg/667m^2 和 778.0kg/667m^2，分别比常规灌溉增产 75.1kg/667m^2 和 38.7kg/667m^2，增产率分别为 10.16%和 5.23%（表 5-37）。

表 5-37　2014 年节水试验水稻产量

处理	早稻（kg/亩）	晚稻（kg/亩）	全年（kg/亩）
常规灌溉	325.8Bc	413.5Bb	739.3Cc
间歇灌溉	342.5Bb	435.4Aa	778.0Bb
湿润灌溉	378.4Aa	436.0Aa	814.4Aa

3. 节水效果

今年水稻生长期间多阴雨天气，灌溉次数少，常规灌溉区全年灌水 16 次，灌水总量为 625.6m^3/667m^2，间歇灌溉区灌水 13 次，灌水总量为 432.4m^3/667m^2，湿润灌溉区灌水 14 次，灌水总量为 464.5m^3/667m^2，间歇灌溉和湿润灌溉比常规灌处理区分别减少灌溉次数 2 次和 3 次，分别节水 193.2m^3/亩和 161.1m^3/667m^2，比常规灌溉分别节水 30.88%和 25.75%，节水效果显著（表 5-38）。

表 5-38　2014 年节水试验水稻灌溉水量表

	早稻		晚稻		全年	
	灌溉次数（次）	灌溉水量（m^3/亩）	灌溉次数（次）	灌溉水量（m^3/亩）	灌溉次数（次）	灌溉水量（m^3/亩）
常规灌溉	6	260.1	10	365.5	16	625.6
湿润灌溉	5	146.7	9	316.8	14	464.5
间歇灌溉	5	126.7	8	305.7	13	432.4

五、研究结论

1. 2013年研究结果，湿润灌溉能改善水稻经济性状，显著提高产量，全年增产67.3kg/亩，增产率为7.3%，能节约灌溉用水，两季共节水107.1m^3/亩。

2. 2014年研究结果，采用间歇灌溉和湿润灌溉分在节水193.2m^3/亩和161.1m^3/亩，比常规灌溉分别节水30.88%和25.75%情况下，全年水稻产量分别增产5.23%和10.16%。

第七节　双季稻节肥潜力研究

一、研究目标

针对化肥过量施用，导致肥料利用率低，引起环境污染等问题，通过实施化肥减量化施用，实现提高资源利用效率，充分挖掘双季稻节肥增产潜力。

二、研究方案

试验于2015年在醴陵市泗汾镇枧上村进行，供试品种早稻为中早39，晚稻为H优518。供试肥料为尿素（N：46.2%）、过磷酸钙（P_2O_5：12%）、氯化钾（K_2O：60%）。试验在施用磷、钾肥料、时期、方法完全一致的基础上，设氮肥单因素5水平田间肥效试验，各处理肥料用量详见表5-39。磷肥100%作基肥；钾肥按基肥：追肥=5：5施用；氮肥按基肥：蘖肥：穗肥=4：4：2施用。采用随机区组设计，每季5个处理组合，3次重复，共15个小区，小区面积30m^2。各试验小区固定，即按施氮量的多少一一对应，每季小区耕整实施人工翻耕。小区间起宽20cm、高30cm的埂隔离，防止肥水窜灌。

表5-39　节肥潜力试验处理及肥料用量

季别	处理	N（kg/亩）	P_2O_5（kg/亩）	K_2O（kg/亩）	季别	处理	N（kg/亩）	P_2O_5（kg/亩）	K_2O（kg/亩）
早稻	N_0	0.0	6.0	6.0	晚稻	N_0	0.0	6.0	6.0
	$N_{4.0}$	4.0	6.0	6.0		$N_{5.0}$	5.0	6.0	6.0
	$N_{6.0}$	6.0	6.0	6.0		$N_{7.5}$	7.5	6.0	6.0
	$N_{8.0}$	8.0	6.0	6.0		$N_{10.0}$	10.0	6.0	6.0
	$N_{10.0}$	10.0	6.0	6.0		$N_{12.5}$	12.5	6.0	6.0

早稻于3月20日播种，地膜覆盖保温湿润育秧。4月5日修复小区埂，并进行第一次人工翻耕，4月14日进行第二次人工翻耕，平整后埂重新覆膜，防止窜水窜肥。4月18日划行移栽，株行距20cm×20cm。晚稻于6月25日播种，湿润育秧。早稻收割后，采用人工翻耕，保证小区位置不变动，平整后于7月20日划行移栽，株行距20cm×20cm。各处理施肥按试验设计要求施用。水分管理采用间歇湿润灌溉，移栽后浅水勤灌，早稻于5月12日、晚稻于8月15日统一落水露田7d，再灌浅水施肥到抽穗期，抽穗后干干湿湿壮籽，成熟前7d断水。其他栽培措施按高产栽培要求进行，各处理相互保持一致。

三、研究进展

（一）对生育期的影响

不同施氮处理对生育期的影响不明显，早稻施氮0.0kg/亩处理的全生育期较其他4个施氮处理处理短1d，晚稻施氮0.0kg/亩和5.0kg/亩处理的全生育期较其他3个施氮处理短1d（表5-40）。

表5-40　节肥潜力试验不同施氮量对生育期的影响

季别	处理	播种期（月/日）	移栽期（月/日）	始穗期（月/日）	齐穗期（月/日）	成熟期（月/日）	全生育期（d）
早稻	N_0	3/20	4/18	6/9	6/13	7/13	115
	$N_{4.0}$	3/20	4/18	6/10	6/14	7/14	116
	$N_{6.0}$	3/20	4/18	6/10	6/14	7/14	116
	$N_{8.0}$	3/20	4/18	6/11	6/15	7/14	116
	$N_{10.0}$	3/20	4/18	6/11	6/15	7/14	116
晚稻	N_0	6/25	7/20	9/10	9/14	10/17	114
	$N_{5.0}$	6/25	7/20	9/11	9/14	10/17	114
	$N_{7.5}$	6/25	7/20	9/11	9/15	10/18	115
	$N_{10.0}$	6/25	7/20	9/11	9/15	10/18	115
	$N_{12.5}$	6/25	7/20	9/11	9/15	10/18	115

（二）对分蘖消长的影响

从图5-4、表5-41可以看出，随着施氮量增加，单位面积总茎蘖数增加，分蘖率提高，施氮量越大，越有利于水稻分蘖，但成穗率则相反，随之下降。

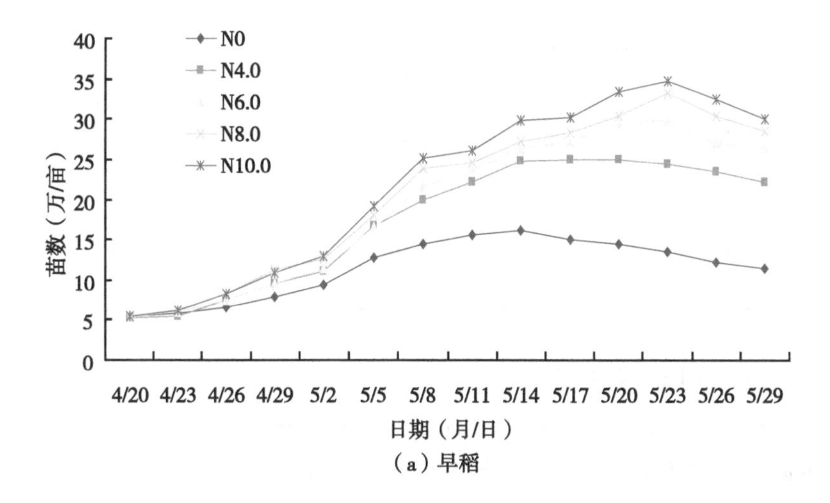

（a）早稻

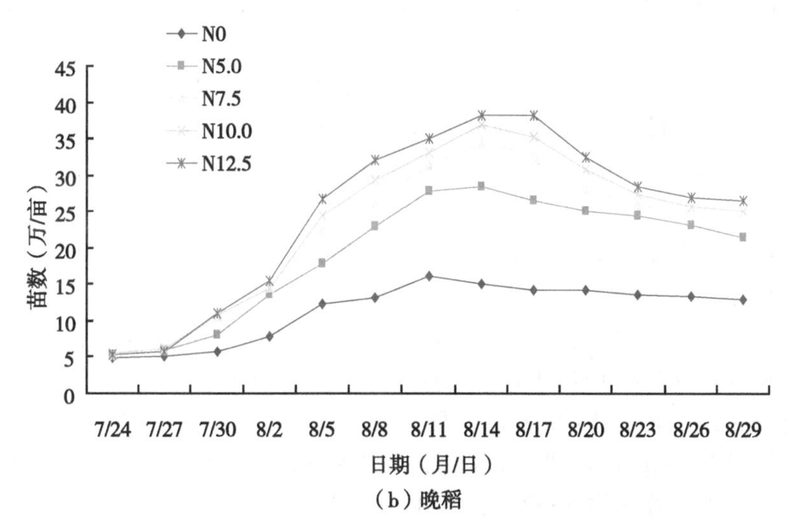

（b）晚稻

图 5-4　节肥潜力试验不同施氮量对水稻分蘖动态的影响

表 5-41　节肥潜力试验不同施氮量对早晚稻分蘖成穗的影响

季别	处理	基本苗（万/亩）	最高苗（万/亩）	分蘖率（%）	有效穗（万穗/亩）	成穗率（%）
早稻	N_0	5.43	16.19	198	11.08	68.4
	$N_{4.0}$	5.33	25.02	369	17.37	69.4
	$N_{6.0}$	5.41	29.92	453	19.93	66.6
	$N_{8.0}$	5.17	33.17	542	20.49	61.8
	$N_{10.0}$	5.46	34.74	536	21.21	61.1

（续表）

季别	处理	基本苗（万/亩）	最高苗（万/亩）	分蘖率（%）	有效穗（万穗/亩）	成穗率（%）
晚稻	N_0	4.98	16.04	222	11.30	70.4
	$N_{5.0}$	5.26	28.37	439	18.19	64.1
	$N_{7.5}$	5.34	34.42	545	18.64	54.2
	$N_{10.0}$	5.49	36.98	574	20.04	54.2
	$N_{12.5}$	5.41	38.23	607	21.58	56.4

（三）对经济性状的影响

有效穗：有效穗数随施氮量增加而递增。早稻以施氮 10.0kg/亩处理有效穗最多，与施氮 8.0kg/亩差异不显著，但与其他 3 个施氮处理差异极显著；晚稻以施氮 12.5kg/亩处理有效穗最多，与施氮 10.0kg/亩处理差异不显著，与其他 3 个施氮处理差异极显著。

穗平总粒数：施氮量对早晚稻穗平总粒数影响趋势呈增加趋势。早稻以施氮 10.0kg/亩最多，与施氮 8.0kg/亩处理差异不显著，与其他 3 个施氮处理差异极显著；晚稻以施氮 10.0kg/亩最多，与施氮 12.5kg/亩处理差异不显著，与其他 3 个施氮处理差异极显著。

结实率：结实率随着施氮量增加呈下降趋势，早稻以施氮 0.0kg/亩处理最高，晚稻以施氮 5.0kg/亩处理最高，各处理间差异不显著。

千粒重：不同施氮量，早晚稻千粒重变化不大，均未达到显著水平。

产量：经方差分析和 LSR 测验，施氮量对产量影响差异显著。早稻以施氮 8.0kg/亩处理产量最高，与施氮 10.0kg/亩处理差异不显著，与其他 3 个施氮处理差异极显著；晚稻以施氮 10.0kg/亩处理产量最高，与施氮 12.5kg/亩处理差异不显著，与其他 3 个施氮处理差异极显著（表 5-42、表 5-43）。

表 5-42　节肥潜力试验不同施氮量对经济性状的影响

季别	处理	有效穗（万穗/亩）	总粒数（粒/穗）	实粒数（粒/穗）	结实率（%）	千粒重（g）
早稻	N_0	11.08cC	105.0cB	99.7cB	95.2aA	26.0aA
	$N_{4.0}$	17.37bB	104.7cB	96.3bcAB	92.0aA	25.8aA
	$N_{6.0}$	19.93bB	112.0bcB	101.6bcAB	90.6aA	26.0aA
	$N_{8.0}$	20.49aA	121.8abAB	112.1aA	92.1aA	26.1aA
	$N_{10.0}$	21.21aA	132.4aA	105.6abAB	79.9bA	26.0aA
晚稻	N_0	11.30dC	89.9bB	82.5bB	91.8aA	27.1aA
	$N_{5.0}$	18.19cB	90.9bB	85.0bB	93.5aA	27.1aA
	$N_{7.5}$	18.64cB	91.9bB	84.6bB	92.1aA	27.2aA
	$N_{10.0}$	20.04abAB	116.7aA	103.9aA	89.1aA	27.1aA
	$N_{12.5}$	21.58aA	107.4aA	97.2aAB	90.5aA	27.2aA

注：不同小写或大写字母者表示差异达到 0.05 或 0.01 显著水平

表 5-43　节肥潜力试验不同施氮量对产量的影响

季别	处理	产量（kg/亩）	季别	处理	产量（kg/亩）
早稻	N_0	259.9 dC	晚稻	N_0	235.7 cC
	$N_{4.0}$	394.8 cB		$N_{5.0}$	394.1 bB
	$N_{6.0}$	473.5 bAB		$N_{7.5}$	398.6 bB
	$N_{8.0}$	544.8 aA		$N_{10.0}$	535.6 aA
	$N_{10.0}$	530.0 abA		$N_{12.5}$	524.5 aA

注：不同小写或大写字母者表示差异达到 0.05 或 0.01 显著水平

四、研究结论

不同施氮量对双季稻产量均有显著影响，在本试验条件下，早稻以施氮 8.0kg/亩，晚稻以施氮 10.0kg/亩，单产最高，经济性状最优。

第八节　双季稻田轮耕周期与合理耕作节水节肥丰产技术研究

一、研究目标

通过免耕、旋耕、翻耕等不同耕作措施与稻草还田融合研究，提出适宜轮耕周期与合理耕作技术。

二、研究方案

试验于 2015 年开始在湖南省醴陵市泗汾镇枧上村进行。试验土壤为潮沙泥，前作为绿肥，肥力中等，基础土壤有机质含量 35.1g/kg，碱解氮 173.5mg/kg，有效磷 83.9mg/kg，速效钾 136.5mg/kg，pH 值为 6.0。试验供试品种早稻为中早 39，晚稻为 H 优 518，试验设六个处理：处理一、长期旋耕，即早、晚稻旋耕机插，稻草不还田，常规灌溉。处理二、长期免耕，即早、晚稻免耕机插，稻草覆盖还田，湿润灌溉。处理三、4 年周期旋—免轮耕，即第 1 年早、晚稻旋耕机插，第 2、3、4 年早、晚稻免耕机插，稻草覆盖还田，湿润灌溉。处理四、5 年周期旋—免轮耕，即第 1 年早、晚稻旋耕机插，第 2、3、4、5 年早、晚稻免耕机插，稻草覆盖还田，湿润灌溉。处理五、4 年周期翻—免轮耕，即第 1 年早、晚稻翻耕机插，第 2、3、4 年早、晚稻免耕机插，稻草覆盖还田，湿润灌溉。处理六、5 年周期翻—免轮耕，即第 1 年早、晚稻翻耕机插，第 2 至第 5 年早、晚稻免耕机插，稻草覆盖还田，湿润灌溉。

为便于机械操作，采用大区设计，每处理面积约 $300m^2$，各处理之间用田埂隔开，埂上覆膜，试验田两头设置灌排水沟，各处理单独排灌。早稻收割后加固各处理之间的田埂。旋耕深度 8~10cm，翻耕采用深翻方式，深度 18~20cm，免耕处理的早稻收获后按200ml/亩兑水50kg用量喷施“克无踪”除草剂进行除草，喷药1d后即可抛栽晚稻，其他栽培措施按常规方式进行。

2016年田间作业早稻于3月22日播种，地膜覆盖保温软盘旱育抛秧，4月20日抛栽，亩抛足2.0万蔸。晚稻于6月27日播种，软盘旱育抛秧，7月21日抛栽，亩抛足1.8万蔸。其他栽培措施按高产栽培要求进行，各处理相互保持一致。

三、测定指标与方法

1. 作物地上部指标

记录各生育期时间，干物重在105℃下杀青半小时后在75℃下烘干24 h，称重测定。

2. 产量及构成因素调查

在收获前一天每小区采用“梅花”式取15蔸样，在室内进行考种，主要调查有效穗、千粒重、总粒数、实粒数、空瘪粒数；每小区取1m^{2}测定实际产量。

3. 植株样品的采集与分析

利用考种后的植株样，测定干物质重量、植株N、P、K、Cd含量。

4. 土壤样品的采集与分析

早稻与晚稻收获后分小区取田间土样，分析测定土壤N、P、K、Cd等含量。

5. 土壤质量评价农艺指标

土壤刮面形态与土壤结构层次（A，B，P，W，G），质地、耕层厚度、土壤物理性状与机械性（粘结性，粘着性，膨胀性，收缩性，可塑性），土壤耕性，土壤比重，土壤容重，土壤孔隙度，土壤含水量等化学性状。

四、研究进展

（一）不同轮耕周期对生育期的影响

从表5-44可以看出，各处理对生育期影响不明显，早晚两季各处理返青、始穗、齐穗、成熟和全生期相同。

表5-44　不同轮耕周期处理对生育期的影响

季别	处理	播种期（月/日）	移栽期（月/日）	返青期（月/日）	始穗期（月/日）	齐穗期（月/日）	成熟期（月/日）	全生育期（d）
早稻	处理一	3/22	4/20	4/25	6/15	6/20	7/16	116
	处理二	3/22	4/20	4/25	6/15	6/20	7/16	116
	处理三	3/22	4/20	4/25	6/15	6/20	7/16	116
	处理四	3/22	4/20	4/25	6/15	6/20	7/16	116
	处理五	3/22	4/20	4/25	6/15	6/20	7/16	116
	处理六	3/22	4/20	4/25	6/15	6/20	7/16	116

（续表）

季别	处理	播种期（月/日）	移栽期（月/日）	返青期（月/日）	始穗期（月/日）	齐穗期（月/日）	成熟期（月/日）	全生育期（d）
晚稻	处理一	6/27	7/21	7/26	9/10	9/14	10/19	114
	处理二	6/27	7/21	7/26	9/10	9/14	10/19	114
	处理三	6/27	7/21	7/26	9/10	9/14	10/19	114
	处理四	6/27	7/21	7/26	9/10	9/14	10/19	114
	处理五	6/27	7/21	7/26	9/10	9/14	10/19	114
	处理六	6/27	7/21	7/26	9/10	9/14	10/19	114

（二）不同轮耕周期对分蘖消长的影响

从表5-45可看出，最高苗和分蘖率早晚两季均以处理一最高，其他5个处理间差异相对较小，说明旋耕抛栽有利于禾苗前期早生快发。

表5-45　不同轮耕周期处理对早晚稻分蘖成穗的影响

季别	处理	基本苗（万/亩）	最高苗（万/亩）	分蘖率（%）	有效穗（万穗/亩）	成穗率（%）
早稻	处理一	6. 26	36. 32	480	21. 13	58. 2
	处理二	6. 54	33. 07	406	20. 69	62. 6
	处理三	6. 62	33. 21	402	20. 25	61. 0
	处理四	6. 77	32. 22	376	19. 87	61. 7
	处理五	6. 61	29. 47	346	20. 40	69. 2
	处理六	6. 69	32. 52	386	20. 89	64. 2
晚稻	处理一	6. 71	36. 78	448	23. 29	63. 3
	处理二	6. 61	35. 22	433	22. 34	63. 4
	处理三	6. 69	34. 02	409	23. 60	69. 4
	处理四	6. 45	36. 08	459	22. 87	63. 4
	处理五	6. 62	34. 12	415	21. 68	63. 5
	处理六	6. 74	35. 33	424	23. 77	67. 3

（三）不同轮耕周期对经济性状的影响

从表5-46可看出，有效穗早稻以处理一最多，其次是处理六，处理四最少；晚稻以处理六最多，其次是处理三，处理五最少，影响趋势不明显。穗平总粒数早稻以处理四最多，其次是处理一，处理六最少；晚稻以处理一和处理五最多，其次是处理二，处理三最少，影响趋势不明显。结实率和千粒重各处理间差异不明显。

表 5-46　不同轮耕周期对经济性状的影响

季别	处理	有效穗（万穗/亩）	总粒数（粒/穗）	实粒数（粒/穗）	结实率（%）	千粒重（g）
早稻	处理一	21.13	130.5	111.8	85.7	26.0
	处理二	20.69	126.5	110.0	87.0	25.8
	处理三	20.25	128.7	114.0	88.6	26.0
	处理四	19.87	131.0	111.4	85.0	26.1
	处理五	20.40	127.0	111.6	87.9	25.9
	处理六	20.89	124.0	108.0	87.1	26.0
晚稻	处理一	23.29	117.0	100.0	85.5	27.1
	处理二	22.34	115.8	101.4	87.6	27.1
	处理三	23.60	103.4	90.2	87.2	27.2
	处理四	22.87	106.9	95.0	88.9	27.1
	处理五	21.68	117.0	103.0	88.0	27.0
	处理六	23.77	112.9	95.3	84.4	27.2

（四）不同轮耕周期对产量的影响

经方差分析和 LSR 测验，早晚两季均以处理一单产最高，各处理间差异不显著（表 5-47）。

表 5-47　不同轮耕周期对产量的影响

季别	处理	小区产量（kg）				折亩产（kg）
		Ⅰ	Ⅱ	Ⅲ	平均	
早稻	处理一	15.8	16.0	15.2	15.7	522.2 aA
	处理二	14.5	15.5	14.9	15.0	498.9 aA
	处理三	15.1	14.8	16.0	15.3	510.0 aA
	处理四	14.9	14.4	15.3	14.9	495.6 aA
	处理五	16.6	15.7	14.0	15.4	514.5 aA
	处理六	15.5	14.9	16.4	15.6	520.0 aA
晚稻	处理一	15.8	16.0	16.5	16.1	536.7 aA
	处理二	14.9	16.5	15.7	15.7	523.4 aA
	处理三	15.5	14.4	14.5	14.8	493.4 aA
	处理四	14.4	15.9	14.7	15.0	500.0 aA
	处理五	15.4	14.7	16.0	15.4	512.2 aA
	处理六	16.6	15.5	15.0	15.7	523.4 aA

（五）不同轮耕周期对水稻植株 N、P、K 及 Cd 的影响

因本试验轮耕周期为 4~5 年，2016 年为试验进行第 2 年，通过选取翻耕与免耕 2 个处理对植株 N、P、K 养分及 Cd 含量测定，结果显示，翻耕的茎叶全氮含量较免耕显著提高了 35.4%，而糙米全氮含量较免耕则显著降低了 7.1%，说明免耕可能促进了氮素由茎叶向籽粒转移。翻耕的茎叶和糙米全钾含量较免耕分别降低了 12.6%和 5.6%，镉含量则分别提高了 130.8%和 62.5%，说明翻耕显著降低了植株茎叶和糙米钾素含量，而显著增

加了茎叶和糙米镉含量。翻耕和免耕对茎叶和糙米磷素含量影响不大（表 5-48）。

表 5-48　不同耕作方式对水稻植株 N、P、K 及 Cd 的影响

处理	茎叶				糙米			
	全氮（%）	全磷（%）	全钾（%）	镉（Cd）（mg/kg）	全氮（%）	全磷（%）	全钾（%）	镉（Cd）（mg/kg）
翻耕（第 2 年）	0.88	0.11	2.22	1.50	1.05	0.36	0.34	0.39
免耕（第 2 年）	0.65	0.12	2.54	0.65	1.13	0.34	0.36	0.24

（六）不同轮耕周期对土壤养分及镉含量的影响

从不同耕作方式的土壤养分检测结果看，免耕的全氮、碱解氮、有效磷、速效钾含量和阳离子交换量均显著高于翻耕，分别提高了 12.4%、14.9%、38.5%%、13.1%和 10.3%，这也许是因免耕导致土壤养分向耕作层表层聚集，而翻耕使得土壤养分分布更均匀且向土壤下层分散所致。2 年的不同耕作方式对土壤总镉和有效镉含量尚未表现出差异（表 5-49）。

表 5-49　不同耕作方式对土壤养分及 Cd 的影响

处理	pH 值	碱解氮（N）（mg/kg）	有效磷（P）（mg/kg）	速效钾（K）（mg/kg）	全氮（N）（g/kg）	总镉（Cd）（mg/kg）	有效镉（Cd）（mg/kg）	阳离子交换量［cmol（+）/kg］
翻耕（第 2 年）	4.48	233.05	13.20	53.95	2.10	0.29	0.21	10.33
免耕（第 2 年）	4.35	267.67	18.28	60.99	2.36	0.27	0.21	11.39

（七）不同轮耕周期对土壤耕层厚度的影响

两年的不同耕作方式对土壤耕层厚度有一定影响。翻耕的耕作层深度为 13.6cm，犁底层厚度为 12.3cm，而免耕在耕作层和犁底层之间形成了一层 4.7cm 厚向犁底层转化的明显过渡层，耕作层深度只有 10.3cm，比翻耕显著降低了 24.3%。说明免耕会降低耕作层深度，增加犁底层厚度（图 5-5）。

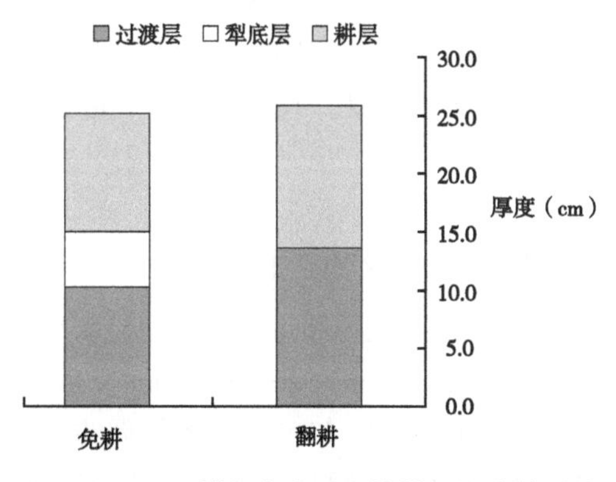

图 5-5　不同耕作方式对土壤耕层厚度的影响

五、研究结论

1. 不同轮耕周期处理的最高苗和分蘖率以处理一最高，说明旋耕抛栽有利于禾苗前期早生快发，单产以处理一最高，但各处理间产量差异不显著，影响趋势不明显，各处理对有效穗和穗总粒数的影响不明显。

2. 免耕可促进氮素由茎叶向籽粒转移，翻耕显著降低了植株茎叶和糙米钾素含量，而显著增加了茎叶和糙米镉含量。免耕的全氮、碱解氮、有效磷、速效钾含量和阳离子交换量均显著高于翻耕，也许是因免耕导致土壤养分向耕作层表层聚集，而翻耕使得土壤养分分布更均匀且向土壤下层分散所致。免耕会降低耕作层深度，增加犁底层厚度。

第九节　双季稻田不同施肥方式地力提升技术研究

一、主要研究内容

试验始于1986年，为31年长期定位试验，种植模式为大麦—双季稻，设5个施肥处理：处理1、MF（化肥），处理2、RF（秸秆还田），处理3、OM1（30%有机肥+70%化肥），处理4、OM2（60%有机肥+40%化肥），处理5、CK（无肥）。每个小区长10.00m，宽6.67m，面积66.7m^2，小区间用水泥埂隔开，埋深100cm，高出田面35cm。保证各小区不窜灌、窜排。各施肥处理总施N 157.5kg/hm^2、P_2O_5 43.2kg/hm^{2}和K_2O 81.0kg/hm^2，各施肥处理N和K_2O作基肥和追肥2次施入，基肥在耕地时施入，追肥在分蘖期施用，基追肥比例均按7∶3施用；P_2O_5均在耕地时作基肥一次性施入。化肥处理N、P_2O_5和K_2O的肥料种类分别为尿素、过磷酸钙和氯化钾；秸秆还田+化肥处理的秸秆还田量为3 000.0kg/hm^2（秸秆中N、P_2O_5和K_2O含量分别为0.65%、0.13%和0.89%）；化肥、秸秆还田+化肥处理均未施用有机肥；施用有机肥的处理，有机肥均为腐熟的鸡粪，30%有机肥和60%有机肥处理有机肥的施用量分别为2 670.0 kg/hm^2、5 340.0kg/hm^2（有机肥养分含量均为N 1.77%、P_2O_5 0.80%和K_2O 1.12%），各处理均以等氮量为基准，不足的氮、磷、钾肥用化肥补足。大麦生育期，每年各施肥处理的总施N、P_2O_5和K_2O量均保持一致。其他管理措施同常规大田生产。

二、研究进展

（一）不同施肥方式产量及产量构成因素

早稻MF、RF、OM1和OM2处理有效穗和每穗粒数均显著高于无肥处理，有效穗分别比无肥处理增加147.0万/hm^2、154.5万/hm^2、157.5万/hm^2、159.0万/hm^2，每穗粒数分别比CK处理增加11.3粒、14.6粒、15.1粒、13.0粒；各处理的结实率和千粒重均无显著性差异；MF、RF、OM1和OM2处理早稻产量均显著高于CK处理（$P<0.05$），分别比CK处理增加2 106.0kg/hm^2、2 163.0kg/hm^2、2 641.5kg/hm^2、2 569.5kg/hm^2（表5-50）。

MF、RF、OM1和OM2处理晚稻植株的有效穗和每穗粒数均显著高于CK处理（$P<$

0.05)，有效穗分别比 CK 处理增加 84.0 万/hm^2、96.0 万/hm^2、91.5 万/hm^2、99.0 万/hm^2，每穗粒数分别比 CK 处理增加 22.3 粒、37.9 粒、40.6 粒、42.2 粒；各处理间的结实率和千粒重均无显著性差异；MF、RF、OM1 和 OM2 处理晚稻产量均显著高于 CK 处理（$P<0.05$），分别比 CK 处理增加 2 293.5kg/hm^2、3 118.5kg/hm^2、2 827.5kg/hm^2、2 685.0kg/hm^2（表 5-51）。

表 5-50　长期不同施肥处理对水稻产量及构成因素的影响

水稻	处理	有效穗（万穗/亩）	穗粒数（粒/穗）	结实率（%）	千粒质量（g）	产量（kg/亩）
早稻	MF 化肥	280.5±8.51a	105.8±3.11a	81.10±2.34a	24.8±0.71a	320.7
	RF 还田	288.0±9.53a	109.1±3.07a	81.60±2.31a	25.2±0.68a	324.5
	30%OM1	291.0±10.52a	109.6±3.12a	82.70±2.38a	25.1±0.73a	356.4
	60%OM2	292.5±8.54a	107.5±3.09a	82.10±2.25a	24.7±0.72a	351.6
	CK	133.5±7.44b	94.5±2.56b	85.80±2.21a	25.6±0.65a	180.3
晚稻	MF 化肥	229.5±8.36a	140.5±4.24b	75.32±2.11a	23.5±0.61a	353.5
	RF 还田	241.5±10.44a	156.1±4.47a	77.72±2.12a	23.7±0.63a	408.5
	30%OM1	237.0±9.40a	158.8±4.43a	75.82±2.13a	23.6±0.65a	389.1
	60%OM2	244.5±10.41a	160.4±4.51a	72.62±2.15a	23.5±0.67a	379.6
	CK	145.5±6.33b	118.2±4.04c	78.32±2.10a	23.4±0.68a	200.6

表 5-51　长期不同施肥处理下早、晚稻产量及周年水稻产量

处理	早稻（kg/亩）	晚稻（kg/亩）	周年产量（kg/亩）
MF 化肥	320.7	353.5	674.2
RF 还田	324.5	408.5	733.0
30%OM1	356.4	389.1	745.5
60%OM2	351.6	379.6	731.2
CK	180.3	200.6	380.9

不同施肥处理周年水稻产量大小顺序表现为 OM1>RF>OM2>MF>CK。周年水稻产量均以 OM1 处理为最高，为 745.5kg/亩，比无肥处理增产 364.6kg/亩；其次是 RF 处理，为 733.0kg/亩，比无肥处理增产 352.1kg/亩；OM2 和 MF 处理周年水稻产量分别为 731.2 和 674.2kg/亩，均高于无肥处理，分别增产 350.3kg/亩和 293.3kg/亩。

（二）不同施肥方式土壤理化性状

从长期不同施肥方式土壤养分变化情况看，长期秸秆还田和施有机肥处理的土壤养分指标均显著高于对照无肥处理和长期施化肥处理。与 CK 长期不施肥处理比较，RF 还田、30%OM1、60%OM2 处理土壤有机质分别提高了 16.97%、50.00%、74.24%，全 N 提高了 145.63%、108.74%、200.97%，碱解氮提高了 11.24%、39.05%、62.13%，有效磷提高了 40.00%、445.00%、867.50%，速效钾提高了 71.11%、51.11%、37.78%。与 MF 化肥处理比较，RF 还田、30%OM1、60%OM2 处理土壤有机质分别提高了 16.62%、49.55%、73.72%，全 N 提高了 33.16%、13.16%、63.16%，碱解氮提高了5.62%、32.02%、53.93%，有效磷提高了45.46%、466.23%、905.20%，速效钾提高了60.42%、41.67%、29.17%。说明长期秸秆还田和施用有机肥能提高土壤养分含量，提升耕地质量。长期秸秆还田的土壤pH略有下降，长期施用有机肥的土壤pH有所上升，但变化均不显著（表5-52）。

表5-52　不同施肥方式土壤理化性状

处理	有机质（g/kg）	全N（g/kg）	碱解N（mg/kg）	有效P（mg/kg）	速效K（mg/kg）	pH值
MF化肥	33.1	1.90	178	7.7	48	5.34
RF还田	38.6	2.53	188	11.2	77	5.24
30%OM1	49.5	2.15	235	43.6	68	5.37
60%OM2	57.5	3.10	274	77.4	62	5.60
CK	33.0	1.03	169	8.0	45	5.26

（三）不同施肥方式活性还原性物质

长期不同施肥方式对土壤特别是耕作层土壤活性还原性物资变化影响较小。0~10cm耕作层土壤，除施用60%有机肥处理的活性还原性物资较对照提高9.1%外，其余均无显著差异；20~25cm犁底层土壤，与CK长期不施肥处理比较，MF化肥、RF还田、30%OM1、60%OM2处理的活性还原性物资分别提高了3.7%、7.4%、22.2%、14.8%。说明长期秸秆还田和长期施用有机肥增加了犁底层活性还原性物资含量，对土壤质量提升有一定潜在影响（表5-53）。

表5-53　不同施肥方式土壤活性还原性物质

处理	0~10cm耕作层（cmol/kg）	20~25cm犁地层（cmol/kg）
MF化肥	0.34	0.28
RF还田	0.33	0.29
30%OM1	0.34	0.33
60%OM2	0.36	0.31
CK	0.33	0.27

（四）不同施肥方式土壤容重

长期不同施肥方式对土壤容重有一定影响。与CK长期不施肥处理比较，0~10cm耕作层土壤，MF化肥、RF还田、30%OM1、60%OM2处理的土壤容重分别降低了5.1%、6.5%、9.7%、12.1%，20~25cm犁底层土壤，分别降低了4.9%、5.8%、9.9%、10.5%。说明长期施用化肥、长期秸秆还田和施用有机肥均降低了土壤容重（表5-54）。

表5-54　不同施肥方式土壤容重

处理	0~10cm耕作层（g/cm^3）	20~25cm犁地层（g/cm^3）
MF化肥	1.18	1.64
RF还田	1.16	1.62
30%OM1	1.12	1.55
60%OM2	1.09	1.54
CK	1.24	1.72

（五）不同施肥方式土壤硬度

长期不同施肥方式对土壤硬度有一定影响。与 CK 长期不施肥处理比较，0～10cm 耕作层土壤，MF 化肥、RF 还田、30%OM1、60%OM2 处理的土壤硬度分别降低了 9.8%、25.2%、34.6%、38.5%，20～25cm 犁底层土壤，分别降低了 13.7%、7.8%、16.3%、17.7%。说明长期施用化肥、长期秸秆还田和施用有机肥均降低了土壤硬度（表 5-55）。

表 5-55　不同施肥方式耕层土壤硬度

处理	0～10cm 耕作层（kg/cm^2）	20～25cm 犁底层（kg/cm^2）
MF 化肥	2.58	13.2
RF 还田	2.14	14.1
30%OM1	1.87	12.8
60%OM2	1.76	12.6
CK	2.86	15.3

（六）不同施肥方式土壤微生物量 C、N

1. 土壤微生物量 C、N 变化

早稻各个主要生育时期，各施肥处理耕层土壤（0～20cm）微生物生物量碳（SMBC）变化如图 5-6 中所示。各施肥处理 SMBC 均随生育期推进呈先增加后降低的

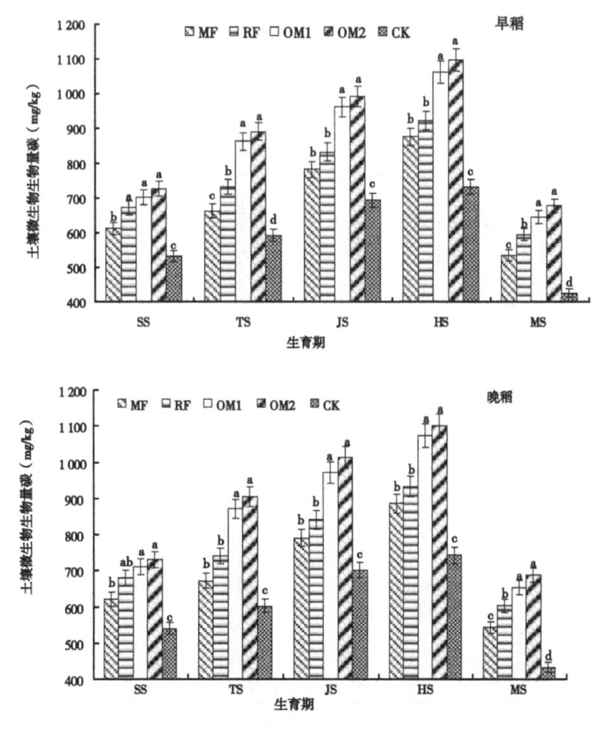

图 5-6　长期施肥对双季稻田土壤微生物生物量碳的影响

SS：苗期；TS：分蘖期；JS：拔节期；HS：齐穗期；MS：成熟期。图中不同小写字母表示显著差异（$P<0.05$）。下同

变化趋势，均于齐穗期达到最大值，成熟期达到最低值。早稻齐穗期，MF（化肥）、RF（秸秆还田）、OM1（30%有机肥+70%化肥）和 OM2（60%有机肥+40%化肥）处理分别比 CK（无肥）处理增加 19.71%、26.04%、45.19%和 49.99%，之后呈下降的变化趋势。分蘖期至成熟期，以 OM2 和 OM1 处理 SMBC 均为最高值，均显著高于其他处理。

晚稻各个主要生育时期，各处理 SMBC 均于齐穗期达到最大值，MF、RF、OM1 和 OM2 处理分别比 CK 处理增加 19.46%、25.70%、44.60%和 48.39%。分蘖期至成熟期，OM2 和 OM1 处理 SMBC 均为最高值，均显著高于其他处理，其大小顺序表现为 OM2>OM1>RF>MF>CK。

早稻各个主要生育时期，不同施肥处理耕层土壤（0~20cm）微生物生物量氮（SMBN）均于齐穗期达到最大值，MF、RF、OM1 和 OM2 处理分别比 CK 处理增加 7.67%、10.98%、19.17%和 21.75%。其中，以 OM2 处理 SMBN 均为最高值，均显著高于其他处理，其大小顺序表现为 OM2>OM1>RF>MF>CK。

晚稻各个主要生育时期，不同施肥处理 SMBN 变化趋势与早稻生育期相似。各施肥处理 SMBN 均于齐穗期达到最大值，分别比 CK 处理增加 7.27%、10.41%、18.18%和 20.14%。苗期到齐穗期，以 OM2 和 OM1 处理 SMBN 均为最高值，均显著高于其他处理；成熟期，OM2 处理显著高于其他处理（图 5-7）。

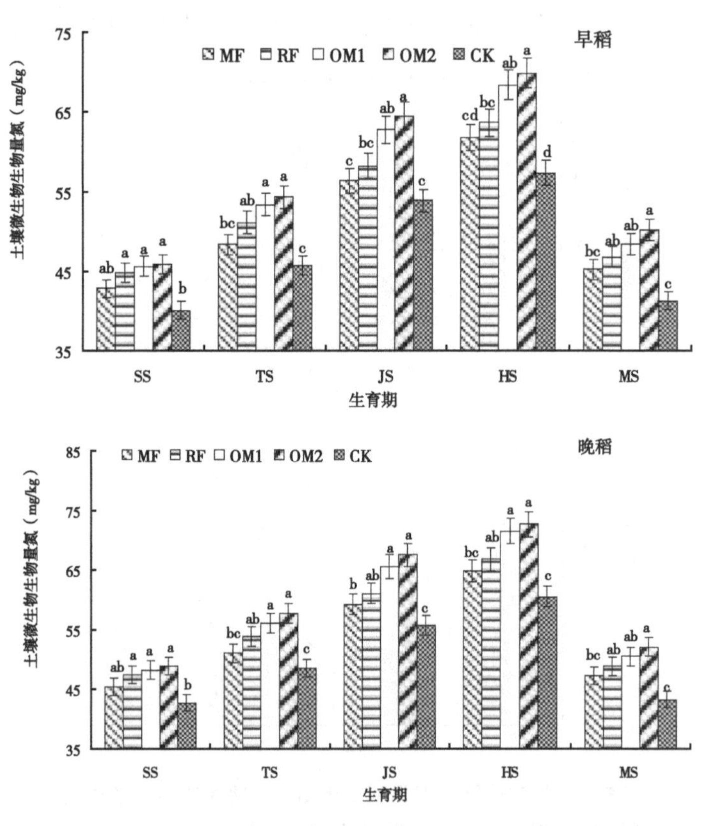

图 5-7　长期施肥对双季稻田土壤微生物生物量氮的影响

2. 土壤微生物生物量碳氮比

早稻苗期，以 OM2 处理 SMBC/SMBN 值为最高，显著高于其他处理；分蘖期到成熟期，均以 OM2 和 OM1 处理为最高，均显著高于 CK 处理；早稻各个主要生育时期，各处理 SMBC/SMBN 值大小顺序表现为 OM2 > OM1 > RF > MF > CK，MF、RF、OM1 和 OM2 处理的平均值分别为 13.58、14.16、15.15、15.37 和 12.42。

晚稻各个主要生育时期，各施肥处理 SMBC/SMBN 值变化趋势与早稻生育期相似。分蘖期到成熟期，均以 OM2 和 OM1 处理为最高，均显著高于 CK 处理；各处理 SMBC/SMBN 值大小顺序表现为 OM2>OM1>RF>MF>CK（图 5-8）。

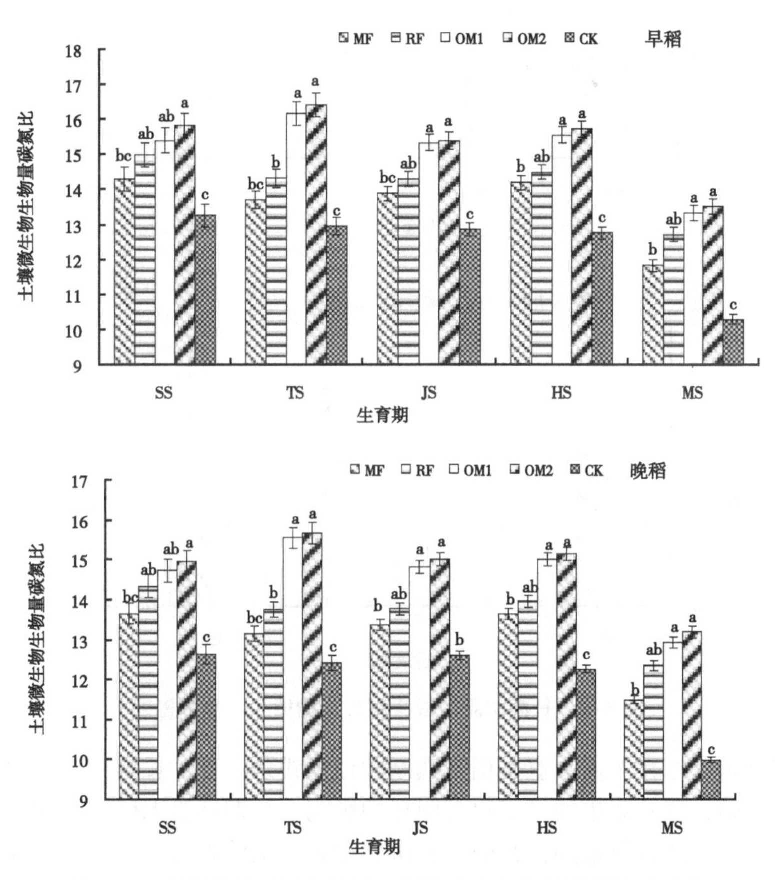

图 5-8　长期施肥对双季稻田土壤微生物生物量碳氮比的影响

3. 土壤微生物熵

土壤微生物量碳与土壤总有机碳的比值称为微生物熵，它可作为土壤碳动态和土壤质量研究的有效指标。早稻各个主要生育时期，以 OM1 和 OM2 处理土壤微生物熵为最高，均显著高于其他处理，RF 和 MF 处理次之，CK 处理最低；各施肥处理的土壤微生物熵于齐穗期达到最大值，MF、RF、OM1、OM2 和 CK 处理土壤微生物熵分别为 3.74%、3.91%、4.41%、4.54%和 3.52%。

晚稻各个主要生育时期，不同施肥处理土壤微生物熵变化趋势与早稻生育期相似。苗期到成熟期，均以 OM1 和 OM2 处理为最高值，均显著高于 CK；各施肥处理土壤微生物熵的大小顺序表现为 OM2>OM1>RF>MF>CK。各施肥处理的土壤微生物熵显著高于 CK 处理，其中有机无机肥配施处理（RF、OM1 和 OM2）的土壤微生物熵明显高于 MF 处理，这说明有机物的投入能提高土壤微生物熵（图 5-9）。

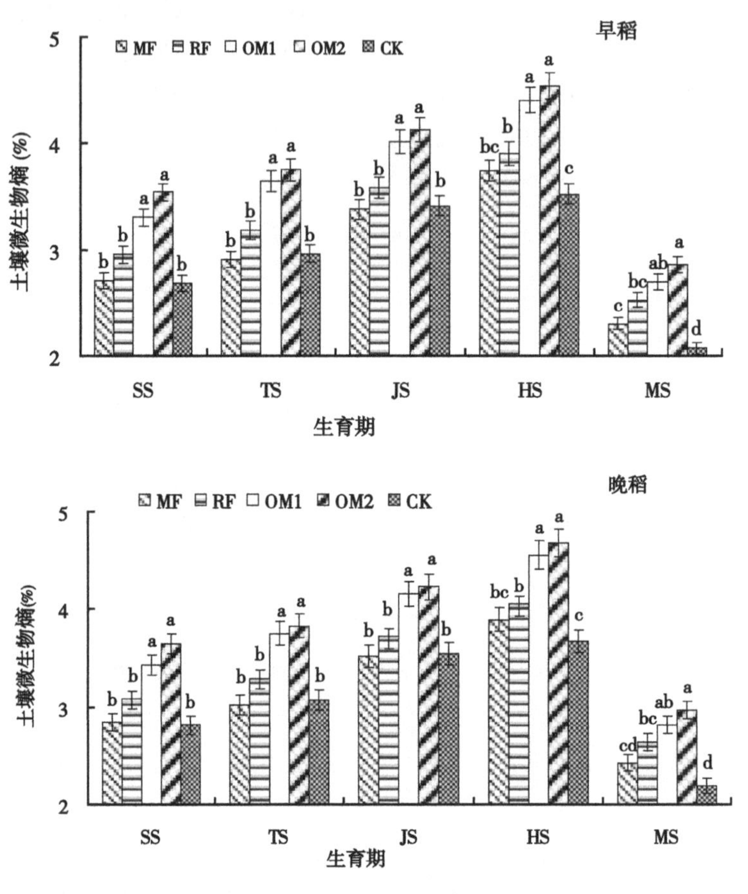

图 5-9　长期施肥对双季稻田土壤微生物熵的影响

南方双季稻区，在大麦—双季稻三熟制种植模式条件下，长期施肥处理对稻田土壤微生物生物量碳、氮及微生物熵变化有明显的影响。长期有机无机肥合理配施能使土壤微生物生物量碳、氮含量增加，其中以有机肥配施化肥效果为最佳。与单施化肥和无肥处理相比，秸秆还田配施化肥在一定程度上能增加土壤微生物生物量碳、氮含量，但其效果低于有机肥配施化肥。单施化肥对土壤微生物生物量碳、氮无显著影响。

三、结论

1. 长期秸秆还田、有机和无机肥配施处理显著提高了双季稻周年产量，提高了土壤养分含量，降低了土壤容重和土壤硬度，对土壤活性还原性物质含量影响较小。

2. 长期秸秆还田、有机和无机肥配施处理显著增加了土壤微生物生物量碳、氮含量，提高土壤微生物熵。

第六章　湘南提引与库塘灌区节水节肥丰产技术研究

第一节　适用湘南区域节水节肥水稻品种筛选及适应性研究

一、研究目标

从湖南大面积推广水稻品种中筛选适于湘南地区双季稻种植的高产、生育期适中的品种，以期为下一步进行早晚品种搭配及氮高效抗旱品种筛选提供材料。

二、研究方案

试验于2013年、2014年在冷水滩区株山桥镇株山桥村和衡阳县西渡镇梅花村进行。2013年冷水滩区试验早稻参试品种15个，分别是：株两优211、T优705、中嘉早17号、陵两优211、株两优4024、中早39号、陆两优996、湘早45号、湘早6号、湘早32号、早丰优402、欣荣优5号、陆两优611、五优156、陵两优916。晚稻参试品种12个，分别是：1、T优272；2、湘晚籼17号；3、丰源优2297；4、岳优6135；5、湘丰优9号；6、湘晚籼12号；7、T优207；8、湘丰优103；9、丰源优272；10、丰源优299；11、准两优608；12、深优9586。采用随机区组排列，3次重复，小区面积10平方米，田间走道区组间50cm，小区之间空25cm，便于考察记载。四周设保护行，保护行一律采用小区同品种延伸种植。育秧方式为湿润育秧，早稻参试品种均于3月31日播种，4月27日移植大田，秧龄期为27d。晚稻参试品种均于6月25日播种，7月24日移植大田，秧龄期为29d。栽插方式均为人工手插，各小区按10行栽插，品种密度一律定为300株/10平方米。常规品种插4粒谷秧，杂交组合插1~2粒谷秧。播种前一律浸种处理，防止种传病害。每亩施肥量（包括基肥、追肥）早晚稻相同，基肥：48%复合肥7.5kg/亩，尿素2.5kg/亩；分蘖肥，追施48%复合肥17.5kg/亩，尿素10kg/亩；穗肥，追施尿素10kg/亩，氯化钾10kg/亩。

2013年衡阳县试验早稻供试品种27个：陆两优492、中嘉早、、凌两优674、早优1128、早优1129、陵两优942、株两优4026、早优1127、两优早17、欣荣优5、凌两优211、湘早籼32、中早39、早丰优402、湘早籼45、湘早籼6、陆两优996、早优1126、株两优2008、T优705、陵两优21、陵两优104、陵两优201、陆两优611、株两优211、杰丰优1号。晚稻供试品种29个：炳优1998、炳优A/61、湘A/R886、湘晚13、炳优8117、甬优5550、丰源优A/1124、20128、衡晚香二号、衡晚香一号、610A/902、五优 7025、贺优 328、Y 两优 9918、创香五号、金优 6530、岳优 9113（对照）、青红米、甬优 2640、武运优 24、湘晚 12、天龙 290、五优 308、甬优 4540、丰 A/99、镇稻 11、杨优一号。随机区组设计，3 次重复，小区面积 10m²，采用亏水灌溉方式进行。

2014 年衡阳县节水水稻品种筛选及适应性研究，根据不同基因型品种的耐旱性差异，通过试验研究，比较不同双季稻品种的耐旱性能。选用在长江中下游大面积推广应用的双季晚稻品种，采用全生育期亏水灌溉方式，小区面积 20m²，重复 3 次。施肥与其他田间管理同一般大田。供试品种：湘丰优 103、湘丰优 9 号、丰源优 299、丰源优 272、深优 9586、深优 520、丰源优 2297、岳优 6135、威优 227、丰源优 227、两优 527、准两优 608、恒丰优华占、恒丰优 387。

2014 年衡阳县节肥水稻品种筛选及适应性研究，选择在长江中下游大面积推广应用的双季早稻和晚稻品种，进行田间小区试验，小区面积 20m²，重复 3 次，采用全生育期不施肥方式。供试品种：湘丰优 103、湘丰优 9 号、丰源优 299、丰源优 272、深优 9586、深优 9520、丰源优 2297、岳优 6135、威优 227、丰源优 227、两优 527、准两优 608、恒丰优华占、恒丰优 387、湘晚籼 12、湘晚籼 13、湘晚籼 17、玉针香、农香 18。

三、研究进展

（一）2013 年早晚稻品种筛选及适应性研究

1. 早稻品种产量

冷水滩区试验 15 个早稻品种产量达到 500k/亩以上的共有 6 个品种，其中以 T 优 705 产量最高，陵两优 211 次之，2 个品种产量均在 530kg/亩以上，属于高产水稻品种，较之产量最低的株两优 211，产量增加了 35. 12kg/亩，增产率达到 11. 2%。具体表现在有效穗增加了 6. 27 万/亩，每穗实粒数 36. 34 粒/穗（表 6-1）。

表 6-1　2013 年冷水滩区品种筛选试验早稻品种产量比较

品种名称	有效穗（万穗/亩）	实粒数（粒/穗）	千粒重（g）	理论产量（kg/亩）	实际产量（kg/亩）	排序
T 优 705	22. 27	123. 34	23. 50	645. 49	548. 67	1
陵两优 211	22. 00	109. 64	26. 00	627. 14	533. 07	2
陵两优 916	18. 87	111. 41	27. 00	567. 62	482. 48	3
五优 156	17. 67	122. 96	26. 00	564. 90	480. 17	4
株两优 4024	18. 73	95. 00	28. 50	507. 11	431. 05	5
陆两优 996	17. 00	108. 00	27. 50	504. 90	429. 17	6
欣荣优 5 号	17. 93	98. 00	28. 00	492. 00	418. 20	7
湘早籼 45 号	22. 80	82. 00	25. 50	476. 75	405. 24	8
早丰优 402	20. 27	87. 00	26. 50	467. 32	397. 23	9
湘早籼 32 号	18. 40	93. 80	26. 00	448. 74	381. 43	10
陆两优 611	17. 33	97. 00	26. 00	437. 06	371. 50	11
湘早籼 6 号	21. 80	92. 23	21. 00	422. 23	358. 89	12
中嘉早 17	15. 33	103. 00	26. 50	418. 43	355. 67	13
中早 39	12. 80	115. 00	26. 00	382. 72	325. 31	14
株两优 211	16. 00	87. 00	26. 50	368. 88	313. 55	15

早稻的湘早籼6号和湘早籼32号，生育期短，易遭鼠害，且易感纹枯病，产量不高，建议淘汰。而T优705穗大穗多，中抗纹枯病，粗放管理状况下产量高，适应性广，亩产达548.67kg。陵两优211多穗型组合，抗性较强，产量高，亩产达533.07kg，适合湘南地区种植。

衡阳县早稻试验结果：陆两优974、中早39、两优早17、陵两优21、陆两优996、早优1129、株两优2008、株两优4026、陵两优211、陵两优201、早优1127、湘早籼45号等12品种，平均单产达523~598kg/亩，比对照增产9.0%~24.4%，可初步确定为抗旱能力较强的品种，来年继续试验或示范推广。

2. 晚稻品种产量

冷水滩区试验12个晚稻品种中有4个品种产量超过400kg/亩，其中以湘丰优9号产量最高，较之产量最低的品种T优272，增产94.5kg/亩，增产率达到30.9%，主要由于湘丰优9号等高产品种有效穗多，千粒重较高。湘丰优9号比T优272有效穗超出了7.6万/亩，千粒重超出1.5g（表6-2）。

表6-2　2013年冷水滩区品种筛选试验晚稻品种产量比较

品种名称	有效穗（万穗/亩）	实粒数（粒/穗）	结实率（%）	千粒重（g）	理论产量（kg/亩）	实际产量（kg/亩）	排序
湘丰优9号	23.67	78.19	70.26	28.00	518.11	440.39	1
岳优6135	23.47	83.72	72.46	26.00	510.86	434.23	2
湘丰优103	23.93	71.72	69.43	27.50	471.77	401.01	3
T优207	24.07	78.33	73.31	25.00	471.23	400.54	4
丰源优272	18.13	89.30	70.11	29.00	469.62	399.18	5
丰源优2297	14.40	118.95	77.89	27.00	462.49	393.12	6
丰源优299	16.00	91.58	78.26	29.50	432.32	367.47	7
湘晚籼12号	22.13	76.06	88.30	25.50	429.31	364.92	8
深优9586	18.13	89.25	87.62	25.00	404.23	343.60	9
湘晚籼17号	22.00	65.67	78.62	26.00	375.15	318.87	10
准两优608	14.37	94.38	83.04	27.00	365.99	311.09	11
T优272	16.07	84.53	72.54	26.50	359.82	305.85	12

晚稻湘丰优9号和岳优6135均属多穗型组合，其中岳优6135抗倒能力强，耐瘠，粗放式栽培管理状况下亩产434kg；湘丰优9号中抗纹枯病，耐肥力强，粗放管理下亩产440.4kg，适合湘南地区种植。

衡阳县晚稻试验结果：有20个品种比对照增产，增幅为19.9%~1.0%，8个品种比对照减产，减产幅度为0.3%~28.0%。其中Y两优9918、炳优A/61、湘A/R886、甬优4540、炳优8117、甬优5550、炳优1998等7品种表现突出，比对照增产达10%以上。

（二）2014年节水节肥水稻品种筛选及适应性研究

1. 节水品种产量

从表6-3可以看出，威优227、两优527、准两优608、丰源优2297、丰源优227、恒丰华占等品种抗旱性较强，在干旱条件下，亩产量都在300kg以上，可以抗旱品种进行节水栽培示范。

表 6-3　2014 年节水品种筛选试验产量结果

品种名称	重复1（kg）	重复2（kg）	重复3（kg）	小区平均产量（kg）	亩产量（kg）
威优 227	9.56	11.97	8.21	9.91	330.60
两优 527	10.19	9.82	9.41	9.81	327.04
准两优 608	9.89	10.90	7.16	9.32	310.66
丰源优 2297	6.87	10.12	10.61	9.20	306.85
丰源优 227	9.70	8.20	9.58	9.16	305.52
恒丰华占	9.90	8.68	8.46	9.01	300.56
深优 9586	9.00	8.41	9.25	8.89	296.40
深优 9520	7.56	9.12	9.86	8.85	295.06
丰源优 272	7.95	8.01	10.46	8.81	293.65
岳优 6135	9.60	8.21	8.42	8.74	291.57
丰源优 299	7.15	9.49	8.03	8.22	274.25
恒丰优 387	10.01	7.06	6.98	8.02	267.39
湘丰优 9 号	7.74	7.01	7.73	7.49	249.85
湘丰优 103	6.73	7.35	8.03	7.37	245.81

2. 节肥品种产量

从表6-4可以看出，恒丰优387、岳优6135、丰源优2297、两优527、丰源优272、丰源优227、丰源优299等品种，吸肥能力较强，肥料利用率高，在全生育期不施肥的情况下，产量均在400kg以上，可作为节肥推荐品种进行示范推广。

表 6-4　2014 年肥料高效利用品种筛选试验产量结果

品种名称	重复1（kg）	重复2（kg）	重复3（kg）	小区平均产量（kg）	亩产量（kg）
恒丰优 387	10.13	13.04	24.84	16.01	533.78
岳优 6135	13.11	13.28	13.33	13.24	441.49
丰源优 2297	13.66	12.53	12.50	12.90	430.11
两优 527	12.78	14.35	11.16	12.76	425.68
丰源优 272	13.21	12.98	11.98	12.72	424.29
丰源优 227	12.43	14.26	10.87	12.52	417.53
丰源优 299	12.47	11.73	12.33	12.18	406.11
恒丰华占	11.90	12.50	10.39	11.60	386.74
深优 9520	10.74	12.33	10.65	11.24	374.83
威优 227	11.48	11.37	10.55	11.13	371.34
玉针香	12.41	10.38	10.33	11.04	368.16
深优 9586	13.08	9.06	10.92	11.02	367.50
准两优 608	10.98	11.70	10.04	10.91	363.79
农香 18	12.20	9.41	11.11	10.91	363.72

（续表）

品种名称	重复 1（kg）	重复 2（kg）	重复 3（kg）	小区平均产量（kg）	亩产量（kg）
湘丰优 9 号	10.80	10.77	10.90	10.82	360.97
湘晚籼 13	9.95	11.40	9.39	10.25	341.76
湘丰优 103	9.21	8.56	9.14	8.97	299.18

四、研究结论

（1）2013 年初步筛选出以早稻 T 优 705、晚稻湘丰优 9 号和岳优 6135 为代表的一批高产抗旱水稻品种。

（2）2014 年通过全生育期亏水灌溉及不施肥胁迫处理，初步筛选出 6 个亩产 300kg 以上节水耐旱品种和 7 个亩产 400kg 以上节肥丰产水稻品种。其中两优 527、丰源优 2297、丰源优 227 等 3 个品种既表现出节水耐旱，又表现出节肥丰产，是该区域值得推广的节水节肥丰产潜力品种。

第二节　“早蓄晚灌”节水栽培技术研究

一、研究目标

（一）不同蓄水时期蓄水深度对早稻生长发育和产量的影响研究

通过不同深度蓄水，研究其对水稻光合速率和产量的影响，明确水稻蓄积深水的敏感时期和产量影响程度，以期为湘南稻区双季稻梯式灌溉节水栽培模式提供技术依据。

（二）“早蓄晚灌”节水栽培条件下早晚稻肥料运筹研究

以早稻生长后期（抽穗期开始）蓄水为前提，研究早蓄晚灌节水栽培模式下早稻生长前期的肥料施用技术及其对水稻生长、产量、品质的影响，比较不同施肥条件下的肥料利用效率，探索最优的施肥方案，为早蓄晚灌节水栽培模式提供依据。晚稻则以生长前期（移栽返青期）蓄水为前提，免耕移栽，研究早蓄晚灌节水栽培模式下晚稻生长中后期的肥料施用技术及其对水稻生长、产量、品质的影响，比较不同施肥条件下的肥料利用效率，探索最优的施肥方案，为早蓄晚灌节水栽培模式提供依据。

二、研究方案

（一）不同蓄水时期蓄水深度对早稻生长发育和产量的影响研究

试验于 2013 年在冷水滩区株山桥镇株山桥村进行，设置 7 个处理：①返青期蓄深水（移栽后 5d 开始蓄水，排水口高于田面 20cm）；②返青期蓄浅水（移栽后 5d 开始蓄水，排水口高于田面 10cm）；③分蘖期蓄深水（移栽后 15d 开始蓄水，排水口高于田面 20cm）；④分蘖期蓄浅水（移栽后 15d 开始蓄水，排水口高于田面 10cm）；⑤孕穗期蓄深水（移栽后 30d 开始蓄水，排水口高于田面 20cm）；⑥孕穗期蓄浅水（移栽后 30d 开始蓄水，排水口高于田面10cm）；⑦CK（常规水分管理）。以陆两优996为试验材料，将田埂加高至25cm，进行不同蓄水时期不同蓄水深度的试验。

（二）“早蓄晚灌”节水栽培条件下早晚稻肥料运筹研究

试验于2015年在冷水滩区株山桥镇株山桥村进行，早稻品种为陆两优996，晚稻品种为玉针香。随机区组设计，3次重复，共27个小区。每个小区面积20m²，田块面积1.5~2亩。早稻试验设8个处理和1个对照，氮肥按纯N9kg/亩施入。A：移栽前施送嫁肥、一次性施复合肥作为基肥施入；B：移栽前不施送嫁肥、一次性施复合肥作为基肥施入；C：移栽前施送嫁肥、一次性施缓控释肥作为基肥施入；D：移栽前不施送嫁肥、一次性施缓控释肥作为基肥施入；E：移栽前施送嫁肥、基肥：分蘖肥：孕穗肥5：3：2（NPK按1：0.5：1，PK肥作基肥施入，孕穗肥施入等量的速效氮肥）；F：移栽前施送嫁肥、基肥：分蘖肥：孕穗肥5：2：3（NPK按1：0.5：1，PK肥作基肥施入，孕穗肥施入等量的速效氮肥）；G：移栽前施送嫁肥、基肥：分蘖肥：孕穗肥6：3：1（NPK按1：0.5：1，PK肥作基肥施入，孕穗肥施入等量的速效氮肥）；H：移栽前施送嫁肥、基肥：分蘖肥：孕穗肥4：3：3（NPK按1：0.5：1，PK肥作基肥施入，孕穗肥施入等量的速效氮肥）；CK：常规施肥与常规灌溉。

晚稻试验设8个处理和1个对照：氮肥按纯N10kg/亩施入。A：移栽前施送嫁肥、一次性施复合肥作为基肥施入；B：移栽前不施送嫁肥、一次性施复合肥作为基肥施入；C：移栽前施送嫁肥、一次性施缓控释肥作为基肥施入；D：移栽前不施送嫁肥、一次性施缓控释肥作为基肥施入；E：分蘖期：孕穗期：抽穗期：齐穗期5：2：2：1（NPK按1：0.5：1，PK肥作基肥施入）；F：分蘖期：孕穗期：抽穗期：齐穗期5：3：1：1（NPK按1：0.5：1，PK肥作基肥施入）；G：分蘖期：孕穗期：抽穗期：齐穗期4：3：2：1（NPK按1：0.5：1，PK肥作基肥施入）；H：分蘖期：孕穗期：抽穗期：齐穗期4：3：2：1（NPK按1：0.5：1，PK肥作基肥施入）；CK：常规施肥与常规灌溉。

三、研究进展

（一）不同蓄水时期蓄水深度对早稻生长发育和产量的影响

1. 光合速率

孕穗期蓄深水光合速率最高，与常规水分管理、孕穗期蓄浅水差异不显著，而显著高于其他处理；蒸腾速率以孕穗期蓄深水最高，与常规水分管理、分蘖期蓄深水差异不显著，显著高于其他处理；水分利用率以返青期最高，与分蘖期蓄浅水、孕穗期蓄浅水以及返青期蓄深水差异不显著，显著高于分蘖期蓄深水、孕穗期蓄深水以及常规水分管理（表6-5）。

表6-5　不同蓄水时期蓄水深度对早稻齐穗期光合速率的影响

处理名称	光合速率［mol/(m²·s)］	气孔导度［mol/(m²·s)］	胞间CO_2浓度	蒸腾速度［mmol/(m²·s)］	水分利用率(‰)
返青期蓄浅水	15.95b	0.91	379.08	4.86c	3.28a
分蘖期蓄浅水	16.35b	1.21	378.02	5.10bc	3.21a

（续表）

处理名称	光合速率［mol/（m^2·s）］	气孔导度［mol/（m^2·s）］	胞间 CO_2 浓度	蒸腾速度［mmol/（m^2·s）］	水分利用率（‰）
孕穗期蓄浅水	16.99ab	1.13	323.39	5.55b	3.06a
返青期蓄深水	16.13b	1.24	327.17	5.86b	2.75ab
分蘖期蓄深水	15.96b	1.44	330.20	6.35a	2.51b
孕穗期蓄深水	17.46a	1.71	329.05	6.59a	2.65b
常规水分管理	17.31a	1.64	327.09	6.49a	2.67b

2. 产量

分蘖期蓄深水产量最高，为 652.6kg/亩，比常规水分管理增产 19.2%，产量由高到低排序为分蘖期蓄深水>分蘖期蓄浅水>返青期蓄浅水>返青期蓄深水>常规水分管理>孕穗期蓄浅水>孕穗期蓄深水，产量极差为 186.5kg/亩。与常规水分管理相比，返青期与分蘖期蓄水均增加了产量，孕穗期蓄水减少了产量，但孕穗期蓄浅水对产量影响不大。与常规水分管理相比，孕穗期减产的主要原因是实粒数、千粒重和结实率下降。孕穗期蓄浅水（移栽后 30d 开始蓄水，排水口高于田面 10cm）可节约生产用水 0.35t/亩。

表 6-6　不同时期蓄水深度对产量的影响

处理	有效穗（万穗/亩）	总粒（粒/穗）	实粒数（粒/穗）	千粒重（g）	结实率（%）	理论产量（kg/亩）	排序
返青期蓄深水	16.00	146.6	138.0	26.0	0.90	574.1	4
返青期蓄浅水	15.80	166.6	145.6	26.1	0.87	600.4	3
分蘖期蓄深水	16.40	149.6	140.6	28.3	0.94	652.6	1
分蘖期蓄浅水	16.60	166.6	152.8	25.7	0.93	651.9	2
孕穗期蓄深水	15.60	143.6	130.0	24.9	0.84	534.9	7
孕穗期蓄浅水	17.40	142.4	122.6	25.1	0.86	545.4	6
常规水分管理	15.00	149.2	138.2	26.4	0.93	547.3	5

（二）“早蓄晚灌”节水栽培条件下早晚稻肥料运筹

1. 早稻产量和产量构成因素

实际产量结果表明不同施肥方式对早稻稻谷的产量有明显影响。处理 F 获得最高产量，其次是处理 B，分别较对照增产 9.9%和 2.5%，产量差异均达到极显著水平（$P<0.01$），处理 E 和 C 也较对照增产。处理 A 和 D、H、G 较对照减产，其中处理 A 和 D 减产 3.6%和 3.4%，产量差异均达到极显著水平（$P<0.01$）。理论产量最高的是处理 F，其次是处理 B，产量差异均达到极显著水平（$P<0.01$），与实际产量一致。理论产量最低的是处理 A 和处理 D，也与实际产量一致（表 6-7）。

决定水稻产量高低的主要因素是每穗实粒数、千粒重、单位面积有效穗数、穗长等产量因素。产量较高的处理 F 的穗长、总粒数均较高，但是结实率比较低，瘪粒比较多。株高只有处理 E 低于对照 0.1%，其他处理都高于对照，株高最高的处理 D 高于对照 5.1%，说明这几种施肥方式均有利于早稻植株生长。处理 F 的穗长较对照长 2.7%，差异不显著。处理 F 的总粒数比对照高 16.9%，与对照达到极显著差异（$P<0.01$）。处理 B 的结实率极显著高于对照，比对照多 8.2%。

早稻产量及产量因素的相关数据表明，处理 F 和处理 B 能在一定程度上增产。

表 6-7　不同施肥条件的早稻产量和产量构成因素

处理	株高（cm）	穗长（cm）	每穗总粒数（粒）	结实率（%）	千粒重 g	理论产量（kg/hm²）	实际产量（kg/hm²）
A	99.2bcCD	22.4 abAB	123.0bcdBC	69.6deDE	28.3abAB	8 149.1gG	8 149.1gG
B	101.3abABCD	22.2bcdABC	122.1cdeBC	80.7aA	28.4abA	8 661.8bB	8 661.8bB
C	103.5aA	22.1bcdeABCD	125.0bcB	72.1cCD	28.3bAB	8 619.3cC	8 619.3cC
D	103.6aA	21.6cdefBCD	127.0bB	74.7bBC	28.4abA	8 164.1gG	8 164.1gG
E	98.5cD	21.0fD	118.8 deC	75.5bB	28.3abAB	8 631.8cC	8 631.8cC
F	103.0aAB	23.0aA	146.3aA	63.1fF	27.9cBC	9 287.1aA	9 287.1aA
G	99.7bcBCD	21.6 def BCD	117.9 eC	71.3cdDE	27.8cCD	8 421.7eE	8 421.7eE
H	102.7aABC	21.3efCD	123.6bcBC	68.7eE	27.4dD	8 304.2fF	8 304.2fF
CK	98.6cD	22.4abcABC	125.1bcB	74.6bBC	28.6aA	8 449.2dD	8 449.2dD

2. 早稻地上部干物质积累

干物质的积累是水稻经济产量的基础，水稻群体干物质生产能力和分配方式不同，直接影响最终经济产量。从不同生育期早稻地上部分干物质积累来看，在旱蓄晚灌节水栽培模式下，不同施肥条件下各早稻茎、叶、穗的干物质重均有极显著差异。孕穗期茎的干物质重以处理 F 时最大，比对照高出 23.6%，其他的施肥条件下干物质重均比对照低，最低的施肥条件 H 处理时比对照低 20.2%。灌浆期茎的干物质重处理 CFEAG 均比对照高，其中处理 C 比对照高 33.6%，处理 B、H、D 均比对照低，其中处理 B 比对照低 11.0%。收获期茎的干物质重 8 个不同施肥处理均比对照高，其中仍旧以处理 F 最高，高于对照 30.7%；孕穗期叶的干物质重处理 A、F、G、B、D、C 均比对照高，其中处理 A 比对照高 26.2%，E、H 均比对照低，其中 E 比对照低 4.6%。灌浆期叶的干物质重处理 C、F、G、A、E、D 均比对照高，其中处理 C 比对照高 2.5%，BH 均比对照低，其中处理 B 比对照低 1.3%。收获期叶的干物质重在不同施肥条件处理下均比对照高，其中处理 F 比对照高 2.9%；灌浆期穗的干物质重在不同施肥条件处理下均比对照高，其中处理 F 比对照高 46.6%。收获期穗的干物质重处理 F、H、G、B 均比对照高，其中 26.0%，处理 A、D、C、E 均比对照低，其中处理 A 比对照低 11.5%（表 6-8）。

综上所述，处理 F 是 8 个不同施肥处理中最利于干物质积累的施肥方式。

表 6-8　不同处理对早稻干物质重的影响

处理	茎（g）			叶（g）			穗（g）	
	孕穗期	灌浆期	收获期	孕穗期	灌浆期	收获期	灌浆期	收获期
A	8.6 bcBC	15.1 cC	35.9cdBC	8.2 aA	8.6 abAB	14.9cdBC	16.5cdCDE	102.6 fG

（续表）

处理	茎（g）			叶（g）			穗（g）	
	孕穗期	灌浆期	收获期	孕穗期	灌浆期	收获期	灌浆期	收获期
B	8.5 bcdBC	12.2 eF	36.1cdBC	7.4 bAB	6.6 cC	15.3bcdABC	17.5 cC	120.9bcBCD
C	7.9 cdeBCD	18.3 aA	40.0bcAB	6.7 cBCD	9.5 aA	17.6 abAB	19.4 bB	109.5deEFG
D	7.6 deCD	13.5 dEF	34.9cdBC	7.3 bABC	8.3 abABC	16.2abcdABC	16.2cdCDE	105.3 efFG
E	8.2 bcdBCD	15.3 cC	36.1cdBC	6.3 cD	8.3 abABC	14.9 cdBC	17.0 cCD	112.6 dDEF
F	11.0 aA	16.7 bB	45.9 aA	8.1 aA	9.0 aAB	18.3 aA	21.4 aA	146.0 aA
G	8.5 bcBC	15.0 cCD	42.1abAB	7.6 abA	8.7 abAB	16.5abcdABC	15.3 deDE	121.6 bcBC
H	7.0 eD	13.2 deEF	40.3abcAB	6.4 cD	7.6 bcBC	17.1 abcABC	15.2deDE	126.4 bB
CK	8.9 bB	13.7 dDE	31.8 dC	6.5 cCD	7.6 bcBC	14.2 dC	14.6 eE	115.9cdCDE

3. 晚稻产量和产量构成因素

实际产量结果表明不同施肥方式对早稻稻谷的产量有明显影响。处理 E 获得最高产量，其次是处理 G、F 和 A，分别较对照增产 18.5%、13.6%、12.1%和 6.4%，产量差异均达到极显著水平（$P<0.01$）。处理 D 和 C、H、B 较对照减产，其中处理 D 和 C 减产 13.0%和 10.9%%，产量差异均达到极显著水平（$P<0.01$）。理论产量比对照高的依次是处理 E、G、F、A，产量差异均与对照均达到极显著水平（$P<0.01$），与实际产量基本一致。理论产量最低的是处理 D 和处理 C，也与实际产量一致（表 6-9）。

决定水稻产量高低的主要因素是每穗实粒数、千粒重、单位面积有效穗数、穗长等产量因素。产量较高的处理 E 的穗长、总粒数、结实率均较高。处理 E 的穗长较对照长 8.4%，达到显著差异（$P<0.05$），其他施肥方式对穗长的影响与对照差异不显著。处理 D、A、E、G、C 的总粒数比对照高，且与对照达到显著差异（$P<0.05$）。8 个处理的结实率比对照低，造成的原因可能是肥料的用量设计时可能过高。

晚稻产量及产量因素的相关数据表明，处理 E 能在一定程度上增产。

表 6-9　不同施肥条件的晚稻产量和产量构成因素

处理	穗长（cm）	每穗总粒数（粒）	结实率（%）	千粒重（g）	理论产量（kg/hm^2）	实际产量（kg/hm^2）
A	24.0abA	117.9aAB	76.5abAB	28.2eE	8 565.5cC	7 150.2cC
B	23.3bA	100.8cC	77.5aAB	29.8aA	8 033.0dD	6 575.7dD
C	23.4bA	115.2aAB	65.8dC	27.6fF	7 439.6eE	5 989.5fF
D	23.4bA	118.1aA	66.2dC	27.8fF	6 860.0fF	5 843.8fF
E	25.8aA	117.7aAB	77.6aAB	28.5dDE	9 531.5aA	7 960.3aA
F	23.2bA	111.1abABC	72.2bcABC	29.3bB	8 991.2bB	7 531.4bB
G	23.7bA	117.6aAB	71.7cBC	28.7cdCD	9 073.6bB	7 631.1bB
H	23.1bA	103.2bcC	75.5abcAB	28.6dCD	8 005.9dD	6 362.2eE
CK	23.8bA	106.9bcBC	78.2aA	28.8cC	8 221.1dD	6 720.2dD

4. 晚稻地上部干物质积累

干物质的积累是水稻经济产量的基础，水稻群体干物质生产能力和分配方式不同，直接影响最终经济产量。从不同生育期早稻地上部分干物质积累来看，在早蓄晚灌节水栽培模式下，不同施肥条件下各早稻茎、叶、穗的干物质重均有极显著差异。

分蘖盛期茎、叶的干物质重以处理 A 时最大，其中茎的干物质重比对照高出 37.5%，达到极显著水平（$P<0.01$），分蘖盛期处理 A 的叶干物质重于对照比较不显著。孕穗期茎、叶的干物质重仍以处理 A 时最大，均达到显著水平（$P<0.05$），处理 H、E、G、F 的茎、叶干物质重均显著低于对照（$P<0.05$）。齐穗期处理 C 的茎、叶、穗均显著高于对照（$P<0.05$），处理 G、F、H 的茎、叶干物质重均极显著低于对照，穗干物重则与对照差异不明显。灌浆期 8 个施肥处理的茎、叶、穗的干物质重均低于对照的干物质重，除了处理 C 的叶干物质重与对照差异不明显外，其他 7 个施肥处理在灌浆期均显著低于对照干物重，究其原因可能是灌浆期前速效肥料的施入导致晚稻植株的吸收能力减弱。乳熟期茎干物质除了处理 C 其他的处理均显著低于对照（$P<0.05$），处理 C 与对照茎干物质重差异不显著，处理 C 显著高于对照，处理 C 的穗干物质重显著低于对照叶干物质重（$P<0.05$），由此可以知道，乳熟期的茎、叶、穗干物质重虽然都不一定比对照高，但是处理 C 是这 8 个施肥方式中与干物质重最密切相关的一个处理（表 6-10 至表 6-12）。

表 6-10　不同施肥条件下晚稻各时期茎干物重

处理	分蘖盛期（g）	孕穗期（g）	齐穗期（g）	灌浆期（g）	乳熟期（g）
A	5.5aA	22.7aA	23.5 bB	23.8 bB	20.0 bcCD
B	4.4bAB	18.3bB	22.5 bB	20.5 cCD	18.9 cdDE
C	3.4 bB	17.1cBC	29.1 aA	24.0 bB	24.4 aA
D	3.4 bB	15.7dC	21.6 bcB	24.1 bB	21.3 bBC
E	1.7 cC	11.8eD	18.1 cdBC	16.0 dE	14.7 fF
F	1.8 cC	9.4fEF	15.6 dC	22.1 bcBC	18.1 deDE
G	1.5 cC	10.7eDE	15.7 dC	17.1 dE	16.8 eE
H	1.4 cC	8.9fF	14.7 dC	17.5 dDE	13.4 fF
CK	4.0 bB	15.5dC	21.5 bcB	28.0 aA	23.3 aAB

表 6-11　不同施肥条件下晚稻各时期叶干物重

处理	分蘖盛期（g）	孕穗期（g）	齐穗期（g）	灌浆期（g）	乳熟期（g）
A	5.5 aA	13.4aA	8.3 bcB	7.5 cC	6.2 bcBC
B	4.4 bAB	9.9 cB	7.8 cBC	6.6 cdCD	5.7 cdBC
C	3.7 bB	11.2 bcB	11.4 aA	10.7 aAB	7.5 aA
D	3.7 bB	11.0 bcB	9.8 bAB	9.5 bB	6.6 bB
E	1.6 cC	6.4 dC	5.9 dCD	5.6 eD	4.7eDE
F	1.8 cC	6.8 dC	5.4 dD	7.3 cC	6.5 bB
G	1.5 cC	6.4 dC	5.8 dCD	5.8 deD	5.4 dCD

（续表）

处理	分蘖盛期（g）	孕穗期（g）	齐穗期（g）	灌浆期（g）	乳熟期（g）
H	1. 3 cC	5. 6 dC	5. 6 dCD	6. 4 deCD	4. 4 eE
CK	4. 3 abAB	11. 4 bB	9. 3 bcAB	10. 9 aA	5. 7 cdBC

表 6-12　不同施肥条件下晚稻各时期穗干物重

处理	齐穗期（g）	灌浆期（g）	乳熟期（g）
A	5. 7 aA	21. 0 bB	21. 9 bcBC
B	6. 0 bB	14. 4 cC	16. 1 eD
C	8. 8 bB	9. 6 eE	22. 7 bB
D	6. 2 bB	13. 9 cC	19. 5 dC
E	5. 7 bB	11. 8 dD	16. 5 eD
F	5. 1 bB	10. 9 deDE	20. 7 cdBC
G	5. 0 bB	11. 2 dDE	14. 9eDE
H	4. 9 bB	10. 6 deDE	12. 9 fE
CK	5. 8 bB	23. 6 aA	27. 3 aA

5. 晚稻不同时期叶面积指数动态变化

晚稻不同时期的叶面积指数不同，在分蘖盛期到孕穗期叶面积变化最大且在孕穗期达到最大值，因此水稻群体在孕穗期吸收太阳辐射的能力最强。从齐穗期开始叶面积指数逐步下降，原因是随着水稻的生长，到了一定的时期水稻绿叶面积会逐渐减小，更多的养料被输送到穗子上面。处理 A、D 在孕穗期叶面积指数最大，处理 G、F、E、H 的叶面积指数在孕穗期均低于对照。到晚稻乳熟期，各处理的叶面积指数相差不大（图 6-1）。

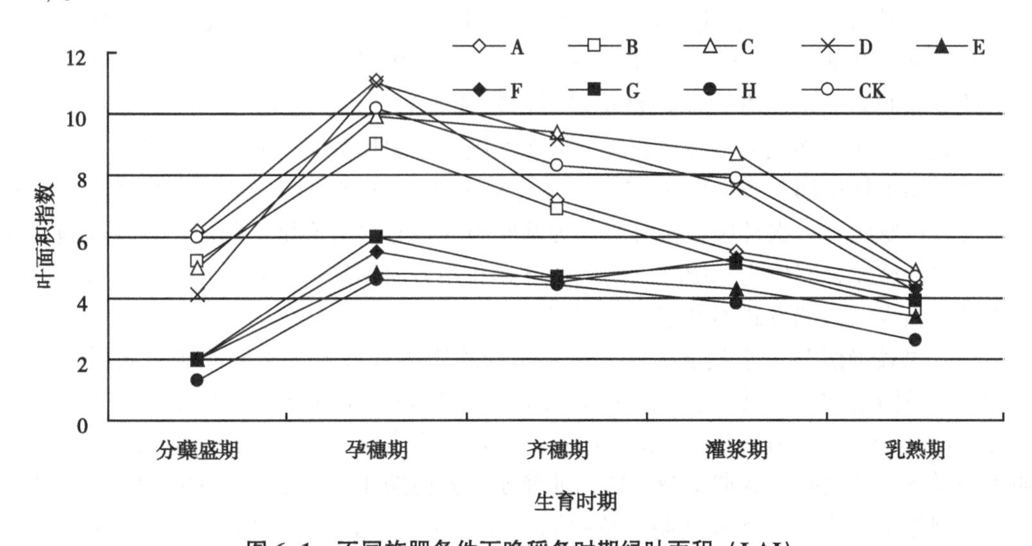

图 6-1　不同施肥条件下晚稻各时期绿叶面积（LAI）

6. 晚稻不同时期株高比较

由表6-13可知，不同施肥处理下晚稻的株高在不同时期有显著性差异。在分蘖盛期，处理A、B、C、D与对照相比差异不显著，处理G、H、F、E均达到极显著低于对照（$P<0.01$）。在晚稻齐穗期、灌浆期、乳熟期，处理C和处理D株高显著低于对照（$P<0.05$），只有在收获期处理C和D才和对照的差异不显著。因此可以，处理C和处理D对水稻株高的影响比较大。

表6-13　不同施肥处理晚稻各时期株高比较

处理	分蘖盛期（cm）	齐穗期（cm）	灌浆期（cm）	乳熟期（cm）	收获期（cm）
A	88.8aA	122.3abABC	123.8bcBCD	124.0 bcAB	118.3aA
B	86.9aA	113.1cdCD	114.9deCDE	109.9efDE	110.0bcB
C	84.2aA	128.4aA	136.aA	130.3aA	122.5aA
D	84.0aA	124.8aAB	131.9abAB	128.5abA	120.4 aA
E	62.2bB	107.1dD	111.6eE	113.6deCDE	109.0bcB
F	61.2bB	111.5cdD	120.9cdBCDE	115.3deCD	111.4bB
G	58.8bB	106.6dD	109.6eE	111.7 efCDE	110.0bcB
H	59.5bB	109.5cdD	112.4deDE	106.9fE	106.3cB
CK	84.2aA	116.3bcBCD	125.8bcABC	119.0cdBC	119.5aA

四、研究结论

1. 不同蓄水方式研究结果显示，分蘖期蓄深水产量最高，为652.6kg/亩，比常规水分管理增产19.2%，与常规水分管理相比，孕穗期蓄浅水（移栽后30d开始蓄水，排水口高于田面10cm）可节约生产用水0.35t/亩。

2. “早蓄晚灌”节水栽培条件下早稻不同施肥方式评价。移栽前施送嫁肥、基肥：分蘖肥：孕穗肥5：2：3（NPK按1：0.5：1，PK肥作基肥施入，孕穗肥施入等量的速效氮肥）的施肥方式能让水稻获得比较理想的产量，是这8中施肥方式中最优施肥方式，其次是移栽前不施送嫁肥、一次性施复合肥作为基肥施入。施肥方式为分蘖期：孕穗期：抽穗期：齐穗期5：2：2：1（NPK按1：0.5：1，PK肥作基肥施入）和移栽前施送嫁肥、一次性施缓控释肥作为基肥施入也有显著性增产效应。移栽前施送嫁肥、一次性施复合肥作为基肥施入的施肥方式和移栽前不施送嫁肥、一次性施缓控释肥作为基肥施入的施肥方式不利于水稻增产。

3. “早蓄晚灌”节水栽培条件下晚稻不同施肥方式评价。不同施肥方式对晚稻的产量和产量因素均有显著性影响，施肥方式为分蘖期：孕穗期：抽穗期：齐穗期5：2：2：1（NPK按1：0.5：1，PK肥作基肥施入）为本研究中晚稻最优施肥方式，较易使水稻增产，其次是分蘖期：孕穗期：抽穗期：齐穗期4：3：2：1（NPK按1：0.5：1，PK肥作基肥施入）和分蘖期：孕穗期：抽穗期：齐穗期5：3：1：1（NPK按1：0.5：1，PK肥作基肥施入）的施肥方式。移栽前不施送嫁肥、一次性施缓控释肥作为基肥施入户和移栽前施送嫁肥、一次性施缓控释肥作为基肥施入的施肥方式对晚稻产量有影响，此结果与早稻施肥方式取得的结果不一致，因此在对待早稻和晚稻施肥时要区别对待。移栽前施送嫁肥、一次性施复合肥作为基肥施入对分蘖盛期茎的干物质重积累有十分明显的作用，但是对叶的干物质积累作用不明显，对孕穗期茎、叶的干物质重作用也十分明显。移栽前施送嫁肥、一次性施缓控释肥作为基肥施入的施肥方式在齐穗期茎、叶、穗的干物质积累同样有显著影响，因此晚稻送嫁肥的施用是十分有必要的，最好的一次性施入复合肥作为基肥。施肥量会对晚稻灌浆期干物质重产生影响，除了移栽前施送嫁肥、一次性施缓控释肥作为基肥施入不容易影响灌浆期水稻干物质重外，其他任何时期施肥量过多都会影响水稻的产量，因此灌浆期前后的施肥可以考虑提前施用。晚稻不同时期的叶面积指数不同，呈现先增后减的趋势。在分蘖盛期到孕穗期叶面积变化最大且在孕穗期达到最大值，因此水稻群体在孕穗期吸收太阳辐射的能力最强。从齐穗期开始叶面积指数逐步下降，原因是随着水稻的生长，到了一定的时期水稻绿叶面积会逐渐减小，更多的养料被输送到穗子上面。到晚稻乳熟期，各处理的叶面积指数相差不大。

第三节　双季稻增苗减氮技术研究

一、研究目标

在节水灌溉的模式下，通过研究不同氮肥水平与不同移植密度及其互作对水稻产量和氮素利用率的影响，并分析不同组合模式下水稻生理特性、产量以及氮素利用效率的差异，构建最优的栽植密度与施肥组合，为水稻高产高效节本栽培提供理论依据和技术途径。

二、研究方案

（一）双季稻节水灌溉的栽植密度与施肥互作效应研究

设早稻试验和晚稻试验，按施肥与密度两因素，施肥因素为主区，密度为副区。主区随机排列，3 次重复。早稻试验供试品种：陆两优 996；施氮量设 9kg/亩、11kg/亩、13kg/亩 3 个水平，移栽密度设 1.7 万蔸/亩（6 寸×6 寸）（1 寸≈3.33cm，全书同）、2 万蔸/亩（5 寸×6 寸）、2.4 万兜/亩（5 寸×5 寸）3 个水平；每蔸 3~4 苗。晚稻试验供试品种：丰源优 299；施氮量设 9kg/亩、12kg/亩、15kg/亩 3 个水平，移栽密度设 1.5 万蔸/亩（5 寸×8 寸）、1. 7 万蔸/亩（5 寸×7 寸）、2 万兜/亩（5 寸×6 寸）3 个水平；每蔸 2~3 苗。

每个试验 27 个小区，每个小区面积 15m^2，各小区起埂隔离，埂上覆膜，实行单独排灌。N：P_2O_5：K_2O=1：0.5：1，其中 P 肥为底肥一次性施入，K 肥按基、蘖肥各 50%分两次施入，N 肥按质量比为基肥：分蘖肥：穗肥=5：3：2 分 3 次施入。

水分管理采用间歇灌溉节水模式，即返青期保持 20~60mm 水层，分蘖末期晒田，水稻黄熟期自然落干，其余时期采用薄水层（10~20mm）与无水层相间的灌水方式。早稻试验与晚稻试验不在同一丘田，故要准备两丘田分别用于早、晚稻试验。

试验于 2014 年在衡阳县西渡镇梅花村进行。设早稻试验和晚稻试验，按施肥与密度两因素，施肥因素为主区，密度为副区。主区随机排列，3次重复。早稻试验供试品种：陆两优996；施氮量设9kg/亩、11kg/亩、13kg/亩3个水平，移栽密度设1.7万蔸/亩（6寸×6寸）、2万蔸/亩（5寸×6寸）、2.4万兜/亩（5寸×5寸）3个水平；每蔸3~4苗。晚稻试验供试品种：丰源优299；施氮量设9kg/亩、12kg/亩、15kg/亩3个水平，移栽密度设1.5万蔸/亩（5寸×8寸）、1. 7万蔸/亩（5寸×7寸）、2万兜/亩（5寸×6寸）3个水平；每蔸2~3苗。

每个试验27个小区，每个小区面积15m^2，各小区起埂隔离，埂上覆膜，实行单独排灌。N：P_2O_5：K_2O=1：0.5：1，其中P肥为底肥一次性施入，K肥按基、蘖肥各50%分2次施入，N肥按质量比为基肥：分蘖肥：穗肥=5：3：2分3次施入。

水分管理采用间歇灌溉节水模式，即返青期保持20~60mm水层，分蘖末期晒田，水稻黄熟期自然落干，其余时期采用薄水层（10~20mm）与无水层相间的灌水方式。早稻试验与晚稻试验不在同一丘田，故要准备两丘田分别用于早、晚稻试验。

（二）节水灌溉条件下增苗减氮对双季稻生长与产量的影响

试验共设5个处理，包括3个增密减氮处理、1个常规对照和1个不施氮处理，随机区组设计，3次重复，共15个小区。每小区面积50m^2，每小区种植两个品种，各25m^2。各小区间作田埂分开，田埂覆膜以防肥水串灌。每个小区单独排灌。

早稻：氮肥按纯N 8kg/亩的标准施用。蘖肥插秧后5d施入，孕穗肥插秧后25d施入，抽穗肥插秧后40d施入。移栽35d后晒田5d，灌水后施入抽穗肥，灌浆后蓄水，保持寸水左右，其余时期采用薄水层（10~20mm）与无水层相间的灌水方式。各处理氮肥施用各时期比例均为蘖肥：穗肥=6：4，穗肥在幼穗分化时期施用。通过增加水稻穴数来增加密度，通过减少基蘖肥来实现氮肥减量，穗肥用量与对照相同。

CK：施氮量8kg/亩，密度5寸×6寸，30万穴/hm^2。

IR_1：施氮总量比CK减少20%，用量为6. 4kg/亩，密度增加14. 29%（以7穴增1穴模式），约34. 29万穴/hm^2。

IR_2：施氮总量比CK减少40%，用量为4. 8kg/亩，密度增加28. 57%（以7穴增2穴模式），约38. 57万穴/hm^2。

IR_3：施氮总量比CK减少60%，用量为3. 2kg/亩，密度增加42. 86%（以7穴增3穴模式），约42. 86万穴/hm^2。

N_0：不施氮，磷钾肥、密度及管理同CK处理。

试验各处理测温室气体底座内（50cm×50cm）水稻穴数分别为：CK和N_0为7穴，IR_1为8穴，IR_2为9穴，IR_3为10穴。

晚稻：氮肥按纯N 10kg/亩标准施用。蘖肥插秧后5d施入，孕穗肥插秧后25d施入，抽穗肥插秧后40d施入。移栽35d后晒田5d，灌水后施入抽穗肥，水稻黄熟期自然落干，其余时期采用薄水层（10~20mm）与无水层相间的灌水方式。晚稻换田免耕机插秧移栽，早稻预备一丘水分管理与试验相同的田块，为晚稻试验提供早水晚用的合适环境。氮肥施用各时期比例蘖肥：穗肥=6：4，穗肥在幼穗分化时期施用。通过增加水稻穴数来增加密度，通过减少基蘖肥来实现氮肥减量，穗肥用量与对照相同。

CK：施氮量 10kg/亩，密度 5 寸×7 寸，25.7 万穴/hm^2。

IR_1：施氮总量比 CK 减少 20%，用量为 8kg/亩，密度增加 16.67%（以 6 穴增 1 穴模式），约 30 万穴/hm^2。

IR_2：施氮总量比 CK 减少 40%，用量为 6kg/亩，密度增加 33.33%（以 6 穴增 2 穴模式），约 34.3 万穴/hm^2。

IR_3：施氮总量比 CK 减少 60%，用量为 4kg/亩，密度增加 50%（以 6 穴增 3 穴模式），约 38.6 万穴/hm^2。

N_0：不施氮，磷钾肥、密度及管理同 CK 处理。

试验各处理测温室气体底座内（50cm×50cm）水稻穴数分别为：CK 和 N_0为 6 穴，IR_1为 7 穴，IR_2为 8 穴，IR_3为 9 穴。

三、研究进展

（一）双季稻节水灌溉的栽植密度与施肥互作效应研究

1. 早稻产量及其构成因素

从表 6-14 可知，栽植密度与施肥组合产量以 T2N3 最高，依次排序为 T2N3>T2N2>T1N3>T3N2>T1N2>T1N1>T3N3>T3N1>T2N1。在移栽密度为 1.7 万蔸/亩时，随着施 N 量的增加提高了产量，T1N3 产量比 T1N1 增加了 10.4%；在移栽密度为 2.0 万蔸/亩时，随着施 N 量的增加提高了产量，T2N3 产量比 T2N1 增加了 21.2%；在移栽密度为 2.4 万蔸/亩时，随着施 N 量的增加降低了产量，T3N2 产量比 T3N1 降低了 9.5%。

田间管理实际表现，T1N3、T2N2、T2N3 处理适应高产要求，基肥、分蘖肥、穗肥平均分配对产量的提升有较好的效果，病害发生相对较轻，而产量为最高。

表 6-14　早稻栽植密度与施肥互作对产量的影响

处理	有效穗（万穗/亩）	总粒（粒/穗）	实粒数（粒/穗）	千粒重（g）	理论产量（kg/亩）
T1N1	12.5	145.6	131.3	29.45	535.8
T1N2	13.1	148.4	139.8	28.11	546.6
T1N3	13.5	156.2	141.7	28.04	591.4
均值	13.0	150.1	137.6	28.5	558.1
T2N1	12.8	135.3	120.9	29.0	494.9
T2N2	14.6	144.3	132.7	28.4	598.0
T2N3	14.9	139.1	126.7	28.9	599.6
均值	14.1	136.3	123.4	28.8	552.6
T3N1	13.5	132.2	121.3	27.6	493.2
T3N2	14.1	142.4	132.4	27.9	560.0
T3N3	13.6	135.6	127.8	27.5	507.0
均值	13.7	136.7	127.2	27.7	519.6

2. 晚稻产量及其构成因素

从表 6-15 可知，栽植密度与施肥组合理论产量以 T3N1 最高，依次排序为 T3N1>

T3N3>T3N2>T2N3>T2N2>T1N3>T1N1>T2N1>T1N2>T3N0>T1N0>T2N0。在移栽密度为1.5万蔸/亩时，随着施N量的增加提高了产量，T1N3产量比T1N0增加了45.7%，比T1N1增加了2.2%；在移栽密度为1.7万蔸/亩时，随着施N量的增加提高了产量，T2N3产量比T2N0增加了57.3%，比T1N1增加了11.1%；在移栽密度为2万蔸/亩时，随着施N量的增加降低了产量，T3N2产量比T3N1降低了15.1%，T3N1产量比T3N0增加了63.5%。

田间管理实际情况来看，T1N3、T2N3、T3N1处理适应高产要求，基肥、分蘖肥、穗肥平均分配对产量的提升有较好的效果，病害发生相对较轻，而产量为最高。

表6-15 晚稻栽植密度与施肥互作对产量的影响

处理	有效穗（万穗/亩）	总粒数（粒/穗）	实粒数（粒/穗）	千粒重（g）	理论产量（kg/亩）	实际产量（kg/亩）
T1N0	11.3	142.5	112.8	29.8	417.9	352.3
T1N1	14.9	153.5	119.8	30.3	595.6	436.2
T1N2	15.8	144.9	107.9	29.0	545.4	450.2
T1N3	15.8	162.6	117.4	29.8	608.7	414.1
均值	14.4	150.9	114.5	29.7	541.9	413.2
T2N0	11.9	138.2	108.1	29.6	415.1	355.4
T2N1	15.8	146.1	112.7	30.2	587.5	466.8
T2N2	16.9	151.7	113.9	29.3	616.6	432.4
T2N3	18.2	153.3	109.7	29.9	652.8	435.4
均值	15.7	147.3	111.1	29.8	568.0	422.5
T3N0	13.2	141.2	113.0	29.5	477.9	350.4
T3N1	20.1	150.6	118.6	30.3	781.4	456.7
T3N2	17.9	162.7	116.0	29.5	663.4	428.8
T3N3	19.6	154.2	107.0	29.8	679.2	472.0
均值	17.7	152.2	113.6	29.8	650.5	427.0

（二）节水灌溉条件下增苗减氮对双季稻生长与产量的影响

1. 早稻不同处理光合速率特性间差异比较

两个早稻品种光合速率、气孔导度、胞间CO_2浓度以及蒸腾速率的变化模式是一致。光合速率随着生育期的进程而下降，气孔导度先上升后下降，胞间CO_2浓度变化呈S型变化，而蒸腾速率一直下降，但成熟期略有增加。

（1）中嘉早17的光合速率降幅达到了21.32%~38.16%，其中IR2的降幅最低，IR3次之，而IR1最大。从生育期进程来看，不同处理光合速率差异在7.91%~17.68%，6月19日差异最小，降低程度最低，其次是6月26日，7月10日，差异达到了最大。陆两优996的光合速率降幅达到了17.63%~45.89%，其中N0的降幅最低，IR3次之，而IR1最大，与中嘉早17较一致。从生育期进程来看，降幅在11.56%~27.51%，6月16日降幅最小，降低程度最低，其次是6月16日，7月10日降幅达到了最大。

（2）中嘉早 17 的气孔导度峰值出现在 6 月 19 日，IR1 最大达到了 2.31mmol/($m^2 \cdot s$)，然后一直下降；陆两优 996 也表现出相同的变化规律。中嘉早 17 的气孔导度降幅达到了 58.92%~70.76%，其中 IR1 的降幅最低大，IR2 和 IR3 次之，而 CK 和 N0 最小。随着生育期的进程，不同处理气孔导度差异为 5.35%~29.44%，6 月 26 日差异最小，变化程度最低，6 月 19 日的差异达到了最大。陆两优 996 的气孔导度降幅达到了 48.66%~67.25%，其中 N0 的降幅最低，IR3 次之，而 IR1 最大，与中嘉早 17 较一致。从生育期进程来看，不同处理气孔导度差异在 19.70%~28.07%，7 月 10 日差异最小，其次是 6 月 19 日，6 月 26 日差异达到了最大。

（3）中嘉早 17 的胞间 CO_2 浓度降幅为 1.34%~5.79%，其中 IR2 的降幅最小，IR3 最大。随着生育期的进程，不同处理胞间 CO_2 浓度差异在 1.16%~4.49%，前期处理差异较小，7 月 10 日的差异达到了最大。陆两优 996 的胞间 CO_2 浓度降幅达到了 1.79%~5.85%，其中 IR2 的降幅最低，IR3 最大。从生育期进程来看，不同处理胞间 CO_2 浓度差异在 0.51%~4.72%，7 月 10 日差异最大，其他时期差异较小。

（4）中嘉早 17 不同处理蒸腾速率的降幅在 37.67%~44.79%，CK 和 N0 降幅小于其他 3 个处理。随着生育期的推进，同一时期不同处理间的变幅在 5.91%~11.79%，其中 6 月 6 日处理间差异最小，7 月 10 日处理间差异最大。陆两优 996 蒸腾速率的降幅在 38.78%~44.39%，其中 IR3 降幅最小，IR2 和 IR1 最大；相同时期不同处理间差异变幅在 3.61%~8.51%，6 月 6 日差异最小，而 7 月 10 日最大（图 6-2）。

2. 晚稻不同处理光合速率差异比较

2 个晚稻品种光合速率、气孔导度、胞间 CO_2浓度以及蒸腾速率的变化模式是一致，均呈下降趋势。

（1）不同处理随着水稻生育期进程，玉针香的光合速率降幅达到了 21.26%~44.54%，其中 IR2 的降幅最低，IR1、IR3 次之，而 N0 最大；同一时期不同处理光合速率差异变化在 13.86%~23.46%，10 月 9 日差异最小，降低程度最低，其次是 9 月 13 日，8 月 21 日差异达到了最大。从生育期过程来看，丰源优 299 的光合速率衰减率达到了 18.75%~37.36%，其中 IR3 的降幅最低，IR1 次之，而 CK 最大。相同时期不同处理光合速率差异变幅在 12.99%~16.58%，10 月 9 日降幅最小，降低程度最低，9 月 24 日降幅达到了最大。

（2）随着生育期的进程，不同处理玉针香的气孔导度降幅达到了 58.34%~78.73%，其中 IR1 的降幅最低，IR2 次之，N0 最大。相同时期不同处理气孔导度差异在 15.74%~55.54%，10 月 9 日差异最小，变化程度最低，9 月 24 日的差异达到了最大。丰源优 299 的气孔导度降幅达到了 39.32%~63.88%，其中 IR1 的降幅最低，IR3 次之，而 N0 最大。相同时期不同处理气孔导度差异变幅在 20.25%~33.91%，9 月 24 日差异最小，8 月 21 日差异最大。

（3）随着生育期的进程，不同处理玉针香的胞间 CO_2浓度降幅为 11.80%~26.33%，其中 IR1 的降幅最小，N0 最大。相同时期不同处理胞间 CO_2 浓度差异在 1.67%~17.89%，前期处理差异较小，9 月 24 日的差异达到了最大。丰源优 299 的胞间 CO_2 浓度降幅达到了 6.37%~15.45%，其中 IR1 的降幅最低，N0 的降幅最大。相同生育期不同处理胞间 CO_2 浓度差异在 2.51%~7.07%，9 月 24 日差异最大，其他时期差异较小。

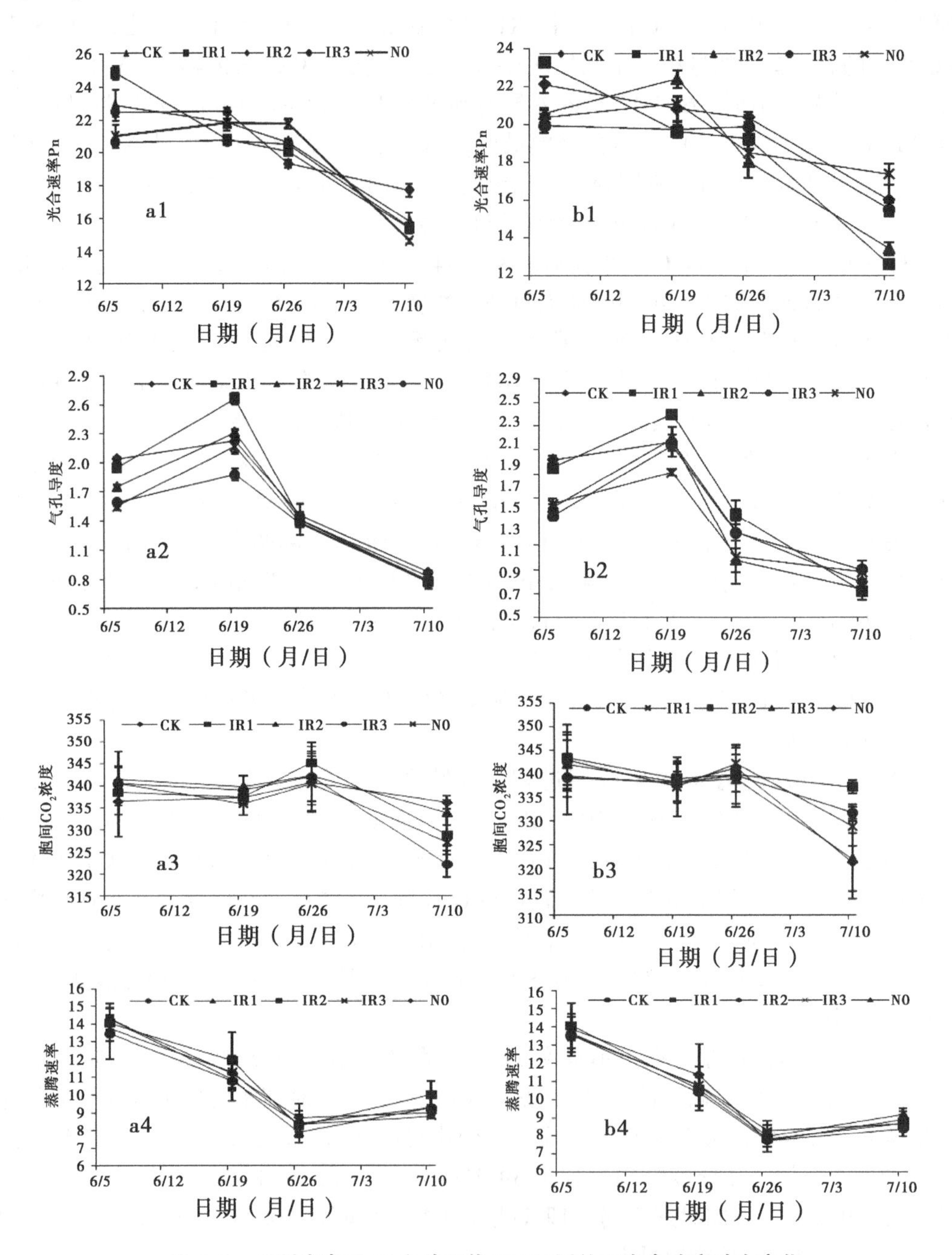

图 6-2　早稻中嘉早 17 和陆两优 996 不同处理光合速率动态变化

注：左侧为中嘉早 17，右侧为陆两优 996

（4）随着生育期的进程，不同处理玉针香蒸腾速率的降幅在 8.79%~11.74%，CK 降幅小于其他处理。随着生育期的推进，同一时期不同处理间的变幅在 9.25%~

34.42%，其中9月13日处理间差异最小，9月24日处理间差异最大。丰源优299蒸腾速率的降幅在47.09%~55.65%，其中IR3降幅最小，N0最大；相同时期不同处理间差异变幅在5.55%~15.60%，9月13日差异最小，而9月24日最大（图6-3）。

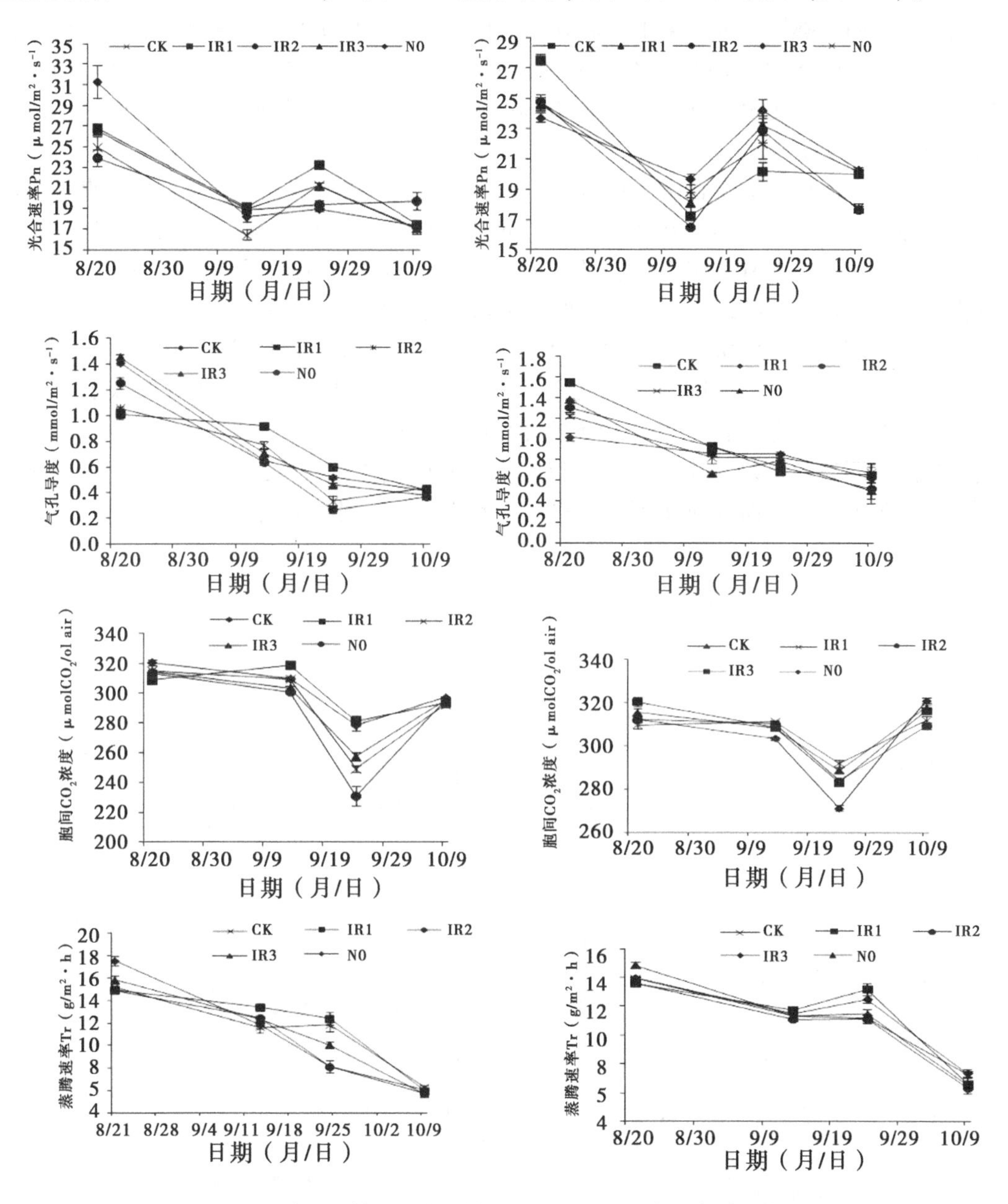

图6-3　晚稻玉针香和丰源优299不同处理光合速率动态变化

注：左侧为玉针香，右侧为丰源优299

3. 早稻不同处理叶绿素含量变化

早稻两个品种叶绿素含量变化基本上呈现递减趋势，分蘖盛期最高，往后降低，乳熟期最低；相同时期不同处理中IR1高于其他处理，其次是CK，最低的是N0；尤其是在生育后期 N0 处理叶绿素含量下降很快。全生育期进程来看，中嘉早 17 的叶绿素含量衰减率变化幅度在 4. 63%～21. 25%，IR2 变化最小，而 N0 变化幅度最大；相同时期不同处理间差异比较，差异程度变化幅度在 8. 71%～22. 16%，分蘖盛期各处理间差异程度较小，而乳熟期最大。全生育期进程来看，陆两优 996 的叶绿素含量衰减率变化幅度在 3. 90%～15. 57%，IR3 变化最小，而 N0 变化幅度最大；相同时期不同处理间差异比较，差异程度变化幅度在 7. 69%～20. 86%，分蘖盛期各处理间差异程度较小，而乳熟期最大，与中嘉早 17 较一致。

晚稻两个品种叶绿素含量变化基本一致，分蘖盛期最低，往后增加，齐穗期达到峰值，乳熟期减少；齐穗期、乳熟期不同处理中 CK 高于其他处理，其次是 IR1 和 IR2，IR3 较低，最低的是 N0；尤其是在孕穗期往后 N0 处理叶绿素含量下降很快。全生育期进程来看，玉针香的叶绿素含量衰减率变化幅度在 5. 94%～18. 39%，IR1 变化最小，而 N0 变化幅度最大；相同时期不同处理间差异比较，差异程度变化幅度在 5. 31%～26. 53%，分蘖盛期各处理间差异程度较小，而乳熟期最大。全生育期进程来看，丰源优 299 的叶绿素含量衰减率变化幅度在 10. 38%～13. 90%，各处理间衰减率差异不大；相同时期不同处理间差异比较，差异程度变化幅度在 3. 92%～21. 36%，分蘖盛期各处理间差异程度较小，而乳熟期最大，与玉针香较一致（图 6-4）。

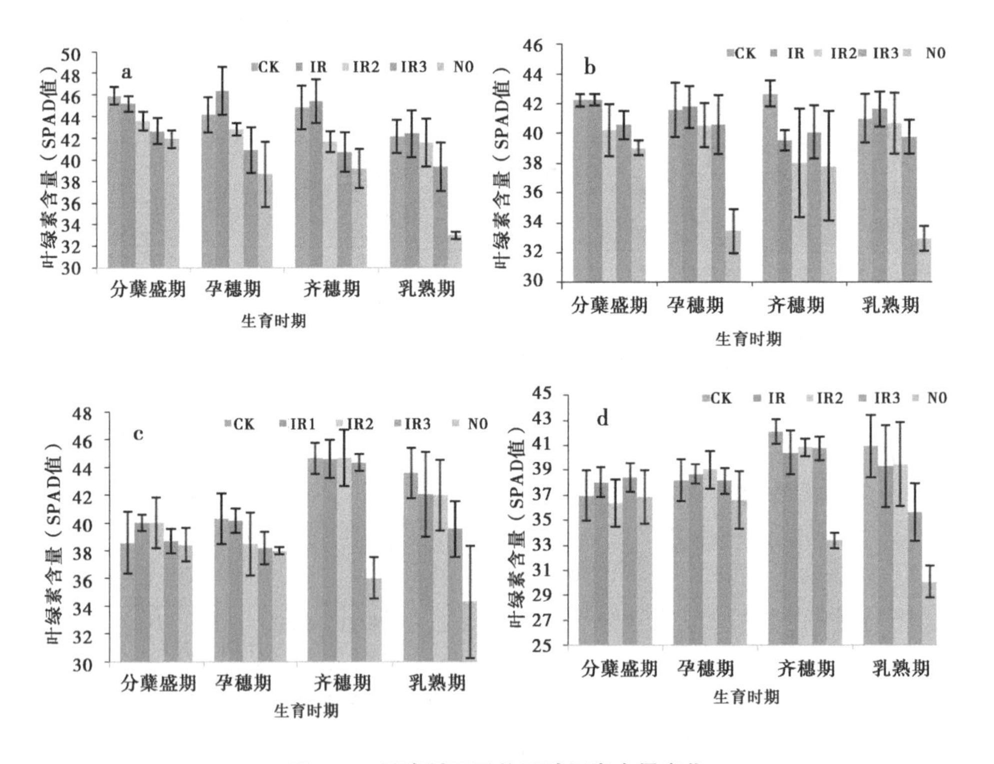

图 6-4　早晚稻不同处理叶绿素含量变化

注：a 早稻中嘉早 17；b 早稻陆两优 996；c 晚稻玉针香；d 晚稻丰源优 299

4. 早晚不同处理产量差异比较

早稻中嘉早 17 和陆两优 996，IR3 的产量显著高于其他处理，IR2 次之，N0 产量最低。常规稻中嘉早 17 常规处理显著高于 IR1，而杂交稻陆两优 996，IR1 显著高于常规处理；2 个品种 IR3 产量比 N0 分别高出了 41.5%和 29.9%；2 个晚稻品种均以 IR3 产量最高，显著高于其他处理，比产量最低的 N0 分别高出 34.2%和 42.9%；其次是 IR2 显著高于 IR1，IR1 显著高于 CK（图 6-5）。

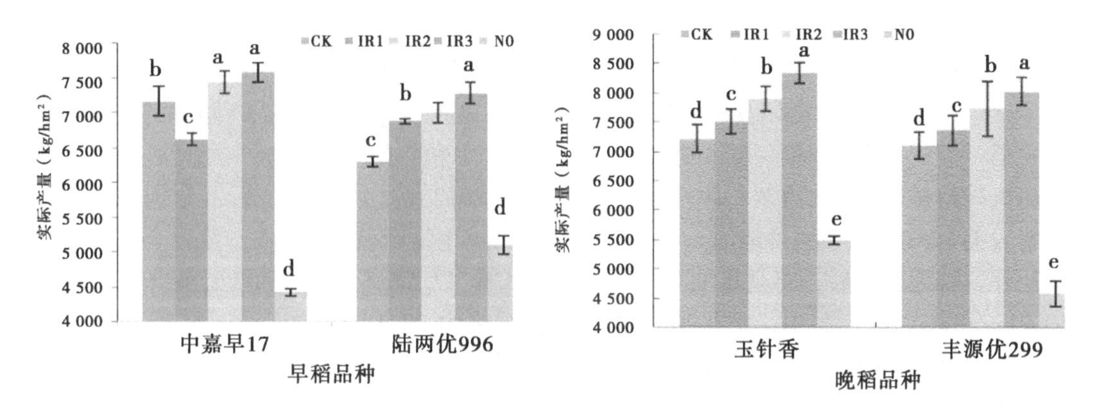

图 6-5　早晚稻不同处理产量比较

四、研究结论

1. 在湘南灌区本试验条件下，早稻在移栽密度 2.0 万蔸/亩、施氮量 13kg/亩时产量最高，但适当增加密度至 2.4 万蔸/亩，减少施氮量至 11kg/亩时，虽有所减产，但减产幅度小，同样能获得较好的丰产效果。晚稻以适当密植 2.0 万蔸/亩、减少施氮量至 9kg/亩时产量最高，说明通过增苗节氮能实现早晚稻丰产增收。

2. 早稻以施氮总量比 CK 减少 60%，用量为 3.2kg/亩，密度增加 42.86%（以 7 穴增 3 穴模式），约 42.86 万穴/hm²产量最高，中嘉早 17 和陆两优 996 产量比 N0 分别高出了 41.5%和 29.9%。晚稻以施氮总量比 CK 减少 60%，用量为 3.2kg/亩，密度增加 42.86%（以 7 穴增 3 穴模式），约 42.86 万穴/hm²的产量最高，玉针香和丰源优 299 产量比产量最低的 N0 分别高出 34.2%和 42.9%。

第四节　不同耕作与秸秆还田技术研究

一、研究目标

（一）不同复种制下秸秆还田对水稻生产能力的影响研究

通过选择湖南典型双季稻复种模式，研究冬作秸秆和早稻秸秆不同还田方式对水稻生产能力的影响，为完善秸秆还田培肥技术提供科技支撑。

（二）秸秆覆盖和土壤耕作对晚稻产量形成与水分利用的影响研究

以湘南丘岗区晚稻为研究对象，系统研究秸秆覆盖和土壤耕作等节水关键技术对水稻产量、稻米品质、水分利用效率与养分吸收利用的影响及其生理机制，以期为水稻节水丰产综合技术体系的构建提供理论与技术支撑，为实现水稻持续增产、确保国家粮食安全、合理利用水资源、有效保护农业生态环境做出贡献。

二、研究方案

（一）不同复种制下秸秆还田对水稻生产能力的影响研究

试验于2013年在衡阳县西渡镇梅花村进行。以我省最为典型的3种复种制度供试：稻—稻—油（油菜）、稻—稻—肥（紫云英）、稻—稻—闲（休闲）。供试复种制度采用随机区组排列，3次重复，每小区面积30m²。2012年，晚稻收获后，分别播种油菜和紫云英。2013年早稻耕地前，考察油菜和紫云英生物产量（鲜重），然后全部收割抱出地外，待地翻耕后，将全量油菜秸秆（平均鲜重67.5kg/小区）和紫云英（平均鲜重50.2kg/小区）踩入泥中，耙平后插秧，插秧规格为23.1cm×23.1cm。早稻品种（组合）为陆两优996，3月31日播种，4月26日移栽（抛秧），7月17日收获，全生育期114d。

早稻收获后将地分小区耕翻，将原小区全量稻草踩入泥中（稻—稻—肥处理平均80.6kg/小区，稻—稻—油处理平均78.7kg/小区，稻—稻—闲处理平均69.0kg/小区），耙平后插晚稻，插秧规格19.8cm×19.8cm。晚稻品种为T优259，7月3日播种，7月22日移栽（插秧），10月30日收获，全生育期119d，其他管理措施同于一般大田。

（二）秸秆覆盖和土壤耕作对晚稻产量形成与水分利用的影响研究

1. 秸秆覆盖与灌水深度试验

采用两因素裂区试验设计，试验主处理为灌水深度：5cm（A1）和10cm（A2），副处理为秸秆覆盖：覆盖秸秆（B1）与不覆盖秸秆（B2）。共4个处理，3次重复，小区大小为4m×5m。秸秆覆盖处理稻草覆盖量为4 500kg/hm²；水稻播种时间为2014年6月22日，插秧时间为2014年7月30日，插植规格为16.7cm×20cm。施肥方式按照当地施肥习惯进行，基肥里施用含N46.4%的氮肥75kg/hm²，N：P：K=26：10：16的复合肥300kg/ hm²。

两个小区中间做田埂，田埂上覆盖塑料薄膜，并将薄膜埋入土内，防止侧渗，并分别使用独立的排灌渠道。在种植小区内固定标尺，以控制灌水深度。灌水时间以处理A2自然落干时间为准，分别再灌水5cm和10cm。记录全生育期内的灌溉时间和次数，推算灌溉水量。

2. 耕作方式与栽培方式试验

采用两因素裂区试验设计，试验主处理设置为免耕（C1）与翻耕（C2），副处理设置为平作栽培（D1）与垄厢栽培（D2）。共4个处理，3次重复，小区大小为4m×5m。水稻播种时间为2014年6月22日，插秧时间为2014年7月30日。插植规格，平作栽培为16.7cm×20cm，垄作栽培为13.9cm×20cm。施肥方式按照当地施肥习惯进行，基肥施用含 N46.4%的氮肥 75kg/hm^2，N：P：K=26：10：16 的复合肥 300kg/ hm^2。

平作栽培与垄厢栽培采取不同灌水方式。平作栽培：在关键时期，如返青期和孕穗抽穗期田间保持一定水层，以后间歇湿润灌溉，收获前 1 周断水。垄厢栽培：水稻插秧前先起垄作厢，厢宽 1.20m，厢沟宽 25cm、深 20~25cm，移栽后在返青分蘖期和孕穗抽穗期保持畦面有 5cm 水层，其他时期保持在控水状态，只在沟内有水，以不出现水分亏缺为度。记录全生育期内的灌溉时间和次数，推算灌溉水量。

三、研究进展

（一）不同复种制下秸秆还田对水稻生产能力的影响研究

1. 冬作秸秆还田条件下，早稻产量以稻—稻—肥处理最高，稻—稻—油处理居其次，两者分别较稻—稻—闲处理高 3.1%和 1.8%；

2. 冬作秸秆与早稻秸秆还田使晚稻显著增产，稻—稻—肥与稻—稻—油处理分别增产 15.4%和 11.0%；

3. 秸秆还田使水稻增产的主要原因是显著提高了叶面积、干物质积累量、有效穗数、每穗粒数和粒叶比；

4. 不同冬作秸秆还田的增产效应有差异，绿肥（紫云英）效果好于油菜秸秆，且两种秸秆对增加早稻干物质积累的作用机制具有明显差异，绿肥主要是增加孕穗前的物质积累，而油菜秸秆主要是增加齐穗后的物质积累。

（二）秸秆覆盖和土壤耕作对晚稻产量形成与水分利用的影响研究

浅耕覆盖条件下的产量最高，免耕垄作产量最低，且免耕处理的产量显著低于其他处理。在相同灌溉条件下，覆盖秸秆较不覆盖秸秆的产量有所增加；而不同灌溉条件下的处理间产量差异不大。免耕条件的产量显著低于翻耕条件；平作条件下的产量高于垄作条件下的产量。

表 6-16　不同覆盖与耕作处理晚稻产量

处理	产量（kg/hm^2）	处理	产量（kg/hm^2）
深灌覆盖	6 640.77	免耕垄作	4 405.31
深灌不覆盖	6 426.50	免耕平作	5 212.70
浅灌覆盖	6 695.25	翻耕垄作	5 634.40
浅灌不覆盖	6 484.76	翻耕平作	6 104.07

本试验针对秸秆覆盖与灌水深度、土壤耕作与栽培方式对湘南晚稻产量形成与水分利用进行了研究。目前，仅分析了一部分结果。

本试验条件下，晚稻产量整体较低，主要原因是天气导致早稻收割偏迟，晚稻秧龄期太长，插秧之后分蘖较少，导致有效穗数不够。

初步发现，秸秆覆盖表现出了较好的增产效果，浅灌也有一定效果。但是免耕与垄厢栽培表现处理减产效应。具体原因将结合气象资料做进一步分析。

四、研究结论

1. 与稻—稻—闲比较，稻—稻—肥、稻—稻—油因冬作秸秆和早稻秸秆还田，水稻表现出增产效果，早稻分别增产 3.1%和 1.8%，晚稻分别增产 15.4%和 11.0%。

2. 在湘南丘岗区稻田利用秸秆覆盖表现出了较好的增产效果，浅灌也有一定增产效果。但是免耕与垄作栽培表现处理减产效应，而翻耕平作增产显著，具体原因有待进一步分析。

第五节　双季稻田水肥耦合技术研究

一、研究目标

（一）水肥耦合条件下不同施氮量研究

在水肥耦合条件下，研究不同肥料用量的根系群体质量及对水稻产量性状的影响，比较不同处理的节水节肥效果。

（二）水肥耦合条件下不同施肥方式研究

在水肥耦合条件下，研究不同肥料用量的根系群体质量及对水稻产量性状的影响，比较不同处理的节水节肥效果；研究不同施肥方式下的根系群体质量及对水稻产量性状的影响，比较不同处理的节水节肥效果。

（三）水稻氮素高效利用研究

衡邵丘陵盆地是湖南省粮食主产区，其中衡邵干旱走廊耕地总面积 1 612万亩，其中水田 975 万亩；粮食播种面积 2 488万亩，粮食产量 92.6 亿 kg，占全省粮食总产量的 31.17%。2012 年 8 月 29 日，湖南省政府审批通过《衡邵干旱走廊综合治理规划》，其主要目的是在治理衡邵干旱走廊水分短缺的同时，发展综合配套技术体系，保障湖南省的粮食生产保持高产、稳产，优质和可持续发展。本试验主要研究施氮量和氮肥运筹方式及新型肥料氰氨化钙对土壤改良效应，探讨湘南水稻氮素高效利用关键技术，为构建湘南水稻养分高效利用技术体系奠定基础。

二、研究方案

（一）水肥耦合条件下不同施氮量研究

试验于 2015 年在衡阳县西渡镇梅花村进行。供试品为“盛泰优 018”，试验设 5 个施氮量处理：A，施纯氮 5kg/亩；B，施纯氮 7.5kg/亩；C，施纯氮 10kg/亩；D，施纯氮 12.5kg/亩；E，施纯氮 15kg/亩。设 3 次重复，随机区组排列，小区面积 20m^2，插植规格为5 寸×8 寸。6 月 22 日播种，7 月 20 日移栽。NPK 按 1∶0.5∶1，PK 作基肥施入，N 肥分为基肥 40%，分蘖肥 30%，孕穗肥 30%。水分管理为湿润灌溉，全生育期仅在施肥时建立水层，让其自然落干。

（二）水肥耦合条件下不同施肥方式研究

试验于2015年在衡阳县西渡镇梅花村进行。供试品种为“盛泰优018”，在亩施纯氮10kg的条件下，设5个施肥方式处理：A，NPK按1：0.5：1，P作基肥施入，NK肥分为基肥40%，分蘖肥30%，孕穗肥30%。B，NPK按1：0.5：1，P作基肥施入，NK肥分为基肥50%，分蘖肥30%，孕穗肥20%。C，NPK按1：0.5：1，P作基肥施入，NK肥分为基肥60%，分蘖肥30%，孕穗肥10%。D，NPK按1：0.6：1.2，P作基肥施入，NK肥分为基肥40%，分蘖肥30%，孕穗肥30%。E，NPK按1：0.6：1.2，P作基肥施入，NK肥分为基肥50%，分蘖肥30%，孕穗肥20%。F，NPK按1：0.6：1.2，P作基肥施入，NK肥分为基肥60%，分蘖肥30%，孕穗肥10%。设3次重复，随机区组排列，小区面积20m^2，插植规格为5寸×8寸，6月22日播种，7月20日移栽。水分管理为湿润灌溉，全生育期仅在施肥时建立水层，让其自然落干。

（三）水稻氮素高效利用研究

1. 氮肥用量与运筹方式对水稻氮素高效利用的影响

以当地主推品种湘早籼45号（早稻）和盛泰优018（晚稻）为材料。试验设置3个不同施氮水平：150kg/hm^2、180kg/hm^{2}和210kg/hm^2；4个氮肥运筹方式分别为：基肥、分蘖肥、穗肥、粒肥比例分为4：3：2：1、5：3：1：1、6：3：1：0、7：3：0：0，分别以10N-1、10N-2、10N-3、10N-4；12N-1、12N-2、12N-3、12N-4；14N-1、14N-2、14N-3、14N-4表示，随机区组设计，3次重复，小区面积30m^2。水稻插植规格为16.7cm×20cm。两个小区中间做田埂，田埂上覆盖塑料薄膜，并将薄膜埋入土内，防止侧渗，单灌单排。施肥按照当地习惯进行：施肥以150kg/hm^{2}纯氮为基准，按N：P_2O_5：K_2O为1：0.5：0.8进行。

2. 氰氨化钙对湘南稻田的改良效应和土壤养分高效利用的影响

于2016年4月至11月在衡阳县典型冲垄田进行田间试验。以当地主推品种湘早籼45号（早稻）和盛泰优018（晚稻）为材料。供试肥料氰氨化钙（含纯氮19%）是一种具有土壤改良效果的肥料，试验设置4个氰氨化钙用量处理：0kg/hm^2、150kg/hm^2、300kg/hm^2、450kg/hm^2，分别以N、CN1、CN2、CN3表示（各处理用尿素补足到纯氮150kg/hm^2），同时设置不施氮处理（CK），随机区组设计，3次重复。水稻插植规格为16.7cm×20cm。小区中间做田埂，田埂上覆盖塑料薄膜，并将薄膜埋入土内，防止侧渗，单灌单排。氮磷钾比例按N：P_2O_5：K_2O为1：0.5：0.8进行。氰胺化钙以基肥一次性施入，其余氮肥按照基肥：蘖肥：穗肥=6：2：2施入，磷肥一次性做基肥施入，钾肥以基肥：蘖肥=6：4施入。

三、研究进展

（一）水肥耦合条件下不同施氮量研究

1. 施氮量对总根数的影响

在水稻生长前期，各处理总根数差异不大，从孕穗期开始，总根数差异增大，处理D的总根数稳定增加，在后续各时期都处于各处理靠前的位置，而处理E的总根数一直较少（图 6–6）。

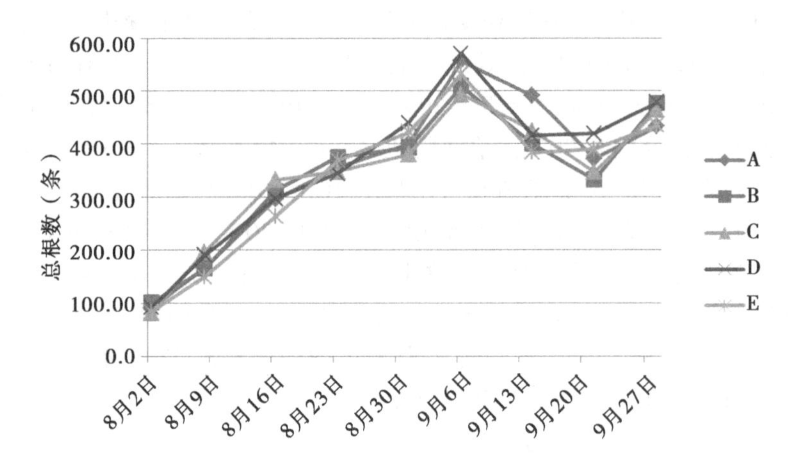

图 6–6　施氮量对总根数的影响

2. 施氮量对白根数的影响

白根数的差异也从孕穗期开始变大，处理 D 的白根数一直较为稳定，在乳熟期（9 月 27 日），各处理的白根数都明显增加，这可能是田间水分含量下降，土壤通气状况较好的缘故，乳熟期白根数最多的是处理 C，其次是处理 D，说明适量氮肥供应有利于防止根系早衰（图 6–7）。

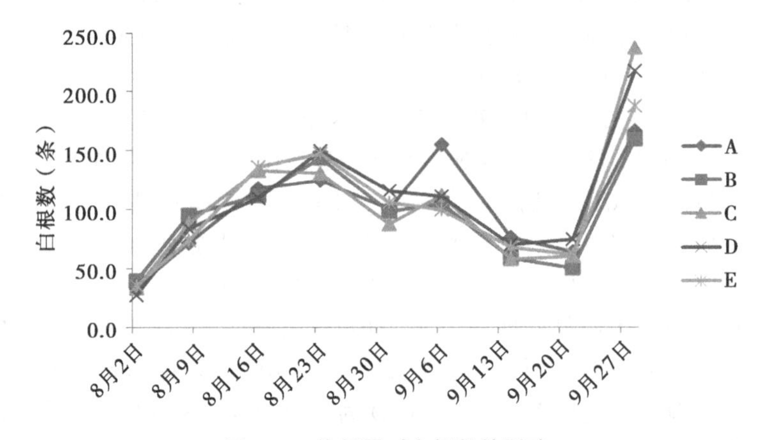

图 6–7　施氮量对白根数的影响

3. 施氮量对白根比（白根数占总根数的百分比）的影响

白根比在前期以处理 B 和处理 E 最高，中期差异变小，后期差异又增大，乳熟期白根比高低依次是：处理 C>处理 D>处理 E>处理 A>处理 B，即中等肥力（纯氮 10kg/亩）有利于生育后期维持根系活力（图 6–8）。

4. 施氮量对根干重的影响

根的干重从中期开始，以处理 C 和处理 D 最大，特别是孕穗期（9 月 6 日）和齐穗期（9 月 20 日），明显高于其他处理（图 6–9）。

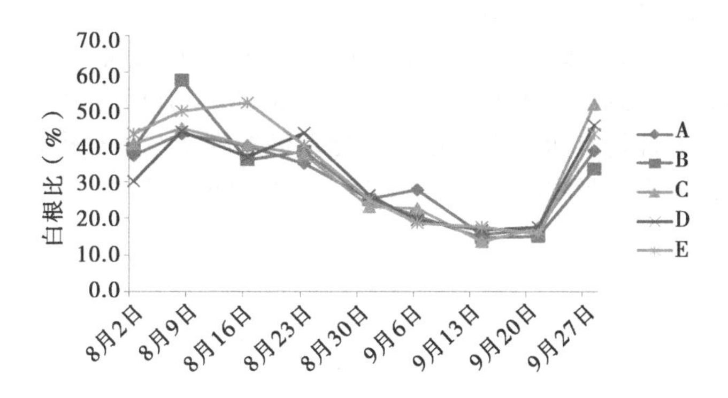

图 6-8　施氮量对白根比的影响

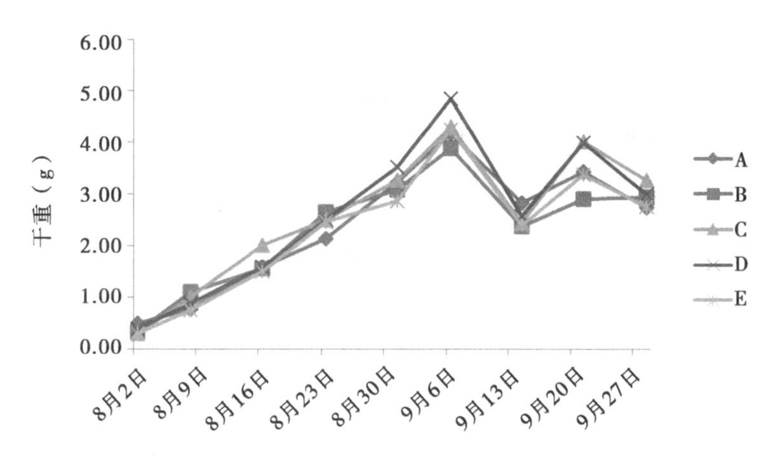

图 6-9　施氮量对根干重的影响

5. 施氮量对根冠比的影响

在生育前期，根冠比以施氮最少的处理 A 最大，可能是低肥力影响了地上部分的生长。随着生育期的推进，各处理的根冠比差异越来越小，最后趋于一致（图 6-10）。

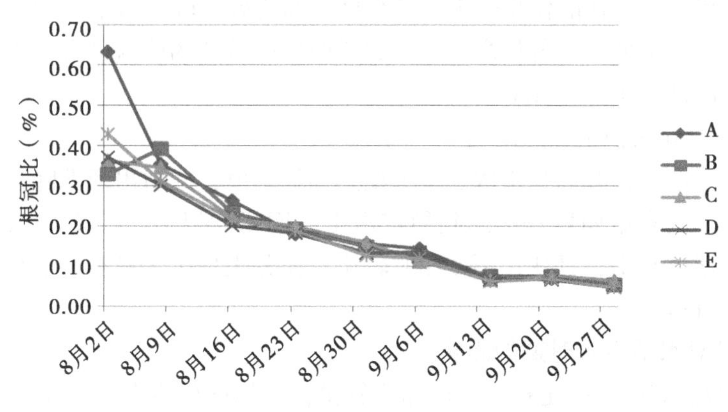

图 6-10　施氮量对根冠比的影响

6. 施氮量对根系吸收面积的影响

由图 6-11 可知，根系吸收总比面积（m^2/cm^3 = 根系总吸收面积/体积）和活跃比面积（m^2/cm^3 = 根系活跃吸收面积/体积）在生育前期时均以 C、D 最大，A、B 最小；此后到乳熟期时各处理均有所减小，然而 C 处理仍然维持在相对较高水平。表明，适宜的氮肥用量可以使根系吸收能力一直维持在一个较高的水平。

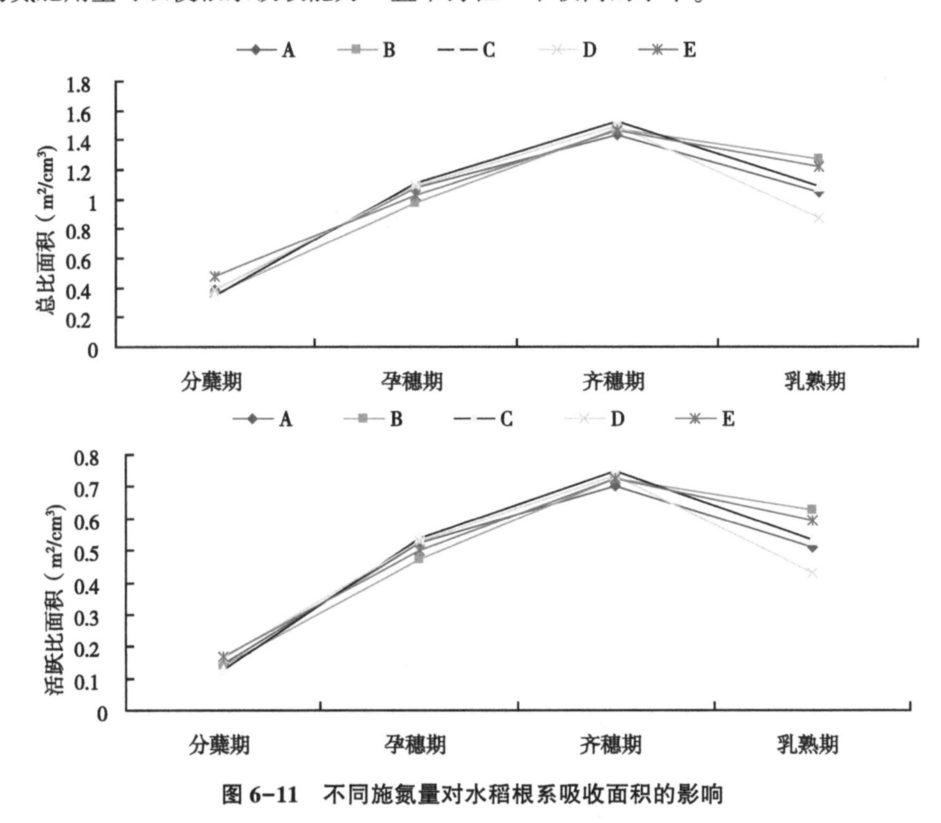

图 6-11　不同施氮量对水稻根系吸收面积的影响

7. 施氮量对根系活力（伤流速率）的影响

在整个生育期内，D 的伤流速率在各个处理间均处于较高水平，特别是齐穗到乳熟阶段，基本处于 5 个处理中的最高水平。这说明中等偏高的施氮量有利于水稻根系长期持续维持在较高活力水平（图 6-12）。

8. 施氮量对叶面积指数的影响

在各生育时期中，叶面积指数于孕穗期达到最大值，此后出现下降，可能与无效分蘖的死亡有关，到齐穗期后基本达到稳定水平。期间均以 D、E 最大，A、B 最小，C 长期处于中等偏上水平，且变化幅度相对较小；充分表现出了氮素水平与叶片生长的密切联系（图 6-13）。

9. 施氮量对水稻生育时期的影响

表 6-17 数据表明，一定程度上增加施氮量，水稻的生育期会发生延长，大约每亩增施 5kg 纯氮，生育期可延长 2d。E 处理相对于 A 处理而言生育期延长了 4d，且其齐穗期（9 月 18 日）仍处于安全齐穗期（9 月 20 日）以内，这便有利于光合时间的延长

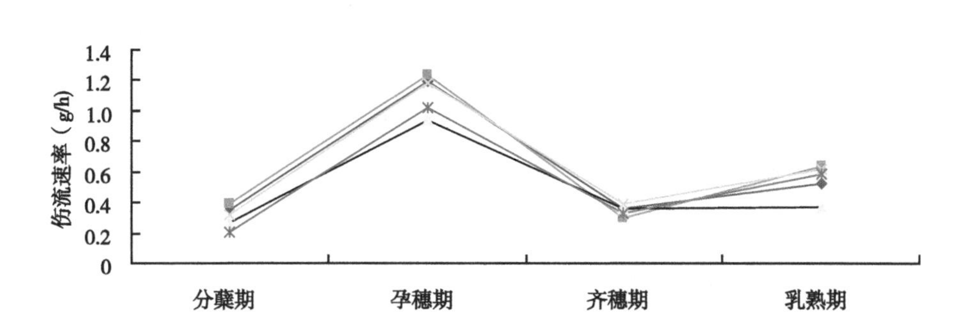

图 6-12　不同施氮量对根系活力（伤流速率）的影响

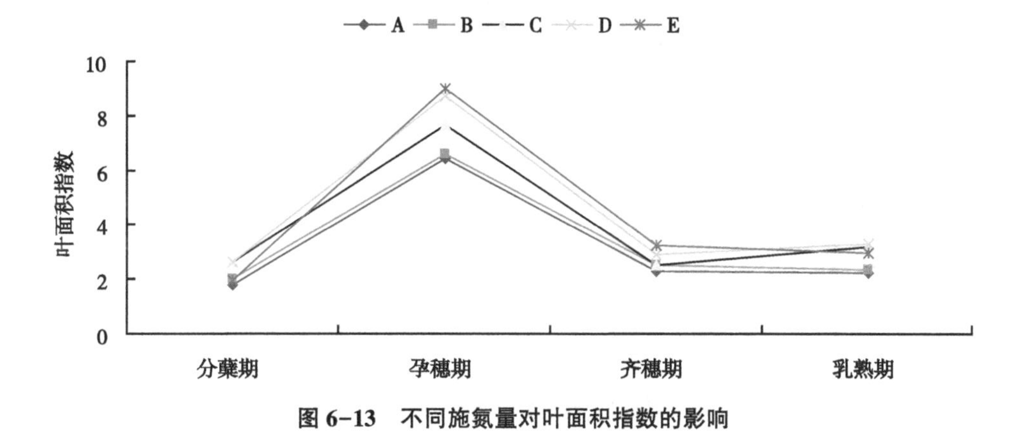

图 6-13　不同施氮量对叶面积指数的影响

和产量的增加。

表 6-17　施氮量对水稻生育时期的影响

处理编号	移栽期（月/日）	始穗期（月/日）	齐穗期（月/日）	成熟期（月/日）	收获期（月/日）
A	7/24	9/6	9/14	10/25	10/25
B	7/24	9/7	9/14	10/25	10/25
C	7/24	9/9	9/16	10/27	10/25
D	7/24	9/9	9/16	10/27	10/25
E	7/24	9/12	9/18	10/29	10/25

10. 施氮量对水稻产量的影响

从表 6-18 可知，随着施氮量的增加，水稻产量提高，但边际产量下降很快。

表 6-18　施氮量对水稻产量的影响

处理编号	施纯氮（kg/亩）	实际产量（kg/亩）	每千克氮增产（kg）
A	5.0	385.06	—

（续表）

处理编号	施纯氮（kg/亩）	实际产量（kg/亩）	每千克氮增产（kg）
B	7.5	417.30	12.90
C	10.0	441.48	9.67
D	12.5	456.13	5.86
E	15.0	466.39	4.10

（二）水肥耦合条件下不同施肥方式研究

1. 不同肥料运筹方式对总根数的影响

在整个生育阶段中，B、C 和 E 的总根数较其他处理均要高，在孕穗期以 C 和 E 最大，而乳熟期以 E 和 B 最大。表明早期充足的氮供应可能有利于较大根系吸收基础的形成。而 F 的总根数一直处于中等水平，可能与 K 素对光合产物的分配调控有关，其促进光合产物在地上和地下部之间的均衡分配，从而对根系的发生与生长起到一定的调控作用（图 6-14）。

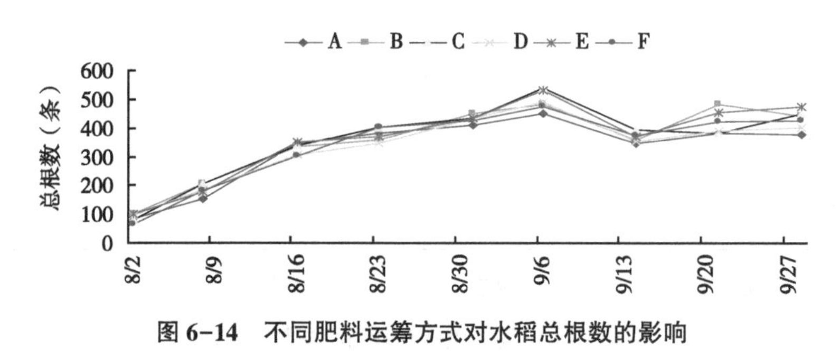

图 6-14　不同肥料运筹方式对水稻总根数的影响

2. 不同肥料运筹方式对白根数的影响

在生育前期，C、E、F 的白根数较 A、B、D 要低，而后期 C、F 的白根数要较其他处理高，这可能是由于较充足的氮素能够促进根系的生长和老化，从而减少白根数量。即适当偏低的氮素供应可能有利于白根的生长，从而维持较高的根系群体活力，这对于生育后期的水稻来说尤为重要。因为它能够延缓根系衰老，从而在一定程度上增加后期的吸收与光合合成。另外，如图 6-14 所示，在乳熟期（9 月 27 日）出现了白根数数量的大量增加，这可能与土壤水分含量减少，通气状况改善有关（图 6-15）。

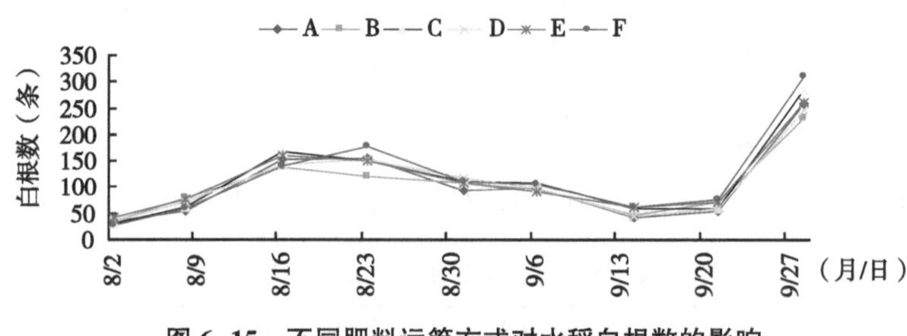

图 6-15　不同肥料运筹方式对水稻白根数的影响

3. 不同肥料运筹方式对白根比（白根数占总根数的百分比）的影响

白根比在生育前期以 E 最大，C 最小，而到中后期，则以 F 最大，B 最小。综合分析，前期较充足的 N 素供应有利于提高根系群体数量，从而提高白根数；而后期适当偏低的 N 素供应则有利于提高根系群体的质量，也能提高白根数；虽然二者效果相同，但原理却有所不同（图 6-16）。

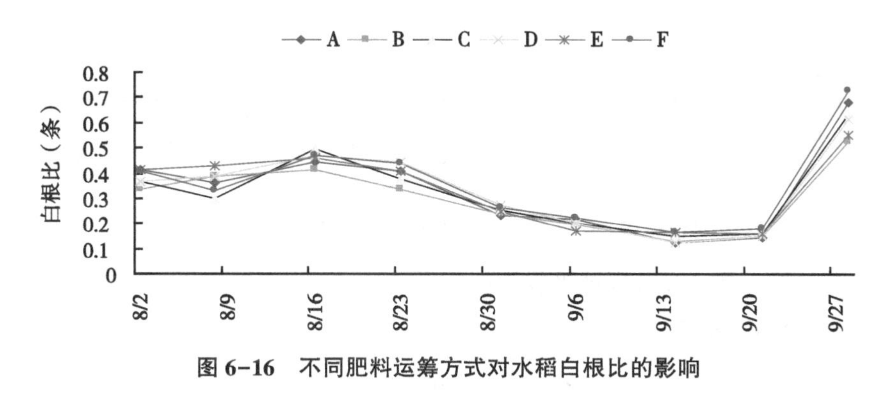

图 6-16　不同肥料运筹方式对水稻白根比的影响

4. 不同肥料运筹方式对根干重的影响

生育前期各处理间根系干重的基本一致，到后期逐渐出现差异，表现为 B、C 处理相对较大，而 A、D 相对较小，E、F 一直处于中等水平。这可能是由于后期较高的 N 素水平，使得根系生命活动强，代谢消耗大，从而降低了干物质的累积。而 E、F 之所以较 B、C 低，可能也与 K 素对地上和地下部碳水化合物的协调有关，即可能存在这 N、K 肥之间的耦合作用。而在生育后期，根系代谢太旺或太弱均不利于后期光合产量的形成（图 6-17）。

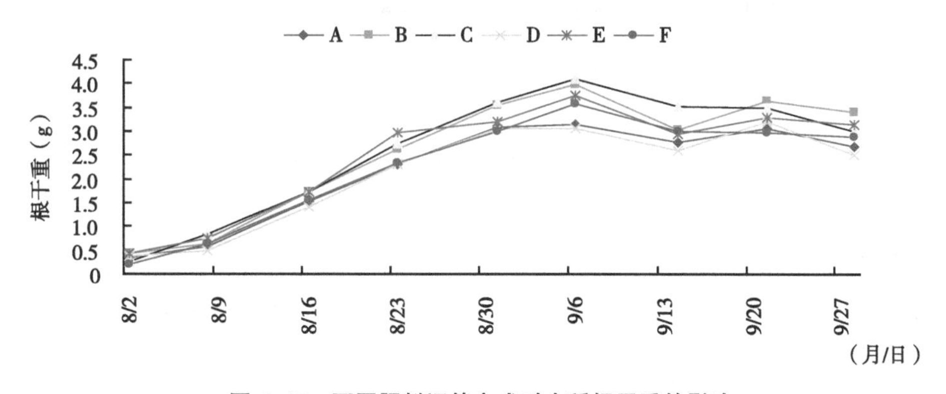

图 6-17　不同肥料运筹方式对水稻根干重的影响

5. 不同肥料运筹方式对根冠比的影响

生育前期根冠比在各处理间的差异较大，而后期基本趋于一致。前期表现为 C、E、F 相对较大，且 C、F 在整个生育期中平稳下降。这可能与中等 N 供应水平（10kg/亩），前期较充足的氮素有利于促进根系的生长和群体的构建，从而增大根冠比。其原理与低氮水平下通过降低地上部分的生长量来提高根冠比又有所不同（图 6-18）。

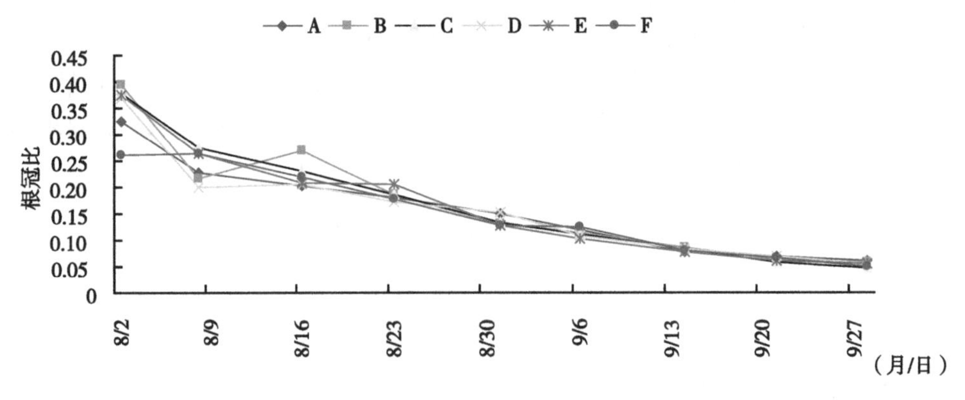

图 6-18　不同肥料运筹方式对水稻根冠比的影响

6. 不同肥料运筹方式对根系吸收面积的影响

具体如图 6-19 所示。

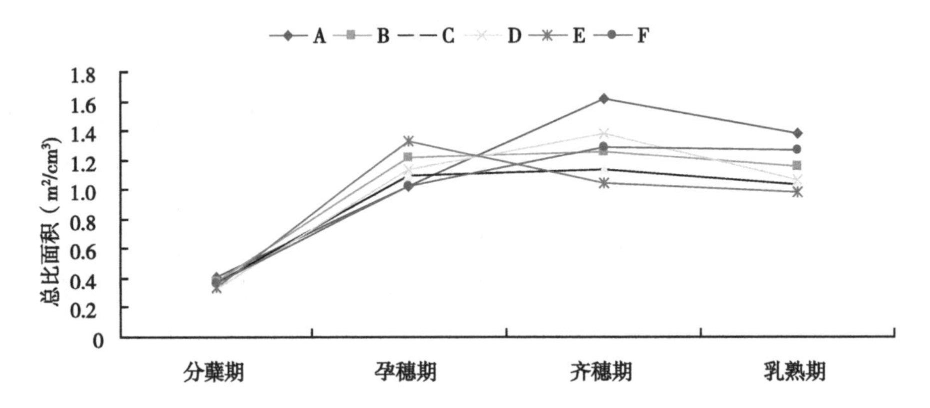

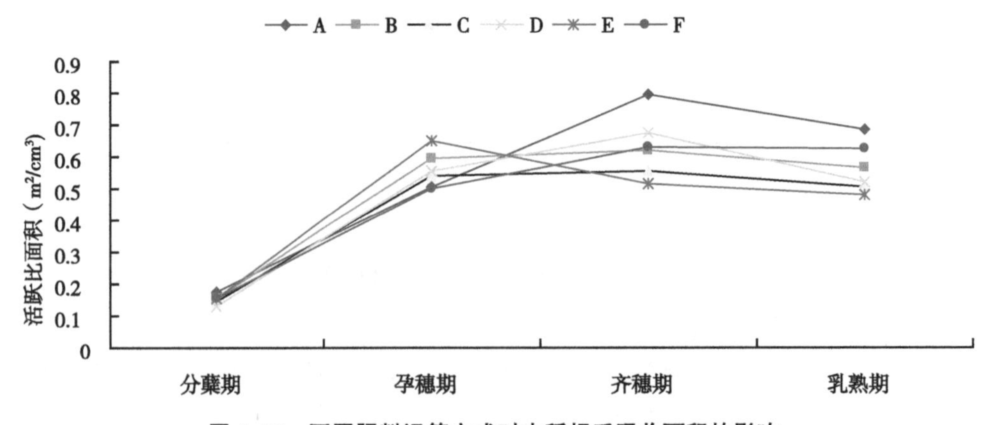

图 6-19　不同肥料运筹方式对水稻根系吸收面积的影响

7. 不同肥料运筹方式对根系活力（伤流速率）的影响

伤流速率（根系活力）在整个生育期中表现为先升高后下降再升高的趋势；前一次升高在孕穗期，可能与植株自身生长代谢旺盛和生长发育需要有关；而后一次乳熟期的升高则主要可能与节水灌溉条件下后期土壤含水量降低和通气条件改善有关。而在各处理之间，孕穗期表现为 E 最大而 B 最小，乳熟期表现为 F 最大 D 最小。前一对差异可能与 K 素的协调代谢有关，而后一对差异则很可能与后期 N 素代谢水平和水稻后期的地上地下协调生长对 N 素承受能力有关。在作物生长后期，整个植株体都趋向于自然衰老，地上与地下部之间的生长平衡也变得越发脆弱，稍微增加 N 素的供应量就有可能促进地上部的旺盛生长，从而打破原有代谢平衡，主要表现为代谢原料——光合产物的分配平衡受到影响，地上部分对光合产物的竞争及消耗大，从而降低了向根系的分配量，进一步影响到根系的活力（图 6-20）。

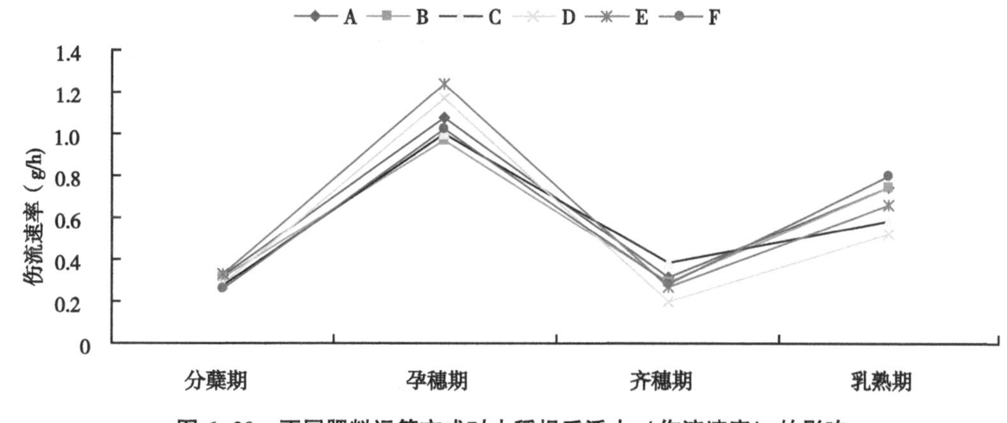

图 6-20　不同肥料运筹方式对水稻根系活力（伤流速率）的影响

8. 不同肥料运筹方式对叶面积指数的影响

各处理的叶面积指数均在孕穗期达到最高值，且此时也是各处理间差异最大的时期，之后各自又发生不同程度的降低，最终都降到一个趋于一致的水平；而这一一致性可能与总体供氮水平的一致性有关。而在孕穗期的差异主要表现为 C>B>A，F>E、D，因此可推测此时的差异可能主要与前期 N 素的供应水平有关，前期充足的 N 素供应促进了前期叶片的生长。而综合前后的异与同，可以发现，N 素对叶面积指数的影响在水稻的整个生长发育过程中可能存在着一种前后的补偿作用；即在全生育期整体供氮水平一定的情况下，前期氮投入所导致的叶面积指数差异可能会因后期余氮（待投入的氮）的投入而被抵消（图 6-21）。

9. 不同肥料运筹方式对产量的影响

由表 6-19 可知，在整体 N 素供应水平相同的情况下，适当增加磷钾肥的施用量可能能够在一定程度上增加水稻的产量；同时前期较充足的 N 素配合以适量的 K 素供应，再与后期适量提供一定的 N 匮乏，可能更有利于协调水稻生育期前后及地上地下部的生长，从而获得较稳定的高产。

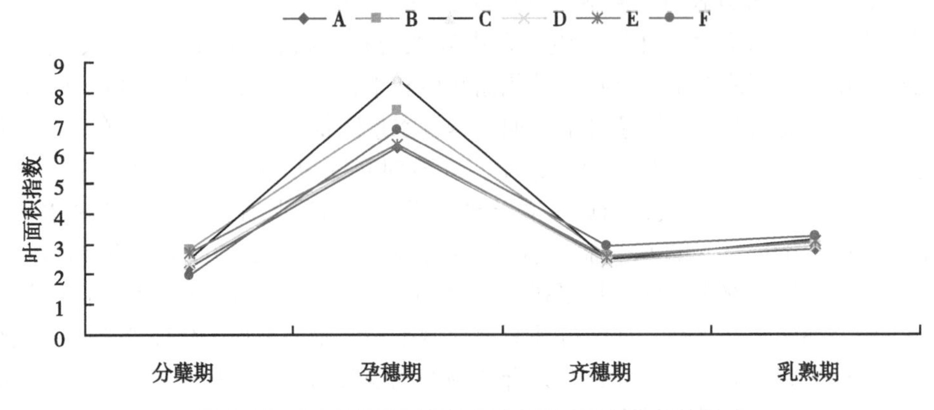

图 6-21 不同肥料运筹方式对水稻叶面积指数的影响

表 6-19 不同肥料运筹方式对产量的影响

处理编号	试验处理	实测产量（kg/亩）
A	N：P：K=1：0.5：1，基蘖穗=4：3：3	411.43
B	N：P：K=1：0.5：1，基蘖穗=5：3：2	434.88
C	N：P：K=1：0.5：1，基蘖穗=6：3：1	411.07
D	N：P：K=1：0.6：1.2，基蘖穗=4：3：3	436.71
E	N：P：K=1：0.6：1.2，基蘖穗=5：3：2	416.93
F	N：P：K=1：0.6：1.2，基蘖穗=6：3：1	425.36

（三）水稻氮素高效利用研究

1. 氮肥用量和运筹方式对水稻生长发育与产量形成的影响

（1）水稻茎蘖动态　早稻各处理茎蘖动态如图 6-22 所示。不同施氮水平中，12N 和 14N 处理茎蘖数接近，大于 10N 处理，体现在有效穗上要稍高于 10N 处理 1 蘖左右，但成穗率略低于 10N 处理。不同氮肥运筹方式上，10N 处理 4 种氮肥运筹方式下茎蘖动态基本一致；12N 处理中，12N-1 处理茎蘖数明显高于其他 3 个处理，且成穗较多，其他 3 者基本一致；14N 处理中，14N-2 和 14N-3 处理茎蘖数略高于其他两者，但有效穗上与 14N-1 无异，高于 14N-4 处理。

晚稻各处理茎蘖动态如图所示。不同施氮水平中，以 12N 处理水稻分蘖力较强，体现在有效穗上，12N 处理要高 14N 处理 1 蘖，高于 10N 处理 2 蘖左右。不同氮肥运筹方式上，10N-4 和 10N-1 处理茎蘖数在分蘖盛期时高于 10N-2 和 10N-3，但多为无效分蘖；12N 和 14N 处理中，12N-2、12N-4 和 14N-2、14N-4 处理前期分蘖数较高，但后期茎蘖数相差不大（图 6-23）。

（2）地上部分干物质积累　早稻试验中，不同施氮水平之间 10N 处理水稻干物质积累在各个关键生育时期都略小于 12N 和 14N 处理，12N 处理和 14N 处理之间无显著差异。10N 处理在各关键生育时期都大致呈现出 10N-1 处理地上部分干物质积累要高于其他 3 个处理，且在灌浆期前均呈现 10N-1>10N-2>10N-3>10N-4；10N-4 处理在齐穗期后干物质积累增加迅速。12N 处理在水稻分蘖盛期和孕穗期大致呈现出 12N-1>

12N-4>12N-2>12N-3，齐穗期和灌浆期为12N-1>12N-2>12N-3>12N-4，成熟期为12N-2、12N-4>12N-1、12N-3。14N处理各时期无明显规律（图6-24）。

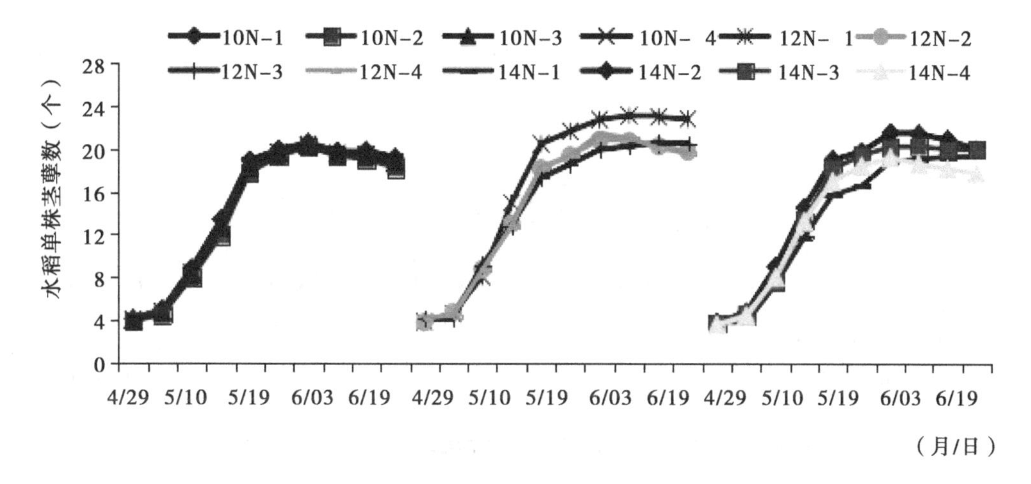

图6-22　氮肥用量和运筹方式对早稻茎蘖动态的影响

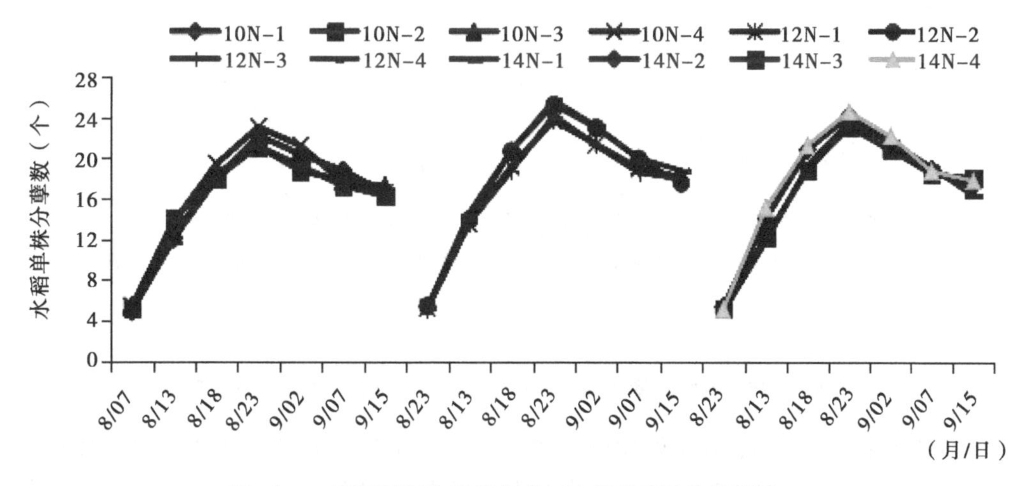

图6-23　氮肥用量和运筹方式对晚稻茎蘖动态的影响

晚稻试验中，不同施氮水平之间，分蘖盛期14N处理干物质积累量略大于10N和12N处理，孕穗期三者无明显差异，齐穗期基本为14N>12N>10N，灌浆期和成熟期12N处理整体略高。氮肥运筹方面，10N处理中，10N-1处理在水稻生育后期较其他3个处理干物质积累优势明显。12N各处理之间在各关键生育时期无明显规律，基本为齐穗期前，12N-3和12N-4处理优势较大，齐穗期后12N-1和12N-2穗部物质积累较多。14N各处理间无明显规律，成熟期14N-2与12N-2一致，干物质积累量较大（图6-25）。

（3）水稻叶面积指数（LAI）　如表6-20所示不同施氮水平间，分蘖盛期水稻LAI呈14N>12N>10N，除14N-3外，14N、12N、和10N三者间在0.05水平差异显著；孕穗期基本呈 12N>14N>10N；齐穗期和灌浆期呈 14N>12N>10N；除 14N-3 外，成熟期水稻 LAI 呈 14N>12N>10N，但差异不显著。

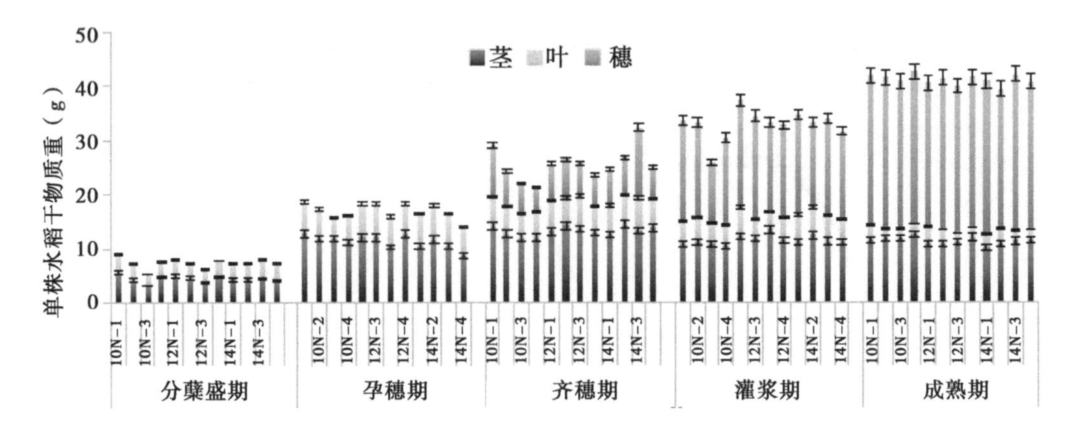

图 6-24　氮肥用量和运筹方式对早稻地上部分干物质重的影响

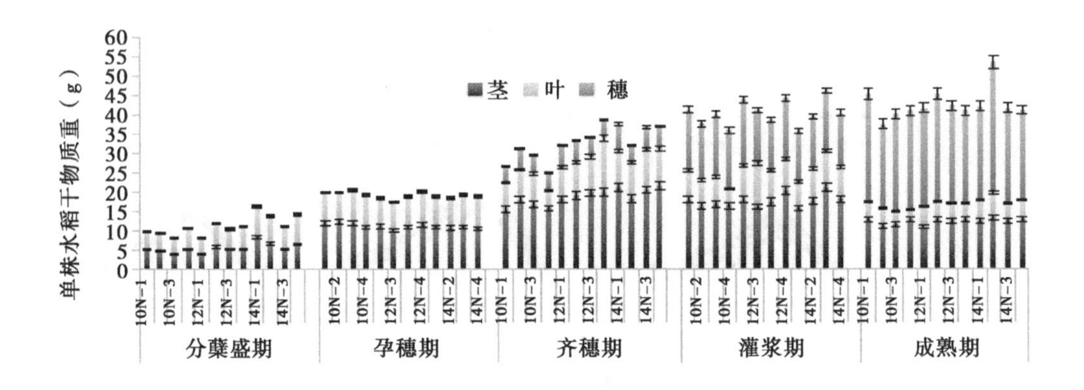

图 6-25　氮肥用量和运筹方式对晚稻地上部分干物质重的影响

不同氮肥运筹方面，10N 处理中，10N-1 在各个生育时期 LAI 均较高，10N-3 和 10N-4 在水稻生育前期 LAI 较高，后期较低；12N 处理中，12N-1 前期 LAI 较低，后期提升显著，高于其他三个处理。12N-4 后期 FAI 较低；14N 处理中，14N-2 处理水稻 LAI 一直处于较高水平，与 10N 各处理大都呈显著差异。

表 6-20　氮肥用量和运筹方式对晚稻 LAI 的影响

处理	分蘖盛期	孕穗期	齐穗期	灌浆期	成熟期
10N-1	4. 7e	6. 5de	5. 4de	9. 9cd	2. 6a
10N-2	4. 4e	6. 3e	7. 0abcd	10. 0cd	2. 9a
10N-3	4. 0f	7. 1bcd	6. 1cde	7. 8de	2. 1a
10N-4	4. 7e	7. 4bc	5. 3e	6. 9e	2. 3a
12N-1	5. 5cd	6. 4de	6. 4 bcde	14. 1b	3. 6a

（续表）

处理	分蘖盛期	孕穗期	齐穗期	灌浆期	成熟期
12N-2	5. 8c	8. 8a	6. 4bcde	11. 3c	3. 2a
12N-3	5. 2d	7. 3bc	7. 0abcd	11. 3c	3. 2a
12N-4	5. 8c	7. 4bc	6. 3 bcde	10. 8c	3. 1a
14N-1	6. 4b	6. 4de	6. 9abcd	14. 9ab	3. 5a
14N-2	6. 6ab	7. 0cde	7. 5abc	16. 6a	4. 4a
14N-3	5. 5cd	7. 5bc	7. 9ab	10. 9c	2. 8a
14N-4	6. 9a	7. 8b	8. 1a	11. 6c	3. 2a

注：不同字母代表在 0. 05 水平差异显著，下同

（4）水稻叶片 SPAD 值　如表 6-21 所示早稻试验中，不同施氮水平之间，分蘖盛期 14N 处理水稻叶片 SPAD 值高于 10N 和 12N 处理，但差异不显著；孕穗期除 14N-1 和 14N-4 之外，各处理间差异不大。齐穗期、灌浆期和成熟期 14N 处理整体上略高于 12N 和 10N 处理，但整体差异不显著。不同氮肥运筹之间，10N、12N、14N 处理 10N-4、12N-4、14N-4 SPAD 值皆低于其他 3 个处理，且大都呈显著差异。其他 3 种氮肥运筹方式在 10N、12N、14N 3 种施氮水平下，在各个生育时期差异均不显著。

表 6-21　氮肥用量和运筹方式对早稻叶片 SPAD 值的影响

处理	分蘖盛期	孕穗期	齐穗期	灌浆期	成熟期
10N-1	30. 7a	35. 7abc	42. 3a	40. 3ab	27. 0b
10N-2	33. 0a	34. 6abc	38. 2a	40. 4ab	26. 1b
10N-3	31. 7a	37. 1abc	41. 0a	36. 5b	28. 2ab
10N-4	32. 4a	32. 9bc	39. 7a	36. 3b	24. 7b
12N-1	33. 9a	36. 8abc	44. 1a	41. 5ab	37. 1a
12N-2	31. 0a	34. 5abc	41. 2a	39. 3ab	32. 0ab
12N-3	32. 0a	35. 7abc	42. 1a	37. 6b	26. 8b
12N-4	32. 7a	33. 0bc	40. 2a	39. 1a	28. 7ab
14N-1	34. 3a	40. 5a	42. 0a	43. 7b	34. 2ab
14N-2	33. 6a	37. 5abc	42. 7a	41. 1ab	37. 6a
14N-3	34. 0a	39. 7ab	42. 9a	41. 5ab	33. 9ab
14N-4	32. 0a	32. 5c	40. 2a	37. 3b	28. 7ab

如表 6-22 所示晚稻试验中，不同施氮水平之间，14N、12N 水平各处理水稻叶片 SPAD 在整个生育期较 10N 水平高，但差异不大。不同氮肥运筹方式上，10N-3、10N-4，12N-3、12N-4，14N-3、14N-4 的 SPAD 值在水稻生育前期均高于其他两个处理；但后期叶绿素含量水平较低，与其他两个处理呈显著差异。说明氮素后移对水稻叶片后期生理活性提升有较大帮助。

表 6-22　氮肥用量和运筹方式对晚稻叶片 SPAD 值的影响

处理	分蘖盛期	孕穗期	齐穗期	灌浆期	成熟期
10N-1	36.0bc	32.4ab	40.7a	41.1ab	27.6d
10N-2	36.4bc	31.8b	40.2ab	40.6b	32.9ab
10N-3	35.3c	32.2ab	40.3ab	39.1b	26.4d
10N-4	37.2abc	32.8ab	39.5ab	39.2b	31.1c
12N-1	36.7bc	33.0ab	41.0a	42.4a	36.0a
12N-2	36.3abc	33.1ab	39.8ab	41.0ab	29.5cd
12N-3	38.4a	33.3a	40.1ab	40.4b	32.5b
12N-4	36.0bc	32.2ab	38.7b	39.5b	32.6b
14N-1	36.6bc	33.4a	41.4a	42.4a	35.9a
14N-2	37.3ab	31.6b	40.0ab	41.2ab	35.0a
14N-3	37.2abc	33.3a	40.2ab	40.3b	29.5cd
14N-4	37.1abc	31.8b	40.4ab	40.0b	32.7ab

注：分蘖盛期测倒 2 叶，其他时期测剑叶，下同

（5）产量及其构成因素　如表 6-23 所示早稻试验中，有效穗方面，12N-1 处理最高，在 10N、14N 施氮水平中，10N2、14N-2 有效穗最高，且与本水平内其他处理差异显著。每穗粒数方面 12N-2、12N-3 和 14N-1 处理最高，与有效穗相反，12N-1 处理每穗粒数最低。结实率方面，10N 水平的结实率整体较高；12N 和 14N 水平的结实率差异不大。千粒重方面，各水平中各处理间差异不大。产量方面，10N 水平中 10N-3、10N-4 产量高于前两者；12N 水平中 12N-1、12N-1 产量高于后两者；14N 水平中 14N-1产量较低，其他 3 个处理差异不大。

表 6-23　氮肥用量和运筹方式对早稻产量及产量构成因素的影响

处理	有效穗数（万穗/hm^2）	每穗粒数（粒/穗）	结实率	千粒重（g）	产量（kg/hm^2）
10N-1	523.41f	78.38cd	0.67bc	27.34b	7 199.92cd
10N-2	567.80c	77.80cd	0.71a	28.30a	7 342.80c
10N-3	500.88g	82.65b	0.70ab	28.41a	7 441.18bc
10N-4	531.23ef	79.25bc	0.68bc	27.94ab	7 402.30bc
12N-1	600.33a	72.43e	0.65c	28.10ab	7 734.57a
12N-2	545.32de	85.59a	0.66c	28.13ab	7 712.23ab
12N-3	491.87g	86.25a	0.65c	28.03ab	7 293.40cd
12N-4	541.88de	74.76de	0.65c	27.70ab	7 251.92cd
14N-1	547.90d	87.17a	0.66bc	28.11ab	6 996.40d
14N-2	583.54b	81.74bc	0.63c	28.39a	7 506.82bc
14N-3	537.28de	78.21cd	0.67bc	27.79ab	7 357.84c
14N-4	571.60c	79.31bc	0.67bc	27.87ab	7 474.91bc

如表 6-24 所示晚稻试验中，有效穗方面，14N 处理整体较高，除 14N-1 外，与

10N，12N水平有效穗呈显著差异。每穗粒数12N-1最高，12N-3、12N-4次之，其他各处理差异不大。结实率方面，14N-1，12N-1，和10N-2分别在各水平中较其他处理高，差异显著。各处理千粒重无显著差异，但整体上10N水平较高。产量方面，10N-1处理产量最高，10N-3，12N-2次之；14N处理虽然在有效穗方面整体较高，但结实率较低，产量呈14N-1>14N-2>14N-3>14N-4。

表6-24 氮肥用量和运筹方式对晚稻产量及产量构成因素的影响

处理	有效穗数（万穗/hm²）	每穗粒数（粒/穗）	结实率	千粒重（g）	产量（kg/hm²）
10N-1	410. 91bc	102. 59c	0. 68cde	27. 61a	8 375. 82a
10N-2	390. 95d	107. 87c	0. 72bc	28. 12a	7 179. 83bcd
10N-3	388. 23d	107. 33c	0. 63f	28. 11a	7 751. 95b
10N-4	395. 00d	115. 00bc	0. 70c	27. 60a	6 422. 91e
12N-1	390. 61d	124. 74ab	0. 74ab	27. 62a	7 508. 41bc
12N-2	408. 95c	97. 64c	0. 69cd	27. 89a	7 773. 12b
12N-3	408. 38c	112. 06bc	0. 66def	27. 75a	7 223. 66bcd
12N-4	396. 48d	113. 44bc	0. 64f	27. 59a	6 762. 30cd
14N-1	391. 30d	129. 35a	0. 76a	27. 34a	7 549. 74bc
14N-2	422. 53a	102. 95c	0. 63f	27. 72a	7 475. 49 bc
14N-3	423. 13a	110. 10bc	0. 65ef	27. 51a	7 205. 02bcd
14N-4	418. 81ab	99. 20c	0. 66def	28. 47a	6 857. 46d

2. 氰氨化钙对湘南稻田的改良效应和土壤养分高效利用的影响

（1）水稻茎蘖动态　早稻各处理中，N和CN1处理茎蘖动态基本一致。CN2和CN3处理前期出现僵苗现象，至插秧1个月左右，分蘖旺盛，茎蘖数迅速增加至与N和CN1处理持平。CK处理后期茎蘖数保持在12左右（图6-26）。

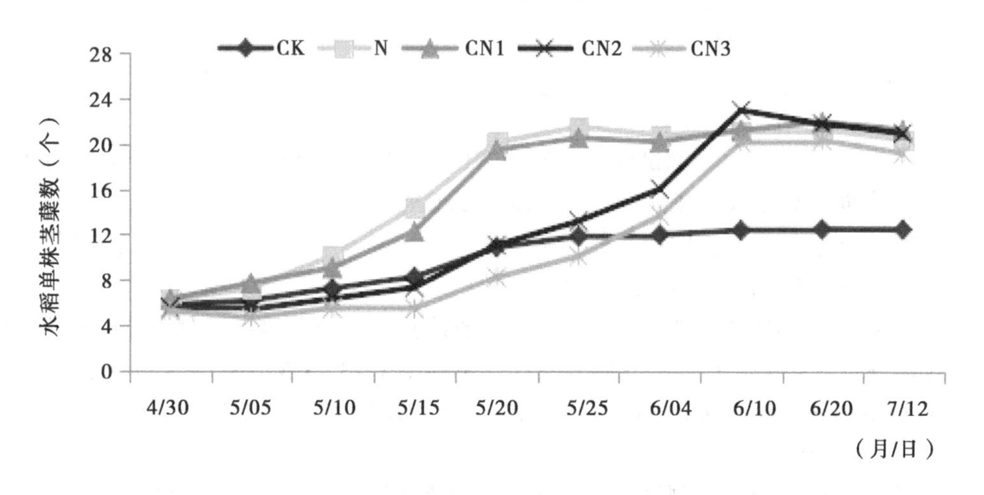

图6-26 氰氨化钙对早稻茎蘖动态的影响

晚稻各处理中，CN3处理分蘖力极为旺盛，在最高分蘖时期，茎蘖数高于N、

CN1、CN2 处理 6 蘖左右，但多为无效分蘖。处理 N、CN1、CN2 茎蘖动态基本一致，且后期成穗量与 CN3 无异。CK 处理水稻在生育中后期茎蘖数保持在 12~10 蘖（图 6-27）。

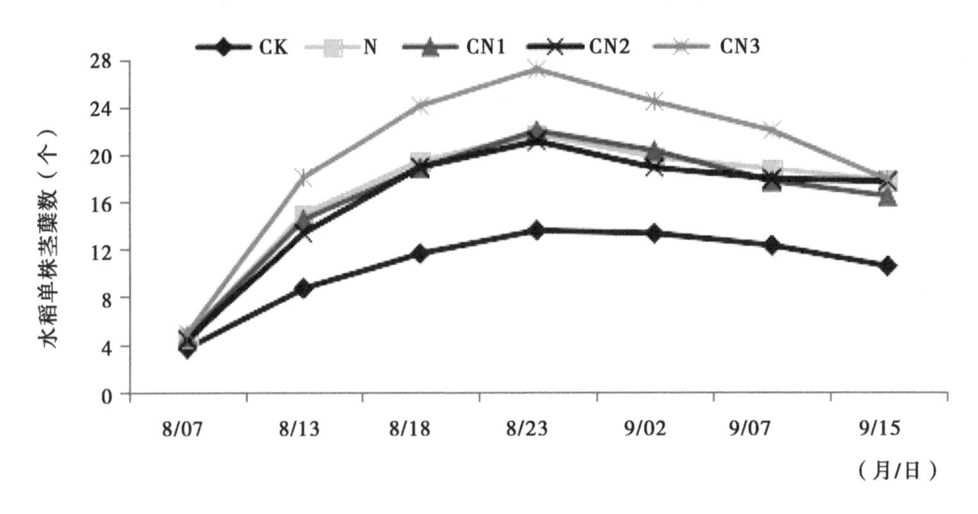

图 6-27　氰氨化钙对晚稻茎蘖动态的影响

（2）水稻叶面积指数　如表 6-25 所示处理 N、CN2、CN3 晚稻 LAI 在各个生育时期之间无显著差异，高于 CN1 处理，在灌浆期和成熟期呈显著差异水平。

表 6-25　氰氨化钙对晚稻 LAI 的影响

处理	分蘖盛期	孕穗期	齐穗期	灌浆期	成熟期
CK	2. 79c	2. 59c	2. 29b	2. 20c	1. 10c
N	5. 46b	6. 17b	7. 14a	6. 66a	3. 49a
CN1	4. 92b	6. 46ab	6. 88a	5. 50b	2. 07b
CN2	5. 13b	6. 50ab	7. 14a	6. 86a	3. 34a
CN3	6. 30a	7. 20a	7. 38a	6. 99a	3. 42a

（3）干物质积累　早稻试验中，N、CN1、CN2 三个处理间地上部分干物质积累在水稻生育中期差异不大，成熟期 CN1>N>CN2>CN3。

晚稻试验中，分蘖盛期和孕穗期基本规律为 CN3>N、CN1>CN2>CK，在营养生长时期为 CN3>CN2、N>CN1>CK（图 6-29）。

（4）叶片 SPAD 值　如表 6-26 所示早稻试验中，分蘖盛期各处理水稻叶片 SPAD 值 CN3>CK、N>CN2、CN1，呈显著差异；孕穗期 CN3、CN2>N、CN1>CK，呈显著差异；齐穗期和灌浆期 N 处理 SPAD 值最高，CK 处理较低。成熟期 CN3、CN2>N、CN1>CK，呈显著差异。

如表 6-27 所示晚稻试验中，除 CK 外，各处理水稻叶片 SPAD 值之间差异不显著，但整体上呈 N>CN1、CN2、CN3>CK。

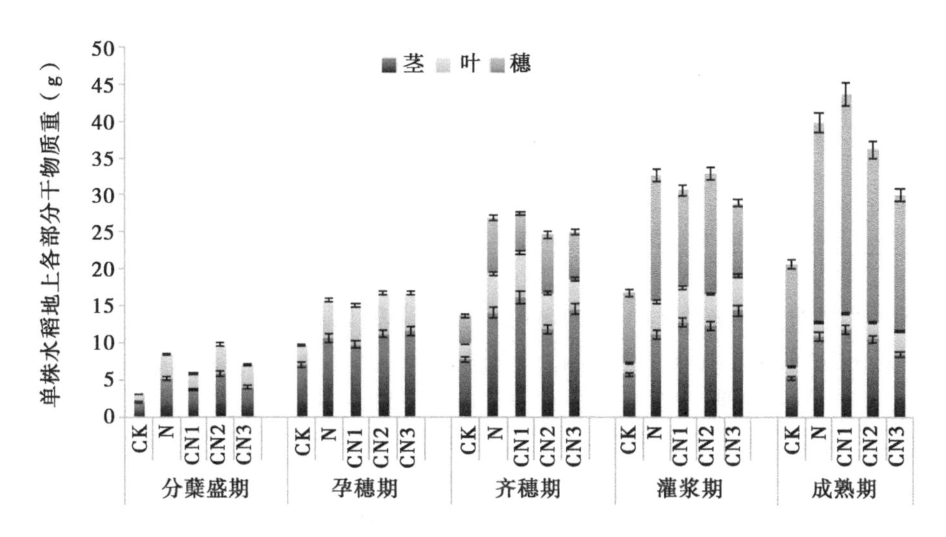

图 6-28　氰氨化钙对早稻地上部分干物质积累的影响

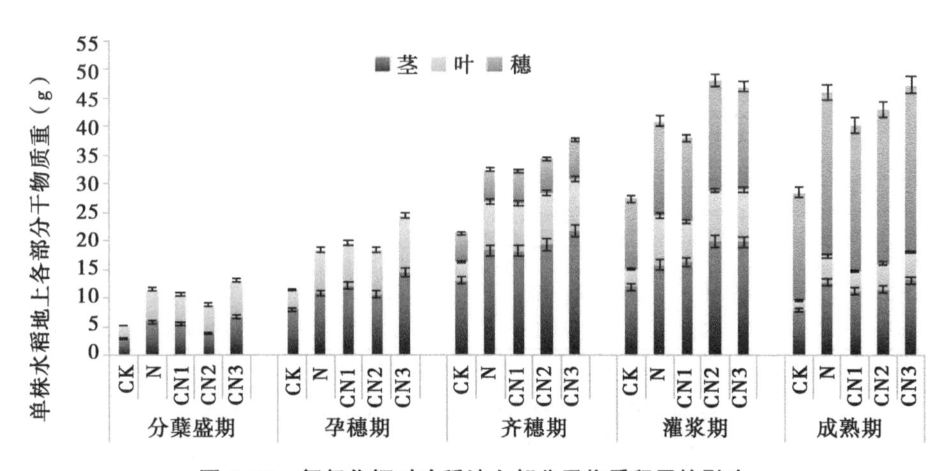

图 6-29　氰氨化钙对晚稻地上部分干物质积累的影响

表 6-26　氰氨化钙对早稻叶片 SPAD 值的影响

处理	分蘖盛期	孕穗期	齐穗期	灌浆期	成熟期
CK	34. 6bc	30. 2c	34. 5d	30. 8c	21. 4d
N	35. 1b	38. 3b	42. 6a	41. 3a	26. 9c
CN1	34. 4bc	38. 4b	40. 1b	39. 2b	26. 7c
CN2	33. 7c	40. 1a	39. 8b	38. 6b	32. 2b
CN3	38. 0a	40. 3a	38. 6c	39. 7b	33. 6a

表 6-27　氰氨化钙对晚稻叶片 SPAD 值的影响

处理	分蘖盛期	孕穗期	齐穗期	灌浆期	成熟期
CK	36.7b	32.8a	36.5b	35.2b	20.9b
N	39.4a	34.4a	42.6a	43.5a	34.7a
CN1	39.1a	34.3a	41.6a	42.6a	31.0a
CN2	39.3a	33.8a	42.6a	42.8a	33.5a
CN3	41.7a	32.9a	41.7a	42.8a	33.4a

（5）产量及其构成因素　如表 6-28 所示早稻试验，有效穗方面，各处理呈 N>CN1>CN2>CN3>CK，N、CN1 与其他三者呈显著差异水平。每穗粒数方面，CN1>CN3>CN2>N，但差异不显著。结实率方面，CN1>N>CN2>CN3，但差异不显著。千粒重方面各处理间差异不显著。产量上 N>CN1>CN2>CN3>CK。

如表 6-29 所示晚稻试验中，CN3 处理有效穗高于处理 N、CN1、CN2，呈显著差异，CK 处理有效穗显著低于施肥处理。各处理每穗粒数、结实率相近，无显著差异。N 处理千粒重最低，显著低于其他 4 个处理。实测产量上，CN2>CN3、CN1、N，呈显著差异；处理 CN3>CN1>N，但差异不显著。

表 6-28　氰氨化钙对早稻产量及产量构成因素的影响

处理	有效穗数（万穗/hm^2）	每穗粒数（粒/穗）	结实率	千粒重（g）	产量（kg/hm^2）
CK	306.59d	61.64b	0.92a	27.86a	4 796.56d
N	561.29a	71.59a	0.70b	27.33a	8 614.68a
CN1	545.24a	77.58a	0.71b	27.91a	8 241.48a
CN2	485.71b	73.08a	0.66b	27.55a	6 514.64b
CN3	460.68c	75.41a	0.58b	28.08a	5 889.20c

表 6-29　氰氨化钙对晚稻产量及产量构成因素的影响

处理	有效穗数（万穗/hm^2）	每穗粒数（粒/穗）	结实率	千粒重（g）	产量（kg/hm^2）
CK	290.91c	116.07a	0.66a	28.29a	4 925.70c
N	399.77b	114.95a	0.67a	27.44b	5 841.79b
CN1	397.63b	120.04a	0.67a	28.04a	5 917.53b
CN2	407.86b	116.48a	0.61a	27.93a	6 698.96a
CN3	424.01a	115.39a	0.63a	27.86a	6 240.53b

四、研究结论

（一）不同施氮量节水节肥效果研究

综合根系群体质量、叶面积指数和产量情况，同时考虑到化肥减量、优化环境，在本试验条件下，以亩施纯氮 10.0kg 为宜。

（二）不同施肥方式节水节肥效果研究

综合对根系群体性状、叶面积指数及产量性状发分析，本试验条件下以采用肥料运筹方式 F（即 N：P：K=1：0.6：1.2，基蘖穗=6：3：1）最为适宜。

（三）氰氨化钙对稻田改良效应和水稻产量影响

1. 早稻

茎蘖动态方面。处理 N 和 CN1 茎蘖动态基本一致，CN2 和 CN3 处理水稻前期温度低，受毒害严重，形成僵苗。故氰氨化钙不适宜在早稻季施用。地上部分干物质积累方面，处理 N、CN1 和 CN2 要高于 CN3。处理 CN1 在中后期优势大，体现了一定的缓释效果。SPAD 值方面，前期 N 和 CN1 处理 SPAD 值高于 CN2 和 CN3 处理，后期 CN2 和 CN3 高于 N 和 CN1 处理，表明氰胺化钙有一定的缓释效果。产量和产量构成因素方面，处理 N 和 CN1 有效穗和产量较高。与其他指标一致，CN2 和 CN3 处理有效穗和产量较低。说明氰胺化钙不适宜在早稻季施用。

2. 晚稻

茎蘖动态方面，处理 CN3 茎蘖发生力明显强于处理 CN2、CN1 和 N，但多为无效分蘖。地上部分干物质积累方面，处理 CN2、CN3 在各个时期积累量都高于 N 和 CN1。叶面积指数方面，CN2、CN3 和 N 处理叶面积指数在各个时期差异不大，但高于 CN1 处理。SPAD 值方面，除 CK 外，各处理 SPAD 值差异不大，但 CN1 处理较低。说明温度较高，氰氨化钙缓释期缩短。产量和产量构成因素方面，CN2 产量处理显著高于 CN3、CN1、N 处理，主要体现在单位面积有效穗上。

第七章　水稻丰产节水节肥技术应用

第一节　耐旱节水水稻品种的示范推广

一、2015年耐旱节水早籼晚粳品种的示范

试验示范地点：长沙县开慧镇；示范品种：早稻超级稻品种中早39，面积100亩；晚稻粳稻品种南粳46，面积50亩，全部采用软盘抛秧的方式。早稻3月下旬播种，晚稻6月中旬播种。早稻其中80亩在孕穗期前（6月上旬）停止灌水，直到成熟收获。晚稻其中40亩在孕穗期前（8月下旬）停止灌水，直到成熟收获。试验记载：记载各水稻品种生育期与盛花期，调查结实率、株高、产量等。

（1）示范现场集中连片种植162亩“中早39”，于3月25日播种，4月15—17日抛秧。示范区病虫防治综合集成了应用光合细菌生物制剂对水稻病害诱抗技术、稻田景观元素与生境控害技术、频振式杀虫灯灯光诱杀技术、二化螟性诱剂大田诱捕技术、节氮控害健身栽培技术、蜘蛛等自然天敌保护利用技术、高效低毒农药精准减量施药技术等综合防治技术，防治效果好。示范片生长整齐一致，茎秆粗壮，叶青籽黄，籽粒饱满，未倒伏。示范区病虫危害轻，与对照区比较，纹枯病防效为77.38%，二化螟防效为82.51%，稻纵卷叶螟防效为79. 89%。

（2）通过现场考察，选择代表性田块，随机取样考种，中早39每亩有效穗21.8万，每穗总粒数129.5粒，实粒数112.5粒，结实率86.9%，千粒重26g，理论平均亩产637.65kg，按照八五折计算，每亩产量542.00kg。

（3）中早39减药高效栽培示范片技术集成度高，各项技术措施落实到位，增产增效明显，示范效果好。

二、2015年耐旱节水晚稻品种的示范

试验示范地点：益阳赫山区；示范品种：湘晚籼12号或五丰优T025，+面积100亩以上。栽培方式：机插秧或抛秧；6月中旬播种；示范品种的在孕穗期前（8月下旬）停止灌水，直到成熟收获。试验记载：记载各水稻品种生育期与盛花期，调查结实率、株高、产量等。

（1）该示范片位于益阳市赫山区兰溪镇黄湖村，示范品种为湘晚籼12号，集中连片种植了452.5亩，于6月23日统一播种，7月13—17日抛栽，9月15—17日齐穗，10月22日左右成熟，示范区水稻长势长相良好，病虫危害轻，未倒伏现象。

（2）该示范片综合集成了集中育秧、增种增苗，抛秧和机插秧，施肥后移、病虫

绿色防控等技术，形成了红米品种湘晚籼 12 号保优高效栽培技术体系，技术组装科学，示范效果良好。

（3）在现场考察的基础上，选择代表性田块 3 丘，随机取样，现场考种。湘晚籼 12 号平均每亩有效穗 19.8 万，每穗总粒数 128.8 粒，实粒数 119.1 粒，结实率 92.5%，千粒重 24g，理论平均亩产 577.75kg，按照八五折计算，每亩实际产量为 491kg。

（4）红米品种湘晚籼 12 号示范片保优高效栽培技术集成度高，示范措施到位，经济与生态效果明显。

三、2016 年耐旱节水水稻品种的示范推广

展示示范地点：华容县、赫山区、宁乡县、醴陵市、衡阳县、冷水滩区等项目示范区，示范品种：湘晚籼 12 号，栽培方式：机插秧或抛秧；6 月中旬播种；示范品种的在孕穗期前（8 月下旬）停止灌水，直到成熟收获。

针对南方稻区虽然雨量充沛，但季节性干旱时有发生，干旱已成为影响水稻尤其是优质籼稻生产的最主要障碍因子等现实问题，本年度主要围绕耐旱水稻品种湘晚籼 12 号在湘北、湘中、湘南三大区域进行示范推广，面积超过 40 万亩。该品种普遍在 6 月下旬播种，7 月中旬抛栽，9 月中旬齐穗，10 月中下旬成熟，示范区水稻长势长相良好，病虫危害轻，未出现倒伏现象。通过采用集中育秧、增种增苗，抛秧和机插秧，施肥后移、病虫绿色防控等技术，实施保优高效栽培技术体系，一般亩产在 480kg 以上，高产达 550kg 以上，取得了良好示范效果，因该品种是红米优质稻品种，经济与生态效益明显。

四、2017 年耐旱节水水稻品种的示范推广

在益阳赫山区兰溪镇，示范品种为湘晚籼 12 号，面积 310 亩，栽培方式为抛秧与机插。在益阳市赫山区笔架山乡中塘村，早稻展示品种 12 个（湘早籼 32 号、湘早籼 24 号、湘早籼 42 号、湘早籼 45 号、创丰 1 号、潭两优 83、株两优 189 等），晚稻展示品种 15 个（表 7-1）。

表 7-1　参试节水耐旱型晚稻品种

品种名称	备注	品种名称	备注
五丰优银占	杂交稻	天优 103	杂交稻
德优 1858	杂交稻	荣优 233	杂交稻
泰优 398	杂交稻	泰丰优 2213	杂交稻
玖两优华占	杂交稻	泰优 390	杂交稻
玖两优丝苗	杂交稻	五优 369	杂交稻
旱优 73	旱稻、杂交稻	金优 59	杂交稻
玖两优 1179	杂交稻	荣优 390	杂交稻
安优 736	杂交稻	H 优 518	对照

在益阳赫山区兰溪镇示范地点，品种为湘晚籼 12 号，面积 310 亩，栽培方式为抛

秧与机插。操作要点如下：

（1）选用耐旱晚稻良种：目前建议选用湘晚籼 12 号。

（2）适时播种：一般 6 月 10～18 日播种；每亩大田用种量 2.5kg，每亩秧田播种量控制 15kg 以内。同时应采用多效唑浸芽谷，一般每千克种子用多效唑 3g 对水 1kg 浸芽谷 15min 捞出沥干即可播种。

（3）培育多蘖壮秧：2 叶 1 心时每亩秧田追尿素 4～5kg 促秧苗早分蘖。移栽前 7d 左右每亩秧田追尿素 3～4kg 作送嫁肥。移栽前 2～3d 施药一次，防止秧苗带病虫到大田。

（4）适时移栽：以秧龄不超过 30d 为宜。机插密度 4 寸×7 寸，每蔸插 4～5 苗，每亩插足 8 万～10 万基本苗；抛秧每亩抛栽 1.8 万～2 万株。

（5）增施磷钾肥、磷肥以作基肥为主，钾肥以结合第一次中耕追施为主，孕穗期少量补施，抽穗前后磷钾肥都可叶面喷施。

（6）尽量少用或不用农药：采取以农业防治为主的综合防治措施，包括选用抗病虫品种，处理病稻草，打捞残渣，浅灌露田，适时晒田，除净稗草，利用土法土药防治病虫害等，以达到控制和消灭病虫害而又少农药残毒的目的。

（7）后期切忌断水过早：一般宜在收割前 7d 左右断水，如果成熟期断水过早，不仅会增加空壳率，降低千粒重和产量，而且会影响水稻的品质。

（8）适时收割：稻谷成熟达到 95%收割，米饭粒相对粗硬些。做到单收、单晒、单贮，防止人为或机械混杂。

（9）注意改进晒谷方法：切忌在烈日下摊在水泥地曝晒。一般开始晒时可摊 7～10cm 厚，做到勤翻动，以防止脱水过快。

在益阳市赫山区笔架山乡中塘村，示范品种 12 个（湘早籼 32 号、湘早籼 24 号、湘早籼 42 号、湘早籼 45 号、创丰 1 号、潭两优 83、株两优 189 等）；栽培方式为全程机械化（机插、机收）。表现好的品种结果如表 7-2、表 7-3 所示。

表 7-2　表现优良的节水耐旱型早稻品种

品种名称	亩产（kg）	生育期（d）	备注
株两优 819	421	115	对照
湘早籼 32 号	415	111	常规稻
湘早籼 24 号	423	113	常规稻
湘早籼 45 号	443	114	常规稻
潭两优 83	470	115	常规稻
株两优 189	472	115	常规稻

表 7-3　表现优良的节水耐旱型晚稻品种

品种名称	亩产（kg）	生育期（d）	备注
H 优 518	440	112	对照
泰优 390	505	115	优质杂交稻
玖两优 1179	486	115	优质杂交稻

（续表）

品种名称	亩产（kg）	生育期（d）	备注
金优 59	467	113	低镉杂交稻
早优 73	453	115	早稻杂交稻
玖两优华占	457	115	杂交稻
泰优 398	455	114	杂交稻

第二节　缓控释肥料节氮增苗丰产技术示范

一、示范区概况及示范内容

2016 年在宁乡县回龙铺镇天鹅村建立缓控释肥料节氮增苗丰产技术核心示范片，该技术通过减量施用缓控释氮肥，结合采用增加基本苗数，湿润灌溉等技术，达到节水节肥丰产效果。示范片共 3 丘示范田，共计 30 亩。每个示范丘块按一分为二的原则从中间设置高 20cm，宽 20cm 的田埂进行隔离，田埂覆盖薄膜，处理单排单灌，收获期单独测产。每丘示范田设 2 个处理，即对照处理（当地习惯施肥，常规密度）和对应的示范处理。3 丘示范块的对应的示范处理如下：

（1）节氮 20%（树脂包膜尿素：尿素=3：2），增苗密度。示范面积 10 亩。

（2）节氮 20%（100%硫包衣尿素），增苗密度。示范面积 10 亩。

（3）节氮 20%（脲酶抑制剂），增苗密度。示范面积 10 亩。

常规施肥：早稻 N 10kg/亩、P_2O_5 5. 0kg/亩、K_2O 6. 0kg/亩；晚稻 N 12kg/亩、P_2O_5 3. 0kg/亩、K_2O 8. 0kg/亩；节氮 20%：磷钾量同常规施肥，早稻 N 8kg/亩+晚稻 N 9. 6kg/亩。脲酶抑制剂按尿素量的 0. 5%添加。所有肥料一次性基施。

常规密度：早稻 2 万蔸/亩，晚稻 1. 75 万蔸/亩；增苗密度：早稻 2. 3 万蔸/亩，晚稻 2. 0 万蔸/亩。

二、示范效果

该项技术集成示范结果表明，双季稻田氮肥施用以常规施氮量的 60%～90%较为适宜，施用添加脲酶抑制剂尿素可节氮 10%～20%；树脂包膜尿素可节氮 20%～40%，且以配施 30%～50%的速效氮肥一次性施用为宜；硫包衣尿素可节氮 10%～30%。通过在常规密度苗数（早稻 2 万蔸/亩，晚稻 1. 75 万蔸/亩）上增苗（早稻 2. 3 万蔸/亩，晚稻 2. 0 万蔸/亩）节氮丰产效果更明显。

2016 年 7 月 3 日湖南省农业科学院邀请湖南省农委、湖南农业大学、宁乡县农业局和统计局等单位有关专家，在宁乡县回龙铺镇对水稻专用缓控释肥与增苗节氮丰产配套技术集成示范进行了现场评议通过现场考察、听取课题组汇报，经充分讨论，形成如下意见：

（1）该项目针对双季稻田施肥结构不合理，氮肥利用效率低，用肥成本高的等问题，通过合理施用缓控释肥，综合集成增苗节N、秸秆还田、早旋晚免、湿润灌溉等技术，建立南方双季稻周年丰产氮肥运筹综合丰产技术模式，对改善耕地质量和促进水稻丰产具有重要的现实意义。

（2）通过采用静态水溶法进行养分释放率、养分释放期和养分释放量的测定研究，筛选出脲酶抑制剂、树脂包膜尿素、硫包衣尿素等适应双季稻释放时间的氮抑制剂和水稻专用缓控释氮肥品种3个。经田间试验，研究了不同类型缓控释氮肥品种及不同施用模式下的早稻产量效应；初步探明了水稻植株对不同肥料品种的氮素吸收利用规律、土壤氮素养分特性和养分释放特征，形成了相应的技术规范。

（3）通过现场考察和测产验收，采用该项集成技术，在今年早稻生长期雨水偏多、有效积温减少、光照不足的异常气候条件下，在中高肥力稻田土壤上，早稻每亩增苗0.3万蔸，节氮20%，一次性施用添加脲酶抑制剂尿素产量提高5.3%；一次性施用树脂包膜尿素（树脂包膜尿素：尿素=3：2）产量提高5.7%；一次性施用硫包衣尿素产量提高5.1%。

专家组一致认为，该项目技术的经济、生态、社会效益显著，建议进一步加大示范推广力度。

三、缓控释肥引进筛选

2013—2016年从公司和企业（金正大、施可丰、史丹利、中化化肥、汉枫和神农大丰公司、中科院沈阳应用生态研究所）引进增效缓释尿素、树脂包膜尿素、硫包衣尿素三种类型的缓控释氮肥各8~12个，引进与筛选释放时间控制在30~50d的早稻专用缓控释肥品种3~6个，养分释放时间控制在30~60d的晚稻专用缓控释肥品种3~6个。从济南千贝电子商务有限公司购买脲酶抑制剂，郑州神雨化工有限公司购买缓释剂（硝化抑制剂+脲酶抑制剂+磷活化剂），长沙科恒化工有限公司购买硝化抑制剂等与肥料进行掺混开展田间节肥效应试验。2016年应用筛选出的树脂包膜尿素、硫包衣尿素、脲酶抑制剂进行了节氮20%（树脂包膜尿素：尿素=3：2）、100%硫包衣尿素（按尿素量的0.5%添加脲酶抑制剂）增苗试验与示范，节氮和丰产效果明显。

第三节　双季稻增苗减氮集成技术示范

一、示范目标

根据小区试验研究结果，针对湘北平原区的气候特点及当地水稻种植习惯，综合集成双季稻田定量灌溉节水技术、双季稻田生物覆盖培肥技术、双季稻增苗节肥丰产栽培技术，形成适于区域特点的稻田水肥高效利用综合丰产技术规程，并在所在区域进行了示范推广。

二、实施方案

从2015年起，连续3年在益阳赫山区笔架山乡核心示范基地进行集成示范，2015

年示范品种早稻为株两优 819、陵两优 211、株两优 211、中嘉早 17、中早 39、湘早籼 45 号，晚稻为晶两优华占、玖两优 47、玖两优黄华占、湘晚籼 17 号、农香 18、湘晚籼 12 号。2017 年早稻：株两优 819、湘早籼 45 号、中嘉早 17；晚稻：湘晚籼 17 号、湘晚籼 12 号、天优华占。

（一）田块选择

早晚稻每品种各选 1 块田，面积 2 亩以上，每块平均分成 2 个小区，分别为增苗减氮处理和常规模式，中间做田埂并覆膜。

（二）增苗减氮模式

氮素水平早稻 8kg/亩，2.3 万蔸/亩；晚稻 8.3kg/亩，2.0 万蔸/亩。

（三）常规模式

氮素水平早稻 10kg/亩，2.0 万蔸/亩；晚稻 11kg/亩，1.8 万蔸/亩。

（四）早稻基肥

蘖肥：穗肥为 4∶3∶3，晚稻为 5∶2∶3，病虫防治等管理措施同丰产栽培。

三、测定项目

（一）土壤养分与结构变化

移栽前和收获后，采用分层取样对每小区进行取样，01～10cm/10～25cm/25cm 以下土层分析土壤有机质、全氮、碱解氮、有效磷、速效钾、有效硅、有效锌、CEC 及 pH 值等主要理化指标。

（二）植株生长动态

基本苗、最高苗、有效穗。

（三）穗分化期、齐穗期、成熟期干物质量及含氮量

在 3 个时期按照代表性植株，每个处理 2 丛，3 次重复，测定茎叶穗根的干物质量及含氮量。

（四）成熟期考种与测产

根据平均有效穗数，每个处理选 2 丛，3 次重复，单穗进行每穗粒数、结实率考种，并在成熟期每个处理选 6 个平方进行实割，测定标准含水量后的产量，并取代表性样品测定千粒重。

（五）病虫害发生情况

分别于苗期、分蘖期、穗期、成熟期跟踪调查各处理的二化螟、纵卷叶螟、飞虱、稻瘟病、白叶枯病。纹枯病。稻曲病等的发生与为害情况。

四、示范结果

（一）2016 年示范结果

通过 2016 年示范测产和对产量因子的考察，结果显示，早晚稻示范品种的实际产

量比当地习惯模式高出5.3%~9.0%，晚稻6个示范品种的实际产量比当地习惯模式高出3.96%~7.57%，从产量构成因子分析来看，虽然减氮增苗模式下6个品种的每穗实粒数和结实率都略有下降，但显著提高了大田有效穗数（表7-4、表7-5）。

表7-4 2016年早稻示范情况

品种名称	处理	有效穗（万穗/亩）	每穗实粒数（粒/穗）	结实率（%）	千粒重（g）	产量（kg/亩）	比CK增产幅度（%）
株两优819	减氮增苗模式	26.7	89.2	87.4	25.6	609.7	6.7
	习惯模式CK	24.3	93.7	88.6	25.1	571.5	—
陵两优211	减氮增苗模式	26.4	88.3	85.6	26.3	613.1	8.0
	习惯模式CK	23.4	90.9	82.9	26.7	567.9	—
株两优211	减氮增苗模式	25.9	89.5	84.3	26.1	605.0	9.0
	习惯模式CK	23.8	90.0	83.6	25.9	554.8	—
中嘉早17	减氮增苗模式	25.1	90.4	84.7	26.8	608.1	7.6
	习惯模式CK	23.2	94.1	80.8	25.9	565.4	—
中早39	减氮增苗模式	25.6	87.9	84.8	26.1	587.3	5.3
	习惯模式CK	23.3	94.2	80.7	25.4	557.5	—
湘晚籼45号	减氮增苗模式	25.6	90.3	86.9	25.1	580.2	5.6
	习惯模式CK	22.4	95.1	84.8	25.8	549.6	—

表7-5 2016年晚稻示范情况

品种名称	处理	有效穗（万穗/亩）	每穗实粒数（粒/穗）	结实率（%）	千粒重（g）	产量（kg/亩）	比CK增产幅度（%）
晶两优华占	减氮增苗模式	24.4	109.0	85.2	26.3	699.5	7.57
	习惯模式CK	22.3	112.6	83.7	25.9	650.3	—
玖两优47	减氮增苗模式	22.6	106.2	83.1	26.7	640.8	5.81
	习惯模式CK	20.8	110.7	84.6	26.3	605.6	—
玖两优黄华占	减氮增苗模式	23.2	104.5	84.4	24.1	584.3	4.71
	习惯模式CK	21.0	108.9	84.2	24.4	558.0	—
湘晚籼17号	减氮增苗模式	24.8	82.7	86.6	25.8	529.1	5.57
	习惯模式CK	22.5	86.0	89.3	25.9	501.2	—
农香18	减氮增苗模式	25.3	72.7	85.9	28.1	516.8	3.96
	习惯模式CK	22.8	76.5	86.5	28.5	497.1	—
湘晚籼12号	减氮增苗模式	25.0	71.1	88.1	25.2	447.9	5.41
	习惯模式CK	22.1	75.4	81.9	25.5	424.9	—

（二）2017 年示范结果

1. 产量及产量构成

（1）早稻 从增苗减 N 技术研究与示范早稻产量分析，与常规对照比较，采用增苗减 N 技术，3 个品种均表现出一定丰产优势，其中中嘉早 17 增产 4. 87%、株两优 819 增产 4. 87%、湘早籼 45 号增产 4. 95%；从产量构成因素分析，采用增苗减 N 技术主要增加了每亩基本苗、有效穗，提高了结实率（表 7-6）。

表 7-6 增苗减 N 技术研究与示范早稻产量及产量构成

品种名称	处理	基本苗（万/亩）	有效穗（万穗/亩）	株高（cm）	穗长（cm）	总粒数（粒/穗）	实粒数（粒/穗）	结实率（%）	千粒重（g）	实际产量（kg）
中嘉早 17	增苗减 N	12. 9	23. 5	88. 6	18	124. 3	105. 1	84. 5	26. 3	552. 26
	CK	10. 8	23. 1	88. 4	18. 2	123. 5	101. 9	82. 5	26. 3	526. 6
株两优 819	增苗减 N	9. 1	25. 9	80. 9	17. 9	122. 3	104. 7	85. 6	24. 5	563. 56
	CK	7. 5	24. 8	81. 2	18	122. 8	103. 9	84. 6	24. 5	537. 4
湘早籼 45 号	增苗减 N	12. 5	25. 3	81. 8	20. 9	106. 3	93. 8	88. 2	26. 2	528. 46
	CK	10. 4	24. 5	82. 2	21. 1	107. 1	92. 2	86. 1	26. 2	503. 53

（2）晚稻 从增苗减 N 技术研究与示范晚稻产量分析，与常规对照 CK 比较，采用增苗减 N 技术，3 个品种均表现出显著增产，其中湘晚籼 17 号增产 8. 82%、湘晚籼 12 号增产 11. 86%、天优华占增产 10. 59%。从产量构成因子分析来看，产量的提高主要是由于大田有效穗数显著增多，与晚稻示范实际产量结果表现一致（表 7-7）。

表 7-7 增苗减 N 技术研究与示范晚稻产量及产量构成

品种名称	处理	有效穗（万穗/亩）	实粒数（粒/穗）	结实率（%）	千粒重（g）	实际产量（kg/亩）	比 CK 增产幅度（%）
湘晚籼 17 号	增苗减 N	22. 8	103. 2	85. 2	26. 3	521. 93	8. 82
	CK	22. 5	99. 6	84. 9	25. 5	479. 63	—
湘晚籼 12 号	增苗减 N	23. 2	104. 9	84. 6	26. 3	438. 36	11. 86
	CK	19. 2	76. 9	86. 6	25. 8	391. 88	—
天优华占	增苗减 N	21. 6	98. 7	84. 4	24. 1	407. 49	10. 59
	CK	20. 9	80. 2	89. 3	25. 9	368. 48	—

2. 植株干物质重

（1）早稻不同生育时期干物质重 在增苗减 N 技术研究与示范的示范区与对照区，早稻于 5 月 21 日拔节期、6 月 8 日孕穗期、6 月 22 日齐穗期、7 月 11 日成熟期 4 个时期分别取样测定植株干物质量，中嘉早 17、株两优 819、湘早籼 45 号 3 个品种的干物质量变化规律基本一致。示范区采用增苗减 N 技术，由于减少了 N 肥用量，与对照区比较，在生育前期单株干物质量和亩群体干物质量均低于对照，但随着水稻植株生长发育，示范区干物质量逐步赶上对照区，至成熟期，示范区单株干物质量和亩群体干物质量均已超过对照（表 7-8）。

表 7-8 增苗减 N 技术研究与示范早稻干物质量

品种名称	取样时期	处理	每蔸干物质重（g）				每亩干物质重（kg）			
			根	茎	叶	穗	根	茎	叶	穗
中嘉早 17	拔节期	增苗减 N	0.82	2.20	0.14		18.78	50.60	3.13	
	(5/21)	CK	1.07	2.75	0.18		21.33	55.00	3.56	
	孕穗期	增苗减 N	1.78	11.12	8.67		41.02	255.68	199.33	
	(6/8)	CK	2.32	11.93	8.18		46.33	238.67	163.67	
	齐穗期	增苗减 N	4.03	17.57	11.22	8.07	92.77	404.03	257.98	185.53
	(6/22)	CK	2.92	16.93	7.35	6.07	58.33	338.67	147.00	121.33
	成熟期	增苗减 N	5.65	19.20	11.95	25.87	129.95	441.60	274.85	594.93
	(7/11)	CK	3.75	14.60	8.45	23.32	75.00	292.00	169.00	466.33
株两优 819	拔节期	增苗减 N	0.83	1.10	0.14		19.17	25.30	3.19	
	(5/21)	CK	1.08	1.75	0.18		21.67	35.00	3.61	
	孕穗期	增苗减 N	1.57	7.42	4.68		36.03	170.58	107.72	
	(6/8)	CK	2.37	9.70	6.02		47.33	194.00	120.33	
	齐穗期	增苗减 N	3.57	11.23	5.58	6.43	82.03	258.37	128.42	147.97
	(6/22)	CK	4.32	14.88	6.92	8.22	86.33	297.67	138.33	164.33
	成熟期	增苗减 N	3.90	11.65	6.65	26.00	89.70	267.95	152.95	598.00
	(7/11)	CK	3.38	11.13	5.80	20.92	67.67	222.67	116.00	418.33
湘早籼 45 号	拔节期	增苗减 N	1.18	2.13	0.20		27.22	49.07	4.54	
	(5/21)	CK	1.43	2.43	0.24		28.67	48.67	4.78	
	孕穗期	增苗减 N	2.28	10.02	5.03		52.52	230.38	115.77	
	(6/8)	CK	2.23	12.45	6.60		44.67	249.00	132.00	
	齐穗期	增苗减 N	3.55	15.00	7.25	11.97	81.65	345.00	166.75	275.23
	(6/22)	CK	3.80	18.57	8.53	14.67	76.00	371.33	170.67	293.33
	成熟期	增苗减 N	2.63	14.58	6.75	22.23	60.57	335.42	155.25	511.37
	(7/11)	CK	2.85	12.85	5.87	25.02	57.00	257.00	117.33	500.33

增苗减 N：早稻 N 8kg/亩，密度 2.3 万蔸/亩；晚稻 N 8.3kg/亩，密度 2.0 万蔸/亩；CK：早稻 N 10kg/亩，密度 2.0 万蔸/亩；晚稻 N 11kg/亩，密度 1.8 万蔸/亩

（2）晚稻不同生育时期干物质重　晚稻于 8 月 14 日拔节期、8 月 31 日孕穗期、9 月 18 日齐穗期、10 月 31 日成熟期 4 个时期分别取样测定植株干物质量，湘晚籼 17 号、湘晚籼 12、天优华占 3 个品种的干物质量变化规律也基本一致。在拔节到孕穗期，示范区单株干物质量和亩群体干物质量均低于对照，齐穗期后示范区单株和群体根、茎、叶、穗干物质量均超过了各自对照区，减 N 增苗表现出的群体效应显著（表 7-9）。

表 7-9　增苗减 N 技术研究与示范晚稻干物质量

品种名称	取样时期	处理	每蔸干物质重（g）				每亩干物质重（kg）			
			根	茎	叶	穗	根	茎	叶	穗
湘晚籼17号	拔节期	增苗减 N	0.97	1.47	1.42		19.33	29.33	28.33	
	(8/14)	CK	1.45	2.12	2.02		26.10	38.10	36.30	
	孕穗期	增苗减 N	2.67	8.80	6.63		53.33	176.00	132.67	
	(8/31)	CK	3.32	12.23	10.02		59.70	220.20	180.30	
	齐穗期	增苗减 N	6.37	30.45	9.50	7.13	127.33	609.00	190.00	142.67
	(9/18)	CK	4.77	24.40	7.13	6.57	85.80	439.20	128.40	118.20
	成熟期	增苗减 N	5.55	12.12	7.10	24.45	111.00	242.33	142.00	489.00
	(10/31)	CK	3.47	13.03	7.20	25.68	62.40	234.60	129.60	462.30
湘晚籼12号	拔节期	增苗减 N	0.97	1.93	1.77		19.33	38.67	35.33	
	(8/14)	CK	1.32	2.02	2.33		23.70	36.30	42.00	
	孕穗期	增苗减 N	4.85	6.97	6.55		97.00	139.33	131.00	
	(8/31)	CK	2.35	9.57	7.43		42.30	172.20	133.80	
	齐穗期	增苗减 N	4.55	15.77	7.75	7.73	91.00	315.33	155.00	154.67
	(9/18)	CK	4.00	15.52	6.28	6.43	72.00	279.30	113.10	115.80
	成熟期	增苗减 N	7.43	18.32	7.25	23.28	148.67	366.33	145.00	465.67
	(10/31)	CK	5.87	14.67	6.27	20.63	105.60	264.00	112.80	371.40
天优华占	拔节期	增苗减 N	1.45	1.98	2.23		29.00	39.67	44.67	
	(8/14)	CK	2.17	2.62	2.97		39.00	47.10	53.40	
	孕穗期	增苗减 N	3.12	8.67	9.25		62.33	173.33	185.00	
	(8/31)	CK	4.70	9.27	10.55		84.60	166.80	189.90	
	齐穗期	增苗减 N	6.88	29.03	11.92	10.68	137.67	580.67	238.33	213.67
	(9/18)	CK	6.02	26.37	11.57	9.37	108.30	474.60	208.20	168.60
	成熟期	增苗减 N	6.02	17.40	9.87	24.15	120.33	348.00	197.33	483.00
	(10/31)	CK	6.25	18.02	10.38	23.68	112.50	324.30	186.90	426.30

注：示范区增苗密度早稻 M2.3 万蔸/亩+晚稻 M2.0 万蔸/亩，对照区密度早稻 2.0 万蔸/亩+晚稻 1.8 万蔸/亩

3. 植株全氮含量

早稻植株全氮含量：在增苗减 N 技术研究与示范的示范区与对照区，对早稻 5 月 21 日拔节期、6 月 8 日孕穗期、6 月 22 日齐穗期、7 月 11 日成熟期 4 个时期植株烘干

样，分别测定植株全氮含量。中嘉早17从拔节期至成熟期，示范区根、茎、叶、穗/谷各部位全氮含量均表现高于对照区；株两优819和湘早籼45两个品种拔节期至孕穗期示范区植株各部位全氮含量表现低于对照区，齐穗期至成熟期则表现为示范区植株各部位全氮含量高于对照区（表7-10）。

表7-10 增苗减N技术研究与示范早稻植株全氮含量

品种名称	取样时期	处理	根（%）	茎（%）	叶（%）	穗/谷（%）
中嘉早17	拔节期（5/21）	增苗减氮	1.92	2.80	5.24	
		CK	1.52	2.65	4.96	
	孕穗期（6/8）	增苗减氮	1.14	1.61	4.06	
		CK	1.12	1.76	3.42	
	齐穗期（6/22）	增苗减氮	1.15	1.56	4.05	1.60
		CK	1.08	1.04	2.83	1.21
	成熟期（7/11）	增苗减氮	0.80	0.83	2.24	1.31
		CK	0.78	0.62	1.94	1.16
株两优819	拔节期（5/21）	增苗减氮	1.56	2.36	4.54	
		CK	1.58	2.54	4.66	
	孕穗期（6/8）	增苗减氮	0.99	1.63	4.06	
		CK	1.01	1.93	3.87	
	齐穗期（6/22）	增苗减氮	0.98	1.24	3.39	1.53
		CK	1.03	1.00	2.61	1.32
	成熟期（7/11）	增苗减氮	0.72	0.75	2.09	1.28
		CK	1.02	0.70	1.70	1.39
湘早籼45	拔节期（5/21）	增苗减氮	1.51	2.60	4.67	
		CK	1.56	2.45	4.76	
	孕穗期（6/8）	增苗减氮	0.97	1.80	3.88	
		CK	1.10	1.67	3.52	
	齐穗期（6/22）	增苗减氮	1.35	1.30	3.41	1.46
		CK	1.29	1.24	3.35	1.34
	成熟期（7/11）	增苗减氮	1.03	0.68	0.86	1.28
		CK	0.75	0.67	1.72	1.20

4. 病虫害调查

（1）早稻病虫害调查　在早稻生长期间通过对主要病虫害调查显示，整个示范区域早稻病虫发生均不严重。纹枯病发生前期较轻，后期6月14日、6月26日调查，病株率较高，主要是此段时期受连续降雨、高温高湿影响，但通过药剂防治病情得到有效控制。二化螟、稻飞虱、纵卷叶螟全生育期发生均较轻，稻瘟病、白叶枯病全生育期均未发生。与常规对照比较，在全生育期只打一次防治纹枯病药剂情况下，采用增苗减N栽培，3个品种均表现出了病虫危害减轻的趋势（表7-11至表7-13）。

表 7-11　增苗减 N 技术研究与示范早稻纹枯病调查

品种名称	处理	纹枯病											
		日期（5/23）			日期（6/7）			日期（6/14）			日期（6/26）		
		病株率（%）	病情指数	严重度	病株率（%）	病情指数	严重度	病株率（%）	病情指数	严重度	病株率（%）	病情指数	严重度
中嘉早 17	增苗减氮	0.42	0.09	1	0.06	0	1	0.12	0.1	1	0.42	0.08	1
	对照	0.51	0.10	1	0.05	0	1	0.16	0.1	1	0.45	0.06	1
株两优 819	增苗减氮	0.48	0.1	1	1.2	0.24	1	7.4	1.48	3	8.3	1.66	2
	对照	0.50	0.12	1	1.1	0.22	1	7.5	1.49	3	8.5	1.68	2
湘早籼 45 号	增苗减氮	0.37	0.22	1	1.1	0.22	1	14.4	2.88	3	17.4	3.48	2
	对照	0.38	0.26	1	1.0	0.20	1	14.6	2.81	3	16.9	3.46	2

表 7-12　增苗减 N 技术研究与示范早稻二化螟和稻飞虱调查

品种名称	处理	二化螟（%）				稻飞虱（头）			
		日期（5/23）		日期（6/7）		日期（5/23）	日期（6/7）	日期（6/14）	日期（6/26）
		被害株率	枯心率	被害株率	枯心率	百蔸虫量	百蔸虫量	百蔸虫量	百蔸虫量
中嘉早 17	增苗减氮	0.36	0.24	0.16	0	0	4	12	36
	对照	0.47	0.26	0.18	0	0	6	15	38
株两优 819	增苗减氮	0.38	0.25	0.11	0	0	8	8	60
	对照	0.36	0.24	0.12	0	0	9	9	62
湘早籼 45 号	增苗减氮	0.31	0.22	0.14	0	0	16	4	44
	对照	0.32	0.22	0.16		0	18	6	46

表 7-13　增苗减 N 技术研究与示范早稻稻纵卷叶螟调查

品种名称	处理	稻纵卷叶螟（只/亩）						
		日期（5/18）	日期（5/22）	日期（5/23）	日期（6/7）	日期（6/12）	日期（6/19）	日期（6/26）
		折亩蛾量	折亩蛾量	折亩蛾量	折亩蛾量	折亩蛾量	折亩蛾量	折亩蛾量
中嘉早 17	增苗减氮	0	10	10	0	30	20	10
	对照	0	10	10	0	30	20	10
株两优 819	增苗减氮	0	10	10	0	40	30	10
	对照	0	10	10	0	40	30	10
湘早籼 45 号	增苗减氮	0	10	20	10	30	20	50
	对照	0	10	20	10	30	20	50

（2）晚稻病虫害调查　在晚稻种植的同时，针对湘晚籼 17 号、湘晚籼 12 号以及天优华占三品种示范区及对照区进行病虫调查，内容主要包括纹枯病发病率的调查，危

害较为严重的虫害如二化螟、稻飞虱和稻纵卷叶螟害虫数量进行了调查（表7-14）。

表7-14 增苗减N技术研究与示范晚稻纹枯病和二化螟调查

品种名称	处理	纹枯病						二化螟			
		日期（8/16）			日期（9/4）			日期（8/16）		日期（9/4）	
		病株率（%）	病情指数	严重度	病株率（%）	病情指数	严重度	被害株率（%）	枯心率（%）	被害株率（%）	枯心率（%）
湘晚籼17号	增苗减氮	0.59	0.31	1	0.25	0.24	1	0.06	0	0.37	0.06
	对照	0.39	0.45	1	0.29	0.27	1	0	0	0.35	0.05
湘晚籼12号	增苗减氮	1.06	0.29	1	0.32	0.18	1	0.12	0	0.52	0.36
	对照	0.96	0.24	1	0.41	0.26	1	0.19	0	0.33	0.22
天优华占	增苗减氮	0.31	0.28	1	0.36	0.22	1	0.35	0	0.26	0.28
	对照	0.28	0.23	1	0.38	0.25	1	0.38	0	0.28	0.29

表7-15 增苗减N技术研究与示范晚稻稻飞虱和稻纵卷叶螟调查

品种名称	处理	稻飞虱（头）			稻纵卷叶螟		
		日期（8/3）	日期（8/16）	日期（9/4）	日期（10/10）	日期（8/16）	日期（9/4）
		百蔸虫量	百蔸虫量	百蔸虫量	百蔸虫量（头）	折亩蛾量（只/亩）	折亩蛾量（只/亩）
湘晚籼17号	增苗减氮	36	286	42	179	60	15
	对照	41	293	46	168	52	12
湘晚籼12号	增苗减氮	56	260	38	201	56	8
	对照	44	208	37	220	62	6
天优华占	增苗减氮	48	227	51	210	72	16
	对照	46	239	47	221	61	13

通过调查可知：由于密度相对增加，三个品种增苗减氮模式下纹枯病发病率前期较对照区高10%左右，但是对照区后期纹枯病发病率则略微高于处理区的发病率。发病指数也相对较高。这说明增苗减氮有利于后期防治纹枯病，但由于密度增大的关系，前期还需要其他措施来进行防控；二化螟方面，前期除了湘晚籼17号被害株率高于对照，湘晚籼12号和天优华占的示范区均小于对照区虫害。而后期条件下，除了天优华占，另外两品种均高于对照区；稻飞虱方面，均呈现先增加后减少的趋势，尤其在中期，稻飞虱每百蔸可达293头，除了湘晚籼12号稻飞虱数量在中期高于对照，其他均较对照少；关于稻纵卷叶螟，数量规律也是呈现先多后少的规律，这可能是由于温度变化的关系，各个品种对照和示范之间稻纵卷叶螟数量差别不大。

通过对纹枯病和三种主要病虫害的调查，可以确定增苗减氮可以一定程度上在后期有利于防治纹枯病，各种虫害发生的情况在密度增加不大的情况也没有很大的影响。

5. 土壤理化指标

早稻收获后，对湘早籼 45 号、株两优 819 以及中嘉早 17 三品种示范区及对照区，分别按 1~10cm、10~25cm、>25cm 三个层次取土样，测定土壤各项理化指标。结果显示，各品种示范区与对照区比较，土壤 pH 值差异不大；速效氮示范区 1~10cm、>25cm土层均有所下降，10~25cm 土层则有所提高；有效磷、速效钾、全氮、有机质、阳离子交换量 1~10cm 土层表现不一致，10~25cm 土层有所提高，>25cm 土层有所下降；对有效硅、有效锌有一定影响，但不同品种间表现不一致，其中株两优 819 三个土层有效硅、有效锌均有所提高（表 7-16）。

表 7-16　增苗减 N 技术研究与示范土壤理化指标

处理	耕层深度	pH 值（水）	速效氮（N）（mg/kg）	有效磷（P）（mg/kg）	速效钾（K）（mg/kg）	全氮（N）（g/kg）	有机质（g/kg）	阳离子交换量（cmol/kg）	有效硅（Si）（mg/kg）	有效锌（Zn）（mg/kg）
湘早籼 45 号示范区	1~10cm	5.62	286	8.7	122	2.54	46.9	15.7	121	2.65
	10~25cm	5.99	212	5.5	103	2.15	37.3	14.8	150	1.65
	>25cm	6.45	130	3.0	76	1.32	20.4	13.6	219	0.581
湘早籼 45 号对照区	1~10cm	5.45	294	7.0	121	2.66	47.4	15.5	109	2.99
	10~25cm	6.06	196	5.5	91	1.83	31.4	14.6	164	1.53
	>25cm	6.42	160	5.1	91	1.68	27.0	13.6	174	0.817
株两优 819 示范区	1~10cm	5.59	448	8.6	284	2.78	49.4	13.2	139	3.97
	10~25cm	6.12	226	7.3	120	2.02	36.0	14.1	191	1.77
	>25cm	6.69	112	3.1	70	1.14	17.0	12.9	241	0.581
株两优 819 对照区	1~10cm	5.47	521	9.0	231	2.76	43.4	15.1	129	3.65
	10~25cm	6.38	211	4.9	116	1.80	29.5	14.0	172	1.24
	>25cm	6.89	117	2.7	87	1.28	19.4	13.9	231	0.500
中嘉早 17 示范区	1~10cm	5.53	273	6.1	201	2.20	36.2	14.0	118	2.32
	10~25cm	6.26	203	4.7	115	1.59	26.2	12.9	144	1.21
	>25cm	6.41	91	1.1	61	0.85	11.9	11.5	231	0.367
中嘉早 17 对照区	1~10cm	5.96	349	8.4	206	1.93	32.0	13.6	141	1.93
	10~25cm	6.45	128	2.3	88	1.18	19.0	12.6	207	0.633
	>25cm	6.60	125	2.6	76	1.03	17.5	12.2	206	0.737

注：增苗减氮：氮素水平早稻 8kg/亩，2.3 万蔸/亩；晚稻 8.3kg/亩，2.0 万蔸/亩；CK：氮素水平早稻 10kg/亩，2.0 万蔸/亩；晚稻 11kg/亩，1.8 万蔸/亩

五、示范研究结论

（1）实施增苗减氮，虽然在水稻生育前期对植株生长发育有一定影响，但到齐穗期后，水稻个体和群体植株干物质量和全氮含量，示范区植株各部位均开始超过常规栽培对照区，说明增苗减氮能够充分发挥水稻后期生长的群体优势，实现水稻丰产。

（2）采用增苗减氮栽培，早稻 3 个品种均表现出了病虫危害减轻的趋势，晚稻在

生长后期有利于防治纹枯病，各种虫害发生的情况在密度增加不大的情况也没有很大的影响。

（3）增苗减氮对 1~10cm 表层、>25cm 底层土壤氮、磷、钾、有机质及阳离子交换量有减少趋势，对 10~25cm 中层土壤上述指标有增加趋势，对 pH 值及有效硅、有效锌整体影响不大。

（4）通过小区试验和大田示范验证减氮增苗模式有利于更高产量的形成，示范效果具有良好的参考和推广作用 。

第四节　双季稻全程机械生产与节氮栽培融合丰产技术示范

为了适应目前水稻生产规模经营所需，在前期研究基础上，进一步探索双季稻全程机械化生产与节氮栽培融合丰产技术，形成技术规范，为大面积示范推广奠定基础，2016 年在醴陵市泗汾镇进行示范。

一、丰产

经省农委粮油作物处组织有关专家现场抽样测产，早稻亩产 508. 7kg，较前三年平均亩产增 52. 0kg，增幅 11. 4%；晚稻亩产 555. 7kg，较前三年平均亩产增 33. 0kg，增幅 6. 3%。2017 年在全市示范推广该项技术 1860 亩，示范品种早稻为中早 39，晚稻为 H 优 518。示范结果显示，早稻平均亩产 512. 8kg，晚稻亩产 567. 2kg，较前三年平均亩产增幅 8. 6%~12. 1%，实现丰产目标。

二、省肥

项目区全面普及节氮栽培和精确测土配方施肥技术，实现了省肥节氮目标。据市土壤肥料工作站抽样调查统计分析，亩平化肥用量较 2015 年减少 1. 2kg。

三、省药

项目区全面实现绿色防控和专业化统防统治技术，降低了农药面源污染，实现了减量施药。据市植检植保站抽样调查统计分析，项目区全年亩平农药用量 456. 0g，较 2015 年减少 32. 0g。

全程机械化生产与减氮栽培技术融合，减少了农业面源污染，保护了生态环境，实现了丰产节氮目标，充分展示了其技术优势和推广应用前途，得到示范区农户的高度认可。

第五节　水稻丰产节水节肥技术集成展示

2017 年和 2018 年在益阳市赫山区笔架山乡集中连片示范展示水稻丰产节水节肥集成技术，主要展示技术如下。

一、双季稻“早旋晚免”秸秆还田融合节水节肥技术集成与示范

技术要点：早稻旋耕晚稻免耕，冬种紫云英及水稻秸秆还田，湿润灌溉。

技术优势：该示范技术主要通过实行早稻旋耕与晚稻免耕相结合的土壤轮耕技术，扩大了土壤库容量；通过稻草还田增加了土壤有机质含量，增强土壤保水保肥功能，达到土壤扩库增容蓄水保肥的效果。

二、双季稻增苗减氮节水节肥丰产技术集成示范

技术要点：示范区采用早稻施 N 8.0kg/亩，栽植密度 2.3 万蔸/亩，晚稻施 N 8.3kg/亩，栽植密度 2.0 万蔸/亩；对照区早稻施 N 10kg/亩，栽植密度 2.0 万蔸/亩，晚稻施 N 11kg/亩，栽植密度 1.8 万蔸/亩。

技术优势：该技术通过早晚稻不同品种适当增加基本苗，实现了早稻减施纯氮 2kg/亩，晚稻减施纯氮 2.7kg/亩，显著提高了肥料利用效率，并实现了产量的增加，早稻较当地惯用模式增产 5.3%~9.0%，晚稻增产 3.96%~7.57%。

三、缓控释肥增苗减氮丰产技术集成示范

技术要点：示范区①节 N 20%（早稻 N 8kg/亩+晚稻 N 9.6kg/亩、硫包衣尿素），增苗密度（早稻 M2.3 万蔸/亩+晚稻 M 2.0 万蔸/亩）；②节 N 20%（早稻 N 8kg/亩+晚稻 N 9.6kg/亩、树脂包膜尿素：尿素=3：2），增苗密度（早稻 M 2.3 万蔸/亩+晚稻 M 2.0 万蔸/亩）。对照区早稻 N 10kg/亩，2.0 万蔸/亩；晚稻 N 11kg/亩，1.8 万蔸/亩。

技术优势：该技术通过减量施用缓控氮肥，结合采用增加基本苗数，湿润灌溉等技术，达到了节水节肥丰产效果，其中早稻节氮 20%采用树脂包膜尿素与普通尿素按 3：2 比例一次性基施处理增产 17.4%，晚稻节氮 20%采用硫包膜尿素较 100%尿素处理增产 8.7%。

四、双季稻“增苗+缓控释肥+深耕+秸秆还田”节水节肥丰产综合栽培技术集成示范

技术要点：示范区：①缓控释肥（减 N 20%树脂包膜尿素，树脂包膜尿素：尿素=3：2），②增苗减氮（早稻 2.3 万蔸/亩、N8kg/亩+晚稻 2.0 万蔸/亩、N9kg/亩），③深耕（耕翻深度 20cm），④秸秆还田（紫云英、早晚稻秸秆全量还田）。对照区：①常规施肥（早稻 N10kg/亩+晚稻 N13.33kg/亩），②常规密度（早稻 2 万蔸/亩+晚稻 1.75 万蔸/亩），③旋耕（耕翻深度 12cm），④冬季空闲、早晚稻秸秆部分还田。

技术优势：该技术通过集成冬季多熟种植、湿润灌溉、增苗节氮、水肥耦合、缓控释肥施用、深耕与秸秆还田等技术措施，形成了节水节肥综合丰产技术体系。实施该项技术，与常规种植方式比较，早稻产量增加 8.28%，晚稻产量增加 10.68%，周年产量增产 9.75%。

五、双季稻全程机械化作业减氮栽培技术集成示范

技术要点：示范区早稻 N 8kg/亩+晚稻 N 8.8kg/亩、稻草切碎还田、湿润灌溉，机耕、机插、机收全程机械作业，同时集成增苗、缓控释肥、深耕、秸秆还田等技术；对照区早稻 N 10kg/亩+晚稻 N 11kg/亩、稻草不还田、常规灌溉、常规栽培。

技术优势：解决农村劳动力缺乏，长期施用化肥造成土壤有机质下降、养分不平衡等问题，通过实施双季稻全程机械化与稻草还田融合的技术，实现了生产轻简与稻田培肥的双重目标。①丰产，早稻增产 11.4%；晚稻增产 6.3%；②省肥，亩平化肥用量减少 1.2kg；③省药，结合绿色防控和专业化统防统治技术，降低了农药面源污染，实现了减量施药。全年亩平农药用量减少 32.0g。

六、双季稻多熟节水节肥周年丰产技术集成示范

技术要点：示范区在紫云英—双季稻、马铃薯—双季稻、油菜—双季稻、黑麦草—双季稻等三熟种植模式下，实施①周年土壤轮耕（早稻旋耕、晚稻及冬作物免耕）；②周年水旱轮作（冬季作物旱种与早晚稻水种）；③周年秸秆轮还（冬作物秸秆和早稻草还田、晚稻草离田）。

技术优势：与冬闲—双季稻模式比较，克服了双季稻田长期土壤单一耕作、冬闲连作、秸秆焚烧、重金属污染等现实问题。既节约了能源，减轻了劳动强度，又提高了资源利用效率；既增加了土壤有机质含量，增强了保蓄土壤养分能力，又减轻了土壤重金属污染，保护了农田生态环境，实现了水稻持续、均衡、安全生产。在减少施氮量 18%~30%的情况下，早稻产量增产 6.2%~6.8%，晚稻产量增产 9.3%~12.5%，周年产量增产 5.4%~9.4%。

七、双季稻水肥耦合节水灌溉技术集成示范

技术要点：通过不同灌溉方式与不同施肥方式的结合，形成以肥调水、水肥耦合的最佳节水灌溉施肥技术。示范区技术主要采用①间歇灌溉，②湿润灌溉；③适量化肥+适量有机肥，即化肥 N 8.4kg/亩，有机肥早稻紫云英 500kg/亩，晚稻稻草 200kg/亩；④减量化肥+增量有机肥，即化肥 N 6.8kg/亩，有机肥早稻紫云英 1 000kg/亩，晚稻稻草 400kg/亩。对照区①长期灌溉；②常规化肥，即 N 10kg/亩，有机肥 0kg/亩。

技术优势：示范结果显示，采用适量化肥+适量有机肥与湿润灌溉耦合，早稻产量可增产 9.3%~12.1%，晚稻产量可增产 17.2%~21.7%；同时可相应减少水稻耗水量，明显提高水分利用效率和肥料利用率。

八、病虫绿色综合防控技术示范

技术要点：主要实施深水灭蛹、放置性诱剂、螟虫赤眼蜂、安装太阳能吸入式杀虫灯、田垄种植香根草诱杀螟虫、种植黄豆、芝麻蓄养天敌、使用高效低毒生物农药等病虫害绿色防控技术。

技术优势：①早晚两季防治病虫 5 次以上，减少到早稻防治 1 次，晚稻防治 2 次，

共减少两次防治，节省了农药和人工成本。②统一深水灭蛹能杀灭90%以上的螟虫。③实行种子药剂处理，大大降低了病虫发生几率。④田垅种植香根草诱杀螟虫，对螟虫雌蛾具有80%的吸引产卵的能力。⑤统一安装风吸式杀虫灯实现了只杀害虫，保护天敌的目的，且能杀灭70%以上能迁飞的稻纵卷叶螟、稻飞虱、螟虫等害虫。⑥放置性诱剂能诱杀65%以上的二化螟雄蛾，实现了控制二化螟的目的。⑦放置螟虫赤眼蜂。增加了螟虫天敌，实现天敌快速控制螟虫的目的。⑧田埂种植黄豆、芝麻达到了蓄养天敌控制害虫目的。⑨使用生物农药或高效、低毒、低残留农药，降低了农药残留，有效改善环境。

第六节　水稻丰产节水节肥技术体系应用

通过技术研发应用，形成了湘北提引灌区、湘中库塘灌区、湘南提引与库塘灌区节水节肥综合丰产技术体系。

一、湘北提引灌区节水节肥综合丰产技术体系

针对洞庭湖平原区农田灌溉水源减少，干旱缺水严重，冬种绿肥面积下降，化肥用量增加，重氮、轻磷钾，养分不平衡，肥料利用率低等问题，通过集成冬季多熟种植、定量灌溉、增苗节氮、水肥耦合、缓控释肥施用、深耕与秸秆还田等技术措施，形成了适用湘北提引罐区节水节肥综合丰产技术体系。该技术2016年在湘北的赫山、华容、宁乡、汉寿、安乡、湘阴、沅江、桃江、鼎城、南县等县市区共计推广应用13.5万亩，平均增产5.6%，肥料利用率提高10.2%，水分利用率提高11.3%，累计增产6 955.2t，节约氮肥用量1 174.5t，节约灌溉用水1.22万t。2017年共计推广应用16.2万亩，平均增产5.2%，肥料利用率提高10.6%，水分利用率提高11.7%，累计增产8 302.5t，节约氮肥用量1 409.4t，节约灌溉用水1.47万t。

二、湘中库塘灌区节水节肥综合丰产技术体系

针对湘中低岗丘陵区伏秋季节性干旱频发，降水、蓄水不足，干旱缺水，影响双季稻生产；区域内冬闲田面积大，冬种绿肥少，化肥施用量大，用水用肥成本高等现状，通过集成轮耕、缓控释肥施用、增苗节氮、湿润灌溉、全程机械化与稻草还田融合等综合丰产技术，形成了适用湘中库塘灌区的节水节肥综合丰产技术体系。该技术2016年在湘中的长沙、醴陵、宁乡、浏阳、株洲、湘潭、湘乡、攸县等县市区共计推广14.2万亩，平均增产6.2%，肥料利用率提高9.6%，水分利用率提高11.2%，累计增产8 363.8t，节约氮肥用量1 235.4t，节约灌溉用水1.27万t。2017年共计推广15.4万亩，平均增产6.5%，肥料利用率提高9.8%，水分利用率提高11.6%，累计增产7 934.1t，节约氮肥用量1 339.8t，节约灌溉用水1.39万t。

三、湘南提引与库塘灌区节水节肥综合丰产技术体系

针对湘南低山丘陵区季节性干旱发生早、强度大，中低产田面积大，梯冲田、雨养

稻田多，保水保肥性能差，双季稻产量低而不稳，效益不高等问题，通过集成水肥耦合、垄厢栽培、早蓄晚灌、梯式灌溉等抗逆栽培技术，形成了适合湘南提引与库塘灌区的节水节肥综合丰产技术体系。该技术 2016 年在湘南的衡阳、冷水滩、耒阳、永州、宜章、邵东、邵阳、祁东等县市区共计推广 11.4 万亩，平均增产 7.5%，肥料利用率提高 10.5%，水分利用率提高 12.8%，累计增产 8 122.5t，节约氮肥用量 991.8t，节约灌溉用水 1.17 万 t。2017 年共计推广 13.8 万亩，平均增产 7.8%，肥料利用率提高 10.7%，水分利用率提高 11.6%，累计增产 7 109.8t，节约氮肥用量 1 200.6t，节约灌溉用水 1.25 万 t。

第七节　水稻丰产节水节肥技术交流及专家评议验收

一、现场观摩交流

2013 年 9 月 11—13 日，粮食丰产科技工程湖南专项首席专家青先国研究员以及相关单位领导专家，深入到冷水滩、衡阳、醴陵、宁乡、赫山、华容 6 个核心试验示范基地，对晚稻各项试验研究与关键技术的示范应用情况进行了现场观摩与经验交流。

2013 年 9 月 25 日在益阳市赫山区召开了晚稻现场观摩交流会议，省科技厅杨治平副厅长、刘琦处长、湖南专项首席专家青先国研究员及有关领导和专家出席了会议。与会代表对赫山区笔架山乡中塘村核心示范基点进行了现场观摩，听取了湖南专项、第三期课题进展及赫山基地实施情况的详细汇报。杨厅长对粮丰工程湖南专项，特别是第三期课题实施以来的工作给予了充分肯定，并提出了指导意见。

二、马铃薯—双季稻水旱轮作制高产示范现场评议

2014 年 4 月 24 日，在华容县宋家嘴镇召开了马铃薯—双季稻水旱轮作制高产示范现场评议会，专家们对马铃薯进行了现场考察与测产验收，鲜薯亩产 1 585.5kg/亩，每亩纯收入达 2 463.8元。通过选用早熟品种等高产栽培技术，缓和了季节矛盾及稻田茬

口衔接，有利于作物周年增产、规模种植及产业开发。

三、双季稻全程机械化与稻草还田培肥丰产技术研究示范现场测产评议

2014 年 7 月 8 日，在醴陵市泗汾镇召开了双季稻全程机械化与稻草还田培肥早稻丰产技术示范现场考察与测产验收会，专家们认为：该项目在耕作栽培技术集成和农艺与农机深度融合方面有重大改进和创新，测产验收攻关田平均亩产 523. 0kg，实现了增产增收。

四、水稻耐旱节水品种丰产示范现场评议

2014 年 10 月 15 日，在赫山区笔架山乡召开了水稻耐旱节水品种筛选与示范现场评议会，专家们对示范片进行了现场测产验收，湘晚籼 12 号非充分灌溉区亩产 424. 9kg，充分灌溉区亩产 441. 9kg，五丰优 T025 非充分灌溉区亩产 445. 7kg，充分灌溉区亩产 461. 2kg。在非充分灌溉条件下，通过综合丰产技术推广，取得了明显的防灾减灾节水增产效果。

五、双季稻减氮增苗丰产栽培技术研究与集成示范现场评议

2015 年 6 月 29 日，在赫山区笔架山乡召开了双季稻减氮增苗丰产栽培技术研究与集成示范现场评议会，专家们对示范现场进行了考察与测产验收，在常规稻增苗 40%，杂交稻增苗 30%，减少氮肥施用量 10% 情况下，与常规栽培区比较，常规稻增产 6. 5%；杂交稻 8. 3%。促进南方稻区土、肥、水资源持续高效利用。

六、双季稻节水节肥丰产综合技术示范现场评议

2015 年 10 月 13 日，在宁乡县回龙铺镇召开了双季稻节水节肥丰产综合技术示范现场考察与测产验收会，专家们认为：该项技术实现了省工节本、稳粮增收、提质增效，对稳定发展双季稻具有重要的现实意义。采用“早旋晚免”节水节肥综合丰产技术，双季稻可减少氮肥施用量 10%以上，节约用水 12%以上，每亩节约生产成本 80 元左右。

七、水稻耐旱品种湘晚籼 12 号示范现场评议

2015 年 10 月 12 日，在赫山区兰溪镇召开了水稻耐旱品种湘晚籼 12 号示范现场评议会，专家们对示范片进行了现场测产验收，通过保优高效栽培技术体系的实施，每亩实际产量为 491kg，经济与生态效果明显。

八、半固态播种技术研究与示范现场评议

2015 年 7 月 30 日，在浏阳市北盛镇召开了半固态播种技术研究与示范现场会，专家们认为：该项技术节水、节肥、稳产、减排效果明显，引领了农业转方式的方向，在资源与劳力双重约束背景下，是一种全新的技术模式，适应现代规模化生产。示范田平均亩产 401.6kg/亩，比对照传统直播增产 8.1kg/亩，节水 150m^3/亩、节肥 5kg/亩左右，节约机耕费 120 元/亩，亩增纯收入 102 元。

九、水稻专用缓控释肥与增苗节氮丰产配套技术集成示范现场评议

2016 年 7 月 3 日，在宁乡县回龙铺镇召开了水稻专用缓控释肥与增苗节氮丰产配套技术集成示范现场评议会，专家们对示范现场进行了考察与测产验收，早稻每亩增苗 0.3 万蔸，节氮 20%，一次性施用添加脲酶抑制剂尿素产量提高 5.3%；一次性施用树脂包膜尿素（树脂包膜尿素：尿素=3：2）产量提高 5.7%；一次性施用硫包衣尿素产量提高 5.1%。

十、冬季绿色覆盖—双季稻节水节肥丰产技术集成示范现场评议

2016 年 7 月 7 日，在华容县三封寺镇召开了冬季绿色覆盖—双季稻节水节肥丰产技术集成示范早稻现场考察与测产验收会，专家们认为：该项技术促进了冬闲田开发利用，提高了土肥水和温光资源利用效率。采用该项集成技术，核心示范区早稻平均产量达 455.7kg/亩，比当地冬闲—双季稻常规种植模式增产 5.22%。

十一、双季稻多熟种植节水节肥丰产技术集成示范现场评议

2016年10月14日，在华容县三封寺镇召开了双季稻多熟种植节水节肥丰产技术集成示范晚稻现场评议会，专家们对示范片进行了现场测产验收，采用该项集成技术，核心示范区晚稻平均产量达525.74kg/亩，比当地冬闲—双季稻常规种植模式增产8.62%。

十二、早稻垄厢栽培节水节肥丰产技术集成示范现场评议

2016年7月9日，在衡阳县试验示范基地召开了早稻垄厢栽培节水节肥丰产技术集成示范现场会，专家们认为：该项技术提高了稻田综合生产能力，与传统栽培比较，水分利用效率提高19.2%，氮肥施用量减少5.9%，养分利用效率提高12.8%。核心示范区早稻平均产量达519.5kg/亩，比当地传统种植模式增产6.7%。

十三、双季稻梯式灌溉抗逆丰产栽培技术体系集成示范现场评议

2016 年 7 月 10 日，在衡阳县试验示范基地召开了双季稻梯式灌溉抗逆丰产栽培技术体系现场会，专家们认为：该技术体系有利于区域避旱减灾，增加双季稻种植面积，实现节水灌溉。现场测产验收，梯式灌溉抗逆丰产栽培示范田平均亩产 503.2kg，常规水分管理田块平均亩产 506.9kg，产量差异不显著，基本持平。

十四、“双季稻节水节肥丰产技术示范与推广”赫山基地现场评议验收

2017 年 7 月 4 日，在赫山样板基地召开了项目技术集成示范现场评议会，专家们对示范现场进行了考察与测产验收，该基地展示的各项技术可复制性强，引领并促进了该地区产业结构调整，为该地区创造了新的就业机会，显著增加了实施地区农民收入，有效地保护和改善了现有生态环境。项目主推技术内容丰富、降本提质增效效果显著，项目整体技术处于国内同类技术领先水平。

"长江中游南部（湖南）水稻丰产节水节肥技术集成与示范"课题 赫山基地早稻现场观摩会

参考文献

蔡灿然，陈恺林，刘洋. 2016. 湘北提引灌区双季稻减氮增苗丰产栽培技术集中与示范［J］. 湖南农业科学（6）：9–12.

陈恺林，等. 2013. 中早 39 在湘北提引灌区的特征特性及高产栽培技术［J］. 作物研究，27（1）：51–53.

陈恺林，刘洋等. 2013. 不同水分管理下覆膜旱植稻营养特性及其光合生理的相关研究［J］. 植物营养与肥料学报，19（6）：1 287–1 296.

陈恺林，刘洋，李超，等. 2015. 玖两优黄华占在湘北提引灌区的种植表现及高产栽培技术［J］. 作物研究，29（4）：419–421.

陈恺林，张玉烛，刘功朋. 2014. 不同施肥模式对水稻干物质，产量及其植株中氮，磷，钾含量的影响［J］. 江西农业学报，26（4）：1–5.

戴力，王学华. 2016. 禾谷类作物小孢子脱分化的生理生化机制［J］. 作物研究，30（5）：585–593.

戴力，杨泉，王学华，等. 2016. 湿润灌溉栽培方式下晚稻的适宜施氮量［J］. 作物研究，30（6）：681–687.

傅志强，刘依依，龙攀，等. 2015. 深水免耕移栽覆盖栽培模式对晚稻温室气体排放及产量的影响［J］. 生态学杂志，34（5）：1 263–1 269.

傅志强，刘依依，谢天祥，等. 2015. 水氮组合模式对双季稻生长和产量的影响［J］. 中国农学通报，31（12）：84–91.

傅志强，龙攀，刘依依，等. 2015. 水氮组合模式对双季稻氮肥利用效率的影响［J］. 农学学报，5（8）：12–18.

傅志强，龙攀，刘依依，等. 2015. 早稻灌浆乳熟期蓄水灌溉对产量及温室气体排放的影响［J］. 农业环境科学学报，34（3）：599–605.

傅志强，龙攀，刘依依，等. 201. 水氮组合模式对双季稻甲烷和氧化亚氮排放的影响［J］. 环境科学，36（9）：3 365–3 372.

何斌，郑华，黄璜，等. 2016. 中国不同耕地类型化肥施用环境成本估算——以水田与旱地为例［J］. 作物研究，30（3）：288–294.

何胜凯，李世奇，陈恺林. 2014. 农香 18 在湘北提引灌区的种植表现及高产栽培技术［J］. 作物研究，28（3）：302–311.

贺慧，郑华斌，刘建霞，等. 2014. 分蘖期水分胁迫对不同栽培方式水稻生长发育及产量的影响［J］. 作物研究，28（5）：455–460.

扈婷，陆准，姚林，等. 2013. 垄厢栽培对水稻结实期剑叶生理性状和产量的影响［J］. 湖南农业大学学报（自然科学版），39（1）：1–6.

孔午圆，郑华斌，刘建霞，等. 2014. 水稻机插秧及育秧技术研究进展［J］. 作物研究，28（6）：766-770.
黎用朝，闵军，刘三雄，等. 2015. 特种稻新品种晚籼紫宝的选育与应用［J］. 中国稻米，21（3）：75-76.
李超，陈恺林，刘洋. 2014. 增苗节氮对早稻抛秧群体生物学特性及产量的影响［J］. 中国生态农业学报，22（7）：774-781.
李超，陈恺林，刘洋. 2014. 增苗节氮对早稻抛秧群体质量及光合参数的影响［J］. 中国农学通报，3（27）：5-14.
李超，刘洋，陈恺林，等. 2016. 灌溉方式对优质晚稻褐飞虱及其主要天敌种群动态的影响［J］. 中国生态农业学报，24（10）：1 391-1 400.
李超，刘洋，陈恺林，等. 2017. 灌溉方式对优质晚稻田褐飞虱及黑肩绿盲蝽迁入及迁出的影响——湖南省益阳市个例分析［J］. 中国生态农业学报，25（1）：86-94.
李超，汤文光，肖小平，等. 2017. 种植型微生物菌剂对双季稻植株和土壤养分、重金属 Cd 及产量的影响［J］. 中国农学通报，33（29）：1-6.
李涵茂，戴平，陆魁东，等. 2017. 干旱胁迫对双季超级晚稻 PSⅡ的影响［J］. 江西农业学报，29（1）：6-10.
梁玉刚，黄璜，李静怡，等. 2015. 复合肥浓度对水稻半固体播种秧苗素质的影响［J］. 作物研究，29（6）：581-584.
梁玉刚，黄璜，张启飞，等. 2016. 半固态播种对水稻生长性状的影响及节水节肥效果研究湖南农业科学（4）：19-23，26.
梁玉刚，李静怡，张启飞，等. 2016. 免耕半固态直播对水稻的生长及产量构成的影响［J］. 湖南农业大学学报（自然科学版），42（4）：354-358.
梁玉刚，周晶，杨琴，等. 2016. 中国南方多熟种植的发展现状，功能及前景分析［J］. 作物研究，30（5）：572-578.
廖海艳，廖育林，鲁艳红，等. 2014. 钾氮配施对湖南丘陵双季稻钾肥效应及钾素平衡的影响［J］. 湖南农业大学学报（自然科学版），40（5）：463-469.
廖育林，鲁艳红，聂军，等. 2016. 长期施肥稻田土壤基础地力和养分利用效率变化特征［J］. 植物营养与肥料学报，22（5）：1 249-1 258.
廖育林，鲁艳红，谢坚，等. 2013. 长期施用化肥和稻草对双季稻田钾素运移的影响［J］. 水土保持学报，27（5）：199-204.
廖育林，鲁艳红，谢坚，等. 2015. 紫云英配施控释氮肥对早稻产量及氮素吸收利用的影响［J］. 水土保持学报，29（3）：190-195.
廖育林，鲁艳红，谢坚，等. 2017. 长期施用钾肥和稻草对红壤双季稻田土壤供钾能力的影响［J］. 土壤学报，54（2）：456-467.
刘贵斌，周江伟，黄璜. 2017. 中国稻田养鱼生产的发展，进步与功能分析［J］. 作物研究，31（6）：594-596.
刘建霞，郑华斌，姚林，等. 2014. 播种量与秧龄对秧苗素质及其垄作梯式栽培产

量的影响 [J]. 作物研究, 28 (4): 345-347.

刘利成, 闵军, 刘三雄, 等. 2015. 湖南优质稻品种品质指标间的相关性分析 [J]. 中国稻米, 21 (1): 30-33.

刘三雄, 闵军, 张克叶, 等. 2015. 龙两优 981 在湖南溆浦的示范表现及高产栽培技术 [J]. 中国稻米, 21 (4): 203-204.

刘依依, 傅志强, 龙文飞, 等. 2015. 水稻根系泌氧能力与根系通气组织大小相关性的研究 [J]. 农业现代化研究, 36 (6): 1 105-1 111.

龙文飞, 傅志强, 李海林. 2016. 节水灌溉条件下氮肥密度互作对双季晚稻丰源优 299 肥料利用率的影响 [J]. 作物杂志 (5): 124-130.

龙文飞, 傅志强, 钟娟. 2016. 节水灌溉条件下施肥与密度对双季晚稻 ‘丰源优 299’ 产量和稻米品质的影响 [J]. 中国农学通报, 32 (9): 1-5.

龙文飞, 傅志强, 钟娟, 等. 2016. 节水灌溉条件下氮密互作对双季晚稻光合特性的影响 [J]. 华北农学报, 31 (6): 206-212.

龙文飞, 傅志强, 钟娟, 等. 2017. 节水灌溉条件下氮密互作对双季晚稻丰源优 299 物质生产特性的影响 [J]. 华北农学报, 32 (2): 185-193.

鲁艳红, 廖育林, 聂军, 等. 2014. 5 年定位试验钾肥用量对双季稻产量和施钾效应的影响 [J]. 植物营养与肥料学报, 20 (3): 598-605.

鲁艳红, 廖育林, 聂军, 等. 2015. 我国南方红壤酸化问题及改良修复技术研究进展 [J]. 湖南农业科学 (3): 148-151.

鲁艳红, 廖育林, 聂军, 等. 2016. 连续施肥对不同肥力稻田土壤基础地力和土壤养分变化的影响 [J]. 中国农业科学, 49 (21): 4 169-4 178.

鲁艳红, 廖育林, 周兴, 等. 2015. 长期不同施肥对红壤性水稻土产量及基础地力的影响 [J]. 土壤学报, 52 (3): 597-606.

鲁艳红, 聂军, 廖育林, 等. 2016. 不同控释氮肥减量施用对双季水稻产量和氮素利用的影响 [J]. 水土保持学报, 30 (2): 155-174.

闵军. 2017. 湖南种业深化体制改革现状与发展建议 [J]. 湖南农业科学 (7): 105-107.

闵军, 王子平, 阳标仁, 等. 2016. 湖南有色稻米产业化发展现状与建议 [J]. 中国稻米, 22 (1): 19-21.

沈建凯, 贺治洲, 尹明, 等. 2014. 中国中南部双季稻栽培 CH_4 和 N_2O 排放特征及其环境成本评估 [J]. 热带作物学报, 35 (11): 2 295-2 302.

沈建凯, 贺治洲, 郑华斌, 等 . 2014. 我国超级稻根系特性及根际生态研究现状与趋势 [J]. 热带农业科学, 34 (7): 33-50.

舒丽茹, 陈恺林. 2015. 减氮增苗技术在益阳笔架山乡的示范推广 [J]. 作物研究, 29 (2): 201-203.

孙玉桃, 鲁艳红, 聂军, 等. 2014. 施用控释氮肥对油菜产量, 农艺形状及土壤肥力的影响 [J]. 中国农学通报, 30 (30): 83-88.

汤文光, 肖小平, 唐海明, 等. 2015. 长期不同耕作与秸秆还田对土壤养分库容及重金属 Cd 的影响［J］. 应用生态学报，26（1）：168-176.
汤文光，肖小平，张海林，等. 2018. 轮耕对双季稻田耕层土壤养分库容及 Cd 含量的影响［J］. 作物学报，44（1）：105-114.
唐利忠，刘思超，李超，等. 2016. 氰氨化钙颗粒肥在水稻栽培中的应用效果初探［J］. 作物研究，30（4）：381-401.
王学华，陈胤舟，杨泉，等. 2016. 湿润灌溉下晚稻肥料运筹方式研究［J］. 作物研究，30（4）：376-392.
杨坚，陈恺林，李超，等. 2015. 减氮增苗对抛秧晚稻稻曲病的影响［J］. 中国农学通报，31（33）：284-290.
杨晶，易镇邪，屠乃美. 2016. 酸化土壤改良技术研究进展［J］. 作物研究，30（2）：226-231.
杨曾平，聂军，廖育林，等. 2016. 钾对不同早稻品种产量及钾素吸收利用的影响［J］. 中国农学通报，32（36）：1-10.
杨曾平，聂军，廖育林，等. 2016. 早稻稻草还田方式对晚稻产量及钾素吸收利用的短期效应［J］. 农业现代化研究，37（4）：802-808.
杨曾平，聂军，廖育林，等. 2017. 钾对不同晚稻品种产量及钾素吸收利用的影响［J］. 中国农学通报，33（2）：7-15.
杨曾平，聂军，谢坚，等. 2016. 叶面喷施钾肥对缺钾稻田晚稻产量及钾肥利用效率的影响［J］. 中国农学通报，32（27）：7-13.
姚林，郑华斌，刘建霞，等. 2014. 蚯蚓对土壤碳氮循环的影响及其作用机理研究进展［J］. 中国农学通报，30（33）：120-126.
姚林，郑华斌，刘建霞，等. 2014. 中国水稻节水灌溉技术的现状及发展趋势［J］. 生态学杂志，33（5）：1 381-1 387.
张爱武，鲁艳红，黄科延，等. 2014. 免耕抛秧稻草还田技术在潜育化双季稻田中的应用效果［J］. 湖南农业科学，5：25-27.
郑华斌，陈灿，傅志强，等. 2017. 有机肥化肥配施的双季晚稻群体冠层光谱特征研究［J］. 中国稻米，23（4）：6-13.
郑华斌，陈灿，王晓清，等. 2013. 水稻垄栽种养模式的生态经济效益分析［J］. 生态学杂志，32（11）：2 886-2 892.
郑华斌，刘建霞，姚林，等. 2014. 垄作梯式生态稻作对水稻光合生理特性及产量的影响［J］. 应用生态学报，25（9）：2 598-2 604.
钟娟，傅志强. 2015. 不同晚稻品种抗旱性相关指标研究［J］. 作物研究，29（6）：575-602.
钟娟，傅志强，刘莉，等. 2017. 水稻植株甲烷传输能力与根系特性的相关性分析［J］. 作物杂志（4）：105-112.
周娟，陈平平，王晓玉，等. 2016. 早稻品种耐酸性差异比较研究［J］. 杂交水稻，31（5）：56-64.
Zheng H B，Huang H，Diqin Li，et al. 2014. Assessment of nomadic rice-duck complex

ecosystem on energy and economy [J]. Ecological Processes, 3: 20.

Zheng H B, Huang H, Liu Jianxia, et al. 2014. Recent progress and prospects in the development of ridge tillage cultivation technology in China [J]. Soil and Tillage Research, 142: 1-7.

Zheng H B, Huang H, Yao L, et al. 2014. Impacts of rice varieties and management on yield-scaled greenhouse gas emissions from rice fields in China: Ameta-analysis [J]. Biogeosciences, 11: 3 685-3 693.

Zheng H, Huang H, Zhang C, et al. 2016. National-scale paddy-upland rotation in Northern China promotes sustainable development of cultivated land [J]. Agricultural Water Management, 170: 20-25.